高等学校电子信息类规划教材

数字电子技术与微处理器基础(上册)
——现代数字电子技术

西安交通大学电子学教研组
宁改娣　金印彬　张　虹　编

宁改娣　主编

西安电子科技大学出版社

内容简介

本书在传统"数字电子技术"的基础上，增强了基于 FPGA 的现代数字电子技术设计方法，并将"微处理器"类课程内容和"数字电子技术"有机地结合在一起，消除了传统"数字电子技术"学习内容零散的缺陷，可以更好地理解微处理器的结构和工作原理。针对目前"微处理器"类课程只介绍某一处理器芯片的使用，本书增加了对微处理器结构原理、中断、程序引导、硬件最小系统等普遍性概念的介绍。

上册相对以往同类书籍的特点有：前移 PLD 内容以便实验时更好理解和使用 PLD；将微处理器典型硬件最小系统渗透到"数字电子技术"相关知识中。例如，介绍译码器作为地址译码器，三态门之后引入总线的概念，在脉冲产生部分介绍微处理器的复位和时钟电路等，最后自然形成了微处理器硬件最小系统，增强所学内容的实用性，也避免原来"数字电子技术"内容零散及不知所用的感觉；删除了主从 JK 触发器、基于门的组合电路分析与设计方法、基于门的斯密特触发器和单稳态触发器的介绍。下册微处理器基础中，介绍微处理器应用的软、硬件普遍性概念和一般规律，而非仅仅学习某一微处理器芯片，重点在于软、硬件基本功训练。

本书可作为高等学校电气工程、计算机科学与技术、控制科学与工程、电子信息工程、生物医学工程、机械设计制造及其自动化等专业的本科生教材，也可供数字电路设计工程师和技术人员参考。

图书在版编目(CIP)数据

数字电子技术与微处理器基础. 上册，现代数字电子技术/宁改娣主编.

—西安：西安电子科技大学出版社，2015.2(2018.5 重印)

高等学校电子信息类规划教材

ISBN 978 - 7 - 5606 - 3673 - 3

Ⅰ. ① 数…　Ⅱ. ① 宁…　Ⅲ. ① 数字电路－电子技术－高等学校－教材　② 微处理器－高等学校－教材　Ⅳ. ① TN79　② TP332

中国版本图书馆 CIP 数据核字(2015)第 035100 号

策　　划　邵汉平
责任编辑　邵汉平　董柏娴
出版发行　西安电子科技大学出版社(西安市太白南路 2 号)
电　　话　(029)88242885　88201467　　邮　编　710071
网　　址　www.xduph.com　　　　　电子邮箱　xdupfxb001@163.com
经　　销　新华书店
印刷单位　陕西华沐印刷科技有限责任公司
版　　次　2015 年 2 月第 1 版　2018 年 5 月第 2 次印刷
开　　本　787 毫米×1092 毫米　1/16　印　张　22
字　　数　531 千字
印　　数　3001～6000 册
定　　价　40.00 元

ISBN 978 - 7 - 5606 - 3673 - 3/TN

XDUP 3965001 - 2

前　言

一、"数字电子技术"和"微处理器"类课程的重要性及现状

"数字电子技术"是进入数字世界的第一门课程，是电类专业必修的专业基础课程，这门课程的掌握情况直接关系到其他专业课程的学习和科研训练。数字电子技术的高速发展印证着摩尔定律，一度靠传统手工设计将中小规模集成器件组合成"板上系统"的时代也早已脱胎为基于可编程逻辑器件(PLD)和专用集成器件(ASIC)实现的"片上系统"时代。教科书、教学和实验内容也因摩尔定律而缩短了适用期，各个高校在该领域形成的金字塔地位将不再坚固。

随着微处理器设计、性能和制造技术的不断发展，"单片机原理""数字信号处理器原理及应用""嵌入式系统"等纷纷出现在高等教育的课程设置中。这些充分反映了未来电子技术的发展方向和市场应用的需求，也预示着新的就业方向。

我校"数字电子技术"实验平台和实验内容的更新周期不超过10年，但授课教材和上课内容相对比较落后，自2013年出版了《数字电子技术与接口技术实验》(西安电子科技大学出版社,2013年出版)教材后，更凸显出数字电子技术课程内容的不配套。微处理器就是一个典型的"片上"数字系统，这些年来，只要出现高性能的处理器，就开设一门新课程介绍一个或某一类微处理器IC芯片及其应用，不仅增加了学生负担、学时数，也打乱了教学计划，很多院校为了后续"微机原理"课程，需要将"数字电子技术"(简称"数电")提前在"模拟电子技术"(简称"模电")之前，甚至也影响到"电路"课程的安排。而且"微处理器"类课程与"数电"独立开课，存在重复、断层、应用训练少等诸多问题。各"微处理器"类课程也有低层次的重复教学与实验，虽然花费了大量的宝贵学时，但教学的效果和学生掌握的技能并不令人满意。

本书希望在最基础的"数电"课程中增强基于FPGA的现代电子技术设计方法，并将"微处理器"类课程内容和"数电"有机地结合在一起，将微处理器结构作为数字电子技术的一个应用实例，这样不仅消除了传统数字电子技术学习内容零散的缺陷，也可以更好地理解微处理器的结构和工作原理。同时，可以减少总的学时和学分数，方便教学计划的安排。

二、本书特点

"数字电子技术与微处理器基础(上册)"是在张克农和宁改娣主编的"数字电子技术基础(第2版)"的基础上，继续发扬我校电子技术课程教学的传统优势，体现我校电子学教研组的教学经验，结合新的课程体系和教学内容改革的要求编写而成。教材增加和补充了计算机发展概述和数字电子技术基本概念、器件数据手册、传统内容的实用性介绍、有限状态机概念、I/O接口及地址译码技术、算术逻辑单元(ALU)、总线概念及结构、存储器与处理器接口、时钟和复位电路、串行ADC和DAC以及使用FPGA控制实例等内容。掌握这些基本电路，有利于在数字电子技术课程最后搭建起一个微处理器最小系统。这不仅将数字电子技术零散的内容融为一体，而且在学习各个部分时，学生也会更有兴趣。本次编写删减了基于门及中规模器件的电路分析和设计等内容。

为了与实验有效配合，增加了对 FPGA 结构和原理的介绍，补充了 Verilog HDL，将触发器和可编程逻辑器件两章内容提前至集成门之后进行讲述。在后续章节中，就可以给出验证性和设计性实验内容，并增加 EDA 仿真实验，使学生一开始就学习和利用现代电子设计不可或缺的 EDA 工具。"数电"的教学环节采取"黑板＋PPT＋EDA 仿真"的模式，这样不仅使课程与实验衔接紧密，加深学生对所学理论知识的理解，而且利用课外学时也解决了实验时间有限的问题，加强了 FPGA 的实验效果。MIT、Stanford、UC Berkeley 等高校的数电教学基本都是在 FPGA 上开展的。

微处理器就是一个典型的"片上"数字系统，其结构原理和应用可以很容易地补充到数字电子技术课程中，不仅使数字电子技术原本基础的内容可以在介绍微处理器时系统化，而且可以解决重复、衔接断层等问题，节省学时，有效提高教学效果。

目前的"微处理器"类课程都是介绍某一处理器芯片如何使用的，但微处理器品种繁多，更新换代很快，这种教材编写和教学方式不具备普遍性，不利于学生自学新的微处理器。本书增强对著名处理器厂家不同类型微处理器结构原理、中断、程序引导的普遍性概念介绍，展示给读者一个学习处理器的方法，而非仅仅学会某一处理器芯片的使用。

三、本书的组织结构

基于上述编写思想，本书命名为"数字电子技术与微处理器基础"。为了配合目前的教学计划以及不同读者需要和方便使用，本书分为上、下两册。上册为"现代数字电子技术"，下册为"微处理器原理及应用"。本书可作为"数字电子技术与微处理器基础"一门课程的教材，也可以独立作为"数字电子技术"和"微处理器基础"两门课程的教材。本书从介绍组成数字系统的一些基本概念入手，逐步深入探索数字世界。

本书作者都是长期从事"电子技术"和"微处理器"类课程教学和实验指导的教师，书中内容是对作者一直从事的"数字电子技术"和"微处理器"类课程教学经验的总结。本书上册编写具体分工为：宁改娣组织讨论和负责教材内容的策划，承担教材的统稿和审稿工作，编写第 1～4、7～10 章和附录 1；金印彬编写第 5、6 章和附录 2；张虹编写第 11 章。

本书的撰写得到了西安交通大学电子学教研组老师、依元素科技公司陈俊彦总经理、Xilinx 大学计划部负责人谢凯年和陆佳华的大力支持，向各位致以衷心的感谢！特别要感谢张克农老师对我校"数字电子技术"课程的持续发展以及教材建设做出的贡献！

本书可作为高等学校电气工程、计算机科学与技术、控制科学与工程、电子信息工程、生物医学工程、机械设计制造及其自动化等专业的本科生教材，也可作为数字电路设计工程师和技术人员的参考书。

数字电子技术发展日新月异，书中内容若有疏漏和错误，欢迎专家、使用本书的教师和学生提出意见和建议，以便不断完善。

编　者
2014 年 10 月于西安交通大学

目　　录

第1章

计算机发展及数字电子技术基本概念

计算机是一个典型的数字系统，它的发展史印证着数字电子技术的进步。本章首先简要介绍计算机的发展和微处理器的概念；然后介绍数字电路中二进制的产生，数字电路的分类及基本单元，模拟信号、数字信号及时钟脉冲信号技术指标等内容。

1.1 计算机的发展

计算机是新技术革命的一支主力，也是推动社会向现代化迈进的活跃因素。现代计算机是一种按程序自动进行信息处理的通用工具。利用计算机解决科学计算、工程设计、经营管理、过程控制或人工智能等各种问题的方法，都是按照一定的程序进行的。这种程序指出怎样以给定的输入信息经过有限的步骤产生所需要的输出信息。

远古时代人们使用石头、手指、结绳等作为计算工具。公元前 5 世纪，中国人发明了算盘，广泛应用于商业贸易中，被认为是最早的计算机，并一直使用至今；欧洲人利用"格子乘法"原理制成计算尺。这些计算工具都可以看成是计算机发展的雏形。

计算机技术的发展经历了三个阶段：机械式计算机、机电式计算机和电子计算机。早在 17 世纪的欧洲，一批数学家就已经开始设计和制造以数字形式进行基本运算的数字计算机。1623 年，德国科学家契克卡德(Schickard)制造出世界已知的第一部机械式计算机，能够进行六位数加减乘除运算。1642 年，法国数学家帕斯卡为了减轻父亲税务计算的痛苦，采用与钟表类似的齿轮传动装置，制成了最早的滚轮式十进制加法器。1678 年，德国数学家莱布尼兹在帕斯卡加法器基础上制成解决十进制数乘、除运算的计算机，并提出了"二进制数"的概念。1822 年，巴贝奇完成了第一台差分机，它可以把函数表的复杂算式转化为差分运算，用简单的加法代替平方运算。他于 1834 年设计了一种程序控制的通用分析机，虽然这台机器已经描绘出有关程序控制方式计算机的雏形，但是由于当时的技术等原因未能研制出实物。美国人 Herman Hollerith(1860—1929)根据提花织布机的原理发明了穿孔片计算机，并带入商业领域。

19 世纪以后，各个科学领域和技术部门的计算困难堆积如山，严重阻碍了科学技术的发展。特别是第二次世界大战爆发前后，军事科学技术对高速计算工具的需要尤为迫切。在此期间，德国、美国、英国都在进行计算机的研制工作，并几乎同时开始了机电式计算机和电子计算机的研究。

1. 第一代：真空电子管计算机(1946 年～1958 年)

1946 年 2 月 14 日，标志现代计算机诞生的 ENIAC(Electronic Numerical Integrator and Computer)在费城公诸于世。最初 ENIAC 专门用于火炮弹道的计算，后经多次改进而成为能够进行各种科学计算的通用电子计算机。从 1946 年 2 月交付使用，到 1955 年 10 月最后切断电源，ENIAC 服役长达 9 年。这台完全采用电子线路执行算术运算、逻辑运算和信息存储的计算机，运算速度比早期的继电器计算机快 1000 倍。这就是人们常常提到的世界上第一台通用电子计算机。

ENIAC 是计算机发展史上的里程碑。它是由美国政府和宾夕法尼亚大学合作开发的，占地面积为 170 平方米，总重量达 30 吨，价格为 40 多万美元，每秒可以进行 5000 次加减运算，使用了 18 000 个真空电子管，70 000 个电阻器，有 5 百万个焊接点，耗电 160 千瓦，是一个昂贵耗电的"庞然大物"。

1946 年 6 月，冯·诺依曼博士发表了《电子计算机装置逻辑结构初探》一文，同年 7～8 月间，他又在莫尔学院为美国和英国 20 多个机构的专家讲授了专门课程——"电子计算机设计的理论和技术"，推动了存储程序式计算机的设计与制造；随后设计出第一台"存储程序"的离散变量自动电子计算机，1952 年正式投入运行，其运算速度是 ENIAC 的 240 倍。

第一代计算机的特点是操作指令是为特定任务而编制的，每种机器有各自不同的机器语言，功能受到限制，速度也慢。

2. 第二代：晶体管计算机(1959 年～1963 年)

1948 年，晶体管的发明大大促进了计算机的发展，晶体管代替了体积庞大的电子管，电子设备的体积不断减小。1956 年，晶体管在计算机中使用，晶体管和磁芯存储器促使了第二代计算机的产生。第二代计算机体积小、速度快、功耗低、性能更稳定。首先使用晶体管技术的是早期的超级计算机，主要用于原子科学的大量数据处理，这些机器价格昂贵，生产数量极少。

1960 年，出现了一些成功地用在商业领域、大学和政府部门的第二代计算机。第二代计算机用晶体管代替电子管，还具有现代计算机的一些部件：打印机、磁带、磁盘、内存、操作系统等。计算机中存储的程序使得计算机有很好的适应性，可以更有效地用于商业用途。在这一时期出现了 COBOL、FORTRAN 等高级语言，以单词、语句和数学公式代替了含混晦涩的二进制机器码，使计算机编程更容易。新的职业(程序员、分析员和计算机系统专家)和整个软件产业由此诞生。

3. 第三代：集成电路计算机(1964 年～至今)

虽然晶体管比起电子管是一个明显的进步，但是晶体管会产生大量的热量，这会损害计算机内部的敏感部分。1958 年，美国德州仪器的工程师 Jack Kilby 发明了集成电路(IC)，将三种电子元件结合到一片小小的硅片上。科学家使更多的元件集成到单一的半导体芯片上，于是，计算机变得更小，功耗更低，速度更快。这一时期的发展还包括使用了操作系统，使得计算机在中心程序的控制协调下可以同时运行许多不同的程序。

出现集成电路后，唯一的发展方向是扩大规模。大规模集成电路(LSI)可以在一个芯片上容纳几百个元件。到了 20 世纪 80 年代，超大规模集成电路（VLSI)在芯片上容纳了几十万个元件，后来的甚大规模集成电路(ULSI)将数字扩充到百万级，可以将如此数量的元件集成在硬币大小的芯片上。集成电路使得计算机的体积和价格不断下降，而功能和可靠性不断增强。

20 世纪 70 年代中期，计算机制造商开始将计算机带给普通消费者，这时的小型机带有界面友好的软件包和供非专业人员使用的程序，其中包括最受欢迎的文字处理和电子表格程序。这一领域的先锋有 Commodore、Radio Shack 和 Apple Computers 等。

1981 年，IBM 推出个人计算机（PC）以用于家庭、办公室和学校。20 世纪 80 年代起，由于激烈的市场竞争，使得个人计算机的价格不断下跌、拥有量不断增加、体积不断缩小（从桌上到膝上再到掌上）。与 IBM PC 竞争的 Apple Macintosh 系列于 1984 年推出，Macintosh 提供了友好的图形界面，用户可以用鼠标方便地进行操作。

进入集成电路计算机发展时期以后，在计算机中形成了相当规模的软件子系统，高级语言种类进一步增加，操作系统日趋完善，具备批量处理、分时处理、实时处理等多种功能。数据库管理系统、通信处理程序、网络软件等也不断增添到软件子系统中。软件子系统的功能不断增强，明显地改变了计算机的使用属性，使用效率显著提高。

在现代计算机中，外围设备的价值一般已超过计算机硬件子系统的一半以上。外围设备包括辅助存储器和输入输出设备两大类。

4. 第四代：量子、光子、生物等未来计算机

计算机从真空管、晶体管、集成电路、超大规模集成电路，一直是沿着"电子"计算机的道路行走，虽然计算机芯片的集成度越来越高，开关元件尺寸越做越小，然而由于量子效应的存在，现在集成电路技术正逼近其极限（0.2 nm 的工艺）。因此，量子计算机、光子计算机、生物计算机已为大家所日臻熟知。

1）量子计算机

进入 20 世纪 90 年代，理论模型和实验技术的进步为量子计算机的实现提供了可能。尤其值得一提的是，1994 年美国贝尔实验室的 Peter W. Shor 证明运用量子计算机竟然能有效地进行大数的因式分解，这意味着以大数因式分解算法为依据的电子银行、网络等领域的 RSA 公开密钥密码体系在量子计算机面前不堪一击。于是各国政府纷纷投入大量的资金和科研力量进行量子计算机的研究，如今这一领域已经形成一门新型学科——量子信息学。

量子计算机具有特大威力的根本原因在于构成量子计算机的基本单元——量子比特（q-bit），它具有奇妙的性质，而这种性质必须用量子力学来解释，因此称为量子特性。我们现在所使用的计算机采用二进制来进行数据的存储和运算，在任何一个时刻一个存储器位可以表示 0 或 1 两种状态。而一个量子存储器位在某一时刻却可以表示 8 种不同状态。所谓"量子并行计算"的性质正是量子计算机巨大威力的奥秘所在。例如 Shor 提出的大数因式分解算法。按照 Shor 算法，对一个 1000 位的数进行因式分解只需几分之一秒，同样的事情由目前最快的计算机来做，则需 10^{25} 年！然而到目前为止，真正的量子计算机只做到 5 个 q-bit，只能做很简单的验证性实验，但是我们有理由期待它的光明前景。

2）光子计算机

1990 年初，美国贝尔实验室制成世界上第一台光子计算机。现有的计算机是由电子来传递和处理信息的。电子在导线中传播的速度虽然比人们看到的任何运载工具运动的速度都快，但是，从发展高速率计算机的角度来说，电子对计算机运算速度的提高已经愈发乏力,采用电子做运输信息的载体已经不能满足"快"的要求了。而光子计算机以光子作为传递信息的载体,以光互连代替导线互连,以光硬件代替电子硬件,以光运算代替电运算,利用激光来传送信号,并由光导纤维与各种光学元件等构成集成光路,从而进行数据运算、传输和存储。在光子计算机中,不同波长、频率、偏振态及相位的光代表不同的数据,这远胜于电子计算机中通过电子"0""1"状态变化进行的二进制运算,可以对复杂度高、计算量大的任务实现快速的并行处理。光子计算机将使运算速度在目前的基础上呈指数上升。

由于光子比电子速度快,光子计算机的运行速度可高达一万亿次每秒。它的存储量是现代计算机的几万倍,还可以对语言、图形和手势进行识别与合成。

光子计算机与电子计算机相比,主要具有以下优点:

(1) 超高速的运算速度。光子计算机并行处理能力强,因而具有更高的运算速度。同时,电子的传播速度是 593 km/s,而光子的传播速度却达 3×10^5 km/s,光子计算机的运行速度要比电子计算机快得多,对使用环境条件的要求也比电子计算机低得多。

(2) 超大规模的信息存储容量。与电子计算机相比,光子计算机具有超大规模的信息存储容量。光子计算机具有极为理想的光辐射源——激光器,光子的传导可以不需要导线,而且即使在相交的情况下,它们之间也不会产生丝毫的相互影响。

(3) 能量消耗小,散发热量低,是一种节能型产品。驱动光子计算机,只需要同类规格的电子计算机驱动能量的一小部分,这不仅降低了电能消耗,大大减少了机器散发的热量,还为光子计算机的微型化和便携化研制提供了便利的条件。

目前,光子计算机的许多关键技术,如光存储技术、光互连技术、光电子集成电路等都已经获得突破,最大幅度地提高光子计算机的运算能力是当前科研工作面临的攻关课题。光子计算机的问世和进一步研制、完善,将为人类跨向更加美好的明天,提供无穷的力量。

3) 生物计算机

生物计算机即脱氧核糖核酸(DNA)分子计算机,主要由生物工程技术产生的蛋白质分子组成的生物芯片构成,通过控制 DNA 分子间的生化反应来完成运算。运算过程就是蛋白质分子与周围物理化学介质相互作用的过程,其转换开关由酶来充当,而程序则在酶合成系统本身和蛋白质的结构中明显表示出来。20 世纪 70 年代,人们发现 DNA 处于不同状态时可以代表信息的有或无。DNA 分子中的遗传密码相当于存储的数据,DNA 分子间通过生化反应,从一种基因代码转变为另一种基因代码。反应前的基因代码相当于输入数据,反应后的基因代码相当于输出数据。只要能控制这一反应过程,就可以制成 DNA 计算机。

生物计算机以蛋白质分子构成的生物芯片作为集成电路。蛋白质分子比电子元件小很多,可以小到几十亿分之一米,而且生物芯片本身具有天然独特的立体化结构,其密度要比平面型的硅集成电路高五个数量级。生物计算机芯片本身还具有并行处理的功能,其运算速度要比当今最新一代的计算机快 10 万倍,能量消耗仅相当于普通计算机的十亿分之一。生物芯片一旦出现故障,可以进行自我修复,具有自愈能力。生物计算机具有生物活性,能够和人体的组织有机地结合起来,尤其是能够与大脑和神经系统相连。这样,植入人体的生物计算机就可直接接受大脑的综合指挥,成为人脑的辅助装置或扩充部分,并能由人体细胞吸收营养补充能量，成为帮助人类学习、思考、创造和发明最理想的伙伴。

生物计算机主要具有以下优点：

(1) 体积小，功效高。在一平方毫米的面积上，可容纳几亿个电路，比目前的集成电路小得多，用它制成的计算机，已经不像现在计算机的形状了，可以隐藏在桌角、墙壁或地板等地方。

(2) 当它的内部芯片出现故障时，不需要人工修理，能自我修复。所以，生物计算机具有永久性和很高的可靠性。

(3) 生物计算机的元件是由有机分子组成的生物化学元件，它们是利用化学反应工作的，所以，只需要很少的能量就可以工作了。因此，它们不会像电子计算机那样，工作一段时间后机体会发热。

(4) 生物计算机的电路间没有信号干扰。

1.2　微处理器、微控制器及嵌入式处理器

计算机的核心是微处理器(MicroProcessor 或 MicroProcessor Unit，μP 或 MPU)芯片，但是为了适合实时控制的需要，各 IC 厂家推出了微控制器(Micro Controller Unit，MCU)、数字信号处理器(Digital Signal Processor，DSP)以及基于嵌入式处理器的各种类型的处理器芯片。从广义上讲，微处理器(MPU)、微控制器(MCU，包括 DSP)、嵌入式处理器(如 ARM)等都叫微处理器或嵌入式处理器(嵌入到数字系统)。但严格讲，概念有所不同。

1. 微处理器

微处理器是一个功能强大的中央处理单元(Central Processing Unit，CPU)，其内部主要包括算术运算单元和控制单元(ALU 和 CU)。这种芯片往往是个人计算机和高端工作站的核心 CPU。最常见的微处理器是 Motorola 的 68K 系列和 Intel 的 X86 系列。"微型计算机原理"课程中就是以 Intel 的 80x86 CPU 为例，来介绍微处理器的结构、指令系统、接口及应用的。

微处理器片内普遍没有用户使用的存储器、定时器和常用接口。因此，微处理器在电路板上必须外扩存储器、总线接口及常用外设接口及器件，从而降低了系统的可靠性。比如，"微型计算机原理"学习的 Intel8088/8086CPU，使用时需要 244/245/373 构成总线，外加 Intel8087 浮点运算协处理器、并行可编程接口芯片 8255A、计数/定时器 8253/8254、DMA 控制器 8237、中断控制器 8259A、串行通信接口 8250/8251 等芯片，构成早期的 PC 计算机 IBM - XT/AT 的主板系统。微处理器的功耗普遍较大，如 Intel 的 CPU 多在 20～100W。

2. 微控制器

有一类处理器芯片，其内部集成了大量适合于实时控制的接口电路，这类处理器片内除具有通用 CPU 所具有的 ALU 和 CU，还集成有存储器(RAM/ROM)、计数器、定时器、各种通信接口、中断控制、总线、A/D 和 D/A 转换器等适合控制的功能模块，是将 CPU 及相关数字接口集成到一片芯片中，这类处理器称为单片机(Single Chip Computer)或微

控制器。目前使用最多的是 51 系列单片机。还有一种结构更加复杂的高性能单片机,其内部采用多总线结构(数据和程序有各自的总线),指令执行使用多级流水线结构(多条指令同时运行在不同阶段)、片内集成有硬件乘法器、具有更加适合进行数字信号处理的特殊指令等,因此,称为数字信号处理器。最常见的数字信号处理器有 TI 公司的 TMS320 系列,Motorola 公司的 MC56 和 MC96 系列,AD 公司的 ADSP21 系列等。

微控制器与微处理器相比,其最大的优点是将适合实时控制的一些接口和微处理器一起单片化,体积大大减小,从而使功耗和成本下降,可靠性提高。

3. 嵌入式处理器

狭义上讲,嵌入式处理器是一种处理器的 IP 核(Intellectual Property Core)。开发公司开发出处理器结构后向其他芯片厂商授权制造,芯片厂商可以根据自己的需要进行结构与功能的调整。嵌入式处理器的主要产品有:ARM(Advanced RISC Machines)公司的 ARM、Silicon Graphics 公司的 MIPS、IBM 和 Motorola 联合开发的 PowerPC 、Intel 的 X86 和 i960 芯片、AMD 的 Am386EM、Hitachi 的 SH RISC 芯片等。

嵌入式处理器的主要设计者是 ARM 公司,它本身不生产芯片,靠转让设计许可,由合作伙伴公司来生产各具特色的芯片。ARM 公司在全世界范围的合作伙伴超过 100 个,其中包括 TI、Xilinx、Samsung、Philips、ATMEL、Motorola、INTEL(典型芯片有 StrongARM 和 XScale)等许多著名的半导体公司。ARM 公司专注于设计,设计的处理器内核耗电少,成本低,功能强,含有 16/32 位的 RISC(Reduced Instruction Set Computing,精简指令集计算机处理器)。采用 ARM 技术的微处理器遍及各类电子产品,在汽车电子、消费娱乐、成像、工业控制、网络、移动通信、手持计算、多媒体数字消费、存储安保和无线等领域无处不在。

狭义上的嵌入式系统,是指使用嵌入式微处理器构成的独立系统,具有自己的操作系统并且具有某些特定功能的系统,这里的微处理器专指 32 位以上的微处理器。

所有处理器的学习和应用的基础是数字电子技术。

1.3 数字电子技术基本概念

1.3.1 数字世界是 0 和 1 的世界

上述的第二代、第三代计算机的基础就是用电子开关的开和关分别表示"0"和"1"。难道复杂而又多样的种种事物都可以用简单的 0 和 1 表示吗?就算是表示出来又通过何种方式进行运算或处理得到想要的结果呢?这些问题由乔治·布尔回答了。他是 19 世纪英国逻辑学家,他将人类的逻辑思维简化为一些数学运算,还发明了一种语言用于描写与处理各种逻辑命题和确定其真假与否,这种语言被称做逻辑代数。将布尔代数引入计算机科学领域的是克劳德·香农,他创立了信息论,并在其中定义了称为"二进制位"的信息度量。采用二进制主要基于以下原因:

(1)技术实现简单。数字系统由逻辑电路组成,逻辑电路的最底层是电子开关,开关的接通与断开状态,正好可以用"1"和"0"表示。虽然大家熟知十进制数,但目前为止没有一个类似十个手指的电子器件。

（2）简化运算规则。两个二进制数的和、积运算组合各有三种（求和法则 3 个：$0+0=0$，$0+1=1+0=1$，$1+1=10$，逢二进一，因此为二进制数；求积法则 3 个：$0\times0=0$，$0\times1=1\times0=0$，$1\times1=1$），运算规则简单，有利于简化计算机内部结构，提高运算速度。

（3）适合逻辑运算。逻辑代数是逻辑运算的理论依据，二进制只有两个数码，正好与布尔代数中的"真"和"假"相吻合。

（4）具有抗干扰能力强、可靠性高等优点。

如何将我们想要表达的问题转化为 0、1 代码，不同的问题经过不同人的处理会有不同的逻辑表示，这就需要约定一个编码原则。这里最本质的概念是信息，哲学家格雷戈里·贝特森将信息定义为"生异之异（the difference that makes a difference）"。换句话说，信息是一种差异性、可能性，同时它又有影响其他信息的能力，这样看来，信息是完全可以用二进制位来表示的。例如，当你和别人谈话时，说的每个字都是字典中所有字中的一个。如果将字典中所有的字从 1 开始编号，就可能精确地使用数字进行交谈，而不使用汉字。当然，对话的两个人都需要一本已经给每个字编过号的字典以及足够的耐心，就像电视剧《潜伏》中的密电码一样。人与计算机的交谈也是这个道理。

1.3.2　模拟信号和数字信号

模拟信号分布于自然界的各个角落。电学上的模拟信号主要是指幅度和相位都连续的电信号，此信号可以被模拟电路进行各种运算，如放大、相加、相乘等。图 1.3.1（a）所示为一模拟信号。

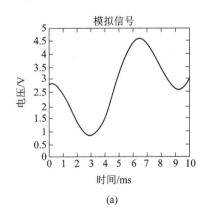

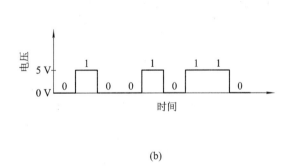

图 1.3.1　典型的数字信号时序图

（a）模拟信号；（b）数字信号

所谓数字信号，是指时间上及数值上都是离散的（不连续的）信号。一方面，它们的变化在时间上是不连续的，总是发生在一系列的瞬时（采样或开关的通、断）；另一方面，它们的数值大小和增减变化，都是不连续的数值。图 1.3.1（b）所示为典型的数字信号时序图（数字信号电压与时间的关系图）。数字信号在不同时间点上变为高电平或者低电平。

高、低两个电平可以分别由 0、1 表示，这样就有两种表示方式：若规定高电平为逻辑 1，低电平为逻辑 0，则为正逻辑；反之，若规定高电平表示逻辑 0，低电平表示逻辑 1，则为负逻辑。图 1.3.1（b）所示采用了正逻辑。在数字逻辑电路中，理想的逻辑 1 定义为器件的电源电压，称为"强 1"；逻辑 0 定义为 0 V，称为"强 0"。在实际应用中，由于温度变化、电源电压波动、干扰及元件特性变化等因素的影响，不能如此精确地定义逻辑 0 和逻辑 1，而是定义两个电压范围来分别表示逻辑 0 和逻辑 1。如图 1.3.2 所示，高、低中间存在一个不确定区域，这个区域非高也非低，这是说明数字信号数值上不连续的其中一个含义。不同逻辑器件的逻辑 0 和逻辑 1 的电压范围各不相同。

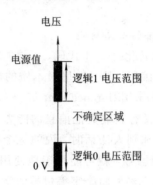

图 1.3.2 正逻辑的逻辑 0 和 1

对于同一电路，可用正逻辑表示，也可用负逻辑表示。不过，选用的逻辑体制不同，电路的逻辑功能也将不同。因此，在同一系统中，只能采用一种逻辑体制。若无特别说明，一般采用正逻辑体制。

将一个模拟信号转换为数字信号，一般由模/数转换器（ADC）完成。假如将模拟信号转换为 8 位的数字信号。图 1.3.3 表示了三个数据采样点转换为 8 位二进制数字的对应关系，第三个采样点的模拟值接近 5 V，因此其转换为二进制的数值也比较大，为二进制的 11111101。使用 8 位二进制数表示模拟信号，只能由 0～255 共 256（2^8）个整数之一表示某模拟值。因此，这是说明数字信号在数值上是不连续的另一含义。显然，使用的 ADC 二进制位数越多，越能精确地表示原始的模拟信号，转换误差越小。

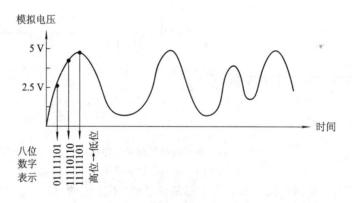

图 1.3.3 模拟信号的二进制数字表示

模拟信号与数字信号的优、缺点主要表现在如下几点：

（1）模拟信号的主要优点：① 精确的分辨率，在理想情况下，它具有无穷大的分辨率，与数字信号相比，模拟信号的信息密度更高；② 由于不存在量化误差，它可以对自然界物理量的真实值进行尽可能逼近的描述；③ 模拟信号处理比数字信号处理更简单，模拟信号的处理可以直接通过模拟电路组件（例如运算放大器等）实现，而数字信号处理往往涉及复杂的算法，甚至需要专门的数字信号处理器。

（2）模拟信号的主要缺点：① 抗干扰能力弱，比如通信中的模拟电信号在沿线路传输的过程中会受到外界的和通信系统内部的各种噪声干扰，噪声和信号混合后难以分开，从而使得通信质量下降，线路越长，噪声的积累也就越多；② 不易储存、还原及控制等；③ 保密性差，比如模拟通信，尤其是微波通信和有线明线通信，很容易被窃听，只要收到模拟信号，就容易得到通信内容。

（3）数字信号的主要优点：① 抗干扰能力强，比如，通信中数字信号在传输过程中会混入杂音，可以利用电子电路构成的门限电压(称为阈值)去衡量输入的信号电压，只有达到某一电压幅度，电路才会有输出值，并自动生成一个整齐的脉冲(称为整形或再生)，较小杂音电压到达时，由于它低于阈值而被过滤掉，不会引起电路动作，一旦干扰信号大于阈值才会产生误码，为了防止误码，可以在电路中设置检验错误和纠正错误的方法；② 所处理的数字信号只有两种取值(1、0)，信息便于长期存储以及计算机处理；③ 保密性好，比如，语音信号经 ADC 后，可以先进行加密处理，再进行传输，在接收端解密后再经数/模转换(DAC)还原成模拟信号。

（4）数字信号的主要缺点：① 只能表示信号的近似值；② 占用频带较宽，比如语音通信，因为线路传输的是脉冲信号，传送一路数字化语音信息需占 20～64 kHz 的带宽，而一个模拟话路只占用 4 kHz 带宽，对线路的要求提高了；③ 技术要求复杂，需要掌握数字技术及微处理器等；④ 进行模/数转换时会带来量化误差。随着大规模集成电路的使用以及光纤等宽频带传输介质的普及，对信息的存储和传输，越来越多使用的是数字信号的方式，因此必须对模拟信号进行模/数转换，在转换中不可避免地会产生量化误差。

随着数字电子技术的飞速发展，数字信号的应用也日益广泛。很多现代的媒体处理工具，尤其是需要和计算机相连的仪器都从原来的模拟信号表示方式改为使用数字信号表示方式。人们日常使用的手机、视频或音频播放器和数码相机等均为数字产品。电视已从仅接收模拟电视信号模式转向模拟、地面数字、有线数字、卫星数字接收并存模式。

1.3.3　时钟脉冲信号及技术指标

通常，将既非直流又非正弦交流的电信号统称为脉冲信号。而在数字电路中，为了控制和协调整个系统的工作，常常需要时钟脉冲信号。获得这种矩形脉冲的方法有两种。一种是通过整形电路变换而成。整形电路又分为两类：施密特触发器和单稳态触发器，它们可以使脉冲的边沿变陡峭，形成规定的矩形脉冲。另一种是利用多谐振荡器直接产生。电脑中的系统时钟脉冲信号就是由石英晶体振荡器产生的。

由于实际的矩形脉冲波形是非理想的，为了定量描述矩形脉冲的特性，经常使用如图 1.3.4 所示的几个主要参数及其关系来表述矩形脉冲的性能指标。即：

脉冲周期 T —— 周期性重复的脉冲序列中，两个相邻脉冲间的时间间隔。有时也用频率 $f = 1/T$ 表示，f 代表单位时

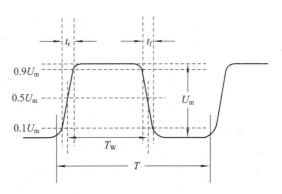

图 1.3.4　描述矩形脉冲特性的指标

间内脉冲重复的次数。

脉冲幅度 U_m——脉冲电压最大变化的幅值。

脉冲宽度 T_w——从脉冲前沿 $0.5U_m$ 始,到脉冲后沿 $0.5U_m$ 止的一段时间。

上升时间 t_r——脉冲从 $0.1U_m$ 上升到 $0.9U_m$ 所需的时间。

下降时间 t_f——脉冲从 $0.9U_m$ 下降到 $0.1U_m$ 所需的时间。

占空比 q——脉冲宽度与脉冲周期之比,即 $q = T_w/T$。

上述几个指标反映了一个矩形脉冲的基本特性。

1.3.4　数字电子电路及特点

电子电路是由电子元件和电子器件组成的电路。电子器件包括电子管、晶体管、场效应管以及各种类型的集成电路芯片。

电子电路有多种分类方法。按信号的特点可分为:模拟电子电路和数字电子电路;按频率高低可分为:低频电子电路和高频电子电路;按电子器件的工作状态可分为:线性电子电路和非线性电子电路;按功能不同可分为:整流、滤波、振荡、放大、调制、计数等电路。

依靠电压或电流对时间的连续变化来运载信息的信号叫模拟信号,例如音乐、语言、温度、压力等变换为电信号后都是模拟信号。处理模拟信号的电子电路称为模拟电子电路。例如,图 1.3.5 所示为广播发射机的模拟电路方框图。

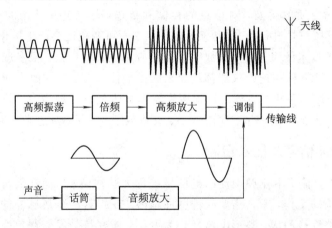

图 1.3.5　广播发射机的模拟电路方框图

随着数字电子技术的快速发展,尤其是微处理器技术的发展,使得数字电路的应用已经无处不在。处理数字信号的电子电路称为数字电子电路(简称为数字电路或数电),例如计数器电路。但这个世界上涉及的许多物理量都是连续变化的模拟量,如时间、速度、压力、温度、流量等都不是一般的 1 和 0,而是一个实际存在的有限大小的数量。为了使数字系统能够理解这些物理量,必须将其转换成表征其数量大小的二进制数字串,这种转换称为模/数转换,相应的转换器件称为模/数转换器(Analog-Digital Converter,ADC)。另外,数字电路,尤其是计算机对输入信号处理和运算的结果通常还需要转换成为模拟信号再送回系统。这种把数字量转换成为相应模拟量的过程称为数/模转换,相应的转换器件称为数/模转换器(Digital-Analog Converter,DAC)。如图 1.3.6 方框图所示,图中的两个圆圈代表两种信号(数字和模拟),在二者之间的方框是实现数字和模拟信号相互转换的桥梁——A/D 和 D/A 转换器，其余的部分包括信号的输入和输出。

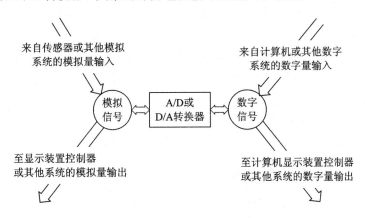

图 1.3.6　模拟与数字世界的转换方框图

　　一个闭环的数字控制系统的基本框图如图 1.3.7 所示。图中被检测对象可以是温度、压力等非电量，经由传感器转换为与之成正比的微弱的模拟电压或电流信号，经放大、滤波等调理电路送入 A/D 转换器转换成数字量，数字电路进行处理后可将结果直接由数码管、液晶等显示器显示。一个闭环系统必须将处理结果反应到对象。比如，要求空调室温控制在 26℃，数字电路将实际测量值与 26℃ 设定值对应，将对比的偏差送给 D/A 转换器转换成模拟量，由控制模块根据模拟量信息控制空调执行机构以实现温度的调控。

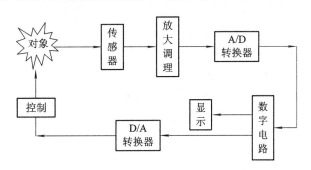

图 1.3.7　数字控制系统基本框图

　　数字电路中的电子器件一般工作在开关状态，电路中的电压或电流通常只有两个状态：高电平或者低电平；有电流或者无电流。这样的两个状态可用 0 和 1 表示，0 和 1 既可以表示数字量，也可以表示逻辑量。数字电路输入与输出的 0、1 序列间的逻辑关系便是数字电路的逻辑功能，因而数字电路亦可认为是实现各种逻辑关系的电路，故数字电路又称为数字逻辑电路。由图 1.3.7 可见，数字控制系统往往需要 ADC 和 DAC，其缺点显而易见：表示数字有误差，而且与模拟电路相比数字处理时间更长。

　　数字电路的主要优点如下：

　　(1) 电路结构简单，容易制造，便于集成和系列化生产，成本低，使用方便；

　　(2) 由数字电路组成的数字系统，抗干扰能力强、可重复性和稳定性好；

　　(3) 数字电路容易分析和设计；

　　(4) 数字信息便于采用计算机进行运算、处理、存储等。

随着大规模及超大规模数字集成电路的飞跃发展，数字电路在各个领域都得到越来越广泛的应用。可编程逻辑器件代表了数字电路的一个发展方向，硬件描述语言成为现代数字电路设计的主要描述方式。

数字电视是一个典型的数字系统，采用数字信号广播图像和声音，从节目采编、压缩、传输到接收电视节目的全过程都采用数字信号处理。其具体传输过程是：由电视台送出的图像及声音信号，经数字压缩和数字调制后，形成数字电视信号，经过卫星、地面无线广播或有线电缆等方式传送，由数字电视接收后，通过数字解调和数字视音频解码处理还原出原来的图像及伴音。因为全过程均采用数字技术处理，因此，信号损失小，接收效果好。

1.3.5 数字电路分类及基本单元

数字电路可分为组合逻辑电路和时序逻辑电路，简称为组合电路和时序电路。在比较复杂的数字系统中，通常既包含组合电路，又包含时序电路。

组合逻辑电路是任何时刻输出信号的逻辑状态仅取决于该时刻输入信号的逻辑状态，而与输入信号和输出信号过去状态无关的逻辑电路。

由于组合逻辑电路的输出逻辑状态与电路的历史情况无关，所以它的电路中不包含记忆性电路或器件。目前常用的组合逻辑电路都已制成标准化、系列化的中、大规模集成电路可供选用，比如，译码器、多路选择器、比较器等。门电路是组合逻辑电路的基本单元。

逻辑代数中有与、或和非三种基本逻辑运算和复合逻辑运算。能实现这些逻辑运算的电路称为门电路(Gate Circuits)。每一种门电路的输入与输出之间，都有一定的逻辑关系。这里逻辑是指"条件"与"结果"的关系。利用电路的输入信号反映"条件"，而用电路的输出反映"结果"，从而使电路的输出、输入之间代表了一定的逻辑关系。最基本的逻辑关系可以归结为与、或、非三种。其他复杂逻辑关系都可由这三种基本逻辑关系组合而成，因此可以利用基本门电路组成具有各种逻辑功能的数字电路。除基本门电路之外，常用的门电路还有与非、或非、与或非等复合门电路。所有门电路都有相应的系列化集成电路产品供选用。

时序逻辑电路的输出状态不仅与该时刻的输入有关，而且还与电路的历史状态有关。时序逻辑电路具有记忆输入信息的功能，常用的有计数器和寄存器。触发器是时序逻辑电路的基本单元。

触发器是具有记忆或存储1位二值信息的一种逻辑电路。它有两个稳定状态，可以存储1位二值代码或数码。触发器具有以下两个特点：

(1) 有两种能自行保持的稳定状态，分别表示二进制数0和1或者二值信息逻辑0和逻辑1；

(2) 在适当触发信号作用下，电路可从一种稳定状态转变到另一种稳定状态；当触发信号消失后，电路能够保持现有状态不变。

1.4 数字电子技术的重要性

目前，数字电子技术已渗透到科研、生产和人们日常生活的各个领域。从计算机到家用电器，从手机到数字电话，以及绝大部分新研制的医用设备、军用设备等，无不尽可能地采用了数字技术。

"数字电子技术"课程是一门电类专业必修的专业基础课程，这门课程的掌握情况直接关系到后续相关专业课程的学习和科研训练，是走进数字时代的第一门课程，是一个大转折性课程，是实践性很强的一门课程。

通常把门电路、触发器等称为逻辑器件。将由逻辑器件构成，能执行某单一功能的电路，如计数器、译码器、加法器等，称为逻辑功能部件。把由逻辑功能部件组成的能实现复杂功能的数字电路称为数字系统。复杂的数字系统可以分割成若干个子系统，例如，计算机就是一个内部结构相当复杂的数字系统。

不论数字系统的复杂程度如何，规模大小怎样，就其实质而言皆为逻辑问题，从组成上说是由许多能够进行各种逻辑操作的功能部件组成的，这类功能部件可以是小规模逻辑部件，也可以是各种中、大规模的逻辑部件，甚至超大、甚大规模芯片。由于各功能部件之间的有机配合，协调工作，使数字电路成为统一的数字信息存储、传输、处理的电子电路。可编程逻辑器件(Programmable Logical Device，PLD)的迅速发展，逐步取代了传统数字系统中的中小规模器件，成为数字系统的核心器件。

数字系统是仅仅用二进制位处理信息以实现计算和操作的电子系统。个人计算机是一个典型的数字系统实例。大家可以从多个不同的层次观察计算机。首先，许多学生都了解计算机是运行多种程序的一个工具；有些学生进一步打开了主机了解其硬件；还有部分学生想进一步深入研究主板上计算机的"心脏"——CPU是如何工作的，存储器是如何存储信息的，键盘的每个按键是如何编码的等；也许还有学生想了解这些部件是如何设计和制造出来的，这部分内容已属于微电子专业的专业课程。但如果有兴趣最终能进入CPU的内部版图世界，将会发现CPU是微小硅片上一个极其复杂的电子开关的集合。数字电子技术是探索这些奥秘的基础。

本书从数字系统基础的数制和码制的介绍入手，引领读者向数字系统的深一层次迈进，逐步掌握以"PLD＋MCU"为核心的两片数字控制系统。

思　考　题

1.1　简述微处理器、微控制器与嵌入式处理器的概念及区别。

1.2　什么是数字信号和模拟信号？如何理解数字信号在时间上和幅值上都是离散的？

1.3　数字电路如何分类？数字电路的基本单元是什么？

1.4　数字电路有哪些优点和缺点？

第2章

数字逻辑基础

数字逻辑是数字电子技术的数学基础,是分析和设计复杂数字系统的理论依据。数字逻辑是以二进制数制为基础的。本章介绍如何用二进制描述数字逻辑,具体内容包括数制、各种数制之间的转换、码制、算术运算和逻辑运算、逻辑函数表示法以及逻辑函数的代数和卡诺图化简方法等。

2.1 数 制

数字系统硬件底层是电子开关,电子开关的特性导致二进制的出现。要掌握数字运算,必须学习计数进位规则。要用二进制表示世界万物,就必须清楚常用的编码规则。

数制是计数制度的简称,即计数方法。通常用进位计数的方法组成多位数码表示一个数字,将低位到高位的进位规则称为数制。比如,人们习惯的十进制有 10 个字符,进位规则是"逢十进一"。由于还没有一种器件具有 10 个状态,因而就无法用电子器件状态表示大家熟知的十进制数的 0~9 这 10 个符号。目前的电子开关只有通断两个状态,可以分别表示 0 和 1。因此,出现了二进制数,二进制数只有 0 和 1 这两个字符,进位规则是"逢二进一"。数有大小之分,每一位都有权重。常见的数制有:二进制、十进制、八进制、十六进制等。

2.1.1 几种常用的数制

在数字系统中,数值及符号都只能用 0、1 来表示。因此,在数字电路中用二进制数。为了方便二进制数的书写和记忆,出现了八进制数和十六进制数。以下介绍几种常用的数制及其之间的相互转换。

以上提到的十进制、二进制、八进制和十六进制都是进位计数制。它们采用位置表示法,即处于不同位置的同一个数字符号所表示的数值不同。如果数制只采用 R 个基本符号,则称为 R 进制。R 称为 R 进制的"基数"或简称为"基"(Radix 或 Base),而数制中每一固定位置对应的单位值称为"权"(Weight),权为 R 的幂次。下面介绍常用的几种进位计数制。

1. 十进制(Decimal)

十进制数有 0、1、2、3、4、5、6、7、8 和 9 这 10 个符号,则其基数 R 为 10,计数规则为"逢十进一"。一个十进制数可以用若干个十进制符号构成,如 333、2765 和 58 等。相同的数码处于不同的位置可代表不同的值。例如，333 可以表示成下列多项式：

$$333 = 3 \times 10^2 + 3 \times 10^1 + 3 \times 10^0 \tag{2.1.1}$$

一个具有 n 位整数和 m 位小数的十进制数，可以记为 $(D)_D$，下标 D 表示括号中的 D 为十进制数。可用以下一般表达式表示：

$$(D)_D = d_{n-1} \cdot 10^{n-1} + d_{n-2} \cdot 10^{n-2} + \cdots + d_1 \cdot 10^1 + d_0 \cdot 10^0$$
$$+ d_{-1} \cdot 10^{-1} + d_{-2} \cdot 10^{-2} + \cdots + d_{-m} \cdot 10^{-m}$$
$$= \sum_{i=-m}^{n-1} d_i \cdot 10^i \tag{2.1.2}$$

式中，d_i 为第 i 位的系数，可为 0～9 中的任何一个符号；10 为基数，10^{n-1}，10^{n-2}，…，10^1，10^0，10^{-1}，10^{-2}，…，10^{-m} 分别为各位的权。大家熟知的十进制数表示中的下标 D 可以忽略，即 $(D)_D$ 可以省略记为 D。其他进制数必须明确标注。

2. 二进制(Binary)

二进制数只有 0 和 1 两个符号。其基数 R 为 2，计数规则为"逢二进一"，各位的权则为 2 的幂次。与式(2.1.2)类似，任一个 n 位整数和 m 位小数的二进制无符号数可按权展开为

$$(D)_B = (d_{n-1} d_{n-2} \cdots d_0 . d_{-1} \cdots d_{-m})_B = \sum_{i=-m}^{n-1} d_i 2^i \tag{2.1.3}$$

其中，下标 B 是取 Binary 的第一个字母，表示括号中的 D 为二进制数，系数 d_i 取值只有 0 和 1 两种可能。例如，

$$(1101.101)_B = 1 \times 2^3 + 1 \times 2^2 + 0 \times 2^1 + 1 \times 2^0 + 1 \times 2^{-1} + 0 \times 2^{-2} + 1 \times 2^{-3}$$

由于二进制数计数规则简单，且与电子器件的开关状态对应，因而在数字系统中获得广泛应用。

在二进制系统中，一组二进制数通常被称为字，不同系统的一个字的位数可能不同，在微型计算机领域，一般将 8 位(bit)二进制称为一个字节(Byte)，可以表示数值的数目为 $2^8 = 256$。16 位称为一个字(Word)，32 位称为双字。讨论二进制数时，经常也引进一些 2 的幂次方的缩写，比如，1K 表示 2^{10}(1024)，1M$=$1024K 表示 2^{20}，那么，2^{16} 就等于 64K。显然，二进制的缩写与传统的十进制幂次的缩写值是不同的。比如，数字系统中的 1K (1024)与物理学中 1k(1000)是不同的。

3. 十六进制(Hexadecimal)

用二进制表示一个比较大的数时，位数较长且不易读写，因而在数字系统和计算机中，将 i 位二进制用一个符号来表示，表示 i 位不同二进制数共需要 2^i 个符号，则称为 2^i 进制。其中最常用的是八进制(Octal)和十六进制(即 2^4，将 4 位二进制用一个符号表示)，十六进制用 0～9 和 A～F 共 16 个符号依次表示 0000B～1001B 和 1010B～1111 B 四位二进制数。十六进制的计数规则是"逢十六进一"，其基数 R 为 16，各位的权为 16 的幂。

任一个 n 位整数和 m 位小数的十六进制无符号数可按权展开为

$$(D)_H = (d_{n-1} d_{n-2} \cdots d_0 . d_{-1} \cdots d_{-m})_H = \sum_{i=-m}^{n-1} d_i 16^i \tag{2.1.4}$$

式中，d_i 可为十六进制符号 0～9 和 A～F 中的任一个，下标 H 表示 D 为十六进制数。

在很多编程软件中，常常在其数字后加上对应进制数英文名称的首字母来区分不同进制的数，十进制数的 D 可以省略。比如，1001B、2FH、234、150O 分别表示二进制、十六进制、十进制和八进制数。编程中十六进制数常用加"0x"前缀表示，比如，2FH 也可以表示为 0x2F。教材后续部分混用 $(1001)_B$ 和 1001B 两种表示。

各种常用数制对照如表 2.1.1 所示。

表 2.1.1 常用数制对照表

十进制(D)	二进制(B)	十六进制(H)	十进制(D)	二进制(B)	十六进制(H)
0	0 0 0 0	0	8	1 0 0 0	8
1	0 0 0 1	1	9	1 0 0 1	9
2	0 0 1 0	2	10	1 0 1 0	A
3	0 0 1 1	3	11	1 0 1 1	B
4	0 1 0 0	4	12	1 1 0 0	C
5	0 1 0 1	5	13	1 1 0 1	D
6	0 1 1 0	6	14	1 1 1 0	E
7	0 1 1 1	7	15	1 1 1 1	F

对于任意位置表示法的 n 位整数和 m 位小数的 R 进制无符号数，则可有

$$(D)_R = \sum_{i=-m}^{n-1} d_i R^i \tag{2.1.5}$$

其中，R 为 R 进制数的基数，d_i 为 R 进制的符号。

2.1.2 数制之间的转换

虽然大家非常熟悉十进制数，但数字系统只能识别二进制数，因此，需要了解数制之间的转换。数制间转换的原则是：转换前后整数部分和小数部分必须分别相等。计算机软、硬件的迅速发展使得在实际应用中，数制之间的转换通常用计算机软件处理。

1. 多项式法

多项式法适用于将基数为 R 的数转换为十进制数，再根据式(2.1.5)按权展开，并按十进制数计算，所得结果就是其所对应的十进制数。

例如，将十六进制数 $(1DE)_H$ 转换为十进制数：

$$(1DE)_H = (1 \times 16^2 + 13 \times 16^1 + 14 \times 16^0)_D = (256 + 208 + 14)_D = 478$$

例如，将二进制数 $(110101.101)_B$ 转换为十进制数：

$$(110101.101)_B = (1 \times 2^5 + 1 \times 2^4 + 1 \times 2^2 + 1 \times 2^0 + 1 \times 2^{-1} + 1 \times 2^{-3})_D$$
$$= (32 + 16 + 4 + 1 + 0.5 + 0.125)_D = 53.625$$

2. 基数乘除法

基数乘除法适用于把一个十进制数 D 转换为其他进制的数，即把一个 n 位整数和 m 位小数的十进制数 D，用 k 位整数和 i 位小数的其他进制的数来表示。转换方法是把整数部分和小数部分分别进行转换，然后合并起来。

下面主要以十进制数转换为二进制数为例讨论基数乘除法。

1) 整数部分的转换（除基取余法）

依据转换原则及二进制数的按权展开式(2.1.3)，整数部分的转换可以表示为

$$D_n = d_{k-1} \times 2^{k-1} + d_{k-2} \times 2^{k-2} + \cdots + d_1 \times 2^1 + d_0 \times 2^0$$
$$= 2(d_{k-1} \times 2^{k-2} + d_{k-2} \times 2^{k-3} + \cdots + d_1) + d_0 \qquad (2.1.6)$$

式(2.1.6)表明，将 D_n 除以 2，则得到余数为 d_0，商为

$$d_{k-1} \times 2^{k-2} + d_{k-2} \times 2^{k-3} + \cdots + d_1 = 2(d_{k-1} \times 2^{k-3} + d_{k-2} \times 2^{k-4} + \cdots + d_2) + d_1$$
$$(2.1.7)$$

由式(2.1.7)不难看出，D_n 除以 2 所得的商再除以 2，所得余数则为 d_1。依此类推，反复将每次得到的商除以 2，直到商为 0，就可根据余数得到二进制数的每一位的数。

[例 2.1.1]　将十进制数 89 转换成二进制数。

解　根据转换方法，将十进制数 89 逐次除以 2，取其余数，即得二进制数。

$$
\begin{array}{lllll}
2 \underline{|89} & \text{余数} & & & \\
2 \underline{|44} & \cdots & 1 & \cdots & d_0 \quad \textbf{LSB}(\text{Least Significant Bit 的缩写}) \\
2 \underline{|22} & \cdots & 0 & & d_1 \\
2 \underline{|11} & \cdots & 0 & & d_2 \\
2 \underline{|5} & \cdots & 1 & & d_3 \\
2 \underline{|2} & \cdots & 1 & & d_4 \\
2 \underline{|1} & \cdots & 0 & & d_5 \\
0 & \cdots & 1 & \cdots & d_6 \quad \textbf{MSB}(\text{Most Significant Bit 的缩写})
\end{array}
$$

则 $89 = (1011001)_B = 1011001B$。写转换结果时要注意：高位(MSB)在下，低位(LSB)在上，即由下至上读出结果。

2) 小数部分的转换（乘基取整法）

与整数转换类似，将十进制小数乘以 2，取其整数部分即为 d_{-1}。将乘积的小数部分再乘以 2，就可根据其乘积的整数部分得到二进制小数的 d_{-2} 位。依此类推，只要逐步将小数乘以 2，且逐次取出乘积中的整数部分，直到小数部分为 0 或者达到所需的精度为止，即可求得相应的二进制小数。

[例 2.1.2]　将十进制数 0.64 转换为二进制数，要求误差 $\varepsilon < 2^{-10}$。

解　根据小数部分的转换方法，将十进制小数 0.64 逐次去整乘以 2，最后依次取各次乘积的整数部分，即得二进制小数，小数部分取 10 位即可以保证误差 $\varepsilon < 2^{-10}$。

	0.64	0.28	0.56	0.12	0.24	0.48	0.96	0.92	0.84	0.68
(乘基)	×2	×2	×2	×2	×2	×2	×2	×2	×2	×2
	1.28	0.56	1.12	0.24	0.48	0.96	1.92	1.84	1.68	1.36
(取整)	1	0	1	0	0	0	1	1	1	1
	d_{-1}	d_{-2}	d_{-3}	d_{-4}	d_{-5}	d_{-6}	d_{-7}	d_{-8}	d_{-9}	d_{-10}

则 $0.64 = (0.1010001111)_B$，且其误差 $\varepsilon < 2^{-10}$。

显然，十进制数 89.64 转换为二进制数，则为

$$(1011001.1010001111)_B$$

十进制数转换为十六进制数有两种方法，一种就是采取上面介绍的基数乘除法，对整数部分除基取余，对小数部分乘基取整，即可求得转换；另一种方法是以二进制为桥梁进行转换，即首先把待转换的十进制数按基数乘除法转换为二进制数，再根据下面将要介绍的十六进制与二进制对应关系，即可求得转换结果。实际上，后者较为常用。

3. 基数为 2^i 进制间的转换

所谓 2^i 进制，是指基数是 2 的幂次的进制数，比如，二进制、八进制和十六进制。由表 2.1.1 可以看出，4 位二进制数可以组成 1 位十六进制数($2^4=16$)，而且这种对应关系是一一对应的。它们之间的相互转换可以直接写出来。

[例 2.1.3] 将数字$(110110111000110.1011000101)_B$转换成十六进制数。

解 用上述对应关系，以小数点为界，整数部分由右向左按 4 位一组划分，最左数位组不够 4 位时，最左处用 0 补齐；小数部分由左向右 4 位一组划分，最右数位组不够 4 位时，最右处用 0 补齐。由此可得十六进制数

$$\underset{0110}{6}\ \underset{1101}{D}\ \underset{1100}{C}\ \underset{0110}{6}\ .\ \underset{1011}{B}\ \underset{0001}{1}\ \underset{0100}{4}$$

则$(110110111000110.1011000101)_B=(6DC6.B14)_H$。熟练后即可直接写出二进制与十六进制的相互转换结果。

[例 2.1.4] 将十六进制数 34DFH 转换成二进制数。

解 按照表 2.1.1 中的对应关系，将一位十六进制数对应的四位二进制数直接写出来即可：

$$34DFH = 0011\ 0100\ 1101\ 1111B$$

2.2 码 制

无论数字电视还是计算机系统、数字通信系统、工业生产线的数字控制、宇宙飞船导航系统等任何一个简单或复杂的数字系统，其基本概念都是相同的，一般都需要将模拟世界的信息转换为数字信息，完成如图 2.2.1 所示的任务：

(1) 将现实世界的信息通过编码器转换为数字信息处理网络可以理解的二进制信息。此处的编码器是广义的，模/数转换器(ADC)内部也包含有编码器。

(2) 数字信息处理网络仅用 0 和 1 完成计算和操作。也就是说，数字信息处理网络的输入和输出必须是数字信号，即信号的取值要么为 0，要么为 1。

(3) 将处理结果通过译码器转换为现实世界可以接收的信号输出。此处的译码器也是广义的译码器，数/模转换器(DAC)是将数字量翻译为模拟量的译码器件。

编码器和译码器是数字系统中非常重要的器件，在后续章节中进行详细介绍。在此仅介绍码制。

图 2.2.1 数字系统的编码和译码过程

二进制数码不仅可以表示数字量大小，而且还可以表示客观世界中小到生活的方方面面，大到宇宙星辰的信息等无穷无尽的事物。也就是用晶体管的开关特性来组合成不同的状态，以表示世界上的万物。比如，可以用两个晶体管的开关的四种组合 00、01、10、11 分别表示前、后、左、右方向，此时这些数码就没有了数量的概念，成为代表不同事物的一个代码。为了便于记忆、处理和通用，编制代码时要遵循一定的规则，这些规则称为码制，即编码方法。将一定位数的数码按一定的规则排列起来表示特定对象，称其为代码或编码。编码可以表示任何人为赋予的含义，可以是逻辑的，也可以是非逻辑的，编码没有大小之分，没有位权，或者说每位是平等的，每个位上数字比较大小是没有意义的。下面介绍几种常用的码制。

2.2.1　二-十进制码

这是一种用 4 位二进制数码表示 1 位十进制数的方法，称为二进制编码的十进制数 (Binary Coded Decimal)，简称二-十进制码或 BCD 码。

4 位二进制数码有 16 种组合，而十进制数 0～9 只需用其中 10 种组合来表示。因此，用 4 位二进制数表示十进制数时，有很多种编码方式，可以分为有权码和无权码两种。表 2.2.1 所示为几种常用的 BCD 码。

表 2.2.1　常用 BCD 码

十进制数	有　权　码		无　权　码	
	8421	5421	余 3 码	余 3 循环码
0	0　0　0　0	0　0　0　0	0　0　1　1	0　0　1　0
1	0　0　0　1	0　0　0　1	0　1　0　0	0　1　1　0
2	0　0　1　0	0　0　1　0	0　1　0　1	0　1　1　1
3	0　0　1　1	0　0　1　1	0　1　1　0	0　1　0　1
4	0　1　0　0	0　1　0　0	0　1　1　1	0　1　0　0
5	0　1　0　1	1　0　0　0	1　0　0　0	1　1　0　0
6	0　1　1　0	1　0　0　1	1　0　0　1	1　1　0　1
7	0　1　1　1	1　0　1　0	1　0　1　0	1　1　1　1
8	1　0　0　0	1　0　1　1	1　0　1　1	1　1　1　0
9	1　0　0　1	1　1　0　0	1　1　0　0	1　0　1　0

1. 有权码

顾名思义，有权码的每位都有固定的权，各组代码按权相加对应于各自代表的十进制数。8421BCD 码是 BCD 码中最常用的一种代码。这种编码每位的权和自然二进制码相应位的权一致，从高到低依次为 8、4、2、1，故称为 8421BCD 码。例如，十进制数 8964 可用 8421BCD 码表示为 1000 1001 0110 0100。

常见的 BCD 有权码还有 5421BCD 码和 2421BCD 码等，与 8421BCD 码一样，都属于恒权代码。

2. 无权码

这种码的每位没有固定的权，各组代码与十进制数之间的对应关系是人为规定的。余 3 码是一种较为常用的无权码。表 2.2.1 示出了余 3 码与十进制数之间的对应关系。若把余 3 码的每组代码视为 4 位二进制数，那么每组代码总是比它们所代表的十进制数多 3，故得名余 3 码。余 3 码的 0 和 9、1 和 8、……4 和 5 互为反码。

常用的 BCD 无权码还有余 3 循环码和自补码等，这些代码不是恒权码。如果试图把每个代码视为二进制数，并使它等效的十进制数与所表示的代码相等，那么代码中每一位 1 的权是不同的。

余 3 循环码也是一种变权码，同一位置的 1 在不同代码中并不代表固定的数值。循环码和后面介绍的格雷码有一个共同特点：任何相邻的两个码组中，仅有一位代码不同。因此，很多资料也认为格雷码也是一种无权的 BCD 码。

2.2.2　格雷码

格雷码(Gray Code)又叫循环二进制码或反射二进制码，用下标 G 表示其为格雷码。格雷码的编码方案有多种，典型的格雷码如表 2.2.2 所示。其最基本的特性是任何相邻的两组代码中，仅有一位数码不同，因而又叫单位距离码，而且首尾两组代码 0000 和 1000 也具有单位码特性，体现了格雷码的循环特性。而表中 4 位的自然二进制码，相邻两个码之间可能有 2 位、3 位甚至 4 位不同。例如，0111 和 1000 代码中的 4 位都不同，也就是当代码由 0111 变到 1000 时，4 位代码都将发生变化，不仅会使数字电路产生很大的尖峰电流脉冲，而且由于实际数字电路延时的不同，这 4 位代码的变化不可能同时反应到电路输出，从而可能导致输出产生错误响应。而这两组代码对应的格雷码是 0100 和 1100，两者仅有 1 位发生变化。因此，格雷码属于一种可靠性编码，是一种错误最小化的编码方式，且有利于降低功耗，在通信、测量技术等领域得到广泛应用。

表 2.2.2　自然二进制码和格雷码

自然二进制码				格雷码			
B_3	B_2	B_1	B_0	G_3	G_2	G_1	G_0
0	0	0	0	0	0	0	0
0	0	0	1	0	0	0	1
0	0	1	0	0	0	1	1
0	0	1	1	0	0	1	0
0	1	0	0	0	1	1	0
0	1	0	1	0	1	1	1
0	1	1	0	0	1	0	1
0	1	1	1	0	1	0	0
1	0	0	0	1	1	0	0
1	0	0	1	1	1	0	1
1	0	1	0	1	1	1	1
1	0	1	1	1	1	1	0
1	1	0	0	1	0	1	0
1	1	0	1	1	0	1	1
1	1	1	0	1	0	0	1
1	1	1	1	1	0	0	0

格雷码还具有反射特性，即按表 2.2.2 中虚线所示的对称轴为界，除最高位互补反射外，其余低位数沿对称轴镜像对称。利用这一反射特性，可以方便地构成位数不同的格雷码。

自然二进制码到格雷码的编码规则是：从自然二进制码最低位开始，相邻的两位相加或者异或，其结果作为格雷码的最低位，依此类推，一直加到最高位得到格雷码的次高位，格雷码的最高位与自然二进制码的最高位相同。例如，$(1001)_B = (1101)_G$。

格雷码到自然二进制码的解码方法是：用"0"与格雷码的最高位 G_3 异或（两数相异为 1），结果为 B_3，再将异或的值和下一位 G_2 相异或，结果为 B_2，直到最低位，依次异或转换后的值就是格雷码转换后自然码的值。例如，格雷码 1010，0 与最高位异或得到 1，1 再与第三位 0 异或得到 1，1 再与第二位 1 异或为 0，0 与最低位 0 异或为 0，最终异或结果为 1100，当然由表 2.2.2 也可以直接查出。

2.2.3　奇偶校验码

信息的正确性对数字系统和计算机有极其重要的意义，但在信息的存储与传送过程中，常由于某种随机干扰而发生错误。所以希望在传送代码时能进行某种校验以判断是否发生了错误，甚至能自动纠正错误。

奇偶校验码是一种具有检错能力的代码。奇偶校验码举例如表 2.2.3 所示。由表可见，这种代码由两部分构成：一部分是信息位，可以是任一种二进制代码；另一部分是校验位，它仅有一位。该校验位数码的编码方式是：作为"奇校验"时，使校验位和信息位所组成的每组代码中含有奇数个 1；作为"偶校验"时，使每组代码中含有偶数个 1。奇偶校验码能发现奇数个代码位同时出错的情况。

奇偶校验码常用于串行通信纠错，发送数据之前，收发双方约定好奇偶校验方式，接收端检查接收代码的奇偶性，若与发送端的奇偶性一致，则可认为接收到的代码正确，否则，接收到的一定是错误代码。

PC 机的 RAM 存储器子系统也包括奇偶检验逻辑电路，电路为所有写入 RAM 的数据加上一个奇偶校验位。此外，从 RAM 读出数据时要进行奇偶校验，一旦发现错误，奇偶校验逻辑电路就向系统报告。

表 2.2.3　奇偶校验码

十进制数	奇校验 8421BCD 信息位				校验位	偶校验 8421BCD 信息位				校验位
0	0	0	0	0	1	0	0	0	0	0
1	0	0	0	1	0	0	0	0	1	1
2	0	0	1	0	0	0	0	1	0	1
3	0	0	1	1	1	0	0	1	1	0
4	0	1	0	0	0	0	1	0	0	1
5	0	1	0	1	1	0	1	0	1	0
6	0	1	1	0	1	0	1	1	0	0
7	0	1	1	1	0	0	1	1	1	1
8	1	0	0	0	0	1	0	0	0	1
9	1	0	0	1	1	1	0	0	1	0

2.2.4 字符码

字符必须编码后才能被计算机处理。字符码种类很多，其中最常用的是 ASCII 码 (American Standard Code for Information Interchange，美国标准信息交换码)。它是用 7 位二进制数码来表示字符的，其对应关系如表 2.2.4 所示。7 位二进制代码最多可以表示 $2^7=128$ 个字符。每个字符都是由代码的高三位 $b_6b_5b_4$ 和低四位 $b_3b_2b_1b_0$ 一起确定的，用字节表示时，高位 b_7 始终是 0。例如，3 的 ASCII 码为 33H，A 的 ASCII 码为 41H 等。标准键盘的按键通过内部扫描电路和编码器最后形成的编码是 ASCII 码。ASCII 码为目前各计算机系统中使用最普遍也最广泛的英文标准码。

表 2.2.4 美国标准信息交换码(ASCII 码)

高四位 $0b_6b_5b_4$			ASCII 非打印控制字符								ASCII 打印字符									
			0000					0001			0010		0011		0100		0101		0110		0111
低四位 $b_3b_2b_1b_0$			0					1			2		3		4		5		6		7
		十进制	字符	ctrl	代码	字符解释	十进制	字符	ctrl	代码	字符解释	十进制	字符	十进制	字符	十进制	字符	十进制	字符	十进制	字符	十进制	字符
0000	0	0	BLANK NULL	^@	NUL	空	16	►	^P	DLE	数据链路转意	32		48	0	64	@	80	P	96	`	112	p
0001	1	1	☺	^A	SOH	头标开始	17	◄	^Q	DC1	设备控制1	33	!	49	1	65	A	81	Q	97	a	113	q
0010	2	2	☻	^B	STX	正文开始	18	↕	^R	DC2	设备控制2	34	"	50	2	66	B	82	R	98	b	114	r
0011	3	3	♥	^C	ETX	正文结束	19	‼	^S	DC3	设备控制3	35	#	51	3	67	C	83	S	99	c	115	s
0100	4	4	♦	^D	EOT	传输结束	20	¶	^T	DC4	设备控制4	36	$	52	4	68	D	84	T	100	d	116	t
0101	5	5	♣	^E	ENQ	查询	21	§	^U	NAK	反确认	37	%	53	5	69	E	85	U	101	e	117	u
0110	6	6	♠	^F	ACK	确认	22	▬	^V	SYN	同步空闲	38	&	54	6	70	F	86	V	102	f	118	v
0111	7	7	●	^G	BEL	震铃	23	↨	^W	ETB	传输块结束	39	'	55	7	71	G	87	W	103	g	119	w
1000	8	8	◘	^H	BS	退格	24	↑	^X	CAN	取消	40	(	56	8	72	H	88	X	104	g	120	x
1001	9	9	○	^I	TAB	水平制表符	25	↓	^Y	EM	媒体结束	41	)	57	9	73	I	89	Y	105	i	121	y
1010	A	10	◙	^J	LF	换行/新行	26	→	^Z	SUB	替换	42	*	58	:	74	J	90	Z	106	j	122	z
1011	B	11	♂	^K	VT	竖直制表符	27	←	^[	ESC	转意	43	+	59	;	75	K	91	[	107	k	123	{
1100	C	12	♀	^L	FF	换页/新页	28	∟	^\	FS	文件分隔符	44	,	60	<	76	L	92	\	108	l	124		
1101	D	13	♪	^M	CR	回车	29	↔	^]	GS	组分隔符	45	-	61	=	77	M	93	]	109	m	125	}
1110	E	14	♫	^N	SO	移出	30	▲	^6	RS	记录分隔符	46	.	62	>	78	N	94	^	110	n	126	~
1111	F	15	☼	^O	SI	输入	31	▼	^-	US	单元分隔符	47	/	63	?	79	O	95	_	111	o	127	△

Unicode 也是由国际组织设计的一种字符编码方法，可以容纳全世界所有语言文字的编码方案。Unicode 的全称是"Universal Multiple-Octet Coded Character Set"，简称为"Unicode Character Set"，缩写为 UCS。Unicode 使用 2 或 4 个字节(Bytes)来表示每一个符号，共可表示 65 536 个或 1677 万个字符符号，除英文外，还可以包含数量最多的中文、日文及全世界各国的文字符号，以满足跨语言、跨平台进行文本转换、处理的要求，让信息之间的交流无国界，因此称为万能码。Windows98 支持 Unicode 码。

2.2.5 汉字编码

常用汉字有 3000～5000 个，显然无法用一个字节编码。我国公布的《通用汉字字符集(基本集)及其交换码标准》GB2312—80，用两个字节编码一个汉字，共收录了 7445 个字符，包括简体中文汉字 6763 个(一级汉字为常用汉字，共 3755 个；二级汉字为非常用汉字，共 3008 个)和 682 个其他符号。GB2312 将代码表分为 94 个区，每个区 94 个位，01～09 区为符号、数字区，16～87 区为汉字区，10～15 区、88～94 区是有待进一步标准化的空白区。以区位表示汉字或符号的方式也称为区位码。以第一个汉字"啊"字为例,它的区号是 16,位号是 01,则它的区位码是 1601(十六进制区位为 0x1001)。例如,"大"字在 20 区、83 位,其区位码为 2083(区位码的十六进制数表示为 1453H)。GB2312 字符集国标码＝区位码的十六进制数表示＋2020H,则"大"字的国标码＝ 1453H＋2020H＝3473H。汉字内码是计算机系统内部处理、存储汉字及符号所使用的统一代码。内码可由国标码变换而来,即将国标码的每个字节的最高位置 1(即等于国标码＋8080H),其他位均不变,即可得到内码。例如,"大"字的国标码为 3473H,则其内码为 B4F3H。内码也可以由区位码得到,第一字节一般是高字节,范围为 0xA1～0xFE,等于 1～94 位加 A0H;第二字节是低字节,范围为 0xA1～0xFE,等于 1～94 位加 A0H。因此,计算机中"啊"的汉字处理编码(即内码)是 0xB0A1。

　　Big5 又称大五码或五大码,1984 年由台湾地区财团法人信息工业策进会和五家软件公司宏碁(Acer)、神通(MiTAC)、佳佳、零壹(Zero One)、大众(FIC)创立,故称大五码。Big5 码的产生原因,一方面是因为当时台湾地区不同厂商各自推出不同的编码,如倚天码、IBM PS55、王安码等,彼此不能兼容;另一方面,台湾当时尚未推出官方的汉字编码,而中国大陆的 GB2312 编码也没有收录繁体中文字。Big5 字符集共收录 13 053 个中文字,使用了双字节储存方法,第一个字节称为"高位字节",第二个字节称为"低位字节"。高位字节的编码范围为 0xA1～0xF9,低位字节的编码范围为 0x40～0x7E 及 0xA1～0xFE。尽管 Big5 码内包含一万多个字符,但是没有考虑社会上流通的人名、地名用字、方言用字、化学及生物科学等用字,没有包含日文平假名及片假字母。例如,台湾地区视"着"为"著"的异体字,故没有收录"着"字。康熙字典中的一些部首用字(如"亠""广""辵""爻"等)、常见的人名用字(如"堃""煊""栢""喆"等)也没有收录到 Big5 之中。Big5 码主要在台湾和香港使用。

　　1995 年的汉字扩展规范 GBK1.0 收录了 21 886 个符号,它分为汉字区和图形符号区。汉字区包括 21 003 个字符。GBK 字符集是 GB2312 的扩展。GBK 字符集主要扩展了对繁体中文字的支持。

　　2000 年中国政府实行了一个新的汉字编码国家标准《汉字编码字符集－基本集的扩充》GB18030—2000,共收录汉字 27 484 个,还收录了藏文、蒙文、维吾尔文等主要的少数民族文字,并强制所有在中国售卖的计算机产品必须支持这个新的国家标准。对嵌入式产品暂不作要求,所以,手机、MP3 等一般只支持 GB2312。

　　从 ASCII、GB2312、GBK 到 GB18030,这些编码方法是向下兼容的,即同一个字符在这些方案中总是有相同的编码,后面的标准支持更多的字符。在这些编码中,英文和中文可以统一处理。区分中文编码的方法是高字节的最高位不为 0。GB2312、GBK、GB18030都属于双字节字符集(DBCS),在 DBCS 中,GB 内码的存储格式始终是 big endian,即高位在前。

　　汉字编码涉及类型较多,从输入、交换处理到显示输出三个不同层次可分为:① 汉字输入码:是指将汉字输入到计算机中所用的编码,有几十种之多,如汉语拼音、五笔字型、自然码、区位码等,且还在不断研究如何减少重码率,提高汉字输入速度的输入编码方法;② 汉字交换码:是指不同的具有汉字处理功能的计算机系统之间在交换汉字信息时所使用的代码标准,比如,GB2312—80 国标码,GB 18030—2000 等;③ 字形存储码:是指供计算机输出汉字(显示或打印)用的二进制信息，也称字模。汉字字型码通常有两种表示方式：字型点阵码和矢量字形。字型点阵码中每一个位置对应一个二进制位，该位为 1 表示对应的位置有点，为 0 则表示对应的位置为空白。一般的点阵规模有 16×16，24×24，32×32，64×64 等。例如，采用 16×16 点阵，显示一个"汉"字的字型点阵码如图 2.2.2 所示，每 8 个二进制位组成一个点阵码字节，则一个汉字点阵码为 32 个字节。点阵规模愈大，字型愈清晰美观，所占存储空间也愈大，手机

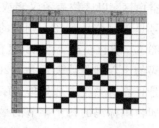

图 2.2.2 "汉"字点阵

中都有专用的字库芯片。到了智能机时代，这个存储芯片的功能已经远远超越了存储字库这么简单，更准确的表述应该为 eMMC 芯片(embedded MultiMediaCard)。比如，三星 GALAXY Note II 的 KMVTU000LM-B503 (16GB)芯片，这个"字库"eMMC 芯片就相当于电脑中的 BIOS+硬盘，一方面，固化有手机的启动程序、基本输入输出程序、系统设置信息等；另一方面，还起到存储照片、音乐等文件的作用。矢量字形存储的是描述汉字字型的轮廓特征，将汉字看成由笔画组成的图形，提取每个笔画的坐标值，将每一个汉字的所有坐标值信息组合起来就是该汉字字形的矢量信息。矢量字形可以产生高质量的汉字输出。Windows 中使用的 TrueType 技术就是汉字的矢量表示方式。

2.3　算术运算与逻辑运算

在数字系统中，二进制数码的 1 和 0 不仅可以表示数量的大小，也可以表示事物两种不同的逻辑状态。例如，可以用 1 和 0 分别表示某电路的通和断，或者表示一件事情的真和假、是和非等。表示数量和表示逻辑的运算分别称为算术运算和逻辑运算。

2.3.1　算术运算

1. 算术运算的基本概念

当由 0 和 1 组成的两个二进制数码表示两个数量时，它们之间可以进行数值运算，把这种运算称为算术运算。二进制之间的运算规则和十进制数的运算规则基本相同，所不同的是二进制中相邻数位之间的进、借位关系为"逢二进一"和"借一作二"。

例如，完成十六进制数间的加减运算时，可先将十六进制数转换为二进制数，再进行二进制数运算，如 6AH+1BH 和 55H-2FH 的运算如下：

被加数	01101010		被减数	01010101
加数	+00011011		减数	-00101111
进位	01111010		借位	00101110
和	010000101		差	00100110

二进制乘法运算与十进制乘法也类似，可用乘数的每一位去乘被乘数，若该位乘数为 0，则相应部分积就是全 0。若该位乘数为 1，则相应部分积就是被乘数；部分积的个数等于乘数的位数。将部分积移位累加就得到两个二进制数的乘积。二进制除法与十进制除法运算也类似。

例如，1110B×110B 和 10011000B÷110B 的运算过程如下：

被乘数	1110
乘数	×0110
部分积	0000
部分积	1110
部分积	+ 1110
积	1010100

1110B×110B 积为 1010100B。

```
            11001
110 / 10011000
      -110
       111
      - 110
       1000
       - 110
         10
```

10011000B÷110B 商为 11001B，余 10B。

二进制数的算术运算非常简单，它的基本运算是加法，引入补码概念后，利用加法加和移位就可以实现二进制数的减法、乘法和除法运算。在数字计算机中，最早的处理器中只有加法器，目前的很多微处理器为了提高数字信号运算速度，增加了硬件乘法器。

2. 数值在计算机中的表示

1）二进制位、字节、字长等概念

在计算机中，一位二进制是运算和信息处理的最小单位，各种信息都是用多位二进制编码进行识别和存储，以二进制数的形式进行运算处理的。一个二进制位称为一个比特（bit），8 个二进制位称为一个字节（Byte）。16 位为一个字（Word），32 位为双字（DWord）、64 位为四倍字（QWord）等。

计算机在同一时间内处理的一组二进制数称为一个计算机的"字"，而这组二进制数的位数就是"字长"。通常称处理字长为 8 位数据的 CPU 为 8 位 CPU，32 位 CPU 就是在同一时间内处理字长为 32 位的二进制数据。所以这里的"字"并不是上述的双字节（Word）概念，它决定着寄存器、加法器、传送数据的总线等设备的位数，因而直接影响着硬件的代价。一般来说，计算机的数据线的位数和字长是相同的。这样从内存获取数据后，只需要一次就能把数据全部传送给 CPU。字长标志着计算机的计算精度和表示数据的范围。一般计算机的字长是字节的整数倍，在 8～64 位之间，即由 1～8 个字节组成。

1 个字节的信息格式如图 2.3.1 所示。最右端的位称为最低位（LSB），描述时一般记为 D_0，最左端的位称为最高位（MSB），一般记为 D_7，每位的取值为 0 或 1。

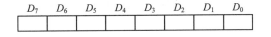

D_7	D_6	D_5	D_4	D_3	D_2	D_1	D_0

图 2.3.1 一个字节的各位编号

若用字节表示一个无符号数，其数值范围为 0~255。对带符号数而言，需要一个符号位表示数字的正负。下面介绍原码、反码和补码的表示方法。

2) 原码

以最高位作为符号位，用 0 表示正数，用 1 表示负数，其他各位表示数值，这样的数叫原码。下面都用 8 位(即一个字节)表示一个原码、反码和补码数，则$[-3]_原=1\ 0000011B$，$[3]_原=0\ 0000011B$。

8 位原码表示的数值范围为 $-127 \sim +127$。

3) 反码

规定正数的反码等于原码；负数的反码是符号位与原码相同，并将原码数值部分"按位取反"。

例如，$[+3]_反=[+3]_原=0\ 0000011B$，$[-3]_反=1\ 1111100B$。

8 位反码表示的数值范围也为 $-127 \sim +127$。

4) 补码

为了说明补码的概念，先从时钟调整谈起。假设现在是下午 3 点，钟表却停在 12 点，可倒拨(逆时针方向)9 点，也可正拨(顺时针方向)3 点。也就是说，-9 的操作可用 $+3$ 来实现。可见，在模为 12(逢十二进一)的钟表系统中，-9 和 3 互为补码。简单地说，互补的两个数，其绝对值相加刚好有进位，因此，负数的补码有两种求解方法(规定：正数的补码等于原码)：

(1) $[X]_补=[X]_反+1$

(2) $[X]_补=2^n-|X|$（$X<0$，n 为二进制数位长）

例如，$[+3]_补=[+3]_原=0\ 0000011B$。

对于负数 X，假设$[X]_原=1\ 0101110B$，则$[X]_反=1\ 1010001B$

$$[X]_补=[X]_反+1=1101\ 0001B+0000\ 0001B=1101\ 0010B$$

又如，

$$[-3]_补=2^8-3=1\ 0000\ 0000B-0000\ 0011B=1111\ 1101B$$

最常用的求补码方法是第一种，即符号位不变，原码的各数据位变反后再加 1。如果一补码的最高位为 1，其原码的求取方法也是符号位不变，其余位变反后再加 1。

若按照上述求补方法，-0 的补码应该是 1000 0000B，那么，$1+(-0)$按字节求补码计算为 0000 0001B $+$1000 0000B$=$1000 0001B，该补码对应的数应为 -127，显然计算结果错误。为了统一 $+0$ 和 -0，规定其补码都是 0000 0000B，规定 1000 0000B 不是 -0 而是 -128 的补码。这样，8 位补码表示的数值范围就是 $-128 \sim +127$，不但增加了一个数的表示范围，而且还保证了 $+0$ 和 -0 补码的唯一性。

利用补码就可以将减法转换为加法运算：

$$[X-Y]_补=[X]_补+[-Y]_补 \tag{2.3.1}$$

例如：已知 $X=0011\ 0100B(52)$，$Y=0010\ 0110B(38)$，求 $X-Y$。

由式(2.3.1)可得，$X-Y=0011\ 0100B + 1101\ 1010B$，不考虑溢出位，结果为 0000 1110B(14)。

由此可见，利用补码概念可以将加减法都由加法器实现。

基本上，在所有现代 CPU 体系结构中，二进制数都以补码的形式来表示。

2.3.2　基本逻辑运算及逻辑符号

逻辑代数(Logic algebra)早在 1854 年就由英国数学家乔治·布尔(G. Boole)首先提出,所以常称为布尔代数(Boolean algebra)。后来,这种数学方法广泛地应用于开关电路和数字逻辑电路中,因此,人们也把布尔代数称为开关代数或者逻辑代数。

1. 逻辑变量

在数字逻辑电路中,存在着两种相互对立的逻辑状态,例如,电位的"高"与"低"、脉冲的"有"与"无"、开关的"合"与"开"、事物的"真"与"假"等。通常用 0 和 1 表示两种对立的逻辑状态,称为逻辑 0 和逻辑 1,这时的 1 和 0 没有了数量的概念。逻辑代数中用字母来表示逻辑变量,把表示事件条件的变量称之为输入逻辑变量,把表示事件结果的变量称为输出逻辑变量,由于取值只有 0 和 1,所以也常称其为二值变量。这样就可选用各种仅具有两种状态的元件来组成各种逻辑功能的电路,如继电器、开关、二极管和三极管等。

逻辑代数中有与、或和非三种基本逻辑运算和复合逻辑运算。能实现这些逻辑运算的电路称为门电路,所有门电路都有相应的系列化集成电路产品供选用。

2. 二进制逻辑单元符号

二进制逻辑图形符号简称逻辑符号。逻辑符号是逻辑运算的抽象概括,它不同于常规的电工符号。在常规电工符号中,如电容器符号像是两块平行板,扬声器符号像个喇叭等,而逻辑符号已完全没有这种"象形"的特点,纯属抽象的符号。

近几十年来数字集成电路取得了飞速发展。随着技术的发展和交流的需要,迫切要求解决图形符号的标准化问题,为此国际电工委员会(International Electrical Commission, IEC)于 1972 年发布了 IEC 117—15《推荐的图形符号,二进制逻辑单元》。IEEE/ANSI (American National Standards Institute,美国国家标准学会,IEC 的成员之一)于 1984 年制定了关于二进制逻辑图形符号的标准,推出了 IEC 国标逻辑符号 IEC 617—12(第一版)《绘图用图形符号第十二部分:二进制逻辑单元》。我国根据 IEC 617 制定了相应的国家标准 GB4728.12—85《电气简图用图形符号第 12 部分:二进制逻辑元件》。这些标准构成所有二进制逻辑单元的图形符号,这些符号皆由方框(或方框的组合)和标注其上的各种限定符号组成,即长方形状符号(Rectangular-shape symbol),如图 2.3.2(a)所示。但这种长方形状符号表述过于复杂,无法适应在后来表现出惊人发展速度和广阔应用领域的 PLD 的结构描述。因此,于 1991 年,IEEE/ANSI 对标准作了补充和修定,推出了 ANSI/IEEE Std 91a—1991 标准(IEC 617—12 第二版)。补充修定后的标准既允许使用长方形状符号,同时增加了特殊形状符号(Distinctive-shape Symbol),它以形状特征表述逻辑特性,表述简单,更适合于大规模 PLD 结构的描述,如图 2.3.2(b)所示。多数国外的教材、期刊、EDA 软件以及著名 IC 制造公司的 Data Book,都一直使用特殊形状的国标符号,形象、简单直观、易学、易记。考虑到长方形状符号在我国仍广泛使用,本书给出了两种符号。常用逻辑门电路的逻辑符号见书末附录 1。

3. 基本逻辑运算

1) 与运算(逻辑乘法)

当决定某事件的全部条件都具备时,事件才发生,这种因果关系称为逻辑与。假设某事件有两个输入条件,分别用逻辑变量 A 和 B 表示,逻辑与输出用 L 表示,如果 A 和 B 同时为1,那么 L 为1。将与逻辑关系列于表2.3.1中,这种表格称为真值表。

两变量的逻辑与运算的逻辑函数式或者逻辑表达式为

$$L = A \cdot B \tag{2.3.2}$$

式(2.3.2)中,"·"表示 A 和 B 之间的与运算,也叫逻辑乘。为了书写方便,常将"·"省略。与运算也可用图2.3.2中的与门逻辑符号表示,与门是实现与运算的逻辑器件。

表2.3.1　与逻辑真值表

A	B	L
0	0	0
0	1	0
1	0	0
1	1	1

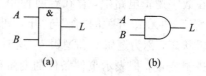

图2.3.2　与门逻辑符号
(a) 长方形状符号;(b) 特殊形状符号

2) 或运算(逻辑加法)

当决定某事件的全部条件中,任一条件具备,事件就发生,这种因果关系称之为逻辑或。表2.3.2是或运算的真值表,图2.3.3为或门逻辑符号。

表2.3.2　或逻辑真值表

A	B	L
0	0	0
0	1	1
1	0	1
1	1	1

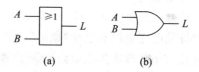

图2.3.3　或门逻辑符号
(a) 长方形状符号;(b) 特殊形状符号

两变量的逻辑或运算可以用下式表示:

$$L = A + B \tag{2.3.3}$$

式(2.3.3)中,"+"表示 A 和 B 之间的或运算,也叫逻辑加。

3) 非运算(逻辑否定)

当条件具备时,事件不发生,条件不具备时,事件就发生,这种因果关系称之为逻辑非。非运算的真值表如表2.3.3所示。

非逻辑运算用逻辑函数式表示为

$$L = \overline{A} \tag{2.3.4}$$

在逻辑代数中,在变量上加一横线,即表示该变量的非。这里将 $\overline{A}$ 读作"A 非",$\overline{A}$ 是 A 的反变量,而 A 则为原变量,非运算有时也称为求反运算。非运算也可用图2.3.4所示的非门逻辑符号表示。

表2.3.3　非逻辑真值表

A	L
0	1
1	0

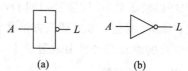

图2.3.4　非门逻辑符号
(a) 长方形状符号;(b) 特殊形状符号

4）逻辑常量间的逻辑运算

在逻辑代数中，只有 0 和 1 两个逻辑常量，把它们代入基本逻辑运算式中，则得常量间的基本运算。为了便于对照，将它们列于表 2.3.4 中。

表 2.3.4　逻辑常量间的运算

与	或	非
$0 \cdot 0 = 0$	$0 + 0 = 0$	$\overline{0} = 1$
$0 \cdot 1 = 0$	$0 + 1 = 1$	
$1 \cdot 0 = 0$	$1 + 0 = 1$	$\overline{1} = 0$
$1 \cdot 1 = 1$	$1 + 1 = 1$	

表中第一列为常量间的与运算；中间一列为或运算；最后一列为非运算，二值常量 0 和 1 互为非。

逻辑函数式中，如果既有与运算，又有或运算，还有非运算，则这些运算之间的优先顺序为：非、与和或。

2.3.3　复合逻辑运算

以上介绍了逻辑代数中最基本的与、或和非逻辑运算。用与、或和非运算的组合可以实现任何复杂的逻辑函数运算，这就是所谓的复合逻辑运算。

最常用的复合逻辑运算有与非、或非、与或非、同或和异或等。它们的逻辑符号和逻辑函数式分别示于表 2.3.5 中。复合逻辑运算也都有相应的门电路与其对应。

表 2.3.5　复合逻辑运算

逻辑运算	与　非	或　非	与或非	同或	异或
逻辑函数	$L = \overline{AB}$	$L = \overline{A+B}$	$L = \overline{AB+CD}$	$L = A \odot B$	$L = A \oplus B$

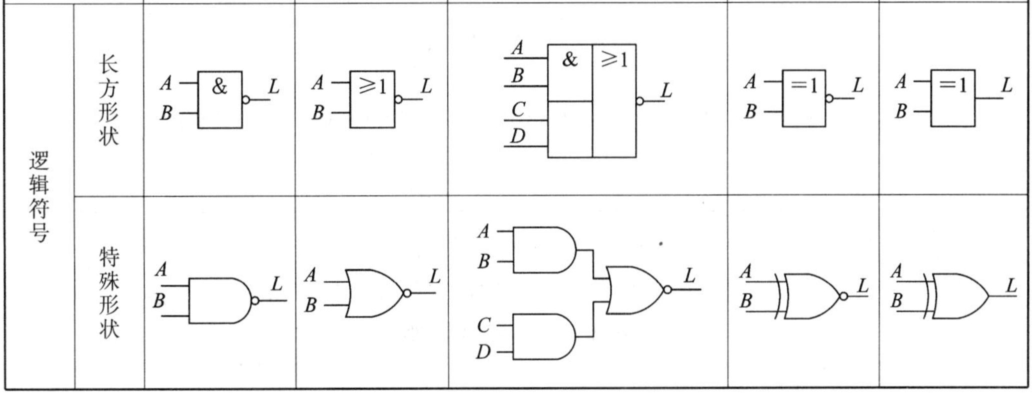

与非运算为与和非两种运算的复合，或非运算是或和非两种运算的复合，与或非运算为与、或和非三种运算的复合。这三种复合逻辑运算的函数式上的横线，以及对应的符号图中的小圆圈都表示了非运算。同或运算和异或运算的复合情况虽不易直接从图中看出，但只要将它们的逻辑函数式稍加变化，即得

$$A \odot B = \overline{A}\,\overline{B} + AB \qquad\qquad (2.3.5)$$

$$A \oplus B = \overline{A}B + A\overline{B} \qquad\qquad (2.3.6)$$

式(2.3.5)和式(2.3.6)分别为同或运算和异或运算的展开式。由式可见,二者都可看成与、或和非三种基本运算的复合。

现代电子设计方法主要采用了硬件描述语言,这些语言中预定义了逻辑门的关键字。例如,AND(与)、OR(或)、NOT(非)、NAND(与非)、NOR(或非)、XOR(异或)、NXOR(同或)等,这些关键字在后续教材和实验中经常用到。

2.3.4 逻辑代数的基本定理

逻辑代数构成了数字系统的设计基础,是分析数字系统的重要数学工具,借助于逻辑代数,能分析给定逻辑电路的工作,并用逻辑函数描述它。利用逻辑代数,又能将复杂的逻辑函数式化简,从而得到较简单的逻辑电路。

1. 逻辑代数的基本定理

前面介绍了与、或和非三种基本的逻辑关系,习惯将"或"称为逻辑加,"与"称为逻辑乘,根据逻辑与、或和非三种基本运算法则,可推导出逻辑运算的基本定律,如表 2.3.6 所示。这些恒等式是逻辑函数化简的重要依据。

表 2.3.6 逻辑代数基本定律

定律名称	与	或	非
0−1 律	$A \cdot 0=0$ $A \cdot 1=A$	$A+0=A$ $A+1=1$	
重叠律	$A \cdot A=A$	$A+A=A$	
互补律	$A \cdot \overline{A}=0$	$A+\overline{A}=1$	
结合律	$(A \cdot B) \cdot C=A \cdot (B \cdot C)$	$(A+B)+C=A+(B+C)$	
交换律	$A \cdot B=B \cdot A$	$A+B=B+A$	
分配律	$A \cdot (B+C)=A \cdot B+A \cdot C$	$A+(B \cdot C)=(A+B)(A+C)$	
德·摩根(De·Morgan)定律(反演律)	$\overline{A \cdot B \cdot C \cdots}=\overline{A}+\overline{B}+\overline{C}+\cdots$	$\overline{A+B+C\cdots}=\overline{A} \cdot \overline{B} \cdot \overline{C}\cdots$	
还原律			$\overline{\overline{A}}=A$

证明这些定律的有效方法是:检验等式左边和右边逻辑函数的真值表是否一致。例如,要证明 $A \cdot \overline{A}=0$,如表 2.3.7 所示,可见逻辑关系 $A \cdot \overline{A}=0$ 成立。

表 2.3.7 定理证明

A	$A \cdot \overline{A}$
0	0
1	0

本节所列出的基本定律反映的是逻辑关系,而不是数量之间的关系,在运算中不能简单套用初等代数的运算规则。比如,初等代数中的移项规则就不能用于逻辑代数,这是因为逻辑代数中没有减法和除法的缘故。这一点在使用时必须注意。

2. 逻辑代数的两条重要规则

根据下面的两条规则，可以扩充基本定律的使用范围。

1）代入规则

任何一个逻辑等式，如果将所有出现某一逻辑变量的位置都用一个逻辑函数代替，则等式仍成立，这个规则称为代入规则。

例如，两变量德·摩根的 $\overline{A \cdot B} = \overline{A} + \overline{B}$，将所有出现 B 的地方都代以函数 $B \cdot C$，则等式仍成立，即

$$\overline{A \cdot (B \cdot C)} = \overline{A} + \overline{(B \cdot C)} = \overline{A} + \overline{B} + \overline{C}$$

2）反演规则

求一个逻辑函数 L 的非函数 $\overline{L}$ 时，可以将 L 中的与（·）换成或（＋），或（＋）换成与（·）；再将原变量换为非变量（如 A 换为 $\overline{A}$），非变量换为原变量；并将 1 换成 0，0 换成 1，那么所得到的逻辑函数式就是 $\overline{L}$。这个规则称为反演规则。

利用反演规则，可以比较容易地求出一个函数的非函数。但要注意以下两点：

（1）要遵守"先括号，然后先与后或"的顺序。

（2）不属于单个变量的非号应保留不变。

例如，求 $L = \overline{A}\overline{B} + CD$ 的非函数 $\overline{L}$ 时，可得

$$\overline{L} = (A + B) \cdot (\overline{C} + \overline{D})$$

而不能写成

$$\overline{L} = A + B\overline{C} + \overline{D}$$

2.4　逻辑函数及其表示方法

2.4.1　逻辑函数的概念

1. 逻辑函数的定义

当输入逻辑变量 A，B，C，…取值确定之后，输出逻辑变量 L 的取值随之而定，把输入和输出逻辑变量间的这种对应关系称为逻辑函数（Logic Function），并写作

$$L = F(A, B, C, \cdots) \tag{2.4.1}$$

前面介绍的基本逻辑式 $L = A \cdot B$、$L = A + B$、$L = \overline{A}$ 以及复合逻辑式 $L = \overline{A \cdot B}$、$L = \overline{A + B}$ 等都是逻辑函数式。任何复杂逻辑函数都是这些简单逻辑函数的组合。

2. 逻辑函数的建立

在实际的数字系统中，任何逻辑问题都可以用逻辑函数来描述。现在举一个简单例子来说明。在二层楼房装了一盏楼梯灯 L，并在一楼和二楼各装一个单刀双掷开关 A 和 B，如图 2.4.1 所示。若用 $A = 1$ 和 $B = 1$ 代表开关在向上的位置，$A = 0$ 和 $B = 0$ 代表开关在向下的位置；以 $L = 1$ 代表灯亮，$L = 0$ 代表灯灭，则可将 A、B 的状态和 L 的状态表达为逻辑函数 $L = F(A, B)$。

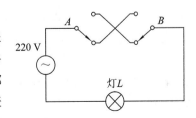

图 2.4.1　楼梯灯控制电路

2.4.2　逻辑函数的表示方法

在分析和处理实际的逻辑问题时,根据逻辑函数的不同特点,可以采用不同方法表示逻辑函数。无论采用何种表示方法,都应将其逻辑功能完全准确地表达出来。逻辑函数传统的表示方法有真值表、逻辑函数式、逻辑图和卡诺图等。下面分别加以介绍。

1. 真值表

描述逻辑函数输入变量取值的所有组合和输出取值对应关系的表格称为真值表。以图 2.4.1 楼梯灯控电路为例,可将开关 A 和 B 的四种组合和灯 L 的关系列成表 2.4.1,直观地表示了输入与输出间的逻辑关系。

表 2.4.1　灯控电路真值表

A	B	L
0	0	0
0	1	1
1	0	1
1	1	0

2. 逻辑函数式

用与、或和非等逻辑运算的组合表示逻辑函数输入与输出间逻辑关系的表达式称为逻辑函数式。

由表 2.4.1 第二行的逻辑值 01 代入 $\overline{A} \cdot B$ 或者第三行的 10 代入 $A \cdot \overline{B}$,都使 $L=1$,则描述图 2.4.1 电路中逻辑关系的函数式是

$$L = \overline{A} \cdot B + A \cdot \overline{B} \tag{2.4.2}$$

3. 逻辑图

既然逻辑函数可以通过逻辑变量的与、或、非等运算的组合来表示,那么就可以将逻辑函数式中各变量间的与、或、非等运算关系用相应的逻辑符号表示出来,将相关输入和输出连接起来,即得到表示输入与输出间函数关系的逻辑图。

根据式(2.4.2)画出的逻辑图如图 2.4.2(a)所示。

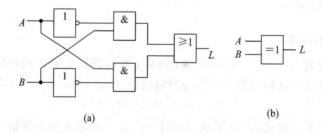

(a)　　　　　　　　　　(b)

图 2.4.2　灯控电路的逻辑图

(a) 式(2.4.2)对应的逻辑图;(b) 式(2.4.3)对应的逻辑图

对式(2.4.2)稍作变化,可以写为

$$L = \overline{A}B + A\overline{B} = A \oplus B \tag{2.4.3}$$

根据式(2.4.3)画出的逻辑图如图 2.4.2(b)所示。这说明,同一逻辑函数的逻辑电路图不是唯一的。

4. 逻辑函数卡诺图和最小项之和标准式

卡诺图是由美国工程师卡诺(Karnaugh)在 1953 年提出的一种描述逻辑函数的图形方

式，是真值表的变形。它可以将 n 变量逻辑函数的 2^n 个取值组织在一个包含 2^n 个小方格的表格中，这些小方格对应的变量取值排列要满足几何相邻和逻辑相邻一致。它为逻辑函数的化简提供了直观的图形工具。但是，如果逻辑函数的变量 n 数较大，那么卡诺图的行列数将迅速增加，图形更加复杂。此外，在计算机辅助设计工具中，一般不会使用卡诺图来进行逻辑函数的优化。介绍卡诺图之前先介绍一些基本概念。

1）最小项的定义

在 n 变量逻辑函数中，若每个乘积项都以这 n 个变量为因子，而且这 n 个变量都是以原变量或反变量形式在各乘积项中仅出现一次，则称这些乘积项为 n 变量逻辑函数的最小项。

一个两变量逻辑函数 $L(A，B)$ 有 $4(2^2)$ 个最小项，分别为 $\overline{A}\,\overline{B}$、$\overline{A}B$、$A\overline{B}$、$AB$，三变量 $L(A，B，C)$ 有 $8(2^3)$ 个最小项，为 $\overline{A}\,\overline{B}\,\overline{C}$、$\overline{A}\,\overline{B}\,C$、$\overline{A}B\overline{C}$、$\overline{A}BC$、$A\overline{B}\,\overline{C}$、$A\overline{B}C$、$AB\overline{C}$、$ABC$。依次类推，$n$ 变量逻辑函数有 2^n 个最小项。

2）最小项的编号

为了方便书写逻辑式，最小项通常用 m_i 表示，为了编号需要规定最小项中变量高低位，当确定好变量高低顺序后，将最小项中原变量表示为 1，反变量表示为 0，变量取值形成的二进制数，即为该最小项的下标 i。例如，三变量函数 $L(A，B，C)$ 中，以 ABC 为由高到低的顺序，如最小项 $A\overline{B}C$ 相应的二进制编码为 $(101)_B$，则其编号 m_i 的下标 $i = (101)_B = (5)_D$，故将 $A\overline{B}C$ 用 m_5 表示。同理，可将 $\overline{A}\,\overline{B}\,\overline{C}$、$\overline{A}\,\overline{B}\,C$、$\cdots A B C$ 分别表示为 $\overline{A}\,\overline{B}\,\overline{C} = m_0$，$\overline{A}\,\overline{B}\,C = m_1$，$\cdots$，$ABC = m_7$。注意，变量并无高低位之分，仅仅是为了编号而规定的。

根据同样的道理，我们把四变量的 16 个最小项记做 $m_0 \sim m_{15}$。

3）逻辑函数的最小项之和形式

利用逻辑代数基本定理，可以把任何逻辑函数化成最小项之和形式，这种表达式是逻辑函数的一种标准形式。而且任何一个逻辑函数都只有惟一的最小项之和表达式。

[例 2.4.1]　试将逻辑函数 $L = A\overline{B} + B\overline{C}$ 化为最小项之和表达式。

解　这是一个三变量逻辑函数，最小项表达式中每个积项应由三变量作为因子构成。因此，可用基本定理 $A + \overline{A} = 1$，将逻辑函数中的每项都化为含有三变量 A、B、C 或 $\overline{A}$、$\overline{B}$、$\overline{C}$ 的积项，即

$$L = A\overline{B}(C + \overline{C}) + B\overline{C}(A + \overline{A}) = A\overline{B}C + A\overline{B}\,\overline{C} + AB\overline{C} + \overline{A}B\overline{C}$$

上式中最后等式各项对应的最小项编号依序分别为 m_5、m_4、m_6、m_2。因此，最小项之和为

$$L(A，B，C) = m_2 + m_4 + m_5 + m_6 = \sum_i m_i \quad (i = 2，4，5，6)$$

有时也简写成 $\sum m(2，4，5，6)$ 或 $\sum (2，4，5，6)$ 的形式。

4）最小项的性质

从最小项的定义出发可以证明有如下的重要性质：

（1）在输入变量的任一组取值下，有且只有一个最小项的值为 1。也就是说，对于输入变量的各种逻辑取值，最小项的值为 1 的几率最小，最小项由此得名。

（2）任何两个不同最小项之积恒为 0。

（3）对于变量的任何一组取值，全体最小项之和为 1。

（4）具有逻辑相邻的两个最小项之和可以合并成一项，并消去一个因子。所谓"逻辑相

邻",是指两个最小项除一个因子互为非外,其余因子相同。例如,两个最小项 $\overline{A}BC$ 和 ABC 只有第一个因子互为非,其余因子都相同,所以它们具有逻辑相邻性。这两个最小项之和可以合并,并消去一个因子,即

$$\overline{A}BC + ABC = (\overline{A} + A)BC = BC$$

5) 卡诺图的特点

按照上述约定,图 2.4.3 给出了二~四变量卡诺图的常用画法,小方格中填写的内容代表方格对应的最小项,实际画卡诺图时不允许出现这些内容,而是填写 0 或 1。其实变量取值确定后,每个方格对应的最小项很容易由变量取值确定,比如,图 2.4.3(c)左下角的小方格,$ABCD$ 变量取值为 1000,这一方格对应最小项即为 m_8,所以图 2.4.3 中每个小方格中填写的内容以后根本不需要填写和记忆。

另外,随着变量数增多,卡诺图迅速复杂化,如果画五变量卡诺图,就要有 32(2^5)个方格,这时几何相邻就不是很直观,因而五变量以上的逻辑函数不宜用卡诺图表示。

卡诺图具有下列特点(或者画卡诺图的注意事项):

(1) n 变量逻辑函数,卡诺图有 2^n 个小方格。

(2) 卡诺图左侧和上侧标注输入变量,输出变量一般也要标注在左上角。

(3) 标注变量取值,而且变量取值必须按格雷码排列,使具有逻辑相邻性的最小项在几何位置上也相邻。

几何相邻性与逻辑相邻性的一致是卡诺图的一个很重要的特点,这就很容易从几何位置上直观找到逻辑相邻的最小项。

6) 几何(位置)相邻性

(1) 小方格紧挨(有公共边)则相邻。在图 2.4.3(b)所示三变量卡诺图中,m_0 与 m_1 和 m_4 有公共边,因此,m_0 分别与 m_1、m_4 相邻。同理图 2.4.3 (c)所示四变量卡诺图中,m_5 与 m_1、m_4、m_7、m_{13} 相邻。

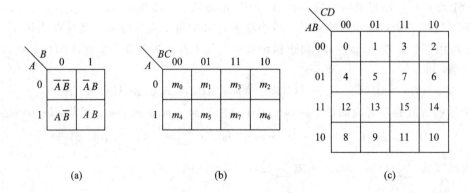

图 2.4.3 二~四变量卡诺图

(a) 二变量;(b) 三变量;(c) 四变量

(2) 对折重合的小方格相邻,即任一行或一列两头的小方格。

设想在卡诺图中加装一对正交坐标轴,如图 2.4.4 所示。在图 2.4.4(a)中,以 YY' 为轴对折,m_0 与 m_2 重合,以 XX' 为轴对折,m_0 与 m_4 重合。在图 2.4.4(b)中以 YY' 为轴对折,m_0 与 m_2 重合,以 XX' 为轴对折,m_0 与 m_8 重合,等等。

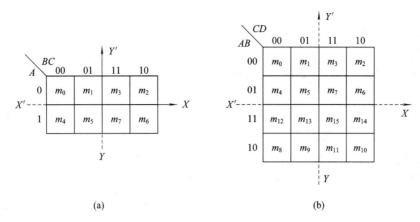

图 2.4.4　加装坐标轴的卡诺图

(a) 三变量卡诺图；(b) 四变量卡诺图

(3) 循环相邻。在图 2.4.4(a)中，已知 m_0 与 m_1，m_1 与 m_3，m_3 与 m_2，m_2 与 m_0 分别相邻，那么，这四个最小项为循环相邻。同理，m_0、m_1、m_5、m_4 以及 m_0、m_2、m_6、m_4 都为循环相邻。在图 2.4.4(b)中，读者不难证明：m_0、m_2、m_{10}、m_8，m_0、m_4、m_{12}、m_8，m_{10}、m_{14}、m_6、m_2 等都为循环相邻的最小项，将卡诺图卷为圆筒，四个角上的最小项 m_0、m_2、m_{10}、m_8 也循环相邻。

7) 逻辑函数的卡诺图表示

根据变量个数先画出图 2.4.3 对应的卡诺图(注意：标注变量和取值)；将逻辑函数最小项之和标准式中包含的最小项填 1，其余小方格中填入 0，这样所得的方格图即为逻辑函数的卡诺图。

下面通过举例，进一步说明逻辑函数的卡诺图表示法。

[例 2.4.2]　试用卡诺图表示逻辑函数：$L=\sum m(0, 1, 2, 5, 7, 8, 10, 11, 13, 15)$。

解　逻辑函数以最小项编号的形式给出，由最大编号 m_{15} 可以看出，它是一个四变量的逻辑函数，设其变量分别为 A、B、C、D，所画卡诺图应有 $2^4=16$ 个小方格。对应于函数式中的最小项，在图中相应位置填 1，其余位置填 0，如图 2.4.5 所示。

L: AB \ CD	00	01	11	10
00	1	1	0	1
01	0	1	1	0
11	0	1	1	0
10	1	0	1	1

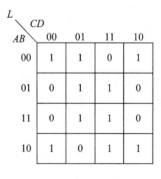

图 2.4.5　例 2.4.2 卡诺图

[例 2.4.3]　试用卡诺图表示逻辑函数：$L=\overline{A}\,\overline{B}\,C+BC+AB\overline{C}$。

解　先将函数式化为最小项之和的形式：

$$\begin{aligned} L &= \overline{A}\,\overline{B}C+(A+\overline{A})BC+AB\overline{C} \\ &= \overline{A}\,\overline{B}C+ABC+\overline{A}BC+AB\overline{C} \\ &\quad (001)\quad (111)\quad (011)\quad (110) \\ &= m_1+m_7+m_3+m_6 \end{aligned}$$

L: A \ BC	00	01	11	10
0	0	1	1	0
1	0	0	1	1

图 2.4.6　例 2.4.3 卡诺图

这是一个三变量逻辑函数，所画卡诺图的小方格数应为 $2^3=8$ 个。将该函数各最小项填入相应位置，其余位置填 0，

如图 2.4.6 所示。

[例 2.4.4] 试用卡诺图表示逻辑函数：$L=\overline{CD}+AB+\overline{ACD}+ABD+AC$。

解 这是一个以一般表达式给出的四变量逻辑函数。按基本方法需将其化为最小项之和形式，显然这种作法比较麻烦。实际对于以与-或式给出的逻辑函数，可以直接填入卡诺图中，以式中第一项 $\overline{CD}$ 为例，它包含了所有含有 $\overline{C}\,\overline{D}$ 因子的最小项，而不管另外两个因子 A、B 的情况。因此，可以直接在卡诺图上所有对应 $C=0$ 同时 $D=0$ 的方格里填入 1。同理，可填入其他项，如果小方格已存在 1，则不予处理（1+1=1），最终结果如图 2.4.7 所示。

L $\backslash$ CD AB	00	01	11	10
00	1	0	0	1
01	1	0	0	1
11	1	1	1	1
10	1	0	1	1

图 2.4.7 例 2.4.4 卡诺图

值得一提的是，在卡诺图中可以直接进行逻辑运算。比如，在卡诺图中进行非运算，只需将原来填入的 0 和 1 全部取反即可。

卡诺图是真值表的图形表示形式，真值表中输出逻辑变量为 1 的，在卡诺图对应最小项方格填 1，剩余方格填 0。

利用卡诺图可以方便地写出逻辑函数最小项之和标准形式。比如，例 2.4.4 的逻辑式，如果用例 2.4.3 通过配项的方法写其最小项之和标准式会非常麻烦，但由图 2.4.7 可以直接得到最小项之和标准式为 $L(A, B, C, D) = \sum m(0, 2, 4, 6, 8, 10, 11, 12, 13, 14, 15)$。

2.4.3 逻辑函数各种表示方法之间的转换

同一个逻辑函数可用不同的方法来描述，因此，各种表示方法之间可以互相转换。经常用到的转换方式有以下几种。

1. 由真值表求出函数式和逻辑图

设计一个逻辑电路时，一般先由逻辑要求列出真值表，再由真值表写出逻辑函数式，然后化简，再画出逻辑图。从真值表写出逻辑函数式的一般方法是：将真值表中使逻辑函数为 1 的所有最小项相或，就得到了逻辑函数式，且为最小项之和形式。

[例 2.4.5] 试求表 2.4.2 所示的逻辑函数式，并画出逻辑图。

表 2.4.2 例 2.4.5 的真值表

输 入			输 出
A	B	C	L
0	0	0	0
0	0	1	1
0	1	0	0
0	1	1	0
1	0	0	1
1	0	1	0
1	1	0	0
1	1	1	0

解　先找出使函数 L 取值为 1 的变量组合 001 和 100，则 001 和 100 对应的最小项为 $\overline{A}\,\overline{B}\,C$ 和 $A\,\overline{B}\,\overline{C}$，由此可得 L 的逻辑函数式是：

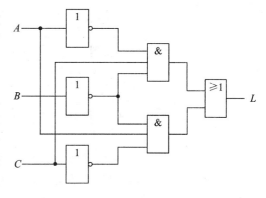

$$L = \overline{A}\,\overline{B}\,C + A\,\overline{B}\,\overline{C} \qquad (2.4.4)$$

把真值表中输入变量各组取值依次代入函数式中进行运算，若所得结果与表中相应的函数值全部一致，所得到的逻辑函数式一定是正确的。将逻辑式中相关运算由逻辑符号实现，将信号按要求连接即可得到相应逻辑图。按照式 (2.4.4) 画出的逻辑图如图 2.4.8 所示。

图 2.4.8　例 2.4.5 的逻辑图

2. 由逻辑函数式求真值表

由逻辑函数式求真值表时，只要把输入变量取值的所有可能组合分别代入逻辑函数式中进行计算，求出相应的函数值，然后把输入变量取值与函数值按对应关系列成表格，就得到所求的真值表。

[**例 2.4.6**]　求逻辑函数式 $L = (A \oplus B)C + AB$ 对应的真值表和逻辑图。

解　将输入变量取值的所有可能组合，分别代入逻辑函数式进行计算，将所得的结果按对应关系填入表中，即得到所求真值表，如表 2.4.3 所示。

用逻辑符号代替所给函数式中逻辑运算，所得逻辑图如图 2.4.9 所示。

表 2.4.3　例 2.4.6 的真值表

输　　入			输　　出
A	B	C	L
0	0	0	0
0	0	1	0
0	1	0	0
0	1	1	1
1	0	0	0
1	0	1	1
1	1	0	1
1	1	1	1

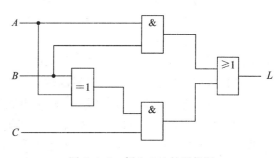

图 2.4.9　例 2.4.6 的逻辑图

3. 由逻辑图求逻辑函数式和真值表

如果已知逻辑图，需要求出对应的逻辑函数式和真值表时，只要从输入到输出（或输出到输入）依次把逻辑图中的每个逻辑符号用相应的运算符号代替，即可求得逻辑函数式。有了逻辑函数式就很容易求出真值表。

[**例 2.4.7**]　试写出图 2.4.10 所示逻辑图的逻辑函数式。

解　利用从输入到输出方法，按照各门离输入端的远近，将电路分为三级。先写出第一级电路 G_1、G_2 的输出，再以此作为第二级电路 G_3、G_4 的输入，写出 G_3、G_4 的输出，最终写出第三级电路 G_5 的输出，即为所求的函数式，因此得 $L = \overline{A}B + \overline{\overline{B}\,\overline{C}} + \overline{A}$。

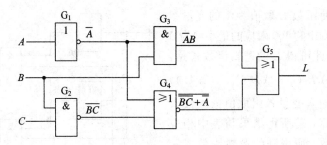

图 2.4.10 例 2.4.7 的逻辑图

如果从输出到输入写出逻辑表达式，一般更为简单，可以直接从逻辑图中得到。

4. 卡诺图与逻辑函数表达式之间的转换

前面已经介绍了逻辑函数的卡诺图表示法，卡诺图主要用于化简逻辑函数，而且可以从卡诺图得到最简逻辑函数式，具体方法在 2.5.3 节进行介绍。

任何逻辑函数只有惟一的真值表和最小项之和表达式与之对应，而一个逻辑函数通过化简或变换可以对应不同的逻辑图。

2.5 逻辑函数化简与变换

逻辑函数化简与变换在传统数字逻辑电路设计中占有特别重要的地位，在现代数字系统设计中，基本不用这种方法。本节仅简要介绍代数法和卡诺图化简方法。

2.5.1 逻辑函数化简与变换的意义

由前面的介绍可知，对于任何逻辑问题，只要写出逻辑函数式，就可用相应的门电路来实现。但同样的逻辑功能，逻辑式不同则需要的硬件不同。在设计实际电路时，除考虑逻辑要求外，往往还需考虑成本低，门电路种类少，工作速度高，连线简单，工作可靠及便于故障检测等。当然，同时达到这些要求比较困难，一般主要考虑电路的成本和可靠性。

直接按逻辑要求归纳出的逻辑函数式及对应的电路，通常不是最简形式，因此，需要对逻辑函数式进行化简，以求用最少的逻辑器件来实现所需的逻辑要求。

同一个逻辑函数，可以有多种不同的逻辑表达方式，例如，与—或表达式、或—与表达式、与非—与非表达式及与或非表达式等。例如，

$$L = AB + \overline{A}C \qquad 与-或表达式$$
$$= \overline{\overline{AB} \ \overline{\overline{A}C}} \qquad 与非-与非表达式$$
$$= \overline{(\overline{A} + \overline{B})(A + \overline{C})} \qquad 或-与-非表达式$$

这就意味着可以采用不同的逻辑器件去实现同一函数，究竟采用哪一种器件更好，要视具体条件而定。

通常根据逻辑要求列出真值表，进而得到的逻辑函数往往是与—或表达式。逻辑代数基本定理和常用公式也多以与—或表达式给出，化简与—或表达式也比较方便，而且任何形式的表达式都不难展开为与—或表达式。因此，实际化简时，一般把逻辑函数化为最简的与—或表达式。

如果一个与—或表达式中的与项个数最少，每个与项中的变量个数最少，即函数式中相加的乘积项不能再减少，而且当每项中相乘的因子不能再减少时，函数式为最简与—或表达式。最简与—或表达式的定义对其他形式的逻辑式同样适用。

"与项个数最少"和"变量个数最少"意味着使用门的输入端数最少。在采用集成逻辑门构成逻辑电路的情况下，电路成本主要由使用器件的数目来决定。

有了最简与—或表达式，通过公式变换很容易得到其他形式的函数式。需要注意的是，将最简与—或式直接变换为其他形式的函数式时，结果不一定是最简的。

[例 2.5.1]　将最简与—或函数式 $L=AB+BC+AC$ 化为与非—与非表达式。

解　根据基本定理，$L=\bar{\bar{L}}$，然后再用德·摩根定理 $\overline{A+B}=\bar{A}\,\bar{B}$，可得

$$L = \overline{\overline{AB+BC+AC}} = \overline{\overline{AB}\cdot\overline{BC}\cdot\overline{AC}}$$

由此可见，只要将与—或表达式两次求非，就转换成了与非—与非表达式。不难证明，得到的与非—与非表达式也是最简的。

以下介绍代数化简和卡诺图化简方法。

2.5.2　代数化简法

代数化简法就是利用逻辑代数的基本定理和常用公式，将给定的逻辑函数式进行适当的恒等变换，消去多余的与项以及各与项中多余的因子，使其成为最简的逻辑函数式。下面介绍几种常用的化简方法。

1．并项法

利用公式 $AB+A\bar{B}=A(B+\bar{B})=A$，可以把两个与项合并成一项，并消去 B 和 $\bar{B}$ 这两个因子。根据代入规则，公式中的 A 和 B 可以是任何复杂的逻辑式。

2．吸收法

利用定理 $A+AB=A(1+B)=A$，消去多余的与项 AB。

3．添项法

利用定理 $A+A=A$，在函数式中重写某一项，以便把函数式化简。

4．配项法

利用 $A+\bar{A}=1$，将某个与项乘以 $(A+\bar{A})$，将其拆成两项，以便与其他项配合化简。

[例 2.5.2]　试化简逻辑函数：$L=\bar{A}\,\bar{B}+BC+AB+\bar{B}\,\bar{C}$。

解

$$\begin{aligned}L&=\bar{A}\,\bar{B}+BC+AB(C+\bar{C})+(A+\bar{A})\overline{BC}\\&=\bar{A}\,\bar{B}+BC+ABC+AB\bar{C}+A\bar{B}\,\bar{C}+\bar{A}\,\bar{B}\,\bar{C}\\&=(ABC+BC)+(AB\bar{C}+A\bar{B}\,\bar{C})+(\bar{A}\,\bar{B}+\bar{A}\,\bar{B}\,\bar{C})\\&=BC+A\bar{C}+\bar{A}\,\bar{B}\end{aligned}$$

代数化简法的优点是：不受任何条件的限制，但代数化简法没有固定的步骤可循，在化简较为复杂的逻辑函数时不仅需要熟练运用各种公式和定理(定律)，而且需要有一定的运算技巧和经验。代数化简法的结果是否为最简，也没有判断的依据而得到肯定的答案。为了更方便地进行逻辑函数的化简，人们创造了许多比较系统的、又有简单规则可循的简

化方法，卡诺图化简法就是其中最常用的一种。利用这种方法，不需特殊技巧，只需按简单的规则进行化简，就一定能得到最简结果。

2.5.3 卡诺图化简法

卡诺图具有几何位置相邻与逻辑相邻一致的特点，因而在卡诺图上直观地找到具有几何相邻的最小项，并反复应用 $A+\overline{A}=1$ 合并最小项，消去变量 A，使逻辑函数得到简化。卡诺图化简函数的过程可按如下步骤进行：

（1）画出表示该逻辑函数的卡诺图。

（2）将几何相邻的最小项用圈包围，画包围圈的原则是：

① 包围圈所含小方格数为 2^i 个（$i=0,1,2,\cdots$）；

② 包围圈尽可能大，个数尽可能少；

③ 允许重复包围，但每个包围圈至少应有一个未被其他圈包围过的最小项；

④ 孤立（无相邻项）的最小项单独包围。

（3）每个包围圈写一个与项，写出最简与一或表达式。

[例 2.5.3] 试用卡诺图法化简逻辑函数：$L=\overline{A}\,\overline{B}\,\overline{D}+B\overline{C}D+BC+C\overline{D}+\overline{B}\,\overline{C}\,\overline{D}$。

解 首先画出逻辑函数 L 的卡诺图，如图 2.5.1(a)所示。

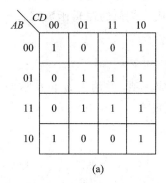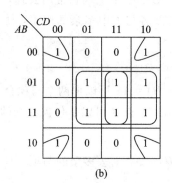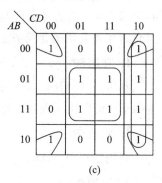

图 2.5.1 例 2.5.3 画包围线后的卡诺图

再根据画包围圈的原则，包围可合并的最小项，该例有两种包围方法，如图中（b）、（c）所示。最后对每个包围圈写出合并结果即为最简逻辑函数表达式。按图（b）的包围圈写出的合并结果为

$$L=\overline{B}\,\overline{D}+BD+BC$$

按图（c）的包围圈写出的合并结果为

$$L=\overline{B}\,\overline{D}+BD+C\overline{D}$$

两个化简结果都为最简与或表达式。本例说明，有的逻辑函数最简表达式不是唯一的，一般只需要写出一种即可。

2.5.4 具有无关项逻辑函数的化简

前面所讨论的逻辑函数，对于输入变量的每一组取值，都有确定的函数值（0 或 1）与其对应。而且变量之间相互独立，各自可以任意取值，输入变量取值范围为它的全集。

在某些实际的数字系统中，输入变量的取值不是任意的或者根本就不会出现。比如，

用 4 个逻辑变量表示一位十进制数时，有 6 个最小项是不允许出现的，也就是说，对输入变量的取值是有约束的，这些不允许出现的最小项称为约束项。如果输入变量在某些取值下，逻辑函数的值可以是任意的，即函数值是 1 还是 0 无所谓，则将这些输入变量取值对应的最小项称为任意项。把约束项和任意项可以统称为无关项(don't care terms)。

在化简具有无关项的逻辑函数时，根据无关项对应逻辑函数取值的随意性(取 0 或取 1，并不影响逻辑函数原有的实际逻辑功能)，若能合理地利用无关项，一般能得到更简单的化简结果。因此，在画具有无关项的卡诺图时，无关项对应的小方格既不能填 1，也不能填 0，而是用"×"表示，根据化简需要可以使"×"为 0 或者为 1。

由于每一组输入变量的取值都使一个且仅有一个最小项的值为 1，所以无关项可以用它们对应的最小项之和恒等于 0 来表示。例如，用四位 $ABCD$ 表示 8421BCD 码时，约束条件可以表示为

$$d(A, B, C, D) = \sum d(10, 11, 12, 13, 14, 15) = 0 \qquad (2.5.1)$$

$\sum d(10, 11, 12, 13, 14, 15)$ 化简后为 $AC+AB$，因此该约束条件经常也可表示为

$$AC + AB = 0 \qquad (2.5.2)$$

[**例 2.5.4**]　某逻辑电路的输入信号 $ABCD$ 是 8421BCD 码。当输入 $ABCD$ 取值为 0 和偶数时，输出逻辑函数 $L=1$，否则 $L=0$。求最简逻辑函数式 L。

解　根据题意，可列逻辑函数 L 的真值表如表 2.5.1 所示。由于六种输入组合 1010，1011，…，1111 不会出现，因此，对应的最小项为无关项，相应函数值用×表示。

表 2.5.1　例 2.5.4 的真值表

	A	B	C	D	L
	0	0	0	0	1
	0	0	0	1	0
	0	0	1	0	1
	0	0	1	1	0
	0	1	0	0	1
	0	1	0	1	0
	0	1	1	0	1
	0	1	1	1	0
	1	0	0	0	1
	1	0	0	1	0
无关项	1	0	1	0	×
	1	0	1	1	×
	1	1	0	0	×
	1	1	0	1	×
	1	1	1	0	×
	1	1	1	1	×

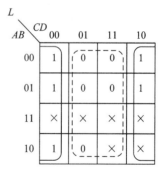

图 2.5.2　例 2.5.4 画包围圈后的卡诺图

若将此函数表示在卡诺图中，则如图 2.5.2 所示。图中填 1 和 0 的小方格分别对应于使函数取值为 1 和 0 的最小项。而标有×的小方格则属于无关项。在卡诺图中，可以非常直观地看出化简时，对这些无关项应该作如何处理。为了得到最简结果，应将无关项 m_{10}、

m_{12}、m_{14} 与填 1 的小方格一起包围,如图中实线包围圈所示。合并最小项后,则得 $L = \overline{D}$。如果用圈 0 法,合并标 0 的最小项,则将无关项 m_{11}、m_{13}、m_{15} 与填 0 的小方格一起包围,如图中虚线包围圈所示,此时由卡诺图化简得到的是输出逻辑函数 L 的非,即 $\overline{L} = D$。判断 8421BCD 码为偶数时输出 1,显然只需要将最低位 D 取反即可,设计结果正确。

卡诺图的作用不仅仅在于化简,灵活运用卡诺图可以使逻辑电路的设计过程大大简化,使一些复杂问题迎刃而解。比如,利用卡诺图写最小项之和标准式,在用中小规模器件实现逻辑问题时,卡诺图也可以简化设计过程,比如用译码器和多路选择器实现逻辑函数时,可以用卡诺图方便地得到函数包含的最小项。

本 章 小 结

本章首先介绍了数制和码制的概念。数制和码制对于以后学习数字计算机系统是非常重要和基础的内容。

数字系统不仅有数字运算,还有逻辑运算,本章介绍了二进制数的算术运算和逻辑运算的基本定理以及二进制逻辑单元符号等。

逻辑函数可以有多种表示方式,如真值表、逻辑函数式、逻辑图和卡诺图等,这些方式之间可以相互转换。

逻辑函数的化简有两种方法——代数化简法和卡诺图化简法。代数化简法的优点是不受任何条件的限制,但这种方法没有固定的步骤可循,在化简较为复杂的逻辑函数时不仅需要熟练运用各种公式和定理(定律),而且需要有一定的运算技巧和经验,最后结果是否为最简也不得而知。卡诺图化简法的优点是简单、直观又有一定的化简步骤可循,容易掌握。然而卡诺图化简法只适合于逻辑变量较少的逻辑函数化简。

具有无关项逻辑函数的化简,若能合理地利用无关项,一般能得到更简单的逻辑表达式。

思 考 题 与 习 题

思考题

2.1 数字电路中为什么采用二进制计数制?为什么也常采用十六进制?

2.2 二进制和十六进制之间如何转换?二进制和十进制之间如何转换?

2.3 何为 8421BCD 码?它与自然二进制数有何异同点?

2.4 算术运算和逻辑运算有何不同?

2.5 逻辑变量和普通代数中的变量相比有哪些不同特点?

2.6 什么是逻辑函数?有哪几种表示方法?

2.7 逻辑函数化简的目的和意义是什么?

2.8 用代数法化简逻辑函数有何优缺点?

2.9 什么叫卡诺图?卡诺图上变量取值顺序是如何排列的?

2.10 什么是卡诺图的循环相邻特性?为什么逻辑相邻的最小项才可以合并?

2.11 卡诺图上画包围圈的原则是什么?卡诺图化简函数的依据是什么?

2.12　什么叫无关项？在卡诺图化简中如何处理无关项？

2.13　汉字是如何编码的？有哪些常用汉字输入码？

2.14　常见 LED 广告牌采用的是哪一种汉字字形存储码？

习题

2.1　把下列二进制数转换成十进制数：

① 10010110；② 11010100；③ 0101001；④ 10110.111；⑤ 0.01101。

2.2　把下列十进制数转换为二进制数：

① 19；② 64；③ 105；④ 1989；⑤ 89.125；⑥ 0.625。

2.3　把下列十进制数转换为十六进制数：

① 125；② 625；③ 145.6875；④ 0.5625。

2.4　把下列十六进制数转换为二进制数：

① 4F；② AB；③ 8D0；④ 9CE。

2.5　写出下列十进制数的 8421BCD 码：

① 9；② 24；③ 89；④ 365。

2.6　在下列逻辑运算中，哪个或哪些是正确的？并证明之。

① 若 $A+B=A+C$，则 $B=C$；

② 若 $1+A=B$，则 $A+AB=B$；

③ 若 $1+A=A$，则 $A+\overline{A}B=A+B$；

④ 若 $XY=YZ$，则 $X=Z$。

2.7　证明下列恒等式成立：

① $A+BC=(A+B)(A+C)$；

② $\overline{A}B+A\overline{B}=(\overline{A}+\overline{B})(A+B)$；

③ $(AB+C)B=AB\overline{C}+\overline{A}BC+ABC$；

④ $BC+AD=(B+A)(B+D)(A+C)(C+D)$。

2.8　求下列逻辑函数的反函数：

① $L_1=\overline{A}\,\overline{B}+AB$；　　　　　② $L_2=BD+\overline{A}C+\overline{B}\,\overline{D}$；

③ $L_3=AC+BC+AB$；　　　　④ $L_4=(A+\overline{B})(\overline{A}+\overline{B}+C)$。

2.9　写出表题 2.9 真值表描述的逻辑函数的表达式，并画出实现该逻辑函数的逻辑图。

表题 2.9(a) 的真值表

A	B	C	L_1
0	0	0	0
0	0	1	0
0	1	0	0
0	1	1	1
1	0	0	0
1	0	1	1
1	1	0	0
1	1	1	1

表题 2.9(b) 的真值表

A	B	C	L_2
0	0	0	0
0	0	1	0
0	1	0	0
0	1	1	0
1	0	0	0
1	0	1	1
1	1	0	1
1	1	1	1

2.10 写出图题 2.10 所示逻辑电路的表达式,并列出该电路的真值表。

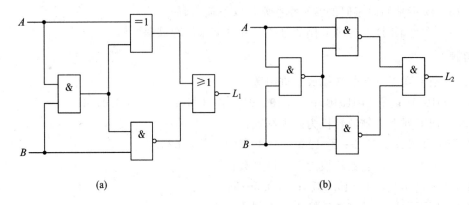

图题 2.10

2.11 某逻辑电路的输入逻辑变量为 A、B、C。当输入中 1 的个数多于 0 的个数时,输出就为 1。列出该电路的真值表,写出输出表达式。

2.12 一个对四个逻辑变量进行判断的逻辑电路。当四变量中有奇数个 1 出现时,输出为 1;其他情况,输出为 0。列出该电路的真值表,写出输出表达式。

2.13 用代数法将下列逻辑函数式化为最简与一或逻辑函数式:

① $L = \overline{A}\,\overline{B} + \overline{A}B + AB$;

② $L = ABC + \overline{AB} + C$;

③ $L = A(B \oplus C) + A(B + C) + A\overline{B}\,\overline{C} + \overline{A}\,\overline{B}C$;

④ $L = \overline{A}\,\overline{B}\,\overline{C} + \overline{A}\,\overline{C}\,D + \overline{A}BD + A\overline{B}\,\overline{C} + \overline{B}\,\overline{C}\,\overline{D} + \overline{B}\,\overline{C}\,D$;

⑤ $L = \overline{\overline{A + B} \cdot \overline{ABC} \cdot \overline{AC}}$;

⑥ $L = \overline{(AB + \overline{B}C) + (B\overline{C} + \overline{A}B)}$;

⑦ $L = \overline{(AB + \overline{B}C)(AC + \overline{A}\,\overline{C})}$;

⑧ $L = (A + B + C + D)(\overline{A} + B + C + D)(A + B + \overline{C} + D)$。

2.14 下列与项哪些是四变量逻辑函数 $f(A, B, C, D)$ 的最小项?

① ABC;② $AB\overline{D}$;③ $AB\overline{C}D$;④ $AD\overline{C}\,\overline{D}$。

2.15 用卡诺图将下列逻辑函数化简为最简与一或逻辑函数式:

① $L = AB + BC + \overline{A}\,\overline{C}$;

② $L = \overline{\overline{AB + BC} + A\overline{C}}$;

③ $L = (A + B + C + D)(A + B + C + \overline{D})(\overline{A} + B + C + D)$;

④ $L = \overline{A}[\overline{B}C + B(C\overline{D} + D)] + AB\overline{C}D$;

⑤ $L = \sum(0, 2, 3, 4, 6)$;

⑥ $L = \sum m(2, 3, 4, 5, 9) + \sum d(10, 11, 12, 13)$;

⑦ $L = \sum(0, 1, 2, 3, 4, 6, 8, 9, 10, 11, 12, 14)$。

第**3**章

集成逻辑门电路

第 2 章介绍了与、或、非三种基本逻辑运算、复合逻辑运算、逻辑代数基本定理以及逻辑符号等数字逻辑系统的理论基础。本章研究数字逻辑运算的物理实现,即集成逻辑门电路。集成逻辑门是构成数字电路的基本单元,这些逻辑门内部是由半导体器件构成相关的逻辑电路。本章首先介绍集成电路的基本概念,简要介绍半导体器件的开关特性,重点讲解 TTL 和 CMOS 集成逻辑门的工作原理以及集成门的逻辑电平、扇出、功耗、传输延迟和噪声容限等技术参数。通过本章的学习,将会正确使用集成门电路,了解 TTL 和 CMOS 系列集成电路的差别和正确用法;掌握 TTL 和 CMOS 的接口技术;了解计算机总线的概念。

3.1　集成电路基本概念

集成电路(Integrated circuit,IC)通常是指把电路中的半导体器件、电阻、电容及连线制作在一块半导体芯片上,芯片用陶瓷或塑料封装在一个壳体内,接线接到外部的管脚,这样就形成了集成电路。管脚数可从小规模 IC 的几个引脚到大规模 IC 的数百个引脚。每个集成电路厂家都提供 IC 的数据手册,包含了 IC 的详细技术信息,这些数据手册在相关网站上可以得到。

集成逻辑门电路是将组成门电路的全部元件及连线集成在同一半导体基片上并进行封装的 IC 器件,是数字逻辑电路最基本的单元。

与分立元件电路相比,集成电路具有重量轻、体积小、功耗低、成本低、可靠性高和工作速度高等优点。

3.1.1　集成电路的分类和封装

1. 集成电路的分类

集成电路有多种分类方式,主要的分类方式如图 3.1.1 所示。

(1) 按处理信号的不同(或者按功能结构),可分为数字 IC、模拟 IC、模数混合 IC 等。数字 IC 是用来处理数字信号的集成电路,例如门电路、译码器、触发器、计数器等。模拟 IC 处理的是模拟信号,例如线性的运算放大器和用于信号发生器、变频器中的非线性集成电路。模数混合 IC 既包括数字电路又包括模拟电路,典型的有模/数转换器(ADC)和数/模转换器(DAC)。还有一种微波集成电路,是指工作频率高于 1000 MHz 的集成电路,主要应用于导航、雷达和卫星通信等方面。

（2）按集成度高低的不同，可分为：小规模集成电路（SSI），如各种逻辑门电路、集成触发器；中规模集成电路（MSI），如译码器、编码器、寄存器、计数器；大规模集成电路（LSI），如中央处理器，存储器；超大和甚大规模集成电路（VLSI 和 ULSI），如 CPU；巨大规模集成电路（GLSI），如集成有双核处理器的数字信号处理器（DSP）或 FPGA 等。

（3）按晶体管类型（或导电类型）不同，可分为双极型、单极型和混合型。

双极型逻辑门主要以二极管、双极型三极管作为开关元件，电流通过 PN 结流动。双极型逻辑门又分为电阻晶体管逻辑（Resistance Transistor Logic，RTL）、二极管晶体管逻辑（Diode Transistor Logic，DTL）、晶体管－晶体管逻辑（Transistor-

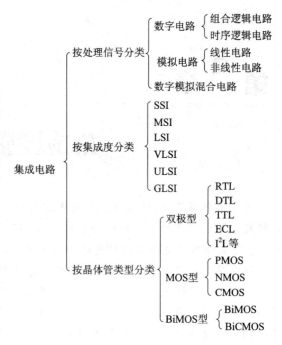

图 3.1.1　集成电路主要的分类方式

Transistor Logic，TTL）、发射极耦合逻辑（Emitter-Coupled Logic，ECL）和集成注入逻辑（Integrated Injection Logic，I^2L）等数字逻辑系列。其中，TTL 应用最为广泛，与单极型逻辑门相比，其速度更快，带负载能力更强。但其功耗较大，集成度较低，不适合做成大规模集成电路。

单极型也称为 MOS 型，以 MOS 管作为开关元件。单极型 IC 又分为 PMOS、NMOS 和 CMOS 逻辑器件。CMOS 采用了 NMOS 和 PMOS 互补电路，速度比 NMOS 更快、功耗更小。与 TTL 相比，CMOS 电路具有制造工艺简单、功耗低、集成度高和抗干扰能力强等优点。在数字系统中逐渐占据了主导地位。

混合型即双极型－CMOS 或 BiCMOS，它是利用了双极型器件的速度快、驱动能力强和 MOSFET 的功耗低两方面的优势，因而得到广泛重视。

（4）按制作工艺不同，可分为半导体集成电路和膜集成电路（又分为厚膜和薄膜）。

也可以按用途、应用领域、外形等进行分类。

使用最多的半导体数字集成电路（以下简称数字集成电路）主要分为 TTL、CMOS、ECL 三大类工艺。ECL 属于非饱和型数字逻辑，从而消除了晶体管饱和时间，以极高的工作速度为人们所熟知。但在三种逻辑系列中，ECL 工艺的集成电路功耗最高，应用最少。

2. 集成逻辑门的封装

集成逻辑门电路，大多采用双列直插式封装（Dual-In-line Package，DIP），图 3.1.2 为 14 引脚芯片 DIP 封装。DIP 封装的集成芯片都有一个缺口，如果将芯片插在实验板上且缺口朝左边，则引脚的排列规律为：左下管脚为引脚 1，其余以逆时针方向由小到大顺序排列。绝大多数情况下，电源从芯片左上角的引脚接入，地接右下引脚。一块芯片中可集成若干个（1、2、4、6 等）同样功能但又各自独立的门电路。每个门电路则具有若干个（1、2、3

等)输入端。输入端数有时称为扇入(Fan-in)数。下面以反相器 7404 和四 2 输入与非门
7400 为例来说明。

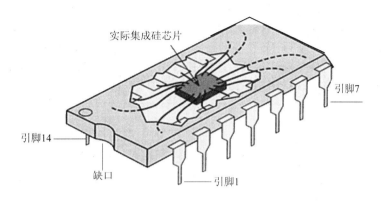

图 3.1.2　双列直插式封装集成组件

集成逻辑门芯片就像确定了输入、输出和逻辑功能的"黑盒子",其核心可能是非常复
杂的电路。对使用者而言,只要掌握查阅器件资料的方法,了解其逻辑功能并正确使用即
可。例如,使用 7404 时,从集成电路手册对 IC 的文字说明部分(如"六反相器"),一般已
可以对芯片的功能有个大概了解,当然要正确使用该芯片,特别是中、大规模集成芯片必
须进一步阅读手册中提供的资料。从图 3.1.3(a)可知,7404 是 14 引脚集成芯片,其内部
集成了六个各自独立的反相器电路,每个反相器的输入输出关系十分清楚。同样由图
3.1.3(b)可见,7400 也是 14 引脚双列直插式集成芯片,内部集成了四个独立的 2 输入与
非门。需要强调的是,这两个图是 7404 和 7400 的引脚接线图,是帮助电路板设计者或者
使用面包板的实验人员,根据逻辑原理图要求将门的输入和输出信号连接成电路的图形。
如果某电路要用到反相器或者与非门,画电路逻辑原理图时要用 2.3.2 节介绍的相应门逻
辑符号而不是这种图形。

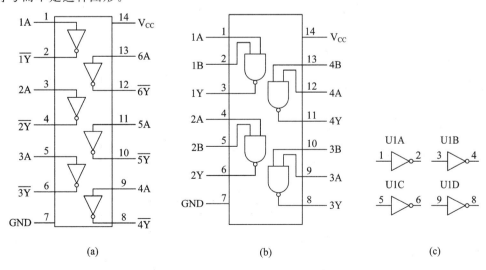

(a)　　　　　　　　　　　　(b)　　　　　　　　　(c)

图 3.1.3　7404 和 7400 的接线图

(a) 六反相器 7404 接线图;(b) 四 2 输入与非门接线图;(c) EDA 软件中调用的 7404

如果用电子设计自动化(Electronic Design Automation，EDA)软件进行电路设计，出现在原理图中的集成门芯片仍然是门的逻辑符号，只是门的输入端与输出端引脚会与相应IC对应，并依据IC集成门的个数自动排列。例如，在某设计中需要用到4个反相器，如果选7404，并将芯片命名为U1，则原理图中出现的4个反相器如图3.1.3(c)所示，软件自动将6个门按A、B、C、D、E、F排列，并给出每个门输入与输出对应IC的引脚，例如图中反相器U1D的输入为7404芯片的第9引脚而输出从第8引脚引出。当使用的反相器超过6个时，需要用另一片7404，软件自动命名该芯片为U2，各反相器依此为U2A、U2B、···U2F。

需要说明的一点是，在原理图中几乎所有IC的电源与地端都没有出现，但在实验连线时，电源与地是必不可少的。

3.1.2　集成门主要技术指标

集成逻辑门特性的主要指标有：逻辑电平、扇出数(即带负载能力)、功耗、传输延迟(动态响应特性或开关速度)及噪声容限。

(1) 逻辑电平：表示逻辑0和逻辑1范围的几个关键电压参数，如图3.1.4所示的U_{OHmin}、U_{OLmax}、U_{IHmin}和U_{ILmax}，它是反映了输出和输入逻辑1和0的电压范围的几个极限参数。在图中左边驱动门的输出端，任何在U_{OHmin}到V_{CC}之间的电压都被认为是高电平，标准TTL的高电平输出典型值为3.6 V，U_{OHmin}为2.4 V；任何在0到U_{OLmax}之间的电压都被认为是低电平，标准TTL的低电平典型值是0.3 V，U_{OLmax}为0.4 V。在U_{OLmax}到U_{OHmin}之间的电压是不确定逻辑，除了作为信号在两级间传输外，在正常的工作条件下不能出现。相应地，图中给出了右边负载门的两个输入电压范围。为了补偿噪声信号，集成电路必须设计成U_{ILmax}大于U_{OLmax}，U_{IHmin}小于U_{OHmin}，使得输出逻辑电平与输入逻辑电平数值留出一些误差容限，这个误差容限称为噪声容限。

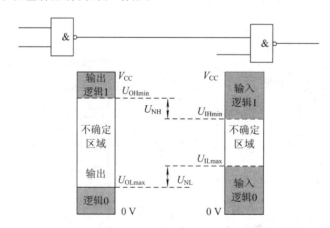

U_{OHmin}——输出高电平最小值；U_{OLmax}——输出低电平最大值

$U_{\text{IHmin}}(U_{\text{ON}})$——输入高电平最小值；$U_{\text{ILmax}}(U_{\text{OFF}})$——输入低电平最大值

高电平噪声容限 $U_{\text{NH}}=U_{\text{OHmin}}-U_{\text{IHmin}}$；低电平噪声容限 $U_{\text{NL}}=U_{\text{ILmax}}-U_{\text{OLmax}}$

图3.1.4　门电路输出和输入逻辑0、1范围

同一系列器件输入的逻辑0和1与输出的逻辑0和1的电压范围不同，输入0和1的

电压范围永远比输出 0 和 1 的电压范围大。不同逻辑系列数字器件的逻辑 0 和 1 的电压范围各不相同。

（2）噪声容限：一个集成门往往是前一级门的负载，后一级门的驱动，噪声容限是指门的输出信号传输到下一级门的输入端时，允许叠加的最大外部噪声电压，它反映电路在多大的干扰电压下仍能正常工作。噪声电压一旦超出此容限，逻辑门将不能正常工作。噪声容限 U_N 一般取高电平噪声容限（$U_{NH} = U_{OHmin} - U_{IHmin}$，如图 3.1.4 所示）和低电平噪声容限（$U_{NL} = U_{ILmax} - U_{OLmax}$）中较小的一个。噪声容限 U_N 越大，表明该门构成的电路抗干扰能力越强。

（3）传输延迟：指加在门输入端的二值信号发生变化时，信号从门的输入端传输到输出端的平均传输延迟时间，常用 t_{pd} 表示。它反映了电路的动态特性。

由于晶体管开关动作是由载流子的聚集和散去完成的，同时由于晶体管的结电容、输入和输出端的寄生电容等原因，使实际的数字信号从 0 到 1 或从 1 到 0 都是需要时间的，信号的变化波形并不是瞬时突变的。图 3.1.5（a）表示为一个非门的典型输入波形，通过非门后，相应的输出波形如图（b）所示。比较（a）和（b）两图的波形，可以看出，除反相关系之外，输出波形比输入波形还延后了一定的时间。从输入波形下降沿的 50% 到输出波形上升沿的 50% 之间的延迟

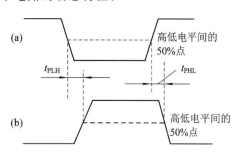

图 3.1.5　逻辑非门的时延
（a）输入波形 u_I；（b）输出波形 u_O

时间，称为门输出由低电平升到高电平的传输时延 t_{PLH}，称为截止延迟时间；反之，输出由高电平降到低电平的传输时延为 t_{PHL}，称为导通延迟时间 t_{PHL}，通常 $t_{PLH} > t_{PHL}$。平均传输延迟时间 t_{pd} 为上述两者的平均值，即 $t_{pd} = (t_{PLH} + t_{PHL})/2$。有时候也用 $t_{pd} = \max(t_{PLH}, t_{PHL})$ 作为电子网络的逻辑延迟时间的合理估计值，也就是 t_{pd} 取两者中的较大值。

t_{pd} 除决定于逻辑门本身的结构和制造工艺以及电源电压的大小等因素以外，还与输出端所接的其他逻辑电路的输入电容和寄生的接线电容有关。门输出端所接等效电容愈大，t_{pd} 愈大，电路的开关速度越低。

（4）"扇出"数：在保证电路正常工作的条件下，输出最多能驱动的同类门的数量，是衡量逻辑门输出端带负载能力的重要参数。一个门输出通常是连接在其他同类门的输入上，每个输入都消耗前级门的一定电流量，由于一个逻辑门只能提供一定的拉电流（流出门）或灌电流（流入门），一旦所带负载使输出端电流超过这个电流值，逻辑门就不能正常工作。一个逻辑系列根据其输入和输出电流参数可以确定扇出数。详细的分析计算见3.3.3 小节。

增加扇出数会降低经过门的逻辑流速度，即加入到电路的任一负载都将增加一个驱动负载所需的附加延迟时间 t_{pL}，传输延迟随扇出数线性增加。

逻辑门的"扇入"数是指集成门电路输入端的数目，在制造时确定，最大一般不超过 8。例如，反相器的扇入为 1，两输入与非门 NAND2 的扇入数是 2。扇入为设计者提供了门输入的数目，在硬件层面来说，扇入提供的是逻辑门内在速度的有关信息。传输延迟随扇入增多而增加。例如，NOR2 门的速度比 NOR4 门快，这是因为输入数目越大，所需要的电

子电路就越复杂,逻辑门电路中所用的每个器件都可能潜在地降低其逻辑切换的速度。

(5) 电源:获取器件工作电源等参数的一个最重要的途径,就是查阅该器件的数据手册。大家要慢慢培养阅读器件数据手册的能力。例如,对于即将学到的译码器 74LS138,网上下载其数据手册,会发现电源 V_{CC} 最小值是 4.75 V,典型值是 5 V,最大值是 5.25 V。大多数 TTL 器件电源都为 5 V($1\pm5\%$),即工作电压范围是 4.75 V~5.25 V。CMOS 芯片的电源电压范围一般都比较大。任何 IC 都必须提供它需要的电源电压才能正常工作。例如,STC89C52RC 单片机,查数据手册得到它的工作电压是 5.5 V~3.4 V,说明该单片机在这个电压范围都可以正常工作,但电压超过 5.5 V 是绝对不允许的,会烧坏单片机,电压如果低于 3.4 V,单片机不会损坏,但是也不能正常工作,设计电源电路时,最好提供芯片需要的典型电压值。

(6) 功耗:指逻辑门工作时消耗的功率。集成门电路需要直流电源(双极型 TTL 电源常用 V_{CC} 表示,单极型 CMOS 常用 V_{DD} 表示)供电,电源提供的平均电流用 I_E 表示。功耗等于电源电压与 I_E 之乘积。输入为全 0 时的 I_{EL} 和输入为全 1 时的 I_{EH} 是不一样的,通常取其平均值 I_E,I_E 越小,则集成门功耗就越小。目前我国各系列 TTL 的 I_E 值相差很大,低功耗的可小于 0.3 mA,高者可达 4 mA 左右,但高功耗 TTL 门的开关速度较快。

需要指出的是,要求低功耗往往与提高门电路的开关速度相矛盾。因此,常用功耗 P 和传输时延 t_{pd} 的乘积,即功耗—时延积 M 作为衡量一个门的品质指标,即

$$M = P \cdot t_{pd}$$

M 习惯上又称为速度—功耗积。M 值越大,表示器件的性能越差。

每个 IC 数字逻辑系列最基本的电路是集成门,其价格低廉,应用它们来学习数字逻辑硬件的概念是十分理想的途径。掌握了集成门电路就可以理解同一数字逻辑系列更复杂 IC 的特征参数。在 3.3 和 3.5 节将介绍常用数字逻辑系列 TTL 和 CMOS 集成门电路,通过这两种集成逻辑门的学习,掌握 TTL 和 CMOS 系列的电源、逻辑电平、扇出、功耗、传输延迟和噪声容限等重要参数。

3.1.3　常用集成逻辑门器件

常用集成逻辑门主要有 TTL 和 CMOS。TTL 是长期用于逻辑运算的一个系列,并且是公认的标准。CMOS 的特点是低功耗和集成度高。因此,CMOS 已成为主流的逻辑系列。

教材中经常会出现 74LS×× 等型号,这是 TTL 的一个子系列,是低功耗肖特基 TTL 系列器件,74S×× 是肖特基逻辑子系列。74LS×× 的速度—功耗积大约是 74S×× 的三分之一,是 74×× 的六分之一。教材后续内容还会出现其他的一些 TTL 子系列,这里不一一介绍。

与 TTL 一样,CMOS 也有许多的子系列,国际上通用的 CMOS 数字电路主要有:美国RCA 公司最先开发的 CD4000 系列、美国摩托罗拉公司(Motorola)开发的 MC14500 系列(即 4500)以及我国开发的 CC4000B 标准型 CMOS 系列,CC4000B 系列与国际上同序号产品可互换使用。之后发展了民用 74 高速 CMOS 系列电路,其逻辑功能及引脚排列与相应的 TTL74 系列相同,工作速度相当,而功耗却大大降低且提供较强的抗干扰能力和较宽的工作电压及工作温度范围。该系列常用的有两类:74HC 系列和 74HCT 系列,前者

为 CMOS 电平,后者为 TTL 电平,可以与同序号 TTL74 系列互换使用。74AHC 和 74AHCT 是改进型的高速 CMOS,该系列有单门逻辑,即在芯片内部只有一个门,引脚数目少,在印制电路板上占据较小的面积,例如,74AHC1G00 是单门封装,片内仅有一个二输入与非门,5 个引脚。对 HC/HCT 的进一步改进出现了高速 CMOS 逻辑电路 ACL 和仙童高级 CMOS FACT 系列,具有更好的工作特性。74BiCMOS 系列是将高速双极型晶体管和低功耗 CMOS 相结合构成的低功耗和高速的数字逻辑系列。74BCT 是德州仪器公司制造的 BiCMOS 系列,74ABT 是飞利浦制造的 BiCMOS 系列。不同制造商用不同符号表示其系列器件。

CMOS 逻辑 IC 的功耗与电源电压的平方成正比。因此,开发了 LV、LVC、LVT、ALVC 等低电压系列器件,常用于笔记本电脑、移动电话、手持式视频游戏机和高性能工作站。

数字逻辑 IC 的不同制造商都将编号方案标准化,其基本部分的数字相同,与制造商无关。数字的前缀依制造商而异。例如,一个器件名称为 S74F08N 的 IC,其中的 7408 属于基本部分,对所有制造商 7408 都代表四 2 输入与门,F 表示快速系列,前缀 S 表示制造商 Signetics 的代号,后缀 N 表示封装类型为双列直插塑料封装。有些制造商的数据手册将 7408 写成 5408/7408,其中 54×× 系列是 TTL 军用等级,其工作环境温度扩展到 −55℃到+125℃;74×× 系列是 TTL 普通商用等级,其工作环境温度范围一般是 0℃到 70℃,两者对电源的要求也不同。教材中一般都省略了代表制造厂商的前缀和表示封装类型的后缀,×× 表示器件的代码。例如,CMOS 的 4011 是四 2 输入与非门;74HC10 是三 3 输入与非门;4012 和 74HCT20 是双 4 输入与非门;4068 和 74HCT30 是单 8 输入与非门。TTL 的 7400 是四 2 输入与非门;7410 是三 3 输入与非门;7420 是双 4 输入与非门;7430 是单 8 输入与非门。

要熟悉集成门电路,下面先简要介绍集成门底层的半导体器件的开关特性。

3.2　半导体器件的开关特性

通过开关将一个电压切换到另一个电压来实现对灯的亮和灭的控制是大家所熟知的。数字电路基础与照明开关类似,数字电路中常用双极型三极管和 MOS 管做开关,当输入信号加载到三极管开关器件的输入端时将使另外两端变成开路或短路,电路中就产生两个电压级别,分别表示二进制的 0 和 1。晶体管开关构成了二进制系统的硬件基础。下面分别介绍双极型三极管和 MOS 管的开关特性。

3.2.1　双极型三极管的开关特性

PN 结具有单向导电特性,每个三极管有两个 PN 结,两个 PN 结有四种通断组合方式,使得三极管分别具有放大、饱和、截止和倒置四种工作状态。如果三极管只工作在截止状态或饱和状态,管子截止相当于开关断开,管子饱和相当于开关接通,此时三极管就相当于一个开关。

双极型三极管工作于开关状态的条件和特点如表 3.2.1 所示。在图 3.2.1(a)所示的电路中,使输入信号 u_1 变化时,三极管集电极电流 i_C 和输出电压 u_O 的波形变化如图 3.2.1

(b)所示。

表 3.2.1 三极管开关条件及特点(以 NPN 硅管为例)

工作状态	电压、电流条件	特 点	开关时间
饱和	$U_{BE}=0.7$ V, $I_B \geqslant I_{BS}=I_{CS}/\beta$	Jc(集电结)和 Je(发射结)均正偏, $U_{CES} \leqslant 0.3$ V, $I_C=I_{CS}$ 相当于开关接通	开通时间 $t_{on}=t_d+t_r$
截止	$U_{BE} \leqslant 0.5$ V $I_B \approx 0$	Je 和 Jc 均反偏, $U_{CE} \approx V_{CC}$, $I_C \approx 0$ 相当于开关断开	关断时间 $t_{off}=t_s+t_f$

在动态情况下,三极管在截止(C、E 之间断开)与饱和(C、E 之间短路)两种状态间转换时,由于三极管内部电荷的建立和消散都需要一定的时间,所以集电极电流的变化滞后于基极电压的变化,也就是说,i_C 和 u_O 的变化不能瞬间完成。

从图 3.2.1(b)中可见,当 $0<t<t_1$ 时,$u_I=0$ V,使发射结和集电结反偏,管子处于截止状态,$i_C=0$,$u_O=V_{CC}$。当 $t_1 \leqslant t<t_2$ 时,u_I 从低电平跳到高电平 U_2,i_C 却不能立刻上升到饱和电流 I_{CS},而是需要经过 t_d 和 t_r 两段时间。前者称为延迟(Delay)时间,是从 t_1 时刻到 i_C 上升到 $0.1I_{CS}$ 所需要的时间;后者称为上升(Rise)时间,是 i_C 从 $0.1I_{CS}$ 上升到 $0.9I_{CS}$ 的时间。t_d 与 t_r 之和称为接通(Turn-on)时间 t_{on}。

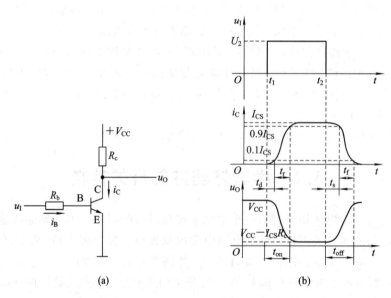

图 3.2.1 三极管开关电路及波形图
(a) 开关电路;(b) u_I、i_C 和 u_O 波形

当 $t>t_2$ 后,u_I 由 U_2 下跳到 0 V,i_C 也不能立刻下跳到零,而是需要有 t_s 和 t_f 两段时间,前者称为存储(Storage)时间 t_s,与晶体管的饱和深度有关,它是 i_C 从 I_{CS} 降到 $0.9I_{CS}$ 所需要的时间;后者称为下降(Fall)时间 t_f,是 i_C 从 $0.9I_{CS}$ 降到 $0.1I_{CS}$ 所需的时间。t_s 与 t_f 之和称为关断(Turn-off)时间 t_{off}。

三极管的接通时间 $t_{on}=t_d+t_r$,关断时间 $t_{off}=t_s+t_f$,二者统称为三极管的开关时间(switching time)。开关时间越短,开关速度也就越高。开关时间不仅与管子的结构工艺有关,而且与外加输入电压的极性及大小有关。因此,提高开关速度的途径有两个,一是制造开关时间较小的管子(开关管)，二是设计合理的外电路以减小开关时间。

由上述分析可见，图 3.2.1(a)电路是一个反相器，也称为非门。u_I 为低电平时，u_O 为高电平；u_I 为高电平时，u_O 为低电平。

通常 $t_{off} > t_{on}$、$t_s > t_f$。因此控制三极管的饱和深度，减小 t_s 是缩短开关时间、提高开关速度的一个主要途径。

如图 3.2.2(a)所示，给三极管的集电结并联一个肖特基二极管(高速、低压降)，当三极管处于饱和状态，肖特基二极管可限制三极管的饱和深度，将三极管和肖特基二极管制作在一起，构成如图 3.2.2 (b)所示的肖特基晶体管。标准 TTL 系列限制速度的重要因素是晶体管基区电容性电荷，晶体管饱和时电荷聚集在基区，由饱和到截止时必须花费时间消耗掉储存的电荷，产生较大的传输时延。肖特基逻辑系列通过晶体管基极—集电极间的肖特基二极管，使晶体管基区多余的电荷通过肖特基二极管到集电极，晶体管处于浅饱和状态，将传输时延减小约四分之一，而功耗仅增加一倍。

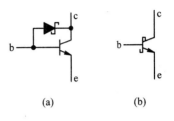

图 3.2.2　肖特基晶体管
(a) 结构；(b) 符号

3.2.2　场效应管的开关特性

场效应管(Field Effect Transistor，FET)也叫单极型晶体管。按结构分为两大类型，结型场效应管(Junction Field Effect Transistor，JFET)和绝缘栅场效应管(Isolated Gate Field Effect Transistor，IGFET)，IGFET 也叫 MOS 场效应管(Metal Oxide Semiconductor Field Effect Transistor，MOSFET)，或者简称为 MOS 管。JFET 常用于线性电路，MOSFET 常用于数字电路。MOS 管输入电阻很大，因此，MOS 电路功耗很小，且 MOS 管的面积比双极型晶体管小，可以使复杂的数字系统占用很小的硅片面积，降低集成电路成本。

1. MOS 场效应管的开关特性

图 3.2.3 是 N 沟道 MOS 管的符号和开关模型。符号中 s 是主要载流子进入 MOS 管的端子，因此称为源极；d 是 MOS 管的漏极，是主要载流子离开管子的端子；g 为 MOS 管栅极。当栅源电压 u_{GS} 小于开启电压 U_{TN} 时，MOSFET 处于截止状态，相当于开关断开；当 u_{GS} 大于 U_{TN} 时，相当于开关接通。可见，MOS 管是由栅源电压控制开关两端 sd 的通和断。由 MOS 的结构决定了图中栅极的输入电容 C_{gs} 不可忽略。

MOS 管栅极金属板和导电沟道之间有一层绝缘的二氧化硅(SiO_2)介质，等效为一输入电容。由于绝缘介质非常薄，绝缘层易击穿，必须采取保护措施。在改进的 MOS 管内，常有过电压保护稳压管如图 3.2.4 所示，它限制了加在 g、s 极间的电压，从而起到保护管子的作用。管子输入信号在正常的电压范围内保护电路不起作用。

图 3.2.5 是 NMOS 增强型管的电压传输特性，在图 3.2.5(a)中给栅极加上一个等于电源值 V_{DD} 的电路最高电压，如果输入电压 u_I 在 0 V 到 V_{DD} 之间变化，NMOS 只能将 0 V 到 $V_{DD} - U_{TN}$ 之间的信号传给输出 u_O，输入在 $V_{DD} - U_{TN} \sim V_{DD}$ 范围时，NMOS 是关断的，无法传递信号到输出端，输出处于高阻态(见 P64 TTL 三态逻辑门)。因此，可以得到结论：NMOS 传输强逻辑 0，传输弱逻辑 1，如图 5.2.5(b)所示。

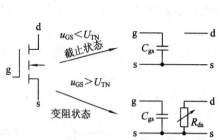

图 3.2.3　N 沟道 MOSFET 的开关模型

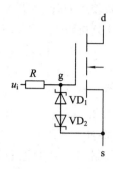

图 3.2.4　过压保护

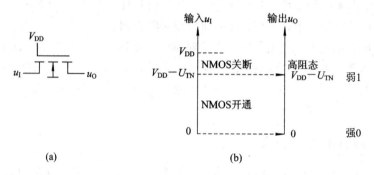

图 3.2.5　NMOS 电压传输特性

（a）电路；（b）电压传输特性

同样可分析得到：PMOS 可以传输强逻辑 1，传输弱逻辑 0。

2. CMOS 反相器

由以上讨论可知，PMOS 和 NMOS 管在电气和逻辑特性上互补，即它们的开关特性和电压传输特性相反。因此，可以方便地由两者构成逻辑电路，由它们构成的电路称之为CMOS(Complementary Metal Oxide Semiconductor)电路，一个 NMOS 和一个 PMOS 组成一个互补对。

在数字电路中，逻辑 0 理想的逻辑电平为 0 V，逻辑 1 理想的逻辑电平为电源 V_{DD}。根据 MOS 管传输特性，如果设计一个反相器的话，自然会考虑用两个互补管，其中它们的栅极接在一起使之具有互补开关特性。由于 NMOS 传输强逻辑 0，PMOS 传输强逻辑 1。因而，输出与地之间接NMOS，输出与电源 V_{DD} 之间接 PMOS。这样可得图 3.2.6所示的反相器电路，当输入电压 u_1 为低电平，即逻辑 0 时，NMOS 管 V_1 截止，PMOS 管 V_2 导通。因此，输出通过 V_2与电源接通，$u_O \approx V_{DD}$，输出为逻辑 1。同理可知，当输入电

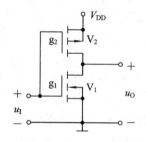

图 3.2.6　CMOS 反相器电路

压 u_1 为高电平时，PMOS 管 V_2 截止，NMOS 管 V_1 导通，$u_O \approx 0$ V。由此可见，该电路实现了反相作用。

有很多教材中 MOS 管使用图 3.2.7 所示的符号，图中 V_P 为增强型 PMOS 管，V_N 为增强型 NMOS 管，图 3.2.7(b)和(c)说明了 MOS 管的开关特性，当输入 u_1 为低电平时，

PMOS 管导通输出 u_O 为高电平，当输入为高电平时，NMOS 管导通输出低电平，实现了 CMOS 反相器功能。

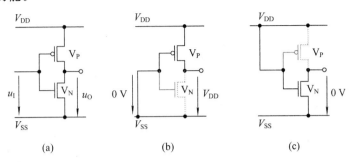

图 3.2.7　CMOS 反相器的开关模型

（a）反相器电路；（b）PMOS 导通输出高电平；（c）NMOS 导通输出低电平

3.3　TTL 系列集成门内部电路及电气特性

在微型计算机的早期，TTL 芯片是非常重要的一类芯片，用于实现"粘合逻辑"，使计算机中各种各样的芯片可以相互通信。TTL 底层采用的是双极型晶体管，可用于设计速度极快的开关网络。但双极型晶体管的体积比 MOS 管要大的多，且 TTL 电路功耗较大，存在散热问题。因此，TTL 一般不用于高集成度芯片的设计。但 TTL 价格低廉且易于使用，在许多应用中仍然十分重要。

TTL 系列门有三种不同类型的输出配置：推挽式（图腾柱）输出、集电极开路输出和三态输出。下面通过解剖推挽式输出的集成 TTL 与非门的内部电路结构，分析其工作原理，帮助大家理解其外部电气特性，这对于掌握 TTL 逻辑系列的重要参数和后续学习 CMOS 都是非常必要的。最后简要介绍集电极开路输出门和三态输出门。

3.3.1　TTL 与非门的内部结构及工作原理

为了使用好各种集成门电路，必须先了解其内部电路特点、外部特性及技术参数。下面以 TTL 与非门为例进行介绍。

1. TTL 与非门的内部结构

两输入 TTL 与非门的基本单元电路如图 3.3.1 所示，由三部分组成：V_1 和 R_1 构成输入级；V_2、R_2、R_3 构成中间级作为输出级的倒相驱动电路；V_3、V_4、VD 和 R_4 构成电路的输出级。其中的 V_1 管具有一个基极、一个集电极和两个发射极，称为多发射极三极管，制造商采用二、三、四和八个发射极晶体管制成二、三、四和八输入与非门。VD、V_4 作为由 V_3 组成的反相器的有源负载。

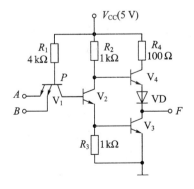

图 3.3.1　与非门基本单元电路

2. TTL 与非门的功能分析

首先，讨论 A 和 B 至少有一个输入为逻辑 0(如 0.3 V)时，输出与输入的逻辑关系。假设 A 为 0，这时，V_{CC} 通过 R_1 向 V_1 注入基极电流，相应的发射结导通，则 V_1 的基极电位被钳制在 $u_P = u_A + U_{BE} = 0.3 + 0.7 = 1$ V。这一电压不足以使 V_1 的集电结和 V_2 导通，故 V_2 截止，从而 V_3 也截止。由于 V_1 的集电极回路电阻为 R_2 和 V_2 的 b−c 结反向电阻之和，阻值非常大，所以此时的 V_1 工作在深度饱和区。另一方面，由于 V_2 截止，电源 V_{CC} 通过 R_2 向 V_4 提供基极驱动电流，而使 V_4 和 VD 导通，流过的电流近似为负载电流 i_L，忽略 $i_{B4} R_2$ 则得输出电压为

$$u_F \approx V_{CC} - U_{BE4} - U_D = 5 - 0.7 - 0.7 = 3.6 \text{ V}$$

这说明，有任一输入为逻辑 0 时，输出 F 为高电平，即逻辑 1，电流流出门。

其次，讨论输入 A、B 均为 1 时，输出与输入之间的逻辑关系。假设 A、B 均为 3.6 V 的高电平，电源电压通过 R_1 向 V_1 提供电流，此时似乎 V_1 的发射结和集电极都正偏，如果发射结导通，$u_P = 3.6 + 0.7 = 4.3$ V；如果 V_1 集电结正偏导通，由 V_1 集电极流出的电流将驱动 V_2 导通，同时 V_2 的发射极电流又进一步驱动 V_3 导通，这三个 PN 结导通后，$u_P = U_{BC1} + U_{BE2} + U_{BE3} = 3 \times 0.7 = 2.1$ V。这样，V_1 的基极电位将被钳在较低的 2.1 V，这个电位低于这时的发射极电位。因此，V_1 的各个发射结承受反偏而截止，这时的三极管 V_1 工作在倒置状态。V_2 工作在饱和状态，于是，$u_{C2} = U_{BE3} + U_{CES2} = 0.7 + 0.3 = 1$ V。这一电压不能使 V_4 和 VD 导通，故 V_4 和 VD 截止。可见，此时 V_3 的集电极电流接近于零。另一方面，V_3 的基极电流由 V_2 发射极电流提供，它使 V_3 处于饱和状态，电流流入门。当输出端空载时，可使 $u_F < 0.3$ V，也就是说，输出 F 为逻辑 0。

输入电压为 1.4 V，即 V_1 的基极电压为 2.1 V 是输出级 V_4 和 V_3 轮流导通一个临界电压，这个电压称为阈值电压或门槛电压，记为 U_{th}。

由以上分析可得，当门的输入全为逻辑 1 时，其输出为逻辑 0；任何一个输入为逻辑 0 时，就使输出为逻辑 1，这样就实现了与非逻辑功能，即 $F = \overline{AB}$。如果多发射极三极管有三个发射极，可得 $F = \overline{ABC}$，其余类推。

TTL 集成电路中，一般都是采用多发射极三极管来完成与的逻辑功能，这种结构不仅便于制造，还有利于提高电路的开关速度。当输出为逻辑 0

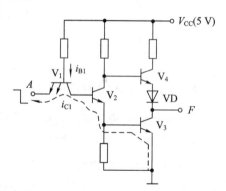

图 3.3.2　输入负跳变时的反向驱动电流

时，V_2、V_3 饱和导通，其基区积聚着存储电荷，三极管 V_1 的集电极电位为 1.4 V。若任一输入端由高电平降至低电平 0.3 V，则 V_1 的相应发射结导通，V_1 基极电压 u_P 为 1 V。由于基极电位低于集电极电位，使 V_1 工作在线性放大区，一股很大的集电极电流将流过 V_2 和 V_3 的发射结，如图 3.3.2 所示，它促使 V_2、V_3 基区的存储电荷加速消失，从而缩短了存储时间，提高了电路的开关速度。

TTL 门的输出部分的 V_3 和 V_4 轮流导通，使输出 F 要么为 0，要么为 1，所以称为推挽式或图腾柱输出。推挽电路输出既可以向负载灌电流，也可以接受负载流入的电流。当

输出 F 为逻辑 0 时，V_4 截止，V_3 饱和导通，可以接受较大的灌电流负载；而当输出为逻辑 1 时，V_4 导通，V_3 截止，能够向负载提供较大的驱动电流，这种负载为拉电流负载。另外，推挽电路能够降低输出级的静态功耗，由于图腾柱输出级电阻较小，驱动能力也较强。

推挽电路有很多种，有互补对称输出级电路，还有桥式推挽输出级，变压器耦合推挽输出级等。但其根本都是输出级的两个或者两组管子轮流导通。

当设计实际数字电路时，除了需要了解门电路的逻辑功能外，更重要的是要了解其电气特性。只有这样，才能设计出更加合理的电路，电气特性主要包括：电压传输特性、输入特性、输出特性、动态特性等。

3.3.2　电压传输特性和噪声容限

与非门的电压传输特性是指与非门的输出电压与输入电压之间的对应关系曲线，即 $u_O = f(u_i)$，它反映了电路输出随输入变化静态时的特性。测试电路和传输特性如图 3.3.3 所示。由电压传输特性曲线可定义 3.1.1 节主要技术指标中介绍的几个电压指标，查找器件手册可以得到，不同器件各电压参数值不同。由表 3.6.1 可得标准 74TTL 门的有关电压参数为：

(1) 输出高电平 U_{OH}：典型值为 3.6 V，$U_{OH} \geqslant 2.4$ V，$U_{OHmin} = 2.4$ V。

(2) 输出低电平 U_{OL}：典型值为 0.3 V，$U_{OL} \leqslant 0.4$ V，$U_{OLmax} = 0.4$ V。

(3) 关门电平 U_{off}：也称为输入低电平的上限值 U_{ILmax}，典型值为 0.8 V。

(4) 开门电平 U_{on}：也称为输入高电平的下限值 U_{IHmin}，典型值为 2 V。

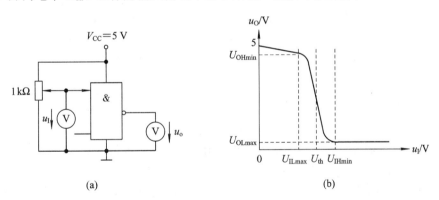

图 3.3.3　TTL 与非门传输特性测试电路和特性曲线

(a) 测试电路；(b) 特性曲线

由以上电压参数可得标准 TTL 集成电路系列器件的高、低电平噪声容限为

$$U_{NH} = U_{OHmin} - U_{IHmin} = 2.4 \text{ V} - 2 \text{ V} = 0.4 \text{ V}$$

$$U_{NL} = U_{ILmax} - U_{OLmax} = 0.8 \text{ V} - 0.4 \text{ V} = 0.4 \text{ V}$$

则，标准 TTL 集成电路的噪声容限为 $U_N = 0.4$ V。

还有一个重要的电压参数是阈值电压 U_{th}，电压传输特性的过渡区输出变化最快的点所对应的输入电压称为阈值电压，是决定电路输出级 V_3 截止和导通的分界线，也就是决定输出级关门（拒绝流入电流）和开门（允许电流流入）的分水岭。因此，U_{th} 又常被形象化地称为门槛电压。TTL 门的 U_{th} 值约为 1.4 V。即

(1) $u_i < U_{th}$，与非门关门，图 3.3.1 中 V_3 管截止，输出高电平；

(2) $u_i > U_{th}$，与非门开门，图 3.3.1 中 V_3 管导通，电流可以流入门，输出为低电平。

3.1.1 节主要技术指标中的关门电压(U_{OFF})、截止延迟时间(t_{PLH})和后续教材或者其他参考教材提到的关门电阻(R_{OFF})应该都是指图 3.3.1 中的 V_3 管截止。相应地，开门电压(U_{ON})、导通延迟时间(t_{PHL})和开门电阻(R_{ON})都是指图 3.3.1 中的 V_3 管导通。V_3 管截止，电流只能流出门。V_3 管导通，电流才能流入门。这也许就是称其为逻辑"门"的原因。

3.3.3 输入和输出特性及扇出数

为了正确处理门电路与门电路、门电路与其他电路之间的连接问题，必须了解门电路输入端和输出端的伏安特性，也就是通常所说的输入特性和输出特性。

1. 输入特性

输入特性是指输入端电流 i_1 和输入端电压 u_1 之间的关系。测试电路和特性曲线如图 3.3.4 所示，$u_1 < U_{th}$ 时，V_2 和 V_3 管截止，i_1 为负值(即流出门)，输入电流 i_1 随输入电压 u_1 增大减小。当 u_1 升至大于阈值电压 U_{th} 时，V_2 和 V_3 管都导通，V_1 管工作在倒置状态，放大倍数远小于 1，i_1 随 u_1 增大变化很小。

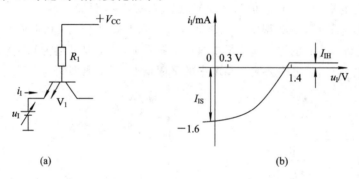

图 3.3.4 TTL 与非门输入特性测试电路和特性曲线
(a) 测试电路；(b) 输入特性曲线

图 3.3.4 所示输入特性曲线的输入短路电流 I_{IS}(输入端短路，即 $u_1 = 0$ 时的电流)可以近似为输入 u_1 为低电平时的电流 I_{IL}，I_{IL} 反映 TTL 与非门低电平负载对前级驱动门灌电流的大小。无论门的几个输入端接到前一级门，灌入前级的电流大小不变，始终等于流过 R_1 的电流大小，近似为$(V_{CC} - 0.7)/R_1$。也就是说，输入 u_1 为低电平时，负载与接入前级门的输入端数没关系，负载数即为门数。典型 TTL 门的 I_{IS} 为 1.6 mA。

当输入 u_1 为高电平时，V_1 管工作在倒置状态，集电极和发射极作用颠倒，因此，电流流入门，由于结面积和参杂浓度的不同，通常约几十微安。I_{IH} 反映了高电平负载对前级驱动门拉电流的多少。每接一个输入端到前级，就相当于接一个 I_{IH} 的负载。换句话说，输入 u_1 为高电平时，负载与接入前级门的输入端数有关系，负载数为接入到前级驱动门的输入端数。典型 TTL 门的 I_{IH} 为 40 μA。

2. 输出特性

输出特性是指输出电压 u_O 和输出端电流 i_L 之间的关系。TTL 与非门输出级电路在输出为高低电平不同时，特性不同，因此，下面分两种情况介绍。

1）低电平输出特性（灌电流）

TTL 与非门输出为低电平时，门电路输出端的 V_3 管饱和导通而 V_4 管截止，等效电路和输出特性如图 3.3.5 所示。由于 V_3 管饱和导通时 c－e 间的电阻很小，所以负载电流 i_L 增加时 u_O 仅稍有升高，一定范围内基本为线性关系。随着负载电流 i_L 继续增大，V_3 会退出饱和到放大状态，使输出电压迅速提高。因此，低电平时灌入门的最大电流不应使输出电压超过 U_{OLmax}，对应的电流极限参数为 I_{OLmax}，典型 TTL 门的 I_{OLmax} 为 16 mA。

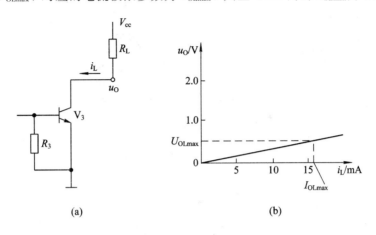

图 3.3.5　TTL 与非门低电平输出等效电路和特性曲线

（a）等效电路；（b）低电平输出特性曲线

2）高电平输出特性（拉电流）

TTL 与非门输出为高电平时，输出等效电路和输出特性如图 3.3.6 所示。输出端的 V_3 管截止而 V_4 导通，工作在射极跟随状态，电路的输出阻抗很低。当负载电流 i_L 较小情况下，i_L 变化时输出电压 u_O 减少很小。当 i_L 进一步增加，R_4 上压降也随之加大，使 V_4 的集电结变为正向偏置，V_4 进入饱和状态，V_4 失去射极跟随功能，因而 u_O 随 i_L 的增加而迅速下降。因此，高电平时拉出门的最大电流不应使输出电压低于 U_{OHmin}，对应的电流极限参数为 I_{OHmax}，典型 TTL 门的 I_{OHmax} 为 400 μA。

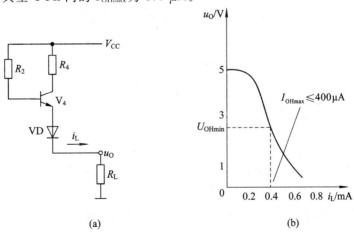

图 3.3.6　TTL 与非门高电平输出等效电路和特性曲线

（a）等效电路；（b）高电平输出特性曲线

3. 扇出数

根据输入特性和输出特性可以确定扇出数。以与非门为例计算其负载能力——扇出数。与非门输出为低电平时驱动的是灌电流负载 I_{OL},如图 3.3.7 中实线箭头所示。输出高电平时驱动的是拉电流负载 I_{OH},如图 3.3.7 中虚线箭头所示。

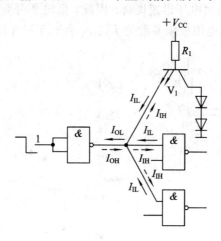

图 3.3.7 与非门的负载能力

1) 灌电流负载能力 N_L

$$N_L = \left[\frac{I_{OLmax}}{I_{IS}}\right]$$

式中,I_{OLmax} 和 I_{IS} 应取产品参数。[ ]表示取整的意思。门输出低电平时,驱动电流能力为 I_{OLmax},低电平输入负载电流为 I_{IL}(近似为 I_{IS})。用 I_{OLmax} 除以 I_{IL} 的绝对值取整,得到低电平扇出数 N_L,由表 3.6.1 可见,标准 74TTL 系列低电平扇出数 N_L 为 10。

2) 拉电流负载能力 N_H

$$N_H = \left[\frac{I_{OHmax}}{nI_{IH}}\right]$$

式中,I_{OHmax} 和 I_{IH} 应取产品参数。严格讲 N_H 表示驱动的负载输入端数。逻辑门输出高电平时,最大的拉电流输出能力为 I_{OHmax},高电平输入端负载电流为 I_{IH}。如果门的输入端数为 n,则 I_{OH} 除以 nI_{IH} 的绝对值取整,就能得到高电平扇出数 N_H,由表 3.6.1 可见,74TTL 反相器的 N_H 也是 10。

3) 与非门的扇出系数 N

$$N = \min\{N_L, N_H\} = \min\left\{\left[\frac{I_{OLmax}}{I_{IS}}\right], \left[\frac{I_{OHmax}}{nI_{IH}}\right]\right\}$$

通常,N_L 和 N_H 一般并不相同,选 N_L 和 N_H 两者中小的数作为门的扇出数。由于门电路中的 I_{IS} 总比 I_{IH} 大的多,所以 N_L 一般总是小于 N_H。

图 3.3.8 给出了门 1 输出低电平时驱动门 2 和门 3 时电流的流向,负载电流为 $2I_{IL}$(3.2 mA),没有超过驱动门能够提供的最大电流 16 mA,电路是安全的。图 3.3.8(b)给出了各个门内部对应的输入和输出电路,有助于大家进一步理解门的电流流动。

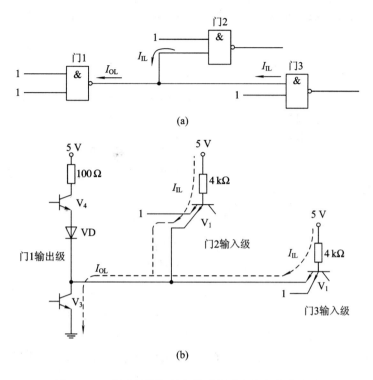

(a)

(b)

图 3.3.8　驱动门输出低电平时驱动电流与负载电流

（a）驱动门输出低电平逻辑电路；（b）门内部部分电路

3.3.4　TTL 与非门输入端负载特性

在某些应用场合，TTL 与非门的输入端要经过电阻接地，该电阻的大小会影响门的输入电压和输出状态。TTL 与非门输入端负载特性是指 TTL 与非门输入电压与电阻之间的关系。下面以图 3.3.9 所示的与非门为例来说明。

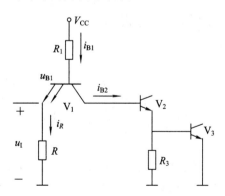

图 3.3.9　TTL 门的输入端接电阻的情况

当 R 从零开始逐渐增加，则 $u_I(=i_R R=\dfrac{V_{CC}-0.7}{R+R_1}R)$ 和 u_{B1} 随之增加，在 u_I 达到 1.4 V 以前，V_2 和 V_3 一直处于截止状态，当 $u_I \approx 1.4$ V 时，V_2 和 V_3 导通，输出变为低电平，再进一步增加 R，由于 u_{B1} 被钳制在 2.1 V，u_I 基本上维持在 1.4 V 不变。图 3.3.10 示出了与

非门 7420 在输出端空载情况下，实测的 $u_I \sim R$ 和 $u_O \sim R$ 关系曲线，其中 u_O 为门的输出电压。

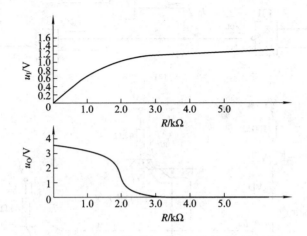

图 3.3.10 7420TTL 的 $u_I \sim R$ 和 $u_O \sim R$ 曲线

将 $u_O \text{—} R$ 曲线中使输出为低电平的输入电阻的最小值称为"开门电阻"(此时输出级的 V_3 导通，打开门输出与地之间通道，接受负载灌电流，因此称为"开门电阻")，记为 R_{ON}。把保证输出为高电平的输入电阻的最大值称为"关门电阻"，记为 R_{OFF}。因此，TTL 与非门的输入端串接的电阻 $R \geqslant R_{ON}$ 时，该输入端相当于高电平；而 $R \leqslant R_{OFF}$ 时，该输入端相当于低电平。

以上说明，当在 TTL 与非门的输入端接一电阻 R 时，电阻值的大小会影响门的工作状态。适当选择电阻值，可使门工作在导通或截止状态。R_{ON} 和 R_{OFF} 的大小与门电路内部参数有关，不同门电路可能有较大差别。考虑到内部参数的分散性，在实际使用中，为了保险起见，R_{OFF} 可按 1 kΩ 考虑，当输入端所接电阻小于 R_{OFF} 时，输入为低电平；R_{ON} 可按 10 kΩ 考虑，当输入端所接电阻大于 R_{ON} 时，输入为高电平。输入端悬空相当于该输入端为高电平。

3.3.5 TTL 集电极开路门和三态逻辑门

1. 集电极开路门

集电极开路(Open Collector，OC)门是一种省去 TTL 输出级有源负载、VD 和 R_4 的门电路。图 3.3.11 为 TTL OC 与非门电路及其逻辑符号，当 V_3 导通时，输出是低电平，V_3 截止时输出是悬空，也就是说，输出端 F 在 OC 门内部与地之间有通路，但与电源之间是断开的。

为了使 OC 输出获得高电平，必须在 OC 门输出端与电源之间外接一个上拉电阻，如图 3.3.12 中的 R_c。也正是由于 OC 输出级内部没有与电源之间的通路，所以，OC 门的输出可以直接连接在一起，实现"线与"逻辑，图 3.3.12 的输出 $L = \overline{AB} \cdot \overline{CD}$。但是，如果图中的门换成两个标准 TTL 逻辑门，且假设一个门的输出 $\overline{AB}$ 为高电平，一个门的输出 $\overline{CD}$ 为低电平，输出 L 逻辑将不确定。由于 TTL 逻辑门输出电阻较小，两个门输出级都会有较大的电流流过，有可能使集成逻辑门烧毁。因此，标准 TTL 逻辑门的输出端绝对不允许直接相连。其实，任何具有确定输出逻辑的器件都不允许直接将多个输出端接在一起。

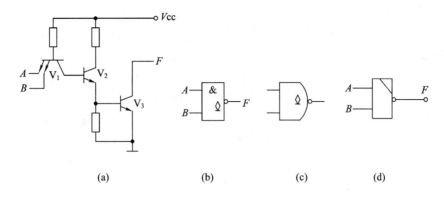

图 3.3.11　集电极开路与非门

（a）电路；（b）长方形状符号；（c）特殊形状符号；（d）曾用符号

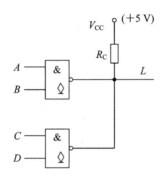

图 3.3.12　OC 门实现"线与"逻辑

OC 门接上拉电阻 R_C 的阻值大小会影响门的时延、功耗和扇出，彼此对 R_C 的要求相矛盾，同时 R_C 取值也会影响 OC 门输出逻辑电平。下面分析 R_C 的取值范围。假设有 n 个 OC 门输出线与驱动 m 个 TTL 门，与 OC 门输出端相连的 m 个 TTL 门的输入端数为 k。选择 R_C 的原则是保证 R_C 上的压降使 OC 线与输出电压不超过允许电平范围。要保证 OC 门输出高电平大于 U_{OHmin}，R_C 上压降就不能太大，应满足

$$R_{Cmax} = \frac{V_{CC} - U_{OHmin}}{nI'_{OH} + kI_{IH}} \qquad (3.2.1)$$

式（3.2.1）中的 I'_{OH} 为 OC 门输出高电平时内部 V_3 管的穿透电流 I_{CEO}。

OC 门线与输出低电平时，负载电流和 R_C 上的电流灌入一个 OC 门时，最容易将低电平抬高，因此应该以这种最坏情况满足低电平小于 U_{OLmax} 来计算 R_{Cmin}，即

$$R_{Cmin} = \frac{V_{CC} - U_{OLmax}}{I_{OL} - mI_{IS}} \qquad (3.2.2)$$

最后可得，选择 R_C 的范围为

$$R_{Cmin} \leqslant R_C \leqslant R_{Cmax} \qquad (3.2.3)$$

如果希望电路时延小一些，可以选择接近 R_{Cmin} 的一个较小电阻；若希望功耗低一些，可以选择接近 R_{Cmax} 的一个较大电阻。通常 OC 门的上拉电阻值可以选 10 kΩ。

集电极开路门电路输出管的击穿电压一般在 10 V 以上，有的可高达 20 V。因此，只要在输出管允许的驱动能力和击穿电压范围内就可以任意选用工作电压值 V_{CC2}，即将一个

OC 门的上拉电阻 R_C 接到另一电源 V_{CC2} 上,可以很方便地实现 TTL 逻辑电平到其他电平的转换。用作电平转换接口是 OC 门的另一用途。

2. TTL 三态逻辑门

三态逻辑(Tri-State Logic,TSL)门是为了适应微型计算机总线结构的需要而开发出来的一种器件。顾名思义,它的输出有三种状态:除通常的逻辑 0 和逻辑 1 外,还有第三种状态——高阻状态。三态逻辑门可以在普通门电路的基础上增加控制电路构成,该控制电路可以使 TTL 三态逻辑门的推拉式输出级上、下两个三极管都截止,使得门的输出处于悬空或高阻状态。

图 3.3.13 所示为一个三态反相器电路和符号。它是在图 3.3.1 中的 TTL 与非门基础上加了二极管 VD_1,由使能控制信号 EN 控制电路是否工作。当 EN=1 时,VD_1 不影响 V_4 的开关特性,即 V_4 可以由输入 A 控制导通或截止,V_1 多发射极各个输入是与的关系,说明增加的控制电路部分不会影响基本门的正常工作状态。电路输出为 $F=\overline{A \cdot 1}=\overline{A}$。

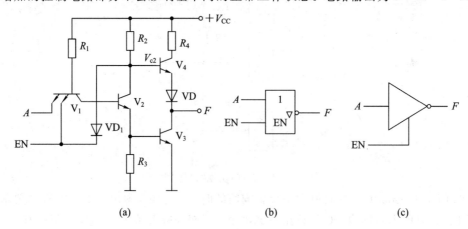

图 3.3.13 三态门和逻辑符号

(a)电路;(b)长方形状符号;(c)特殊形状符号

当 EN=0 时,VD_1 导通,输出级的 V_4 和 V_3 都截止。这时从输出端 F 看进去,呈现高阻,称为高阻态或禁止态。三态逻辑非门的逻辑表达式为

EN=1 $F=\overline{A}$(说明本电路使能为高有效)

EN=0 $F=Z$(高阻)

如果增加三态逻辑非门的内部输入级三极管 V_1 发射极,就可得到三态与非门。

3.3.6 器件数据手册

数据手册是 IC 厂家提供的关于器件最详细的资料,常用集成逻辑门及后续中规模器件的数据手册都可以在以下网站下载,一般为 pdf 格式的文件。

- http://www.21ic.com/
- http://www.icminer.com/
- http://www.datasheet5.com/
- http://www.icpdf.com/

比如,要使用 DM74LS00 器件,下载的数据手册包含图 3.3.14、图 3.3.15、

图 3.3.16、图 3.3.17 等 DM74LS00 的各种信息，图中中文为教材作者后加的解释部分。由数据手册可以得到门的极限电压参数，计算可得到噪声容限。DM74LS00 的 DM 是美国国家半导体公司(NSC)器件型号命名，意思是"数字单片"。数据手册一般还包括了器件的物理尺寸和封装外形。

DM74LS00

Quad 2-Input NAD Gate　　　由名称可以知道74LS00器件的功能了

General Description　　特性描述

This device contains four independent gates each of which performs the logic NAND function.

Ordering Code:　　　　　　　　　　　　　给出各种封装类型的代号和封装描述

Order Number	Package Number	Package Description
DM74LS00M	M14A	14-Lead Small Outline Integrated Circuit (SOIC)，JEDEC MS-120，0.150 Narrow
DM74LS00SJ	M14D	14-Lead Small Outline Package (SOP)，EIAJ TYPE Ⅱ，5.3 mm Wide
DM74LS00N	N14A	14-Lead Plastic Dual-In-Line Package (PDIP)，JEDEC MS-001，0.300 Wide

Devices also available in Tape and Reel. Specify by appending the suffix letter "X" to the ordering code

Connection Diagram 接线圈

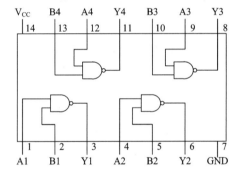

Function Table 功能表

$$Y = \overline{AB}$$

Inputs		Output
A	B	Y
L	L	H
L	H	H
H	L	H
H	H	L

H＝HIGH Logic Level
L＝LOW Logic Level

图 3.3.14　DM74LS00 数据手册

不允许超出的参数范围

Absolute Maximum Ratings(Note 1)

DM74LS00

Supply Voltage　　　　　　　　　　　　　　7 V
Input Voltage　　　　　　　　　　　　　　7 V
Operating Free Air Temperature Range 0℃to ＋70℃
Storage Temperature Range　　　−65℃to ＋150℃

Note 1：The "Absolute Maximum Ratings"are those values beyond which the safety of the device cannot be guaranteed. The device should not be operated at these limits. The parametric values defined in the Electrical Characteristics tables are not guaranteed at the absolute maximum ratings. The "Recommended Operating Conditions"table will define the conditios for actual device operation.

正常使用的参数范围

Recommended Operating Conditions

输入电压和输出电流

Symbol	Parameter	Min	Nom	Max	Units
V_{CC}	Supply Voltage	4.75	5	5.25	V
V_{IH}	HIGH Level Input Voltage	2			V
V_{IL}	LOW Level Input Voltage			0.8	V
I_{OH}	HIGH Level Output Current			−0.4	mA
I_{OL}	LOW Level Output Current			8	mA
T_A	Free Air Operating Temperature	0		70	℃

图 3.3.15　DM74LS00 数据手册(续)

Electrical Characteristics

over recommended operating free air temperature range(unless otherwise noted)

Symbol	Parameter	Conditions	最小值 Min	典型值 Typ (Note 2)	最大值 Max	Units
V_I	Input Clamp Voltage	V_{CC}=Min, I_I=−18 mA			−1.5	V
V_{OH}	HIGH Level Output Voltage	V_{CC}=Min, I_{OH}=Max V_{IL}=Max	2.7	3.4		V
V_{OL}	LOW Level Output Voltage	V_{CC}=Min, I_{OL}=Max V_{IH}=Min		0.35	0.5	V
		I_{OL}=4 mA, V_{CC}=Min		0.25	0.4	
I_I	Input Current @Max Input Voltage	V_{CC}=Max, V_I=7 V			0.1	mA
I_{IH}	HIGH Level Input Current	V_{CC}=Max, V_I=2.7 V			20	μA
I_{IL}	LOW Level Input Current	V_{CC}=Max, V_I=0.4 V			−0.36	mA
I_{OS}	Short Circuit Output Current	V_{CC}=Max(Note 3)	−20		−100	mA
I_{CCH}	Supply Current with Outputs HIGH	V_{CC}=Max		0.8	1.6	mA
I_{CCL}	Supply Current with Outputs LOW	V_{CC}=Max		2.4	4.4	mA

Note 2: All typicals are at V_{CC}=5 V, T_A=25℃

Note 3: Not more than one output should be shorted at a time, and the duration should not exceed one second.

图 3.3.16 DM74LS00 数据手册(续)

Switching Characteristics 开关特性

at V_{CC}=5 V and T_A=25℃

Symbod	Parameter	R_L=2 kΩ				Units
		C_L=15 pF		C_L=50 pF		
		Min	Max	Min	Max	
t_{PLH}	Propagation Delay Time LOW-to-HIGH Level Output	3	10	4	15	ns
t_{PHL}	Propagation Delay Time HIGH-to-LOW Level Output	3	10	4	15	ns

图 3.3.17 DM74LS00 数据手册(续)

由图 3.3.15 可知，DM74LS00 的 U_{IHmin}=2 V，U_{ILmax}=0.8 V。由图 3.3.16 可知，U_{OHmin}=2.7 V，U_{OLmax}=0.5 V(取最大参数值)。可得：$U_{NH}=U_{OHmin}-U_{IHmin}$=2.7 V−2 V=0.7 V；$U_{NL}=U_{ILmax}-U_{OLmax}$=0.8 V−0.5 V=0.3 V，则 U_N=0.3 V。由图 3.3.17 可以了解器件的传输延迟。多数器件数据手册也会给出功耗信息。

3.4 三态门在微处理器总线中的作用

由于数字计算机内部的主要工作过程是信息传送和加工的过程，因此在机器内部各部件之间的数据传送非常频繁。计算机的若干功能部件之间不可能采用全互联形式，为了减少内部数据传送线路和便于控制，就需要有公共的信息通道，组成总线结构，使不同来源的信息在此传输线上分时传送。采用总线结构方便计算机部件的模块化生产和设备的扩充，促进了微计算机的普及。同时，制定了许多统一的总线标准则容易使不同设备间实现互连。

3.4.1　总线的定义和分类

总线(Bus)是构成计算机系统的互联机构,是多个系统功能部件之间进行数据传送的公共通道。借助于总线连接,计算机在各系统功能部件之间实现地址、数据和控制信息的交换。连接到总线上的所有设备共享和分时复用总线。如果是某两个设备或设备之间专用的信号连线,就不能称之为总线。

根据总线所处的位置不同,总线可以分为:

(1) CPU 内部总线:CPU 内部连接各寄存器及运算器部件之间的总线。

(2) 微控制器内部总线:CPU 与微控制器内部功能部件之间的总线。越来越多的微处理器芯片内部不仅包含 CPU,还包含许多功能部件,例如,定时器、串行通信接口、模/数转换器 ADC 等,因此,这类适合于实时数字控制的微处理器也称为微控制器。

(3) 系统总线:又称内总线,或板级总线、微机总线等,是用于微机系统中各插件之间信息传输的通路。

(4) 标准化总线:由国际上相关组织发布的标准化总线,在信号系统、电气特性、机械特性及模板结构等多方面做了规范定义。为了使不同厂家生产的相同功能部件可以互换使用,需要进行系统总线的标准化工作。目前,已经出现了很多总线标准,例如,I^2C 总线、RS232 总线、USB 总线、CAN 总线、ISA 总线、EISA 总线、PCI 总线等。这些标准化总线仍然是在 CPU 指导下,使具有相关接口的器件间进行通信的,以后学习中会逐步遇到。

系统总线和标准化总线都是 CPU 或微控制器之外使用的总线,都可视为外部总线。

根据总线每次通信的数据位数和控制方式的不同,总线又可以分为串行总线和并行总线,对应的通信方式为串行通信和并行通信。串行通信是一位一位传送信息的,需要的通信通道少,在数据通信吞吐量不是很大且距离较远的通信中显得更加简易、方便、灵活,传输线成本低。串行通信一般可分为异步模式和同步模式。并行通信是同时传送一个字节、字或者更多位的信息,并行通信速度快、实时性好,但通信位数越多,需要的传输线越多。

无论是内部总线还是外部总线,串行总线还是并行总线,根据总线上流动的数据性质不同,一套总线一般包括数据总线(Data Bus,DB)、地址总线(Address Bus,AB)和控制总线(Control Bus,CB)三部分。不同型号的 CPU 或微控制器芯片,其数据总线、地址总线和控制总线的道路宽度(即总线条数)不同。这些总线有的是单向传送总线,有的是双向传送总线。所谓单向总线,就是信息只能向一个方向传送。所谓双向总线,就是信息可以向两个方向传送,既可以发送数据,也可以接收数据。

图 3.4.1 示意了一个微控制器内部总线,用于 CPU 连接各功能部件和寄存器。CPU 包含算术/逻辑单元(ALU)、控制单元(CU)及少量的寄存器(Register),负责翻译程序指令,控制系统各单元执行指令的运算或其他操作。CPU 是计算机系统最重要的组件,如同人的心脏。

数据总线 DB 是用来传送数据信息的,是双向的。CPU 既可以通过 DB 从存储器或功能部件读入数据,也可以通过 DB 将数据送至存储器或功能部件。DB 的宽度决定了 CPU 和计算机其他设备之间每次交换数据的位数。目前多数数据总线为 8 位和 16 位。图 3.4.1 中所示数据线是 8 位的。输入到数据总线的电路必须具备三态门的三态特性。

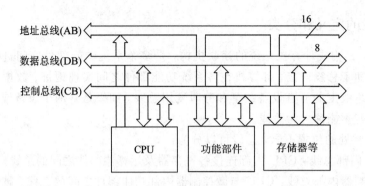

图 3.4.1 微控制器内部总线

地址总线 AB 上流动的二进制信息是用于区分微处理器片内和片外的接口或存储器，好比区分酒店房间的门牌号，因此称之为地址总线。AB 是由 CPU 发出的信息，是单向的。设计一个硬件系统时，需要用一定位数的二进制数作为地址，编码与 CPU 交换信息的存储器单元或功能接口部件，CPU 将这些地址信息经过译码器译码或直接送给存储器或接口部件的片选端和地址端，CPU 是按地址访问这些设备的。地址总线的宽度决定了 CPU 的最大寻址能力。例如，图 3.4.1 中所示的地址线是 16 位宽度，说明该系统 CPU 最多可以区分 65 536(2^{16})个存储器单元或功能部件，16 位宽度可以访问的地址范围是：0～FFFFH。

控制总线 CB 用来传送控制信号、时钟信号、状态信号等信息。显然，CB 中的每一条线的信息传送方向是一定的、单向的，但作为一个整体则是双向的。例如，读写信号一定是 CPU 送出的，接口或存储器的状态信号一般是送给 CPU 的。所以，在各种结构框图中，凡涉及到控制总线 CB，一般是以双向线表示。

最早的 PC 机 PC/XT 中的总线信号为 62 条，有 A、B 两面插槽，双边镀金接点。A 面 31 线(元件面)，B 面 31 线(焊接面，无元件面)。共有 20 位地址线，寻址 1 MB 空间，I/O (输入/输出)地址空间为 0100H～03FFH；数据总线宽度为 8 位；控制总线为 26 位。总线工作频率为 4 MHz，数据传输率为 4 MB/s。另外还包括 8 根电源线。

总线的性能指标包括宽度、传输速率和时钟频率等。

(1) 总线宽度：指数据总线的位数，如 8 位/16 位/32 位/64 位等。总线越宽，传输速度就越快，即数据吞吐量就越大。

(2) 总线传输速率：指在总线上每秒传输的最大字节数(MB/s)或比特数(Mb/s)。

(3) 总线的时钟频率：指总线工作频率，是影响总线传输速率的主要因素之一。例如，ISA(8 MHz)，PCI(0～33 MHz)等。

总线的性能直接影响到整机系统的性能，而且任何系统的研制和外围模块的开发都必须依从所采用的总线规范。总线技术随着微机结构的改进而不断发展与完善。

3.4.2 总线的工作原理

图 3.4.1 所示是总线的基本框架，当 CPU 不访问任何设备时，总线空闲，所有器件都以高阻态形式连接在总线上。当 CPU 要与某个器件通信时，一般先发出地址信息，所有挂在总线的器件如果收到的地址信息与自己的地址编号匹配，根据控制信息再进行数据的传

送。如果地址不匹配，器件不工作，继续让出总线，即保持数据输出线为高阻态。

　　所有挂在总线的设备，根据交换的大多数数据的流向来分类，一般有输入设备和输出设备。输入设备是指经数据总线 DB 给数字系统核心的部件(如 CPU)送数据的设备，简单的输入设备有很多实验系统上都有的乒乓开关或拨码开关，复杂的输入设备有计算机的键盘和鼠标等。输出设备是指由数字系统核心经 DB 总线送数据到该设备，简单的输出设备有 LED 和数码管等，计算机系统的输出设备有显示器、打印机等。为了更好地交换信息，一些复杂的输入和输出设备数据流向是双向的。输入设备要将数据送到总线，其数据输出端必须具备三态特性，一般由三态门构成，这种特点的电路一般称为三态缓冲器。当该器件不通信时，数据输出端的三态门处在高阻状态，让出总线给其他设备通信。否则，如果该器件数据输出端始终输出逻辑 0 或 1，将造成总线的混乱，使得其他设备无法使用总线，这种现象称为总线竞争。

　　图 3.4.2 示意了一根数据总线 DB 的最底层结构，每个输入设备都必须经由三态门连接到数据总线上，当然实际应用中的三态门一般都集成在数字集成器件内部或者存储器芯片内部。假设，图 3.4.2(a)中三个输入设备输入电路的最上面三态门的使能端$\overline{E_1}$始终保持低电平有效，该三态门将始终输出$\overline{A_1}$逻辑占用总线，造成其他两个三态门没法送出信息。图 3.4.2(b)是可以和一根数据总线双向通信的电路，当 E 高电平时输入数据到总线，当WR 低电平时，总线输出数据，而且输入设备和输出设备只能分时复用总线。这仅仅是说明数据总线 DB 可以双向通信的一个例子。DB 要送出数据到输出设备时，一般需要一个记忆电路来记忆和保存 DB 送出的数据，才能保证总线让出后，要输出的信息继续保持在输出设备上。这种记忆电路的基础就是触发器，触发器和门电路一起构成了数字电路的基础，在后续章节介绍触发器。

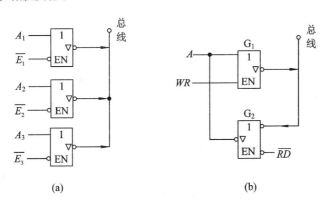

图 3.4.2　三态门构成总线

(a) 单向总线(比如第 10 章 ROM)；(b) 双向总线(比如第 10 章 RAM)

　　也就是说，无论是单向或者是双向总线，输入设备输入数据到 DB 必须经过三态逻辑门，而且任何时刻最多只能有一个三态门的使能端有效，所有输入设备分时复用总线。例如图 3.4.3 所示是由三态门构成的单向总线，假设有 n 个设备通过三态门向 CPU 传送信息，图中的 n 个三态门使能端在任何时刻最多只能有一个是低电平有效，其他均无效。

　　一般数据总线宽度和微处理器位数相同，特别是内部总线。如果总线是 8 位的，则输入器件必须经过三态的八缓冲器接到总线上，如图 3.4.4 左边部分所示。缓冲器是一种常

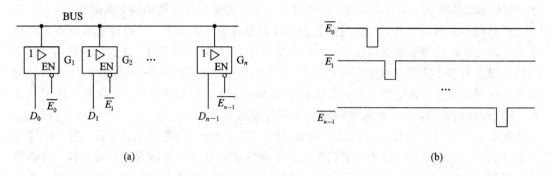

图 3.4.3　总线分时复用

(a) 电路；(b) 使能控制信号波形

用器件，在使能端有效时将数据从其输入端送到输出端，使能端无效时使其输出端保持高阻或"浮起"状态让出总线。在输入器件和总线之间提供隔离或"缓冲"作用，同时提供连接到缓冲器输出端器件所需的电流驱动。74LS244 是很常用的一种三态八缓冲器，I_{OH} 达 15 mA，I_{OL} 高达 24 mA。

对于微处理器的输出器件，一般需要第 4 章的锁存器或触发器寄存输出数据，例如 74LS374 八 D 触发器。对于双向通信的器件，需要使用收发器(发送和接收)加强驱动能力，74LS245 是常用的收发器，如图 3.4.4 右边部分所示。

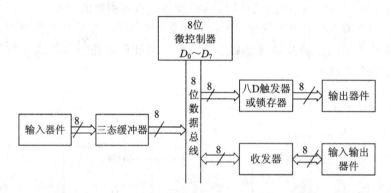

图 3.4.4　8 位微处理器与输入、输出器件的总线连接

设计和使用总线时，需要注意总线要有足够的驱动能力；挂接在总线上的器件应使用总线隔离器，例如内部包含三态门的三态缓冲器；总线不能采用星形方式传输；要注意各类总线的速率范围，这会限制总线的物理尺寸；布线时应尽量避免总线长距离相邻走线，线与线之间应加入保护隔离地线，防止总线的串扰；要确保地址、控制和数据的时序关系正确等问题。

3.5　CMOS 集成门电路

TTL 系列是采用双极型的 NPN 和 PNP 晶体管。而 CMOS(Complementary MOS)集成电路采用 MOSFET 作为基本单元，MOSFET 的栅极输入到衬底是电绝缘的，具有高输入阻抗。因此，CMOS 集成电路除提供了所有与 TTL 几乎相同的功能外，功耗和扇出数则远优于 TTL，抗干扰能力也比 TTL 强。由于 CMOS 制造工艺的改进，使得工作速度也可与 TTL 相媲美。CMOS 电路已经超越了 TTL 而成为占主导地位的一种逻辑器件。目前，几乎所有的大规模集成电路都采用 CMOS 工艺制造，且费用较低。

CMOS 集成电路的电源电压通常用 V_{DD} 表示。CMOS 可在 3 V～18 V 一个很宽的电压范围工作。目前更为先进的设计采用 1.8 V 或更低的电源供电，降低电源对于减小功耗和由功耗引起的散热问题都是十分有利的。

3.5.1 CMOS 逻辑电路及特点

图 3.2.6 所示的 CMOS 反相器是由特性互补的一个 PMOS 和一个 NMOS 互补对构成的。在这种基本的 CMOS 逻辑电路中，逻辑门的每个输入都连接到一个 MOS 互补对上。一个单输入的逻辑门需要两个（一对）MOS 器件，而一个 2 输入的逻辑门至少需要 4 个（两对）MOS 器件。多输入逻辑变量时，多个互补对分别构成了 PMOS 阵列和 NMOS 阵列，两输入 CMOS 的通用结构如图 3.5.1 所示，PMOS 阵列是输出与电源之间的开关网络，输出与地之间通过 NMOS 开关阵列连接。以下对基本 CMOS 电路的结构特点进行详细介绍。

图 3.5.1 所示电路要实现逻辑门，PMOS 和 NMOS 连接结构应满足以下条件：

（1）PMOS 阵列开关闭合使输出 F 与电源接通时，NMOS 阵列应该断开 F 与地之间的连接。

（2）NMOS 阵列开关闭合使输出 F 与地接通时，PMOS 阵列应该断开 F 与电源之间的连接。

为了产生所希望的逻辑功能，就需要进一步研究如何连接开关阵列。每个 MOS 管有源极、漏极和栅极 3 个电极，一般将一对 NMOS 和 PMOS 的栅极与逻辑门的一个输入连接在一起控制着 MOS 管源极和漏极是否接通。因此，要使

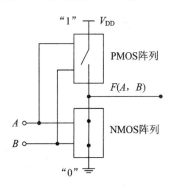

图 3.5.1 CMOS 结构

输出为逻辑 0 或者逻辑 1，NMOS 和 PMOS 开关阵列的连接应该是并联和串联对偶结构。

如图 3.5.2(a) 所示电路中，如果 $A=1$ 且 $B=1$，两个串联的 NMOS 管同时导通，两个并联的 PMOS 管都断开，使 F 与地接通与电源断开，$F=0$。只要 A 和 B 有一个为逻辑 0，对应的 PMOS 管导通，NMOS 断开，使 F 与地断开与电源接通，$F=1$。因此，它可以用于实现两输入与非逻辑。图 3.5.2(c) 所示电路中，只要 A 或 B 的其中一个或两个同时为 1，并联的两个 NMOS 管至少有一个导通，串联的 PMOS 管至少有一个截止，使得输出与地接通，$F=0$。A 和 B 均为逻辑 0 时，使得输出与电源接通，$F=1$，实现了或非逻辑。可以发现电路连接与输入输出逻辑函数之间的关系为：

（1）NMOS 管串联，对应的互补 PMOS 管并联可用于实现与非逻辑。

（2）NMOS 管并联，对应的互补 PMOS 管串联可用于实现或非逻辑。

由以上分析可得，要开通 NMOS 开关阵列，输入变量必须为逻辑 1，开通后输出为逻辑 0。相反，要开通 PMOS 开关阵列，输入变量必须逻辑 0，而 PMOS 开通却传输逻辑 1 到输出。因此，CMOS 电路结构确定了 CMOS 实现非逻辑。例如，图 3.5.2(a) 和 (c) 实现了与非和或非逻辑，与 CMOS 反相器级连形成图 (b) 的与门和图 (d) 的或门。在 CMOS 中，NOR、NAND 以及 NOT 门为基本逻辑门。图 3.5.2(a) 与非门的功能如表 3.5.1 所示。

表 3.5.1　与非逻辑真值表及开关开通状态

A	B	V_1	V_2	V_3	V_4	F
0	0	off	off	on	on	1
0	1	off	on	on	off	1
1	0	on	off	off	on	1
1	1	on	on	off	off	0

图 3.5.2(a)和(c)所示的与非门和或非门电路虽然简单，但门电路的输出电阻受输入电平状态的影响。以图 3.5.2(a)所示的与非门为例，假设 MOS 管的导通电阻为 R_{ON}，截止电阻为∞，其输出阻抗分析如下：

(1) 当 $A=B=1$ 时，输出电阻为 V_1 管和 V_2 管的导通电阻串联，其值为 $2R_{ON}$；

(2) 当 $A=B=0$ 时，输出电阻为 V_3 管和 V_4 管的导通电阻并联，其值为 $R_{ON}/2$；

(3) 当 $A=1$、$B=0$ 时，输出电阻为 V_4 管的导通电阻，其值为 R_{ON}；

(4) 当 $A=0$、$B=1$ 时，输出电阻为 V_3 管的导通电阻，其值为 R_{ON}。

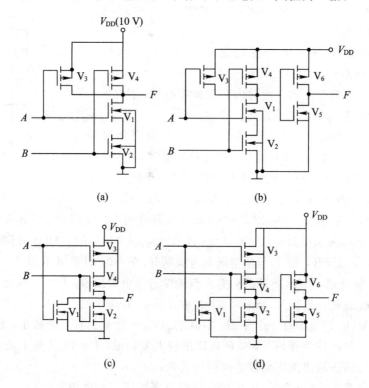

图 3.5.2　CMOS 逻辑门

(a) 与非门 $F=\overline{AB}$；(b) 与门 $F=AB$；(c) 或非门 $F=\overline{A+B}$；(d) 或门 $F=A+B$

可见，输入电平状态不同，输出电阻相差 4 倍之多。另外，门电路输出高低电平也受输入端数目影响，例如，输入端越多，则串联的 NMOS 管越多，输出的低电平电压也越高。为了避免经过多次串、并后带来的电平平移和对输出特性的影响，实际的 CMOS 门电路常常引入反相器作为每个输入端和输出端的缓冲器。例如，实际的 CMOS 或门电路就是由四个非门和一个与非门组成,如图 3.5.3 所示。由于在输入和输出端增加了缓冲器,大大改善了 CMOS 门电路的电气性能。

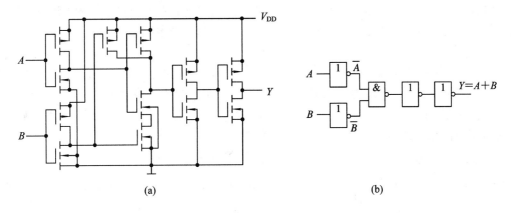

(a)　　　　　　　　　　　　　　　　　　　(b)

图 3.5.3　CMOS 或门电路

(a) 电路;(b) 等效电路逻辑图

根据以上分析,总结 CMOS 电路有以下特点:

1. 功耗小

CMOS 电路输出也是图腾柱(推挽)结构。在静态时,NMOS 和 PMOS 管总有一个是截止的,因此静态电流很小,约为纳安(10^{-9} A)数量级。但在动态过程(即输入逻辑变量从 0 到 1 和从 1 到 0 的变化)中,两组 MOS 管子从截止到短路或从短路到截止的交替过程中都经过了放大区,出现尖峰电流,使电路动态功耗比静态时显著增大,如图 3.5.4 所示(图中采用了另一种 MOS 管常用符号,栅极加圈的是 PMOS 管),这种尖峰电流的出现还可能导致电路间相互影响引起逻辑上的错误。常用的解决办法是在靠近门电路的电源与地之间接一个滤波电容。

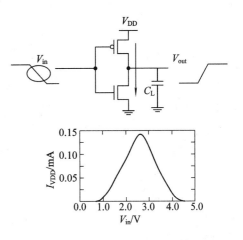

图 3.5.4　CMOS 反相器动态电流

CMOS 门电路对负载电容 C_L 充放电所产生的功耗与负载电容的电容量、输入信号频率 f 以及电源电压 V_{DD} 的平方成正比,即

$$P_C = C_L V_{DD}^2 \cdot f$$

由动态尖峰电流产生的功耗称为瞬时动态功耗 P_T。即使在 CMOS 门电路空载的情况下,当门电路输出状态切换时,NMOS 管和 PMOS 管会瞬间同时导通产生动态尖峰电流。这一功耗由输入信号频率 f、电源电压 V_{DD} 以及电路内部参数决定,即

$$P_T = C_{PD} V_{DD}^2 \cdot f$$

其中,C_{PD} 称为功耗电容,具体数值由芯片厂家提供。

CMOS 门总的动态功耗为

$$P_D = P_C + P_T = (C_L + C_{PD}) V_{DD}^2 \cdot f$$

由此可见，CMOS 集成电路随着工作速度的增加，功耗也增加，功耗和速度是两个互为制约的参数。很多的微处理器低功耗模式，是通过切断微处理器芯片内部各部分数字电路的时钟源，禁止数字电路工作来降低整个芯片的动态功耗的。很多大功率 MOS 电路通过降低开关动作频率来降低功耗。即使这样，CMOS 逻辑门的功耗一般仍比双极型逻辑门功耗小。

同时，动态功耗与电源电压平方成正比，可见，只要降低电源电压，就可显著地降低功耗，这也说明了为什么现在大规模集成电路所采用的电源电压越来越低。

对于 TTL 而言，工作频率在 5MHz 以下，每个门消耗的功率几乎是不变的。然而，CMOS 逻辑门系列的功耗随着频率增大线性增长。

2. 扇出能力强

CMOS 逻辑门在驱动同类逻辑门的情况下，负载门的输入电阻值极高，约为 $10^{15}\,\Omega$，几乎不从前级门取电流，显然也不会向前级灌电流。因此，若不考虑速度，门的带负载能力几乎是无限的。但实际上，由于 MOS 管存在着栅极电容，当所带负载门增多时，前级门驱动门的总负载电容也必将随之按比例增大，使逻辑门的负载几乎表现为电容性负载，如图 3.5.5 所示的 C_L。输出由低到高变化实际上是对负载电容 C_L 充电的过程，相反，输出由高到低变化实际上是负载电容 C_L 放电的过程。负载电容过大，显然增加门的传输时延，降低开关速度。因此，逻辑门的扇出能力实际上受到了负载电容的限制。CMOS 门的扇出系数一般取 50，也就是说，可以带 50 个同类门。CMOS 门的扇出系数显然比 TTL 逻辑门强大。

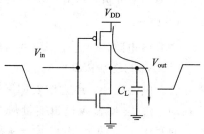

图 3.5.5 CMOS 反相器输出充电过程

3. 电源电压范围宽

CMOS 集成电路通常使用的电源电压与 TTL 集成电路一样为 5 V。但多数 CMOS 芯片可在一个很宽的电源范围内正常工作(典型值为 3 V~15 V)，而更为先进的设计采用更低的电源供电。电源电压低对于降低功耗和由功耗引起的散热都是十分有利的，它使得使用电池工作的系统工作时间更长。

4. 噪声容限大

CMOS 电路的阈值电压或门槛电压一般是电源电压的一半，即 U_{th} 约为 $V_{DD}/2$。其高电平和低电平噪声容限范围大，抗干扰能力强。

由于 CMOS 的以上一些特点和半导体制造工艺的改进，使 CMOS 在工作速度上也与 TTL 电路不相上下，成本和价格不断降低。因此，CMOS 是目前用于设计高密度集成电路的主要技术，它构成了现代集成电路设计的基础。

3.5.2 CMOS 漏极开路门和三态逻辑门

CMOS 漏极开路(Open Drain，OD)门和 CMOS 三态门逻辑的符号及应用与 TTL 集电极开路门和三态门相同。

1. 漏极开路门

CMOS 漏极开路门的电路结构和电路符号如图 3.5.6 所示，结构与 OC 门类似。电路的输出级是一个漏极开路的 NMOS 管。在工作时，其漏极必须外接上拉电阻 R_D 到电源 V_{DD} 电路才能正常工作，如图 3.5.6(a)中的虚线部分，这样，电路才实现了 $Y=\overline{AB}$。

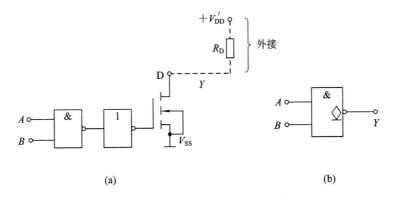

图 3.5.6　CMOS 漏极开路门

（a）等效电路；（b）国标符号

OD 门与 OC 门一样可以方便地实现电平的转换和"线与"功能。

2. CMOS 三态逻辑门

CMOS 三态逻辑（Tri-State Logic，TSL）门电路如图 3.5.7 所示（图中采用了 MOS 管的国际流行符号，箭头指向管子内部的是 PMOS 管），CMOS 三态逻辑门符号与 TTL 三态门一样。

当 $EN=1$ 时，V_{P2}、V_{N2} 均截止，L 与地及电源都断开了，输出端呈现为高阻态。

当 $EN=0$ 时，V_{P2}、V_{N2} 均导通，V_{P1}、V_{N1} 构成反相器。

可见，电路的输出有高阻态、高电平和低电平 3 种状态，构成了 CMOS 三态门。

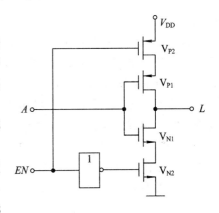

图 3.5.7　CMOS 三态反相器

3.5.3　双极型－CMOS 集成电路

CMOS 中的元件都是场效应管，属于电压驱动型的芯片，即只需要电压而不需要电流来传递信号，功耗低。TTL 的组成主要是二极管和三极管，而三极管是电流驱动型的元件，消耗的电流大，功耗大，但驱动能力强。

双极型－CMOS（Binary Polar CMOS，BiCMOS）集成电路结合了 CMOS 的低功耗和 TTL 的高速以及驱动能力强的特点，得到广泛应用。

BiCMOS 的逻辑部分采用 CMOS 结构，输出部分采用双极型三极管，图 3.5.8 是 BiCMOS 反相器电路。

当 $u_I=U_{IH}$ 时，V_2、V_3、V_6 导通，V_1、V_4、V_5 截止，输出 $u_O=U_{OL}$。当 $u_I=U_{IL}$ 时，V_1、V_4、V_5 导通，V_2、V_3、V_6 截止，输出 $u_O=U_{OH}$。由于 V_5、V_6 导通内阻很小，从而减小了传输延迟时间，目前 BiCMOS 反相器传输延迟时间可以减小到 1 ns 以下。

当输出端接有同类 BiCMOS 门电路时，输出级能提供足够大的电流为电容性负载充

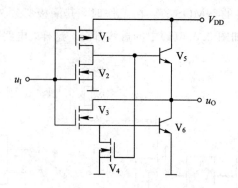

图 3.5.8　BiCMOS 反相器

电。同理，已充电的电容负载也能迅速的通过 V_6 放电。电路中，V_5、V_6 的基区存储电荷亦可通过 V_2、V_4 释放，以加快电路的开关速度。

3.5.4　CMOS 传输门及传输门构成的数据选择器

传输门(Transmission Gate，TG 门)是一个理想的双向开关，既可以传输模拟信号，也可以传输数字信号。CMOS 传输门由一个 P 沟道和一个 N 沟道增强型 MOSFET 并联而成，如图3.5.9(a)所示，图(b)是其符号。V_P 和 V_N 是结构对称的器件，它们的漏极和源极是可互换的。假设 V_P 和 V_N 的开启电压 $|U_{THP}| = |U_{THN}| = 2$ V，$V_{DD} = 10$ V，输入信号 u_I 在 $0 \sim 10$ V 之间变化。两管的栅极由互补的信号 C 和 $\bar{C}$ 来控制。

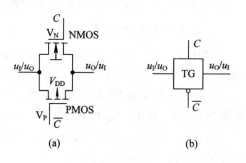

图 3.5.9　CMOS 传输门
(a) 电路；(b) 符号

当 C 接低电平 0 V 时，u_I 取 $0 \sim 10$ V 范围内的任何值，V_N 均不导通。同时 $\bar{C}$ 端为 10 V，V_P 也不导通。可见，当 C 接低电平时，传输门是断开的。

当 C 接高电平 10 V，u_I 在 $0 \sim 8$ V 范围内变化，V_N 导通，当 u_I 在 $2 \sim 10$ V 范围内变化时，V_P 将导通。

由以上分析可知，当 C 接高电平，u_I 在 $0 \sim V_{DD}$ 之间变化时，V_P 与 V_N 始终有一个导通，即传输门始终是导通的，导通电阻约为数百欧。另外，由于两个管子的漏极和源极是可互换的，因此，传输门是双向的，输入和输出可以互换，双向传输。与集成门一样，一个芯片中一般会集成多个传输门，例如，CD4066 中包含 4 个传输门构成集成模拟开关。

由传输门原理可见，传输门可以构成模拟开关，双向传输模拟信号。同时，与 CMOS反相器一样，CMOS 传输门也是构成逻辑电路的基本单元。利用 CMOS 传输门和 CMOS反相器可以构成各种复杂的逻辑电路，例如，异或门、三态门、数据选择器、寄存器、计数器等。

在数字系统中，有时需要将多路数字信号分时地从一条通道传送，完成这一功能的电路称为多路数据选择器(Multiplexer，MUX)，或者叫数据选择器。MUX 是从多路输入线中选择其中的一路到输出线上的一种组合电路，输入的选择是由一组通道或地址选择线来控制的。通常，MUX 有 2^n 路输入线、n 个地址选择线和 1 个输出线，因此，称为 2^n 选 1 多路选择器，MUX 详细内容见 7.3 节。图 3.5.10 所示为由 CMOS 反相器和两个传输门构成的 2 选 1 数据选择器，其逻辑功能是：当地址选择信号 $S=0$ 时，TG_1 导通，TG_2 截止，$Z=X$；当 $S=1$ 时，TG_1 截止，TG_2 导通，$Z=Y$，电路选择将两路输入中的一路送给输出，实现 2 选 1 数据选择器。

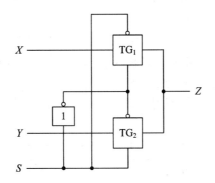

图 3.5.10　由 CMOS 反相器和传输门构成的数据选择器

3.6　集成逻辑器件接口的三要素

在数字电路系统或计算机的设计中，往往由于复杂程度、功能要求、工作速度或者功耗指标等要求，需要采用多种逻辑器件混合使用。这些器件之间连接时要注意三个要素——电压、电流、速度，即两个芯片连接时逻辑电平、驱动能力和时序是否匹配。如果要连接在一起的两个器件在这三方面不匹配，就需要在其中间加入"接口"电路同时满足两个芯片的三要素要求。目前只学习了 TTL 和 CMOS 两种门电路，下面以这两种集成门来介绍接口问题。

3.6.1　TTL 与 CMOS 系列之间的接口问题

TTL 和 CMOS 系列集成门之间的接口（连接）问题比较简单，两者的器件延时基本接近，可以满足相互的时间要求。两者连接只需要注意电压和电流问题，即必须清楚作为驱动门输出电平是否在负载门认可的输入电平范围之内。还应该清楚驱动门的输出电流是否足以满足负载门的需求。如果电平不匹配，将不能满足正常逻辑功能，严重时会烧坏芯片。如果电流驱动能力不够，系统存在很大隐患，在电源波动或受干扰时系统就会崩溃。因此，驱动门和负载门的电压和电流要满足下列条件：

（1）驱动门的 $U_{OH(min)} \geqslant$ 负载门的 $U_{IH(min)}$；

（2）驱动门的 $U_{OL(max)} \leqslant$ 负载门的 $U_{IL(max)}$；

（3）驱动门的 $I_{OH(max)} \geqslant$ 总负载门的 $I_{IH(总)}$；

（4）驱动门的 $I_{OL(max)} \geqslant$ 总负载门的 $I_{IL(总)}$。

当然，高速信号进行逻辑电平转换时，接口电路会带来较大的延时，在设计时要充分考虑容限。复杂数字系统往往选用通用逻辑电平转换芯片，简化接口电路设计。

1. TTL 驱动 CMOS

如果 CMOS 门电路的电源电压 V_{DD} 为 5 V,根据表 3.6.1 中 TTL 和 CMOS 的极限参数可知,要用 74TTL 系列电路驱动 74HC 系列 CMOS 门电路,TTL 带 CMOS 负载能力是非常强大的,而且 TTL 低电平输出也在 CMOS 输入认可的低电平范围之内。但 74TTL 的输出高电平的最小值是 2.4 V,而 74HC 系列 CMOS 认可的输入高电平最小值是 3.5 V,也就是上述条件的第(1)条无法满足。因此,必须设法将 TTL 电路输出的高电平提升到 3.5 V 以上。最简单的解决办法是在 TTL 电路的输出端与 CMOS 门的电源之间接入上拉电阻 R,然后将 TTL 输出接到 CMOS 门的输入端,这样就保证输出高电平被上拉至接近 V_{DD}。R 的选择与 OC 门的外接电阻选择方法一样,具体接口参数与芯片有关。一般接 10 kΩ 电阻就可以将 2.4 V 拉升到接近 5 V,而且对 TTL 输出低电平时的灌电流(5 V/10 kΩ=0.5 mA)也不会太大。

表 3.6.1 TTL 和 CMOS 的极限参数

参数	74TTL	74LSTTL	74ALSTTL	4000B	74HC	74HCT
$U_{IH(min)}/V$	2.0	2.0	2.0	3.33	3.5	2.0
$U_{IL(max)}/V$	0.8	0.8	0.8	1.67	1.0	0.8
$U_{OH(min)}/V$	2.4	2.7	2.7	4.95	4.9	4.9
$U_{OL(max)}/V$	0.4	0.4	0.4	0.05	0.1	0.1
$I_{IH(max)}/\mu A$	40	20	20	1	1	1
$I_{IL(max)}/\mu A$	−1600	−400	−100	−1	−1	−1
$I_{OH(max)}/mA$	−0.4	−0.4	−0.4	−0.51	−4	−4
$I_{OL(max)}/mA$	16	8	4	0.51	4	4

注:表中所有数据均在电源 5 V 条件下得到。电流参数中的"−"表示电流流出门。

2. CMOS 驱动 TTL

由表 3.6.1 可见,如果用 74HC 系列 CMOS 电路驱动 74TTL 电路,CMOS 的输出高低电平极限值完全在 TTL 输入电平范围之内。但由于 74HC 输出低电平的 $I_{OL(max)} = 4$ mA,74TTL 的输入低电平的 $I_{IL(max)} = -1.6$ mA,所以 74HC 最多可以带动 2 个 TTL 标准系列门,CMOS 的带负载能力较差。也就是上述条件的第(4)条容易出问题。

由表 3.6.1 可知,4000B 低电平输出时还不足以驱动一个 TTL 逻辑门,其实许多的 4000B 系列都存在低电压输出驱动电流不足的问题。有两个特殊的门可以缓解这一问题,缓冲器 4050 和反相缓冲器 4049 是专门设计成能够提供高的输出电流的 CMOS 器件,其 $I_{OL(max)} = 4$ mA,$I_{OH(max)} = -0.9$ mA,用其中之一接在 4000B 和 TTL 门之间,则足以驱动 2 个 74TTL 负载。也可以将同一封装内的 2 个 CMOS 门电路并联使用,提高驱动负载的能力。

任一 TTL 和 CMOS 接口时,对于每一种情况,都须参考器件数据手册检查是否存在上述问题。表 3.6.2 比较了各逻辑系列的负载特性。

表 3.6.2　各逻辑系列的负载特性

驱动门	负　载　门					
	TTL	S-TTL	LS-TTL	AS-TTL	ALS-TTL	CMOS(5 V)
TTL	10	8	40	8	40	*＞100
S-TTL	12	10	50	10	50	*＞100
LS-TTL	5	4	20	4	20	*＞100
AS-TTL	12	10	50	10	50	*＞100
ALS-TTL	5	10	20	4	20	*＞100
CMOS	0	0	1	0	1	＞100

＊ 设采用了上拉电阻 R。

3.6.2　逻辑门电路使用中的几个实际问题

1. 集成门的输入端负载特性

在 3.3.4 节介绍了 TTL 与非门的输入端负载特性，说明在 TTL 门任一输入端接一负载电阻 R，R 的大小不同会影响门的工作状态。当 TTL 门的输入端串接的电阻 $R \geqslant R_{ON}$ 时，该输入端相当于高电平，输入端悬空也就相当于高电平；而当 $R \leqslant R_{OFF}$ 时，该输入端相当于低电平。R_{ON} 和 R_{OFF} 的大小与门电路内部参数有关，不同门电路可能有较大差别。考虑到内部参数的分散性，在实际使用中，为了保险起见，R_{OFF} 可按 1 kΩ 考虑，R_{ON} 可按 10 kΩ 考虑。

对于 CMOS 逻辑门，由于其输入电阻非常高，输入电流几乎为 0。因此，CMOS 输入端接电阻 R 到地时，输入端电压几乎不随 R 变化，输入端电压近似为逻辑 0。

2. 不使用的输入端的处理

当使用 TTL 与非门时，经常会遇到输入端数有余而不被使用的情况。那么，应当如何对待这些输入端呢？对于与逻辑，似乎完全可以任其呈悬空状态，由上述分析可见，这样并不会影响与的逻辑功能。但是要注意，此时悬空端引脚的电平接近 1.4 V，很易受外界信号的干扰，而且悬空时决不允许带开路长线，以免产生"低频效应"，造成单拍工作失效。通常更好的做法是，将不使用的输入端固定在一高电平上，例如接至电源的正端，如图 3.6.1(a) 所示。但注意不能将输入直接接到高于 ＋5.5 V 和小于 －0.5 V 的低内阻电源，因为低内阻电源会提供较大电流而可能烧坏电路；或者将它们与信号输入端并联在一起，如图 3.6.1(b) 所示。考虑到实际上存在着接线的虚焊、脱焊等可能因素而造成某输入端开路，为了保证逻辑的可靠性，通常宜采用后一种接法，但是用这种接法将影响前级的扇出。使用 TTL 或非逻辑时，对于不使用的输入端应采用如图 3.6.2 所示的接法。

MOS 管栅极金属板和导电沟道之间是以绝缘的二氧化硅（SiO₂）为介质，绝缘介质非常薄，绝缘层易击穿。由于 CMOS IC 输入阻抗很高，是压敏器件。因此，在使用 CMOS IC 时，为了防止静电电压对输入端造成影响，CMOS 门的多余输入端不允许悬空，可以采用如图 3.6.1 和图 3.6.2 所示的处理方法。

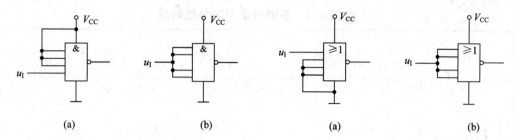

图 3.6.1　与非门不使用输入端的接法
（a）接至电源；（b）与信号输入端接一起

图 3.6.2　或非门不使用输入端的接法
（a）接至地端；（b）与信号输入端接一起

也可以将 TTL 与门不使用的输入端通过一个大于 1 kΩ 的电阻接到 V_{CC} 上。

3. 对输入信号边沿的要求

驱动 TTL 电路的数字信号必须具有较快的转换时间。当输入信号上升或下降时间大于 1 μs 时，输出端有可能出现信号振荡。这种振荡信号送入触发器或单稳态触发器中就可能引起逻辑错误。一般组合电路的输入信号上升或下降沿变化速率应小于 100 ns/V，时序电路的输入信号上升或下降沿变化速度应小于 50 ns/V。对于边沿缓变的输入信号，必须加整形器，后续介绍的施密特触发器可以把缓慢变化的信号边沿变成陡变的边沿。

4. 不使用的输出端的处理

不使用的输出端不允许直接接到 V_{DD} 或 V_{CC}，也禁止输出端直接接地，否则会产生过大的电流而使器件或电源损坏。对于 TTL 系列，除三态门和集电极开路门外，TTL 集成电路的输出端不允许直接接在一起，否则，输出为高电平的门如果给输出为低电平的门灌入较大电流，将造成逻辑混乱甚至损坏门。

CMOS 集成电路的输出端也不能直接连到一起，否则导通的 P 沟道 MOS 场效应管和导通的 N 沟道 MOS 场效应管会形成低阻通路，将造成电源短路而引起器件损坏。

逻辑功能相同的门电路，它们的输入端并联时，输出端可以并联。

5. 尖峰电流的影响

由于 TTL 门输出为 1 和 0 时，内部管子的工作状态不同，因此从电源 V_{CC} 供给 TTL 门电路的电流 I_{EL} 和 I_{EH} 是不同的，I_{EL} 和 I_{EH} 分别为输出等于 0 和 1 时的电源电流，$I_{EL} > I_{EH}$。设输出电平如图 3.6.3(a) 所示，则理论上电源电流的波形将如图(b)所示，而实际的电流波形如图(c)所示，它具有很短暂的、但幅值大的尖峰电流，特别是在输出电平由 U_{OL} 转变到 U_{OH} 的时刻更为突出。这种尖峰电流可能干扰整个数字系统的正常工作。具体的电源电流波形随所用组件的类型和输出端所接的电容负载而异。实验表明，对于一般的与非门，电源电流的尖峰有时可达 40 mA 左右。

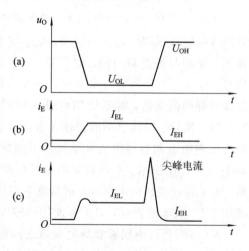

图 3.6.3　电源中的尖峰电流

　　CMOS 电路同样存在尖峰电流，如图 3.5.4 所示。

　　尖峰电流的存在给逻辑系统带来不良的影响。门电路产生的尖峰电流将在电源内阻抗上产生压降，使公共电源的电压跳动而形成一干扰源，结果使门的输出中叠加有干扰脉冲，这种干扰通过电源内阻所造成的门电路间相互影响，严重时会导致逻辑上的错误。此外，尖峰电流还将使电源的平均电流增加，在信号频率较高的情况下，将显著增加门的平均功耗。为此，必须设法减小这些电流并抑制它们的影响。常用的办法是在靠近门电路的电源与地之间接一个滤波电容。

本 章 小 结

　　本章讲解了半导体二、三极管和 MOS 管的开关特性以及开关应用，介绍了集成电路概念与 TTL 和 CMOS 数字逻辑系列，讨论了 TTL 与非门的内部电路结构及工作原理。从集成逻辑门的外部特性和有关参数出发，以 TTL 门为重点，介绍了门电路的各项性能指标。

　　TTL 集成逻辑门电路的输入级采用多发射极三极管、输出级采用推挽式（图腾柱）结构，这不仅提高了门电路的开关速度，也使电路有较强的驱动负载的能力。在 TTL 系列中，除了有实现各种基本逻辑功能的门电路以外，还有集电极开路门和三态门。

　　三态门之后，介绍了总线的概念。总线（Bus）是构成计算机系统的互联机构，是多个系统功能部件之间进行数据传送的公共通道。

　　本章还介绍了 CMOS 系列门的结构特点、OD 门、TSL 门和 BiCMOS 集成电路。CMOS 门电路与 TTL 门电路相比，它的优点是功耗低，扇出数大，噪声容限大，开关速度与 TTL 接近，已成为数字集成电路的发展方向。

　　最后总结了多种逻辑器件之间的"接口"问题，指明不同器件之间连接时要注意三个要素——电压、电流、速度，即逻辑电平、驱动能力和时序是否匹配。如果要连接在一起的两个器件在这三方面不匹配，就需要在其中间加入"接口"电路使三要素匹配。以 TTL 和 CMOS 系列为例介绍了两者接口时，必须清楚作为驱动门系列的输出电平是否在负载门系列认可的输入电平范围之内。还应该清楚驱动门的输出电流是否足以满足负载门的需求。另外，还给出了集成门多余输入端和输出端以及尖峰电流的处理方法。

思考题与习题

思考题

3.1　总结对比 TTL 与 CMOS 的技术参数，说明 CMOS 系列具有哪些优点。

3.2　CMOS 门电路的电源电压是否固定为 +5 V？

3.3　为什么 CMOS 门电路具有低功耗的特点？

3.4　CMOS 门电路是否具有与 TTL 一样的输入负载特性？为什么？

3.5　为什么 CMOS 门电路的工作速度较 TTL 门电路低？

3.6　为什么 CMOS 门电路需要在输入和输出端加缓冲器？

3.7　CMOS 传输门的功能是什么？有何应用？

3.8 CMOS 电路使用时应注意什么？

3.9 在 CMOS 电路中，既然 NMOS 和 PMOS 都是用作开关，为什么要用 PMOS 作为输出与电源接通的开关网络，而 NMOS 作为输出与地之间的开关网络？

3.10 总线的作用和分类是什么？如何构成数据总线？

3.11 IC 接口的三要素是什么？TTL 和 CMOS 相互驱动各自存在什么问题？

习题

3.1 图题 3.1 电路中的二极管均为理想二极管，各二极管的状态（导通或截止）和输出电压 U_O 的大小分别为

VD$_1$ _____；

VD$_2$ _____；

VD$_3$ _____；

U_O _____。

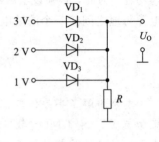

图题 3.1

3.2 今有一个 3 输入端与非门，已知输入端 A、B、输出端 F 的波形如图题 3.2 所示，问输入端 C 可以有下面（1）、（2）、（3）、（4）、（5）中的哪些波形？

3.3 有一逻辑系统如图题 3.3 所示，它的输入波形如图中所示。假设门传输时间可以忽视，问输出波形为（1）、（2）、（3）、（4）中的哪一种？

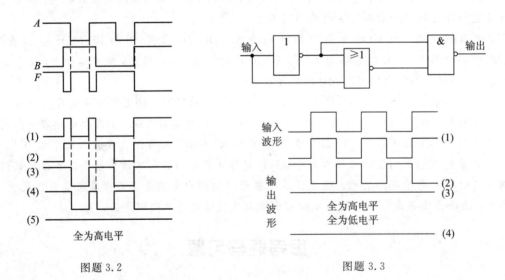

图题 3.2

图题 3.3

3.4 若 TTL 与非门的输入电压为 2.2 V，确定该输入属于：（1）逻辑 0；（2）逻辑 1；（3）输入位于过渡区，输出不确定，为禁止状态。

3.5 若 TTL 与非门的输出电压为 2.2 V，确定该输出属于：（1）逻辑 0；（2）逻辑 1；（3）不确定的禁止状态。

3.6 利用网络资源，查找 74LS32 和 74LS21IC 的数据手册，说明分别是什么逻辑器件？内部分别有几个独立器件？74LS21 是多少引脚的封装？是否有未使用的引脚？

3.7 标准 TTL 门电路的电源电压一般为：（1）12 V；（2）6 V；（3）5 V；（4）−5 V。

3.8 某一标准 TTL 与非门的低电平输出电压为 0.1 V，则该输出所能承受的最大噪

声电压为：(1) 0.4 V；(2) 0.3 V；(3) 0.7 V；(4) 0.2 V。

3.9　画出图题 3.9 中异或门的输出波形。

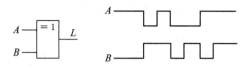

图题 3.9

3.10　图题 3.10 中，G_1、G_2 是两个集电极开路与
非门，接成线与形式，每个门在输出低电平时允许灌入
的最大电流为 $I_{OLmax}=13$ mA，输出高电平时的输出电
流 $I_{OH}<25$ μA。G_3、G_4、G_5、G_6 是四个 TTL 与非门，
它们的输入低电平电流 $I_{IL}=1.6$ mA，输入高电平电流
$I_{IH}<50$ μA，$V_{CC}=5$ V。试计算外接负载 R_C 的取值范
围 R_{Cmax} 及 R_{Cmin}。

3.11　图题 3.11 中，若 A 的波形如图所示：写出
逻辑函数式 F，并对应地画出波形；若考虑与非门的平
均传输时延 $t_{pd}=50$ ns，试重新画出 F 的波形。

3.12　某一 74 系列与非门输出低电平时，最大允
许的灌电流 $I_{OLmax}=16$ mA，输出为高电平时的最大允

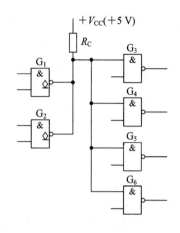

图题 3.10

许输出电流 $I_{OHmax}=400$ μA，测得其输入低电平电流 $I_{IL}=0.8$ mA，输入高电平电流 $I_{IH}=$
1.5 μA，试问若不考虑裕量，此门的扇出为多少？

3.13　在图题 3.13 的 TTL 电路中，能实现给定逻辑功能 $Y=\overline{A}$ 的电路是哪个？

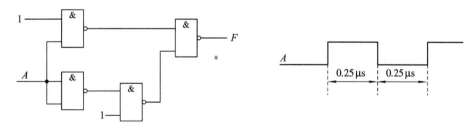

图题 3.11

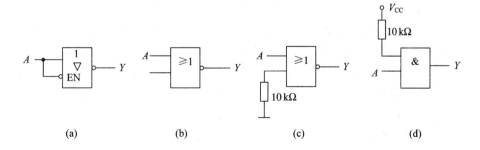

(a)　　　　　　　(b)　　　　　　　(c)　　　　　　　(d)

图题 3.13

3.14 设计一个由 TTL 门控制发光二极管(LED)的驱动电路,设 LED 的参数为 $U_F = 2.2$ V,$I_D = 10$ mA,选用集成门电路的型号,并画出电路图。

3.15 分析图题 3.15 中各电路的逻辑功能,写出各输出的逻辑式。

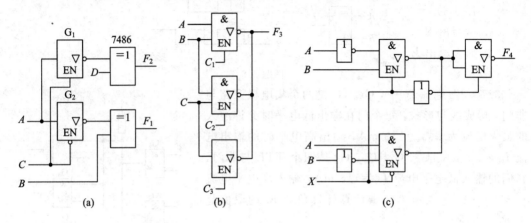

图题 3.15

3.16 在图题 3.16(a)、(b)所示电路中,都是用 74 系列门电路驱动发光二极管,若要求 u_I 为高电平时发光二极管 VD 导通并发光,且发光二极管的导通正常发光电流为 10 mA,试说明应选用哪一个电路?

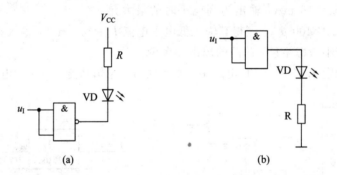

图题 3.16

3.17 参考表 3.6.1 确定:

(1) 单个 74HCTCMOS 门可以驱动几个 74LSTTL 负载?

(2) 单个 74LSTTL 门可以驱动几个 74HCTCMOS 负载?

3.18 参考表 3.6.1,试确定下面哪一种接口(驱动门到负载门)需要接上拉电阻,为什么?上拉电阻取值应该注意什么?哪一种接口驱动会有问题?如何解决?

(1) 74TTL 驱动 74ALSTTL;

(2) 74HC CMOS 驱动 74TTL;

(3) 74TTL 驱动 74HC CMOS;

(4) 74LSTTL 驱动 74HCT CMOS;

(5) 74TTL 驱动 4000B CMOS;

(6) 4000B CMOS 驱动 74LSTTL。

3.19　如图题 3.19 所示电路，当 $M=0$ 时实现何种功能？当 $M=1$ 时又实现何种功能？请说明其工作原理。

3.20　如图题 3.20 所示电路为多功能函数发生器，共有 16 种逻辑功能。A、B 为输入变量，$E_3 E_2 E_1 E_0$ 为功能控制端。

（1）试写出 Y 的表达式（不需化简）；

（2）列表给出 $E_3 E_2 E_1 E_0$ 取值为 0000 到 0111 时的电路功能（Y 的表达式）。

（3）若 OC 门输出高电平大于 3 V，且每个门漏电流 $I_{OH}=100$ μA；输出低电平小于 0.3 V，且最大灌电流 $I_{OL}=8$ mA，设输出驱动两个 TTL 门，且各 TTL 门的输入端数为 1（TTL 门的高电平输入电流 $I_{IH}=20$ μA，输入短路电流 $I_{IS}=0.4$ mA），试问 R 的取值范围是多少？

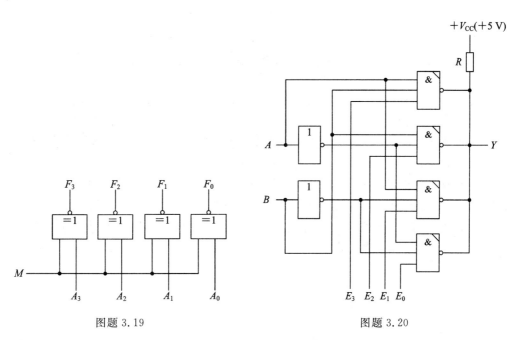

图题 3.19　　　　　　　　　　　图题 3.20

3.21　分析图题 3.21 电路的逻辑功能，写出逻辑函数式。

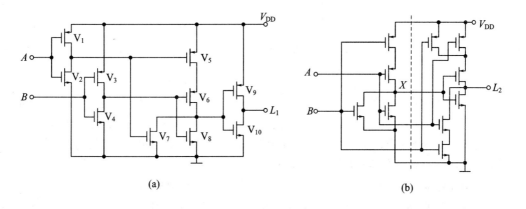

(a)　　　　　　　　　　　(b)

图题 3.21

第4章

锁存器和触发器

锁存器和触发器是时序逻辑电路的基本逻辑单元。本章主要介绍锁存器和触发器的结构、工作原理、特性描述方式、应用等内容。

4.1 基本概念

在数字电路和计算机中,常常需要具有存储功能的逻辑电路来记录、保存运算类数字或其他类型的数字信息。锁存器(Latch)和触发器(Flip-Flop,FF)都能够存储一位二值信息。在门电路的基础上引入适当的反馈就可以构成锁存器和触发器,它们是时序逻辑电路的基本单元电路。它们的两个基本特点可以由图 4.1.1 形象地表示:

(1) 具有两个稳定状态(0 或 1),分别表示二进制数 0 和 1 或二值逻辑 0 和逻辑 1。它们可以长期地稳定在某一个稳定状态,是双稳态电路,可保持所记忆的信息。

(2) 在适当的输入和触发信号作用下,电路可从一种稳定状态转变为另一种稳定状态。当触发信号消失后,电路能够保持现有状态不变。

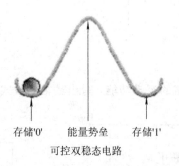

存储'0'　　能量势垒　　存储'1'

可控双稳态电路

图 4.1.1 锁存器和触发器的两个特点

锁存器与触发器的区别是:锁存器是利用电平控制数据的输入,它包括不带控制信号的锁存器(其输入电平直接影响输出)和带控制信号的锁存器(仅当控制信号输入有效时,其输入电平才影响输出);触发器则是利用脉冲边沿控制数据的输入。由于基本功能和作用一样,很多资料对锁存器和触发器不加区分。

根据电路结构的不同,锁存器可以分为基本锁存器、时钟控制锁存器等。

触发器根据控制方式的不同,即信号的输入方式以及触发器状态随输入信号变化的规律不同,可分为主从触发器、边沿触发器等。根据逻辑功能的不同,触发器又可分为 D 触发器、JK 触发器、T 触发器等几种类型。通过外接简单的组合电路，不同逻辑功能的触发器可以实现功能转换。

下面分别介绍各种主要的锁存器和触发器。

4.2　锁　存　器

锁存器是一种对输入信号电平敏感的存储单元电路。当输入的数据消失时，在锁存器芯片的输出端，数据仍然保持。

4.2.1　基本 RS 锁存器

基本 RS 锁存器是电路结构最简单的锁存器，其他类型的锁存器和触发器都是在此基础上发展而来的。

1. 电路结构和时序分析

基本 RS 锁存器可由不同逻辑门加反馈线构成。图 4.2.1(a)是用两个与非门交叉反馈构成的基本 RS 锁存器，其中一个与非门的一个输入与另一个与非门的输出连接。锁存器有两个互补的输出 Q 和 $\overline{Q}$。常用 Q 的逻辑电平表示触发器的状态，称锁存器 $Q=1$、$\overline{Q}=0$ 的状态为 1 状态；称锁存器 $Q=0$、$\overline{Q}=1$ 的状态为 0 状态。图 4.2.1(b)和(c)是锁存器的符号，符号中 R 和 S 外侧的小圆圈表示输入信号为低电平有效，即仅当低电平信号作用于适当的输入端时，锁存器的状态才会变化。对应的两个输入信号一般表示为 $\overline{R}$ 和 $\overline{S}$。

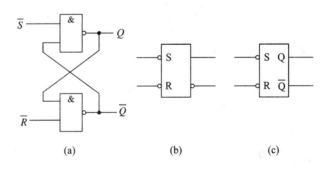

图 4.2.1　基本 RS 锁存器

(a) 逻辑电路图；(b)和(c)触发器常用符号

由图 4.2.1(a)及与非门的逻辑关系可知：

(1) 当 $\overline{S}=0$，$\overline{R}=1$ 时，无论锁存器原来处在什么状态，锁存器输出 $Q=1$，并使 $\overline{Q}=0$，此刻，由于反馈作用，即便是设置信号 $\overline{S}=0$ 消失，锁存器 Q 会始终保持在 1 状态。

(2) 当 $\overline{S}=1$，$\overline{R}=0$ 时，类似道理，即使 $\overline{R}=0$ 消失，Q 一定保持在 0 状态。

(3) 当 $\overline{S}=1$，$\overline{R}=1$ 时，锁存器的状态保持不变，即锁存器处于存储状态。

(4) 当 $\overline{R}=0$，$\overline{S}=0$ 时，锁存器两个输出都为 1，不再是互补关系，且在低电平输入信号同时消失后，由于两个与非门的延迟不同，触发器的状态无法确定。因此在正常工作时，不允许输入信号 $\overline{R}$ 和 $\overline{S}$ 同时为 0。

根据以上分析可知，当 $\overline{S}=0$ 时，$Q=1$，所以称 $\overline{S}$(Set)为置 1 或置位信号；当 $\overline{R}=0$

时，$Q=0$，所以称 $\overline{R}$(Reset)为清 0 或复位信号。

由于基本 RS 锁存器的输入信号直接控制其输出状态，其触发方式为直接电平触发方式，故又称它为直接置位复位锁存器。

表 4.2.1 是体现基本 RS 锁存器功能的一种表格，与真值表类似，但一般称之为功能表，它描述了锁存器的输出与输入的逻辑关系，表中第一行 Q 和 $\overline{Q}$ 同时为 1 是不允许的工作状态。基本 RS 锁存器的工作波形如图 4.2.2 所示，图中假设锁存器初始状态为 0。工作波形图也称为时序图，它反映了锁存器的输入信号 $\overline{R}$、$\overline{S}$ 与锁存器输出 Q 之间的对应关系。

表 4.2.1　基本 RS 锁存器的功能表

$\overline{S}$	$\overline{R}$	Q	$\overline{Q}$	说明
0	0	1*	1*	不允许
0	1	1	0	置 1
1	0	0	1	清 0
1	1	Q	$\overline{Q}$	保持

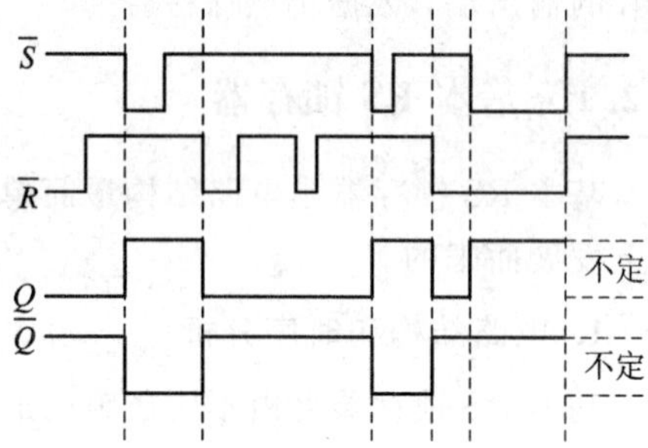

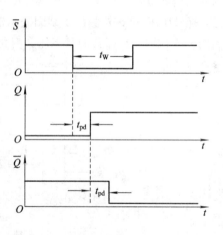

图 4.2.2　基本 RS 锁存器的工作波形

2. 基本 RS 锁存器的脉冲工作特性

电路存在传输延迟时间，为了使锁存器或触发器能正确地触发到预定的状态，输入信号或者输入与时钟脉冲之间应满足一定的时间关系，这就是锁存器或触发器的脉冲工作特性，也称为动态特性。

假设图 4.2.1(a)所示的基本 RS 锁存器的初始状态为 0，欲使锁存器置 1，应使 $\overline{R}$ 信号保持 1 状态，$\overline{S}$ 信号加负脉冲。图 4.2.3 所示为锁存器在 $\overline{S}$ 负脉冲的作用下锁存器输出变化的波形图，图中 t_{pd} 为门的传输延迟时间。由图可知，由触发信号 $\overline{S}$ 有效到反馈 $\overline{Q}$ 对与非门起作用，最少需要两个门的延迟时间。因此，只要 $\overline{S}$ 负脉冲的宽度 t_w 大于 $2t_{pd}$，锁存器就能建立起稳定的新状态。故要求 $\overline{R}$ 和 $\overline{S}$ 的有效信号宽度 $t_w > 2t_{pd}$。

图 4.2.3　锁存器置 1 的触发波形

3. 基本 RS 锁存器的应用

按键开关是各种电子设备不可或缺的人机接口，是最常用的一种输入设备。一般按键开关为机械弹性开关，由于机械开关触点的弹性作用，开关的闭合和断开都不会瞬间完成，会出现抖动现象。如图 4.2.4(a)所示为一个简单的开关电路，当开关由左打到右时，由于机械式开关动作会产生抖动，得到的电信号 u_B 的波形如图 4.2.4(b)所示，一般闭合时抖动严重，抖动时间的长短和机械开关特性有关，一般为 5 ms 到 10 ms。某些开关的抖动时间长达 20 ms，甚至更长。按键开关的抖动会给出多个有效电信号，使电路误认为该按键多次按下，造成误动作。因此，消除抖动是机械按键电路设计时必须考虑的问题。最常用的硬件消除抖动的方式就是使用基本 RS 锁存器。

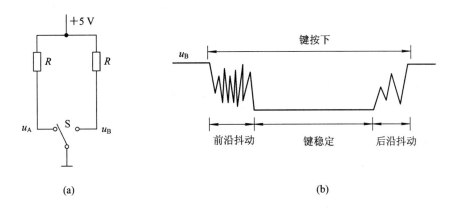

(a)

(b)

图 4.2.4　开关电路及抖动

（a）一简单开关电路 ；（b）开关的抖动波形

　　基本 RS 锁存器消除开关抖动的工作电路如图 4.2.5(a)所示。开关 S 在闭合的瞬间会产生多次抖动，使电位 u_A、u_B 发生跳变，这种抖动在电路中一般是不允许的。为消除抖动，可以接入一个基本 RS 锁存器，将锁存器的 Q、$\overline{Q}$ 作为开关状态输出。由锁存器特性可知，此时输出可避免反跳现象。其波形如图 4.2.5（b）所示，当 Q 状态为 0 时表示开关拨在左边，为 1 时表示开关拨在右边。

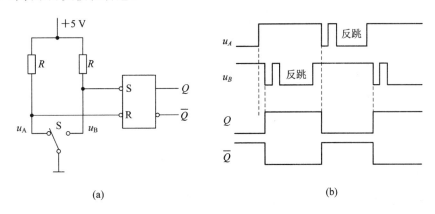

(a)

(b)

图 4.2.5　消除开关抖动

（a）电路图；（b）开关反跳现象及改善后的波形图

4.2.2　时钟控制 RS 锁存器

　　基本 RS 锁存器的清 0、置 1 信号一出现，锁存器输出状态就按其功能表发生变化。在实际应用中，往往要求锁存器在一个控制信号作用下按节拍反映某一时刻的输入信号状态。这种控制信号像时钟一样控制锁存器的翻转时刻，故称为时钟(Clock)信号或时钟脉冲(Clock Pulse，CP)。具有 CP 输入的锁存器称为时钟控制锁存器或时钟锁存器。它们的特点是：只有在时钟信号 CP 电平有效期间，锁存器才能根据输入信号翻转；时钟信号电平无效时，输入信号不起作用，锁存器状态保持不变。

1. 电路结构及工作原理

图 4.2.6(a)所示是 RS 锁存器逻辑图,该电路由基本 RS 锁存器和两个时钟控制门 G_1 和 G_2 组成。当 $CP=0$ 时,与非门 G_1、G_2 被封锁,此时不论输入信号 R、S 如何变化,Q、$\bar{Q}$ 都不变;只有当 $CP=1$ 时,G_1、G_2 门开启,R、S 信号才有可能使锁存器翻转,改变其状态。图 4.2.6 (b)和(c)是时钟控制 RS 锁存器的两种常用符号,表明该锁存器置位 S、复位 R 以及时钟 C 信号是高电平有效,如果符号外侧加小圆圈,说明是低电平有效。图 4.2.6 (b)框内的 C1 表示时钟是编号为 1 的一个控制信号,前缀为 1 的 1S 和 1R,说明是受同样编号的 C1 控制的两个输入信号,只有在 C1 为有效电平时,1S 和 1R 信号才能起作用。

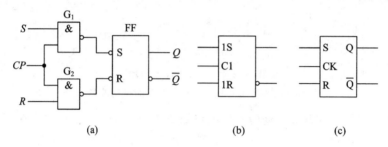

图 4.2.6 时钟控制 RS 锁存器
(a) 逻辑电路图;(b) 和(c) RS 锁存器常用符号

2. 功能描述

锁存器和触发器是具有记忆功能的器件,通常触发之前(CP 有效之前)锁存器或触发器的状态称为现态,记作 Q^n,即 n 时刻的状态;把触发之后的状态称为次态,记作 Q^{n+1},即 $n+1$ 时刻的状态。次态 Q^{n+1} 不仅与输入信号 R 和 S 有关,而且还与现态 Q^n 有关,如果将 Q^n 也作为一个输入变量,就可以列出 Q^{n+1} 与 R、S 和 Q^n 之间的逻辑真值表,这种表格称为状态转换表,是描述时序逻辑电路常用的方法之一。表 4.2.2 是时钟控制 RS 锁存器的状态转换表,其中×表示任意值(可取 0 或 1),1^* 表示不允许的 1 状态,在卡诺图中作为无关项处理。

由表 4.2.2 可以画出时钟控制 RS 锁存器 Q^{n+1} 的卡诺图,也称为次态卡诺图,如图 4.2.7 所示。

表 4.2.2 时钟 RS 锁存器的状态转换表

CP	S	R	Q^n	Q^{n+1}	说明
0	×	×	Q^n	Q^n	保持状态不变
1	0	0	0	0	$Q^{n+1}=Q^n$
1	0	0	1	1	
1	0	1	0	0	$Q^{n+1}=0$
1	0	1	1	0	
1	1	0	0	1	$Q^{n+1}=1$
1	1	0	1	1	
1	1	1	0	1^*	不允许状态
1	1	1	1	1^*	

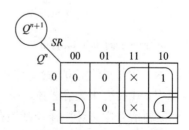

图 4.2.7 时钟控制 RS 锁存器次态卡诺图

由次态卡诺图化简,可得出锁存器次态 Q^{n+1} 的逻辑表达式,也称为次态方程或特征方程,此方程可以反映锁存器次态与输入信号和现态之间的逻辑关系,即

$$Q^{n+1} = S + \bar{R}Q^n$$
$$R \cdot S = 0 (约束条件) \tag{4.2.1}$$

状态转换图可形象地说明时钟控制锁存器状态转换的方向及条件。根据表 4.2.2 画出 RS 锁存器的状态转换图如图 4.2.8 所示。图中两个圆圈中的 0 和 1 分别表示锁存器的两个稳定状态,箭头表示状态转换的方向,箭头旁标注的是由一个稳态转换到另一稳定

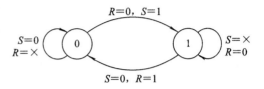

图 4.2.8　时钟 RS 锁存器状态转换图

状态需要的条件。例如,要由 0 态转换到 1 态,需要 $R=0$ 且 $S=1$,即置位信号有效而复位信号无效。

由此可知,时钟控制 RS 锁存器的工作状态可用状态转换表、次态卡诺图、特征方程、状态转换图、工作波形图等方法描述,各种描述方式可互相转换。这些描述方式适用于任何时序电路。

4.2.3　时钟控制 D 锁存器

由于 RS 锁存器要求输入信号满足式(4.2.1)中的约束条件,使其应用受到一定限制。如在 RS 锁存器的输入端增加一个非门如图 4.2.9 (a)所示,约束条件 $R \cdot S = 0$ 就可以自动满足。这种锁存器称为时钟控制 D 锁存器,符号图如图 4.2.9(b)和(c)所示。

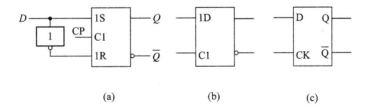

图 4.2.9　时钟控制 D 锁存器

(a) 逻辑图;(b)和(c)两种常用符号

时钟控制 D 锁存器的状态转换表如表 4.2.3 所示。

D 锁存器的特性方程为

$$Q^{n+1} = D \tag{4.2.2}$$

当 $CP=0$ 时,D 锁存器的状态不变;当 $CP=1$ 时,D 锁存器的次态 Q^{n+1} 随输入 D 的状态而定。D 锁存器适用于锁存一位数据的场合,其工作波形如图 4.2.10 所示,波形中的几点说明如下:

① 锁存器初态不确定,一直到 CP 为高电平,输出 Q 才随输入 D 变化;

② CP 触发电平无效,输出 Q 不随输入 D 变化;

③ CP 触发电平有效,输出 Q 随输入 D 变化;

④ CP 触发电平无效,输出 Q 记忆 D 的值;

⑤ 与②相同;

⑥ CP 触发电平有效,输出 Q 随输入 D 变化。

表 4.2.3 D 锁存器的状态转换表

CP	D	Q^n	Q^{n+1}	说 明
0	×	Q^n	Q^n	状态不变
1	0	0	0	清 0
1	0	1	0	
1	1	0	1	置 1
1	1	1	1	

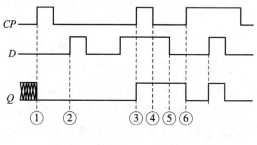

图 4.2.10 D 锁存器的工作波形

4.2.4 锁存器在微处理器中的应用

一个锁存器可以存储 1 bit 的信息。锁存器是一种对电平敏感的存储单元电路,在数据未锁存时,输出端的信号随输入信号变化,就像信号通过一个缓冲器,一旦锁存信号无效,则输入数据被锁存,输入信号不再起作用。因此,锁存器也被称为透明锁存器,即不锁存(即时钟有效)时输出对于输入是透明的。

多个锁存器集成于一个 IC 中用于存储多位数据,广泛使用的 74HC373 和 74HC573 是 8 位高速 CMOS 的 D 锁存器,具有三态输出。在微处理器中常用这些芯片构成外部总线或系统总线。图 4.2.11、图 4.2.12 和图 4.2.13 是器件厂家资料给出的引脚排列、逻辑功能、功能表等信息。由图 4.2.12 可知,锁存使能信号 LE 作为 8 个 D 锁存器的 CP 信号,LE 高电平期间,8 个 D 锁存器的输出(即三态门的输入,图中未标变量)与输入数据 $D_0 \sim D_7$ 一致(称为"透明"状态)。当 LE 变为低电平后,锁存器状态保持不变,从而达到了锁存数据的目的。输出使能信号 $\overline{OE}$ 是三态门的控制端,当 $\overline{OE}$ 低电平时,锁存器的输出通过三态门输出;当 $\overline{OE}$ 为高电平时,锁存器的输出 $Q_0 \sim Q_7$ 为高阻。74HC373 和 74HC573 的功能基本相同,只是引脚分配不同,但 74HC573 的管脚分布更便于排印刷电路板。

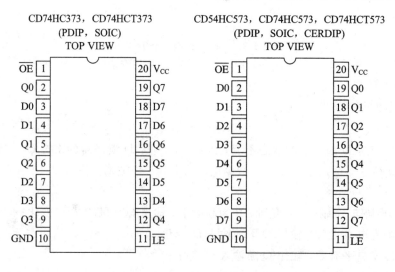

图 4.2.11 74HC373 和 74HC573 引脚分配图

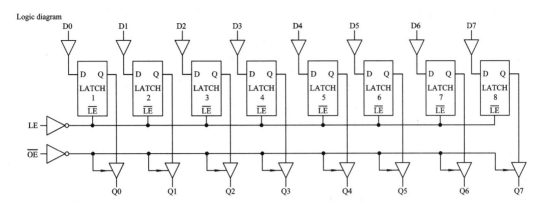

图 4.2.12　74HCT573 逻辑图

TRUTH TABLE

OUTPUT ENABLE	LATCH ENABLE	DATA	OUTPUT
L	H	H	H
L	H	L	L
L	L	I	L
L	L	h	H
H	X	X	Z

NOTE：H＝High Voltage Level，L＝Low Voltage Level，X＝Don't Care，Z＝High Impedance
　Stale，I＝Low voltage level one set-up time prior to the high to low latch enable transition，
　h＝High voltage level one set-up time prior to the high to low latch enable enable transition

图 4.2.13　八 D 锁存器功能表

图 4.2.13 中的注释部分，说明了表中符号的含义。当锁存使能信号变低时，符合建立时间和保持时间的数据 DATA 被锁存。

利用锁存器可以构成 MCS - 51 系列单片机的外部 16 位地址，如图 4.2.14 所示。MCS - 51 系列单片机的 CPU 访问外部存储器时，会根据指令产生相应的控制信号，并由 P2 端口送出访问存储器的高 8 位地址 $A_8 \sim A_{15}$，P0 端口送出访问存储器的低 8 位地址，然后由 P0 口读入或输出要处理的数据，换句话说，P0 端口是地址和数据分时复用的。因此，用户必须外接锁存器保存低 8 位地址，构成 16 位的地址总线。

8051 读取外部程序存储器（ROM）的时序如图 4.2.15 所示。从图中可以看出，P0 端口提供低 8 位地址，P2 端口提供高 8 位地址，S2 周期结束前，P0 端口上的低 8 位地址是有效的，之后出现在 P0 端口上的就不再是低 8 位的地址信号，而是指令数据信号，当然地址信号与指令数据信号之间有一段缓冲的过渡时间，这就要求，在 S2 期间必把低 8 位的地址信号锁存起来，用 CPU 提供的 ALE 选通脉冲去控制锁存器把低 8 位地址予以锁存，而 P2 端口在整个机器周期内地址信号都是有效的，因而无需锁存这一地址信号。从外部

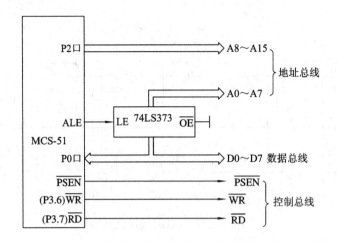

图 4.2.14　锁存器构成单片机片外总线

程序存储器读取指令,单片机提供两个控制信号,除了上述的 ALE 信号外,还有一个片外程序存储器读信号$\overline{\text{PSEN}}$,该信号一般接到程序存储器的输出允许端。由图 4.2.15 可知,$\overline{\text{PSEN}}$从 S3P1 开始有效,直到将地址信号送出和外部程序存储器的数据读入 CPU 后方才失效,而又从 S4P2 开始执行第二个读指令操作。

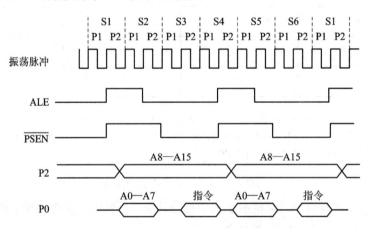

图 4.2.15　8051 外部程序存储器读时序

P0 端口经锁存器提供低 8 位地址的具体电路如图 4.2.16 所示。锁存信号是由 MCS-51 的 ALE 引脚提供的。

如前所述,锁存器是一种对电平敏感的存储单元电路,在更多的情况下,很容易产生预料不到的问题,使逻辑功能不满足要求,从而浪费大量的设计时间。所以,当今的数字系统设计一般不提倡使用锁存器。锁存器有以下缺点:

(1) 属于触发电平有效的器件,对毛刺敏感,抗干扰能力差;

(2) 不能异步复位(直接复位),所以上电以后处于不确定的状态;

(3) 使静态时序分析变得非常复杂,可测性不好,不利于设计的可重用性;

(4) 在后续可编程逻辑器件(PLD)芯片中,基本的单元是由查找表和触发器组成的,若用锁存器反而需要更多的资源。

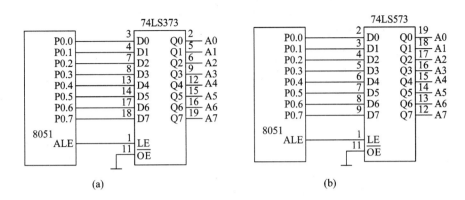

图 4.2.16　单片机低 8 位地址锁存电路

(a) 74LS373 与单片机连接；(b) 74LS573 与单片机连接

4.3　触　发　器

触发器是一种对边沿敏感的存储单元，只在时钟脉冲 CP 的边沿(上升沿或下降沿)时刻对输入信号做出反应，它不仅克服了锁存器对毛刺敏感的问题，提高了电路的抗干扰能力和可靠性，也可以方便地实现同步时序电路，而且在可编程器件中基本都集成有边沿触发器。边沿触发器主要包括维持阻塞 D 触发器、边沿 JK 触发器等。

4.3.1　维持阻塞 D 触发器

1. 电路结构和逻辑功能分析

图 4.3.1 为维持阻塞型 D 触发器(或 DFF)的逻辑电路及逻辑符号，符号图中时钟 C1 前面的"＞"表示触发器是时钟上升沿触发，如果"＞"框外有小圆圈，则表示时钟下降沿触

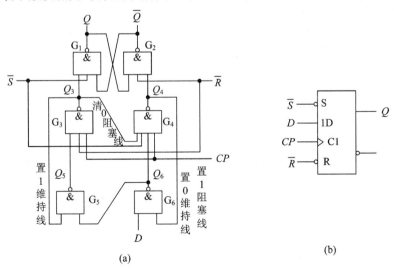

图 4.3.1　维持阻塞型 D 触发器

(a) 逻辑电路图；(b) 逻辑符号

发。这种触发器由六个与非门组成，其中 G_1 和 G_2 构成基本 RS 锁存器，$G_1 \sim G_6$ 实际是一个时钟 D 触发器。为了实现时钟边沿触发，电路中加了三条反馈线：置 1 维持线、清 0 阻塞线、置 1 阻塞线和置 0 维持线。符号框内的 S 和 R 分别为触发器的直接置 1 和直接清 0 端，同样，框外加小圆圈表示低电平有效，对应信号表示为 $\bar{S}$ 和 $\bar{R}$。所谓直接，就是指置 1 和清 0 不受时钟触发边沿和输入的影响，只要相应信号有效，就直接置 1 或清 0。

2. 逻辑功能分析

触发器正常工作时，一般清零和置数无效，即 $\bar{S} = \bar{R} = 1$。下面分析在此情况下电路的工作原理。

当 $CP = 0$ 时，$Q_3 = Q_4 = 1$，触发器保持状态不变。输入信号 D 经 G_6、G_5 传输到 Q_6、Q_5，触发器处于等待翻转状态，一旦 CP 上升沿到来，触发器就会按 Q_5、Q_6 的状态翻转。下面分 CP 上升沿之前（$CP = 0$），D 为 0 和 1 两种情况进行分析。

设 $D = 0$，则 $Q_6 = 1$，在 $CP = 0$ 时，$Q_3 = 1$，故 $Q_5 = 0$。当 CP 上升沿到来后，由于 $Q_5 = 0$，因此 Q_3 仍为 1，而 G_4 的四个输入信号都为 1，故 $Q_4 = 0$，Q_4 的状态一方面使 $\bar{Q} = 1$，$Q = 0$；另一方面 Q_4 反馈到 G_6 门输入端，将输入 D 的变化封锁在电路之外。这样，在 CP 上升沿过后，触发器 $Q = 0$ 保持不变。因此，G_4 输出 0 状态反馈到 G_6 输入端，起到维持触发器为 0 状态同时阻止触发器翻转到 1 状态的作用，故称此线为"置 0 维持线和置 1 阻塞线"。

当 $D = 1$，在 $CP = 0$ 时，$Q_3 = Q_4 = 1$，故 $Q_6 = 0$，$Q_5 = 1$。当 CP 上升沿到来时，由于 $Q_6 = 0$，因此 Q_4 仍为 1，而 G_3 的两个输入全部为 1，故 $Q_3 = 0$，它一方面使触发器 $Q = 1$，另一方面 Q_3 的 0 状态反馈到 G_4 和 G_5 门输入端，封锁输入 D 影响输出 Q 的两条途径。到 G_5 门的反馈线，可以保证在 CP 上升沿到来之后（$CP = 1$ 期间），保持 $Q_3 = 0$，维持触发器处在 1 状态，因此称为"置 1 维持线"。到 G_4 门的反馈线，在 CP 上升沿之后阻止 $Q_4 = 0$，即阻止 $Q = 0$。因此，把此线称为"清 0 阻塞线"。

由上述分析可知，D 触发器状态由 CP 从 0 变为 1 时 D 的状态决定，即 $Q^{n+1} = D$。但由于维持线和阻塞线的作用，在 CP 上升沿过后，即使 D 发生变化，触发器状态也不会改变。7474 是一个常用的双 D 触发器。触发器可以保存数据，因此有时也称为寄存器。

3. D 触发器的几种描述方式

和锁存器一样，触发器的逻辑功能也可以用状态转换表、次态卡诺图、特性方程、波形图、状态转换图等方式来描述。与锁存器的不同仅在于触发器的状态只有在 CP 的有效边沿才有可能改变。

表 4.3.1 为一上升沿触发有效的维持阻塞 D 触发器状态转换表。特征方程为 $Q^{n+1} = D$。图 4.3.2 是一上升沿 D 触发器在时钟脉冲 CP、高电平有效的直接复位 R_{st} 和输入信号 D 作用下的输出波形图（假设初态为 0）。在时钟脉冲上升沿作用下，触发器的次态由 CP 上升沿到达时的 D 状态决定。但是要注意 R_{st} 的优先级高于触发器特征方程：$Q^{n+1} = D$，也就是说，只要复位 R_{st} 有效，触发器立刻复位为 0，与 CP 和输入 D 的状态无关。触发器中在 $CP = 0$ 和 $CP = 1$ 期间，输入信号的变化都不会影响触发器的输出 Q 的状态。图 4.3.3 是 D 触发器的次态卡诺图和状态转换图。各种描述方式可以相互转换。

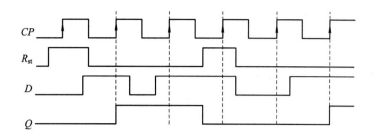

图 4.3.2　维持阻塞型 D 触发器的时序图

表 4.3.1　D 触发器的状态转换表

CP	D	Q^n	Q^{n+1}	说　　明
$\times$	$\times$	Q^n	Q^n	状态不变
↑	0	0	0	清 0
↑	0	1	0	
↑	1	0	1	置 1
↑	1	1	1	

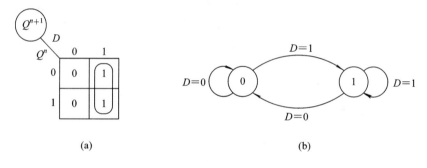

(a)　　　　　　　　　　　　　　(b)

图 4.3.3　D 触发器

（a）次态卡诺图；（b）状态转换图

4. 触发器的典型应用

维持阻塞 D 触发器的一个典型应用如图 4.3.4 所示。假设触发器初态为 0，由图 4.3.4(b)波形可以看出，输出 Q 的信号频率是 CP 频率的一半，实现了二分频。早期的计

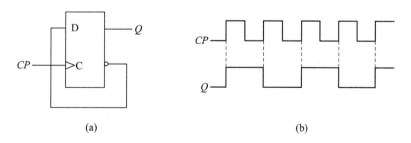

(a)　　　　　　　　　　　　　　(b)

图 4.3.4　D 触发器构成二分频电路

（a）电路图；（b）波形图

算机主板上就使用 D 触发器来实现二分频。二分频电路也是一个一位的二进制计数器，假设初态为 $Q=0$，来一个 CP 上升沿 $Q=1$，再来一个 CP 上升沿应该为 2，二进制是逢二进一，因此，Q 回到 0 态。

5. 维持阻塞 D 触发器的动态特性

触发器的动态特性（或脉冲工作特性）是指触发器工作时，对时钟脉冲、输入信号以及它们之间互相配合的要求。由 D 触发器的工作特性可知，当 $CP=0$ 时，电路处于保持状态，一旦 CP 上升沿到来，触发器即按 D 的状态翻转。但由图 4.3.1 的电路结构可知，输入 D 信号的变化要经过两个门才能到达接入 CP 的两个门，因此要求 D 信号在 CP 上升沿到来之前提前两个门的延迟时间送入电路。这个时间称为输入建立时间 t_{set}，故 $t_{set}=2t_{pd}$。图 4.3.5 是维持阻塞 D 触发器的动态特性图。

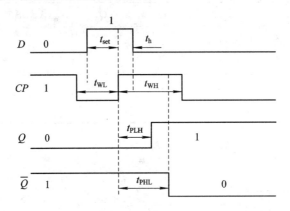

图 4.3.5 维持阻塞 D 触发器的脉冲特性

CP 到达后须经一定的时间才能将 D 的变化传送到触发器输出端，在传输过程中，D 信号应保持不变，否则 D 的变化会干扰触发器的动作。这段时间称为保持时间 t_h，t_h 约等于 t_{pd}，即 D 信号应在 CP 上升沿之前 $t_{set}(2t_{pd})$ 和之后 $t_h(t_{pd})$ 的时间内保持不变。

对时钟脉冲的要求是，$CP=1$ 期间要保证触发器翻转达到稳定的状态，触发器翻转达到稳定的最长时间 t_{PHL} 约等于 $3t_{pd}$，故所需 CP 高电平时间 t_{WH} 必须保持 $t_{WH} \geqslant t_{PHL}=3t_{pd}$；而对 CP 低电平的要求是 $t_{WL} \geqslant t_{set}=2t_{pd}$。

了解触发器的脉冲工作特性（时间参数），对正确使用触发器是很重要的。如使 D 触发器正常工作，要求时钟脉冲的周期 $T= t_{WL}+t_{WH} \geqslant t_{set}+t_{PHL}(5t_{pd})$，即 CP 的最高工作频率 $f_{max} = 1/5t_{pd}$。若 $t_{pd}=20$ ns，则 $f_{max}=10$ MHz。

需要说明的是，实际集成触发器器件中，每个门的传输时间是不同的。由于内部采用了各种形式的简化电路，实际时延比标准结构门电路时延小。上面的讨论假定了所有门电路传输时延是相等的，所得结果只用于说明有关物理概念。每个集成触发器产品的动态参数要通过最后测试来确定，使用时以产品手册为准。

图 4.3.6 和图 4.3.7 是 SN54/74LS74A 双 D 型上升沿触发器的时序图和时间参数。

图 4.3.8 说明了时间参数的重要性，如果输入 D 的变化与 CP 上升沿同时发生，输出可能不稳定，处于亚稳态。

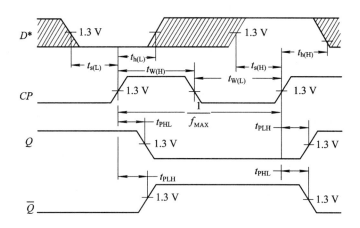

图 4.3.6　SN54/74LS74A 时序图

AC CHARACTERISTICS(T_A＝25℃，V_{CC}＝5.0 V)

Symbol	Parameter	Limits			Unit	Test Conditions	
		Min	Typ	Max			
f_{MAX}	Maximum Clock Frequency	25	33		MHz	Figure 1	V_{CC}＝5.0 V C_L＝15 pF
t_{PLH}	Clock，Clear，Set to Output		13	25	ns	Figure 1	
t_{PHL}			25	40	ns		

AC SETUP REQUIREMENTS(T_A＝25℃)

Symbol	Parameter	Limits			Unit	Test Conditions	
		Min	Typ	Max			
$t_{W(H)}$	Clock	25			ns	Figure 1	V_{CC}＝5.0 V
$t_{W(L)}$	Clear，Set	25			ns	Figure 2	
t_s	Data Setup Time—HIGH	20			ns	Figure 1	
	LOW	20			ns		
t_h	Hold Time	5.0			ns	Figure 1	

图 4.3.7　SN54/74LS74A 时间参数

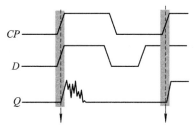

如果 D 在 CP 采样窗口变　如果 D 在 CP 采样窗口之
化，输出 Q 可能是亚稳态　外变化，Q 是稳定的

图 4.3.8　D 触发器的动态特性

4.3.2　边沿 JK 触发器

1. JK 触发器符号及几种描述方式

图 4.3.9 所示为下降沿 JK 触发器的符号，与维持阻塞 D 触发器一样，利用时钟边沿触发锁存数据。7479、74109、7476 是几个常用的 JK 触发器。

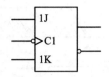

图 4.3.9　下降沿 JK 触发器的逻辑符号

表 4.3.2 是 JK 触发器的状态转换表，由表可总结出一个利于画波形的顺口溜：JK 为 00 不变($Q^{n+1}=Q^n$)；11 翻转($Q^{n+1}=\overline{Q^n}$)；其他随 J 变。图 4.3.10 是带有高电平直接复位的下降沿触发 JK 触发器的波形图，图中 Q 的初始部分表示初态不确定，当复位信号 R_{st} 为高电平，Q 复位为 0，复位 R_{st} 低电平无效而且 CP 下降沿触发时，触发器次态按照表 4.3.2 的规律变化。由状态转换表可以得到 JK 触发器的次态卡诺图和状态转换图如图 4.3.11 所示。由次态卡诺图得到 JKFF 的特性方程为

$$Q^{n+1}=J\,\overline{Q^n}+\overline{K}Q^n$$

表 4.3.2　JK 触发器的状态转换表

CP	J	K	Q^n	Q^{n+1}	说　　明
$\times$	$\times$	$\times$	Q^n	Q^n	状态不变
$\downarrow$	0	0	0	0	$Q^{n+1}=Q^n$
	0	0	1	1	
$\downarrow$	0	1	0	0	$Q^{n+1}=0$
	0	1	1	0	
$\downarrow$	1	0	0	1	$Q^{n+1}=1$
	1	0	1	1	
$\downarrow$	1	1	0	1	$Q^{n+1}=\overline{Q^n}$
	1	1	1	0	

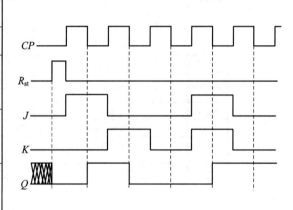

图 4.3.10　JK 触发器波形图

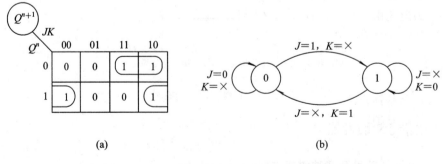

(a)　　　　　　　　　　　　　　　(b)

图 4.3.11　JK 触发器次态卡诺图和状态转换图

(a) 次态卡诺图；(b) 状态转换图

2. 由 JK 触发器衍生的其他触发器

将 JK 触发器的两个输入端 J 和 K 连接到一起作为一个输入端，标为 T，就构成 T 触发器。将 $J=K=T$ 代入 JK 触发器的特征方程可得 T 触发器的特征方程为

$$Q^{n+1} = T\overline{Q^n} + \overline{T}Q^n = T \oplus Q^n$$

当 $T\equiv1$ 时，称为 T′ 触发器，其特征方程为 $Q^{n+1}=\overline{Q^n}$，即每来一个 CP 触发脉冲，该触发器的状态变换一次。T′ 触发器输出信号的频率是 CP 脉冲频率的一半，故它是一种二分频电路，也是一个一位二进制计数器。

图 4.3.12 总结了电平控制锁存器和边沿触发器的触发方式与符号之间的对应关系。

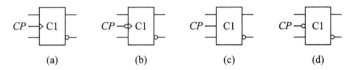

图 4.3.12　不同触发方式记忆器件的符号图
（a）上升沿触发；（b）下降沿触发；（c）高电平触发；（d）低电平触发

本 章 小 结

本章介绍了锁存器和触发器的电路结构、功能特点以及描述方法。两者的主要区别在于触发方式不同，锁存器是对电平敏感，触发器是对边沿敏感。

描述方法包括：状态转换表、特性方程、状态转换图、波形图、次态卡诺图等，这些描述方法之间可以互相转换。本章还介绍了锁存器在处理器中构成总线的应用原理。

为保证触发器在动态时能可靠翻转，对触发器的时间参数及动态特性做了简单说明。

思考题与习题

思考题

4.1　锁存器与触发器有何区别？

4.2　触发器有哪些类型？

4.3　为避免由于干扰引起的误触发，应选用哪种类型的触发器？

4.4　什么是建立时间？

4.5　什么是保持时间？

4.6　触发时钟脉冲的最高频率与哪些要素有关？

4.7　什么是锁存器的不定状态？如何避免不定状态的出现？

4.8　什么是锁存器的多次翻转现象？如何避免多次翻转现象？

习题

4.1　基本 RS 锁存器典型应用是什么？

4.2　根据图题 4.2 所给的时钟脉冲、输入 R 和 S 信号的波形，画出图 4.2.6 时钟控制 RS 锁存器输出 Q 的波形，假设锁存器初始状态为 0。

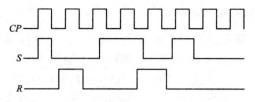

图题 4.2

4.3 图题 4.3 中各触发器的初始状态 $Q=0$，试画出在触发脉冲 CP 作用下各触发器 Q 的波形。

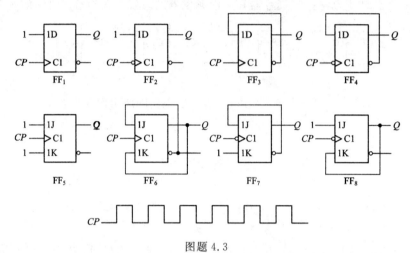

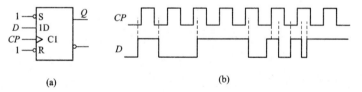

图题 4.3

4.4 D 触发器的逻辑电路和输入信号波形分别如图题 4.4(a) 和 (b) 所示，设 Q 的初态为 0，画出 Q 的波形图。

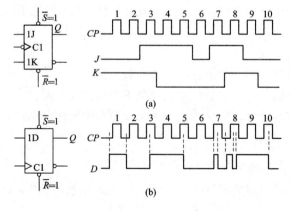

图题 4.4

4.5 分别画出图题 4.5 (a)、(b) 中 Q 的波形(设触发器的初始状态为 0)。

图题 4.5

4.6　图题 4.6 所示为各种触发器，已知 CP、A 和 B 的波形，试画出对应 Q 的波形（假定触发器的初始状态为 0）。

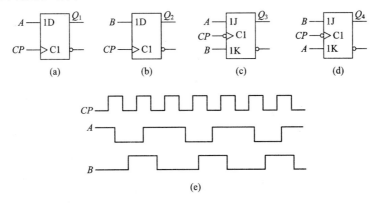

图题 4.6

4.7　图题 4.7(a)所示为由 D 触发器构成的逻辑电路。图(b)为其输入信号波形，试画出图中输出 P 的波形（设触发器初态 Q 为 0）。

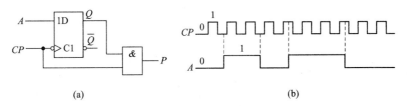

图题 4.7

4.8　试分析图题 4.8 所示电路，说明电路的逻辑功能。

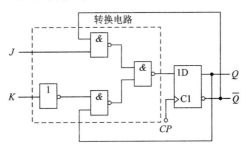

图题 4.8

4.9　图题 4.9 (a)所示为由 D 触发器构成的逻辑电路。图(b)为其输入信号波形，试画出输出 Q 的波形（设触发器初态 Q 为 0）。

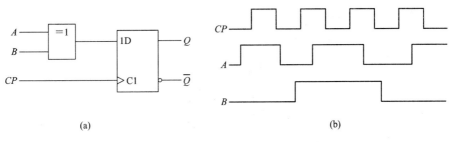

图题 4.9

4.10 图题 4.10(a)所示为 JK 触发器构成的电路,试画出在图(b)输入信号作用下的输出 Q 的波形(设触发器初态 Q 为 0)。

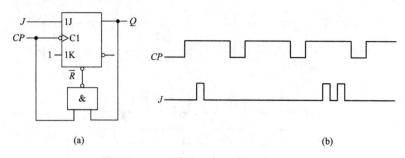

(a) (b)

图题 4.10

4.11 下降沿 JK 触发器时钟 CP、输入 J、K 和直接清 0 信号 $\bar{R}$ 如图题 4.11 所示,设触发器初态为 0,试画出 Q 的波形。

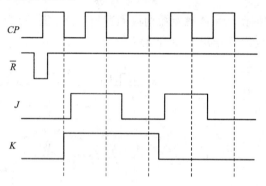

图题 4.11

4.12 试画出图题 4.12(a)电路中 Q_2 的输出波形(已知 CP_1 和 CP_2 如图题 4.12 (b)所示,触发器的初态为 0)。

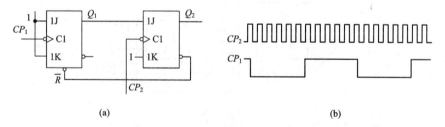

(a) (b)

图题 4.12

4.13 某触发器的 2 个输入 X_1、X_2 和输出 Q 的波形如图题 4.13 所示,试判断它是哪一种触发器,输入如何对应。

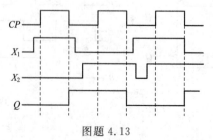

图题 4.13

4.14　分析图题 4.14 电路的功能，K_R 是总控制开关。说明 RS 锁存器的作用和电路功能。

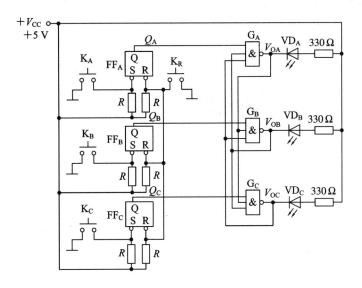

图题 4.14

第 5 章

可编程逻辑器件

本章主要学习以可编程逻辑器件为基础的数字集成电路，包括简单可编程逻辑器件、复杂可编程逻辑器件和现场可编程逻辑器件；介绍了可编程逻辑器件的发展历程和分类；简要介绍了简单可编程逻辑器件的工作原理；重点介绍了复杂可编程逻辑器件和现场可编程逻辑器件的内部结构和开发流程。现场可编程逻辑器件的集成密度高，并具有在系统可编程或现场可编程特性，可用于实现较大规模的数字逻辑电路，是现代数字系统实现的主要形式。

5.1 可编程逻辑器件的发展历程及趋势

前面介绍的集成门、触发器以及后续将要介绍的译码器、加法器、计数器等数字集成器件的逻辑功能都是固定不变的。使用这种固定功能的逻辑器件设计复杂的数字系统时，费时费力、体积大、功耗大、可靠性差、保密性差，更为重要的是，如果需要修改或升级设计系统，工作量和成本增加是非常巨大的。

20 世纪 70 年代出现了可编程逻辑器件（Programmable Logical Device，PLD），PLD 是一种半定制逻辑器件，可以通过编程来确定其逻辑功能，它给数字系统的设计带来了革命性的变化，在设计和制作电子系统中使用 PLD，可以获得较大的灵活性和较短的研制周期。它大致经历了从 PROM 到 PLA、PAL、GAL、EPLD、CPLD 和 FPGA 的发展过程。

1. 可编程逻辑器件的发展历史

可编程逻辑器件的发展大致可以划分为四个阶段。

从 20 世纪 70 年代初到 70 年代中期为第一阶段。第一阶段的可编程器件只有简单的可编程只读存储器（Programmable ROM，PROM），由于结构的限制，它更适用于存储程序代码。因此，一般将其归属于存储器，PROM 相关内容在 10.3.2 节介绍。

20 世纪 70 年代中期到 80 年代中期为第二阶段。该阶段诞生了可编程逻辑阵列（Programmable Logic Array，PLA）、可编程阵列逻辑（Programmable Array Logic，PAL）和通用阵列逻辑（Genetic Array Logic，GAL）器件，这些 PLD 能够完成各种逻辑运算功能。PLA 是 PLD 中结构比较简单、应用最早的一种，它由可编程与阵列和可编程或阵列组成。因为任何一个逻辑函数都可以化成若干个乘积项相加的与或形式，因此，可以用一级可编程的与逻辑阵列产生函数式中的乘积项，再用一级可编程的或逻辑阵列将这些乘积项相加，就可以得到所要的任何逻辑函数。20 世纪 70 年代末期，出现了另一种结构较灵活的可编程阵列逻辑 PAL 芯片。PAL 由可编程的与逻辑阵列、固定的或逻辑阵列和输入／输出缓冲电路组成。在 PAL 的基础上发展了一种通用阵列逻辑 GAL 芯片，GAL 的电路结构形式与可配置输出结构的 PAL 类似，仍然是与或阵列结构形式，并且在输出缓冲电路中采用了可编程的输出逻辑宏单元（Output Logic Macrocell，OLMC）。GAL 采用了 E^2CMOS 工艺，实现了电可改写，由于其输出结构是可编程的逻辑宏单元，因此给逻辑设计带来很强的灵活性。这些低密度 PLD 通常只有几百门的集成规模，由于结构简单，所以它们仅能实现较小规模的逻辑电路。

20 世纪 80 年代中期到 90 年代末为 PLD 的第三发展阶段。这个阶段出现了新一代的高密度 PLD。这类器件的集成密度一般可达数千门甚至数十万门，具有在系统可编程或现场可编程特性，可用于实现较大规模的逻辑电路。一般把基于乘积项技术的高密度 PLD 称为可擦除可编程逻辑器件（Erasable PLD，EPLD）和复杂可编程逻辑器件（Complex PLD，CPLD），而把基于查找表技术、SRAM 结构、要外挂配置 E^2PROM 的高密度 PLD 称为现场可编程门阵列（Field Programmable Gate Array，FPGA）。EPLD 的基本结构与 GAL 的结构并无本质区别，但 EPLD 增加了输出逻辑宏单元（OLMC）的数量，并使 OLMC 的使用更加灵活，其集成密度比 GAL 的高得多，可以实现较为复杂的逻辑电路。EPLD 的主要缺点是内部互连性较差，复杂可编程逻辑器件（CPLD）是 EPLD 的改进器件，增加了内部连线，并改进了逻辑宏单元和 I/O 单元。CPLD 和 FPGA 在结构、工艺、集成度、功能、速度、灵活性等方面都有很大的改进和提高。CPLD 和 FPGA 的逻辑功能基本相同，只是实现原理略有不同，所以有时可以忽略这两者的区别，统称它们为高密度可编程逻辑器件。这两种器件可实现较大规模的电路，编程也很灵活。它们具有设计开发周期短、设计制造成本低、开发工具先进、标准产品无需测试、质量稳定以及可实时在线检验等优点，因此被广泛应用于电子产品的设计和生产中。进入 20 世纪 90 年代后，由于半导体工艺技术的发展，以 CPLD 和 FPGA 为代表的可编程逻辑器件逐渐成为微电子技术发展的主要发展方向之一。

20 世纪 90 年代末到目前为 PLD 发展的第四阶段。第四阶段出现了可编程片上系统（System-On-a-Programmable-Chip，SOPC）和片上系统（System-On-a-Chip，SOC），这是 PLD 和专用集成电路（Application Specific Integrated Circuit，ASIC）技术融合的结果，涵盖了实时化数字信号处理技术、高速数据收发器、复杂计算以及嵌入式系统设计技术的全部内容。

Altera 公司的低成本 FPGA Cyclone V 的制造工艺是 28 nm，2013 年 Altera 推出的高端 FPGA Stratix 10 系列采用了 14 nm 三栅极工艺，率先体验内核性能两倍的提高。在其设计软件中，Altera 引入了 Hyper-Aware 设计流程，包括创新的快速前向编译功能，支持客户快速研究设计性能，实现性能突破。Stratix 10 系列 FPGA 实现了业界最高水平的集成度，包括：

- 密度最高的单片器件，有 400 多万个逻辑单元。
- 单精度、硬核浮点 DSP 性能优于 10 TeraFLOP（每秒执行 10 兆个浮点指令）。
- 串行收发器带宽比前一代 FPGA 的高 4 倍，包括了 28 Gb/s 背板收发器，以及 56 Gb/s 收发器通路。
- 高性能、四核 64 位 ARM Cortex-A53 处理器系统。
- 多管芯解决方案，在一个封装中集成了 DRAM、SRAM、ASIC、处理器以及模拟组件。

Xilinx 公司的低端 FPGA Spartan-6 的制造工艺是 45 nm，高端 FGPA Virtex Ultra Scale 采用 16 nm FinFET 制造工艺。其主要性能有：

- 多达 440 万个逻辑单元。
- 集成型 100 G 以太网 MAC 和 150 G Interlaken 内核。
- 2400 Mb/s DDR4。
- 28 Gb/s 背板收发器及 33 Gb/s 收发器。
- 集成 VCXO(压控时钟振荡器)与 FPLL(分频锁相环)降低了时钟组件的成本。
- 功耗比上一代降低 45%。通过类似于 ASIC 的时钟，实现更精细的时钟控制，以达到降低功耗的目的，并通过增强型逻辑单元封装减小动态功耗。
- 与 Vivado 设计套件协同优化，加快设计速度。

这一阶段的逻辑器件内嵌了硬核高速乘法器、Gbits 差分串行接口、时钟频率高达 500 MHz 的PowerPC 微处理器、软核 MicroBlaze、Picoblaze、Nios、NiosII 以及 ARM 硬核，不仅实现了软件需求和硬件设计的完美结合，还实现了高速与灵活性的完美结合，使其超越了 ASIC 器件的性能和规模，也超越了传统意义上 FPGA 的概念，使 PLD 的应用范围从单片扩展到系统级。FPGA 正向超级系统芯片的方向发展。

FPGA 最主要的优点是容量大和设计灵活，但是每一次上电时需要进行数据加载。目前，几万门至几十万门的 FPGA 的使用越来越普遍，单片价格也大幅度下降。密度和性能的持续提高、低廉的开发费用和快速的上市时间正在使设计人员转向 FPGA。

经过了几十年的发展，许多公司都开发出了多种可编程逻辑器件。影响最大的四家 PLD 企业是 Xilinx、Altera、Lattice 和 Actel。

Xilinx 公司是 FPGA 的发明者，产品种类较全，主要有：XC9500/4000、Coolrunner (1.8 V 低功耗 PLD 产品)、Spartan、Virtex 等系列，最新产品 Artix-7、Kintex-7、Virtex-7 和Zynq 采用了 28 nm 工艺，其功耗和性能都得到了极大的进步，并在部分芯片中加入了 A8 处理器硬核，可以构建更为强大的 SOC，开发软件为 ISE 和 Vivado。

Altera 是最大的可编程逻辑器件供应商之一，主要产品有：MAX3000/7000、FLEX10K、APEX20K、ACEX1K、Cyclone、Arria、Stratix 等系列。开发工具有 Quartus II 和 Nios II。

Lattice 是在系统可编程(In-System Programming, ISP)技术的发明者。LatticeXP 器件将非易失的 FLASH 单元和 SRAM 技术组合在一起，不需要配置芯片，提供了支持"瞬间"启动和无限可重复配置的单芯片解决方案。另外，Lattice 还开发了可编程数模混合电路的 FPGA。

ACTEL 是反熔丝 PLD 的领导者，由于反熔丝 PLD 抗辐射、耐高低温、功耗低、速度快，所以在军品和宇航级产品上有较大优势。

2. 可编程器件的发展趋势

先进的 ASIC 生产工艺已经被用于 FPGA 的生产，越来越丰富的处理器内核被嵌入到高端的 FPGA 芯片中，基于 FPGA 的开发成为一项系统级设计工程。随着半导体制造工艺的不断提高，FPGA 的集成度将不断提高，制造成本将不断降低，其作为替代 ASIC 来实现电子系统的前景将日趋光明。

1）大容量、低电压、低功耗 FPGA

大容量 FPGA 是市场发展的焦点。采用深亚微米(DSM)的半导体工艺后，器件在性能提高的同时，价格也在逐步降低。由于便携式应用产品的发展，对 FPGA 的低电压、低功耗的要求日益迫切。因此，无论哪个厂家、哪种类型的产品，都在瞄准这个方向而努力。

2）系统级高密度 FPGA

随着生产规模的提高，产品应用成本的下降，FPGA 的应用已经不是过去的仅仅适用于系统接口部件的现场集成，而是将它灵活地应用于系统级(包括其核心功能芯片)设计中。在这样的背景下，国际主要 FPGA 厂家在系统级高密度 FPGA 的技术发展上，主要强调了两个方面：FPGA 的知识产权(Intellectual Property，IP)硬核和 IP 软核。当前具有 IP 内核的系统级 FPGA 的开发主要体现在两个方面：一方面是 FPGA 厂商将 IP 硬核嵌入到 FPGA 器件中，另一方面是大力扩充优化的 IP 软核(指利用 HDL 设计并经过综合验证的功能单元模块)。用户可以直接利用这些预定义的、经过测试和验证的 IP 核资源，有效地完成复杂的片上系统设计。

3）FPGA 和 ASIC 出现相互融合

虽然标准逻辑 ASIC 芯片尺寸小、功能强、功耗低，但其设计复杂，并且有批量要求。FPGA 价格较低廉，能在现场进行编程，但它们体积大、能力有限，而且功耗比 ASIC 大。正因如此，FPGA 和 ASIC 正在互相融合，取长补短。随着一些 ASIC 制造商提供具有可编程逻辑的标准单元，FPGA 制造商重新对标准逻辑单元产生了兴趣。

4）动态可重构 FPGA

动态可重构 FPGA 是指在一定条件下芯片不仅具有在系统重新配置电路功能的特性，而且还具有在系统动态重构电路逻辑的能力。对于数字时序逻辑系统，动态可重构 FPGA 的意义在于其时序逻辑的发生不是通过调用芯片内部不同区域、不同逻辑资源来组合而成，而是通过对 FPGA 进行局部的或全局的芯片逻辑的动态重构而实现的。动态可重构 FPGA 在器件编程结构上具有专门的特征，其内部逻辑块和内部连线的改变，可以通过读取不同的 SRAM 中的数据来直接实现这样的逻辑重构，时间往往在 ns 级，有助于实现 FPGA 系统逻辑功能的动态重构。

5.2　可编程逻辑器件的分类

可编程逻辑器件按照不同的类型和标准，可以有多种不同的分类方法。下面分别按集成度、结构和编程工艺进行分类。

1. 按集成度分类

集成度是可编程逻辑器件的一项很重要的指标，如果按器件的集成度划分，可分为低密度可编程逻辑器件和高密度可编程逻辑器件。图 5.2.1 为 PLD 分类示意图。

2. 按结构分类

可编程逻辑器件从结构上可分为 PLD 和 FPGA 两大类。

1）PLD 器件

狭义的 PLD 器件的基本逻辑结构是由与阵列和或阵列组成的，能够有效地实现"积之

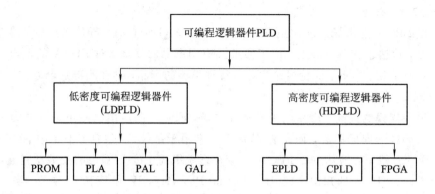

图 5.2.1 可编程逻辑器件按集成度分类示意图

和"形式的布尔逻辑函数。CPLD 是基于乘积项(Product - Term)技术,采用 Flash(或 EEPROM)工艺制作的 PLD 器件,配置数据掉电后不会丢失,一般多用于 5000 门以下的中小规模设计,适合做复杂的组合逻辑,例如译码器等。

2) FPGA 器件

FPGA 是最近十几年发展起来的另一种可编程逻辑器件,FPGA 采用静态存储器(SRAM)结构,属于单元型的广义 PLD 器件,它的基本结构是可编程逻辑块,由许多这样的逻辑块排列成阵列状,逻辑块之间由水平连线和垂直连线通过编程连通。FPGA 器件采用查找表(Look-Up Table,LUT)技术及 SRAM 工艺,因此,配置数据在掉电后会丢失,需要外挂非易失性存储器件进行配合。FPGA 的集成度高,其密度远高于 CPLD,触发器多,多用于较大规模的设计,适合做复杂的时序逻辑、数字信号处理、各种算法等。

PLD 主要通过修改具有固定内部电路的逻辑功能来编程,类似于 GAL 的 OLMC 通过编程 MUX 确定电路功能。FPGA 主要通过改变查找表和内部连线的布线来编程。

3. 按编程工艺分类

所有的 CPLD 器件和 FPGA 器件均采用 CMOS 技术,但它们在编程工艺上有很大的区别。如果按照编程工艺划分,可编程逻辑器件又可分为:

(1) 熔丝(Fuse)或反熔丝(Antifuse)编程器件。PROM、PAL、PLA、Xilinx 公司的 XC5000 系列、Actel 的 FPGA 等器件都采用这种编程工艺,是一次性编程。

(2) 电擦写的浮栅型编程元件。比如,GAL 器件、ispLSI 器件等。

(3) SRAM 编程器件。Xilinx 公司的 FPGA 是这一类器件的代表。

5.3 低密度 PLD 结构

PLD 如同一张白纸或是一堆积木,工程师可以通过传统的原理图输入法或是硬件描述语言自由地设计所需要的数字系统。任何组合逻辑表达式都可以化为"与或"表达式,简单的 PLD 器件采用"与或"逻辑电路的结构,再加上可以灵活配置的互连线及存储单元,从而可以实现任意的逻辑功能。简单 PLD 包括 PROM、PLA、PAL、GAL 等,它们的组成和工作原理基本相似。

5.3.1　PLD 的逻辑符号及连线表示方法

由于 PLD 具有较大的与或阵列，含有大量的门电路，输入也较多，电路复杂，因此，其逻辑图采用国际通用的简化画法，与传统电路图表示方法有所不同。需要注意的是：这仅仅是用于 PLD 原理介绍的简化表示方法，这种画法不能用于传统电路中。

1. PLD 的连线表示方法

PLD 器件横竖线连接的简化画法如图 5.3.1 所示，"·"加到交叉点上，表示固定连接，不可编程；"×"符号加到交叉点上，表示用户可编程连接或编程后连接；无符号交叉点表示横竖两线不连接或者编程后断开。

2. 缓冲器表示方法

PLD 中的缓冲器采用互补输出结构，它的两个输出分别是输入的原码和反码，如图 5.3.2 所示。

图 5.3.1　PLD 连接表示方法　　　　　　　图 5.3.2　PLD 缓冲器表示方法

3. 与门和或门的表示方法

图 5.3.3 是 PLD 中与门和或门的表示方法。图 5.3.3(a)描述了三输入与门，乘积项 $F_1 = BC$。图 5.3.3(b)描述了三输入或门，$F_2 = A + B$。

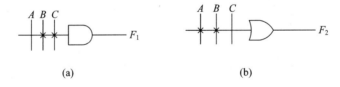

图 5.3.3　PLD 中与门、或门的表示方法
(a) 三输入与门；(b) 三输入或门

5.3.2　PLD 的基本结构

PLD 的基本结构如图 5.3.4 所示，它是由输入缓冲电路、与阵列、或阵列、输出缓冲电路以及反馈支路构成。输入缓冲电路的作用是增强输入信号的驱动能力；产生输入信号的原变量和反变量，作为与阵列的输入。

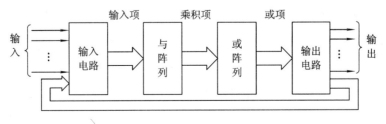

图 5.3.4　PLD 基本结构框图

输出缓冲电路的作用是对将要输出的信号进行处理,既能输出纯组合逻辑信号,也能输出时序逻辑信号,一般是三态门、寄存器等单元,甚至是宏单元。PLD的输出电路因器件的不同而有所不同,但总体可分为固定输出和可组态输出两大类。

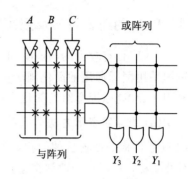

图 5.3.5 PLD 与或阵列举例

与或阵列是 PLD 结构的主体,用来实现各种逻辑函数和逻辑功能。与门阵列由多个多输入与门组成,用以产生输入变量的各乘积项。或门阵列由多个多输入或门组成,用以产生或项,即将输入的某些乘积项相加。比如,某 PLD 编程后的与或阵列如图 5.3.5 所示,由图中连接可得输出 $Y_3 Y_2 Y_1$ 的逻辑式。由图可得:

$$\begin{cases} Y_1 = \overline{A}\,\overline{B}\,\overline{C} + \overline{A}\,\overline{B}\,C + \overline{A}\,B\,\overline{C} \\ Y_2 = \overline{A}\,\overline{B}\,C + \overline{A}\,B\,\overline{C} \\ Y_3 = \overline{A}\,\overline{B}\,\overline{C} + \overline{A}\,B\,C \end{cases}$$

5.3.3 早期 LDPLD 器件

最早期的 PLD 包括 PROM、PLA 和 PAL,多数是一次编程,这些器件早已退出应用舞台。在此作简要介绍。

1. 可编程只读存储器 PROM

PROM 是与阵列固定、或阵列可编程的 PLD 器件。与阵列实现全地址译码功能,即 n 个地址输入变量对应输出 2^n 根字线。可编程的或阵列是一个"存储矩阵",假设或阵列输出线(称为位线)为 m 根,则有 $2^n \times m$ 个交叉点是可编程单元,也意味着该 PROM 可以存储 $2^n \times m$ 位的二进制信息。图 5.3.6 是一个 8×3 的 PROM 阵列图。PROM 编程单元详见 10.3.2 节介绍。

2. 可编程逻辑阵列 PLA

PLA 的与、或阵列都是可以编程的,用

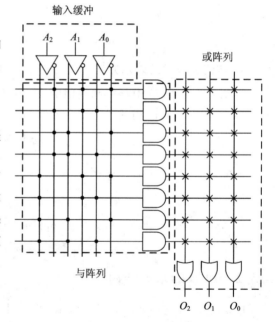

图 5.3.6 8×3 的 PROM 阵列图

PLA 可根据逻辑函数需要产生乘积项,从而减小了阵列的规模。比如,用 PLA 实现下列逻辑函数,编程后电路如图 5.3.7 所示。

$$\begin{cases} L_2 = \overline{A}\,\overline{B}C + \overline{A}B\overline{C} + A\overline{B}\,\overline{C} + ABC \\ L_1 = \overline{B}\,\overline{C} + BC \\ L_0 = \overline{B}C + B\overline{C} \end{cases}$$

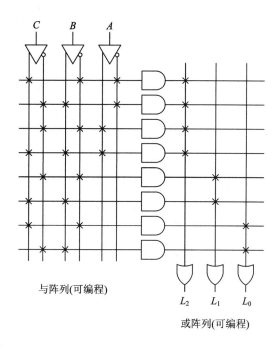

图 5.3.7　编程后 PLA 的结构图

3. 可编程阵列逻辑 PAL

采用双极型熔丝工艺制作的可编程阵列逻辑 PAL 的工作速度较快。其与阵列是可编程的,而或阵列是固定的,图 5.3.8 是 PAL 的结构图。

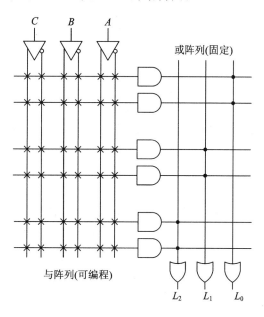

图 5.3.8　PAL 的结构图

PAL 是在 PLA 基础上发展而来的,PAL 具有更加灵活的输出结构。大约有几十种结构,对应着不同的型号,按其输出结构可分为三种基本类型:

① 异步 I/O(组合)输出结构,输出端引脚既可作输出用,又可作输入用,如图 5.3.9

所示。输出三态缓冲器由乘积项控制,当缓冲器为高阻时,该 I/O 端可作为输入端使用。

　　② 专用(组合)输出结构,即输出端引脚只能作为输出用。③ 寄存器输出结构(时序输出结构),即内部含有触发器,可以用来实现同步时序逻辑电路。图 5.3.10 中八个乘积项的"或"逻辑可以在公共时钟 CP 作用下置入 D 寄存器并输出到引脚,由此可以实现时序电路的设计。

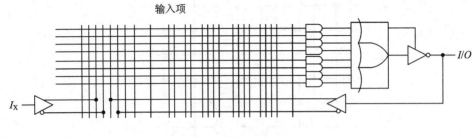

图 5.3.9　I/O 结构

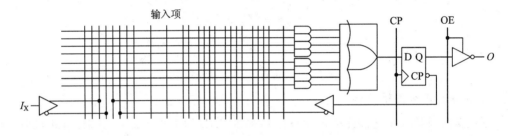

图 5.3.10　时序(寄存器)输出结构

　　PAL 的特点是:① PAL 实现的每个逻辑函数都是独立的,设计时不必考虑公共项问题;② 每个逻辑函数乘积项的数量不能超过器件中每个输出所具有的乘积项的数量;③ 接通电源有复位功能,时序型 PAL 在接通电源时可置触发器于初始状态;④ 有可编程的加密位,防止非法复制,编程后 PAL 能按设计的功能执行,但无法读出阵列各点的编程信息;⑤ 集成密度较低,输出不能重组,若要求不同的输出结构,则需选用不同型号的 PAL 器件。PAL 是一次性熔丝编程结构,不同的结构对应不同的芯片型号,使用和替换都不方便。

5.3.4　通用阵列逻辑器件 GAL

　　GAL 器件是在 PAL 基础上发展起来的可编程逻辑器件。它是低密度可编程器件的代表,采用了能长期保持数据的 CMOS E^2PROM(电可擦除可编程只读存储器)工艺,使 GAL 实现了电可擦除、可重编程等性能,大大增强了电路设计的灵活性。

1. GAL 的结构

　　GAL 器件的阵列结构与 PAL 的类似,是由一个可编程的"与"阵列驱动一个固定的"或"阵列。但输出部分的结构不同,它的每一个输出电路都集成了一个输出逻辑宏单元(Output Logic Macro-Cell,OLMC)。

　　GAL16V8 的结构如图 5.3.11 所示。图中包括了 8 个输入缓冲器(对应 2~9 的输入 I 引脚)、8 个三态输出缓冲器(对应 12~19 的输入/输出 I/O 引脚)、8 个反馈输入缓冲器和

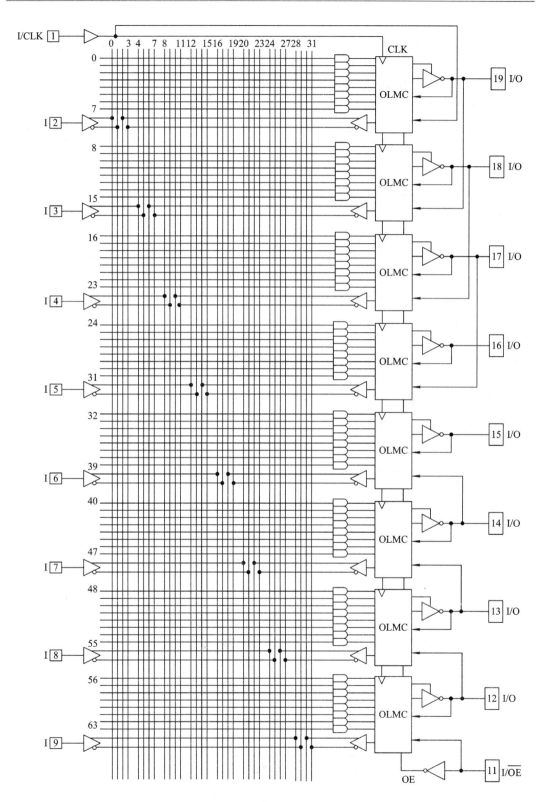

图 5.3.11 GAL16V8 逻辑阵列结构图

8 个 OLMC，1 个控制三态门使能端的输入缓冲器(输入 $\overline{OE}$，对应 11 引脚)，1 个时钟 CLK 输入缓冲器(对应 1 引脚)。与阵列是由 16 个输入缓冲器形成 32 条互补输入垂直线，每个 OLMC 有 8 个乘积项输入，共有 64 条水平乘积项，则构成 32×64 的可编程与阵列，共有 2048 个可编程单元。引脚 1 既可作为输入又可作为全局时钟输入端，引脚 11 既可作为输入又可作为使能。

每个输出逻辑宏单元 OLMC 的结构如图 5.3.12 所示，其中的 n 代表 OLMC 的编号。OLMC 由一个或门、一个异或门、一个 D 触发器和四个多路选择器、时钟控制、使能控制和编程元件等组成。或门有 8 个输入端，可以产生不超过 8 项与一或逻辑函数。利用异或门的一个输入端，可以控制或门输出逻辑函数的极性。OLMC 的电路结构由 4 个多路选择器控制，这些多路选择器通过对 GAL16V8 结构控制字进行编程，可以使输出逻辑宏单元 OLMC 具有多种不同的工作方式。4 个多路选择器的作用如下：

(1) PTMUX 乘积项选择器，在 AC1(n) 和 AC0 控制下选择第一乘积项或地送至或门输入端。

(2) OMUX——输出多路选择器，在 AC1(n) 和 AC0 控制下选择组合型(异或门输出)或寄存型(经 D 触发器后输出)逻辑运算结果送到输出缓冲器。

(3) TSMUX——三态缓冲器的使能信号选择器，在 AC1(n) 和 AC0 控制下从 V_{CC}、地、$\overline{OE}$ 或第一乘积项中选择 1 个作为输出缓冲器的使能信号。

(4) FMUX——反馈源选择器。在 AC1(n)、AC1(m) 和 AC0 控制下选择 D 触发器的 $\overline{Q}$ 端、本级 OLMC 输出 I/O(n)、邻级 OLMC 的输出 I/O(m) 或地作为反馈源送回与阵列作为输入信号。

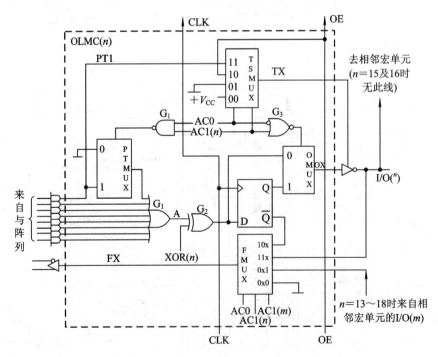

图 5.3.12 输出逻辑宏单元 OLMC 的内部结构

由图 5.3.11 和图 5.3.12 可知，n=15 和 16，即 OLMC(15) 和 OLMC(16) 的 I/O 引脚

不送给其他单元做反馈源。OLMC(12)和 OLMC(19)的相邻输入分别由输入$\overline{OE}$(11 引脚)和时钟 CLK 输入缓冲器(对应 1 引脚)代替。

2. GAL 的工作模式

GAL 器件的工作模式由结构控制字来控制，控制字共 82 位，每一位的功能如图 5.3.13 所示。在 SYN、AC0、AC1(n)组合控制下，OLMC(n)可组合配置成 5 种工作模式，如表 5.3.1 所示。

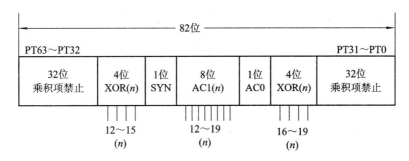

图 5.3.13　GAL16V8 结构控制字的组成

表 5.3.1　OLMC 的 5 种工作模式

SYN	AC0	AC1(n)	XOR(n)	工 作 模 式	异或门输出与或门极性
1	0	1	X	1 和 11 引脚为输入引脚，三态门禁止，OLMC 为输入	不必关心
1	0	0	0/1	1 和 11 引脚为输入引脚，OLMC 的或门直接组合输出	0—不变；1—或项取反输出
1	1	1	0/1	1 和 11 引脚为输入，反馈组合输出	0—不变；1—或项取反输出
0	1	1	0/1	1 脚接 CLK，11 脚接 $\overline{OE}$，至少有一个 OLMC 为寄存器输出，本级为组合输出	0—不变；1—或项取反输出
0	1	0	0/1	1 脚接 CLK，11 脚接 $\overline{OE}$，寄存器输出	0—不变；1—或项取反输出

• 同步位 SYN——确定器件是具有寄存器输出能力或是纯粹的组合输出。

① 当 SYN＝0 时，GAL 器件有寄存器输出能力；

② 当 SYN＝1 时，GAL 为一个纯粹组合逻辑器件。此外，对于 GAL16V8 中的 OLMC(12)和 OLMC(19)，用 $\overline{SYN}$ 代替 AC0，用 SYN 代替 AC1(m)作为 FUMX 的输入信号。

• 结构控制位 AC0——该位 8 个 OLMC 公共，它与 AC1(n)配合控制各个 OLMC(n)中的多路选择器。

• 结构控制位 AC1(n)——共有 8 位，每个 OLMC(n)有单独的 AC1(n)，此处 n 为

12～19。

• 极性控制位 XOR(n)——控制 OLMC 中异或门的输出极性。当 XOR(n)为 1 时，异或门起反相器作用；为 0 时，或门与异或门输出同相。此处 n 为 12～19 引脚号。

• "与"项(PT)禁止位——共 64 位，分别控制"与"阵列的 64 行(PT0～PT63)，以便屏蔽某些不用的"与"项。

比如，控制信号 AC0＝AC1(n)＝1，且 SYN＝0。此时其他 OLMC 中至少有一个工作在寄存器组态，而本级 OLMC 作为组合电路使用。与反馈组合输出组态的不同在于，1 引脚和 11 引脚分别接 CLK 和 $\overline{OE}$ 输入，作为公共信号使用。

由以上分析可知，GAL 器件由于采用了 OLMC，所以使用更加灵活，只要写入不同的结构控制字，就可以得到不同类型的输出电路结构。比如，OLMC 编程为反馈组合输出或寄存器输出的结构分别如图 5.3.14(a)和(b)所示。

OLMC 组态以及 GAL 工作模式的实现，即结构控制字各控制位的设定都是由开发软件和硬件自动完成的。

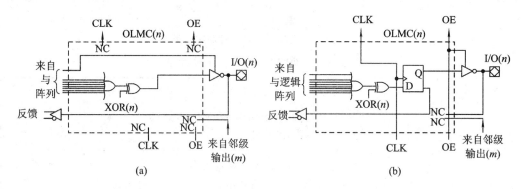

图 5.3.14　时序电路中的组合输出组态

(a) 反馈组合输出；(b) 寄存器输出模式

3. GAL 低密度可编程逻辑器件的优点

GAL 低密度可编程逻辑器件的优点主要体现在如下几点：

(1) 采用电擦除工艺和高速编程方法，使编程改写变得方便、快速，整个芯片改写只需数秒钟，一片可改写 100 次以上。

(2) 采用 E^2PROM CMOS 工艺，保证了 GAL 的高速度和低功耗。存取速度为 12～40 ns，功耗仅为双极性 PAL 器件的 1/2～1/4，编程数据可保存 20 年以上。

(3) 采用可编程的输出逻辑宏单元(OLMC)，使其具有极大的灵活性和通用性。

(4) 可预置和加电复位所有寄存器，具有 100% 的功能可测试性。

(5) 备有加密单元，可防止他人非法抄袭设计电路。

(6) 备有电子标签(ES)，方便文档管理，提高了生产效率。

GAL 和 PAL 一样都属于低密度 PLD，它们共同缺点是规模小，每片相当于几十个等效门电路，只能代替 2～4 片 MSI 器件，远达不到 LSI 和 VLSI 专用集成电路的要求。GAL 在使用中还有许多局限性，如一般 GAL 只能用于同步时序电路，各 OLMC 中的触发器只能同时置位或清 0，每个 OLMC 中的触发器和或门还不能充分发挥其作用，且应用灵活性差等。尽管 GAL 器件有加密的功能，但随着解密技术的发展，对于这种阵列规模小的可编程逻辑器件解密已不是难题。这些不足都在高密度 PLD 中得到较好的解决。

5.4　复杂可编程逻辑器件 CPLD

以 GAL 为代表的低密度可编程逻辑器件的集成密度较低，不能满足日益复杂的数字系统需要。CPLD 是指集成密度大于 1000 门的复杂 PLD，具有更多的输入/输出信号、更多的乘积项和宏单元。用户根据各自需要，借助集成软件开发平台，用原理图、硬件描述语言等方法，生成相应的目标文件，将目标文件代码编程到 CPLD 中，实现需要的数字系统。CPLD 的编程方式有两种，一种是使用编程器编程的普通编程方式，另一种是目前广泛使用的在系统可编程(ISP)方式。目前大部分 CPLD 均采用 ISP 方式。

5.4.1　CPLD 的结构框架

CPLD 规模大，结构复杂，不同厂家、不同系列 CPLD 的结构各不相同，但基本包括三部分：逻辑阵列块(Logic Array Blocks，LAB)、可编程连线阵列(Programmable Interconnect Array，PIA；或者 Programmable Line Array，PLA)、I/O 控制模块(Input Output Control Block，IOCB)，如图 5.4.1 所示。

(1) 逻辑阵列块(LAB)是 CPLD 的基本单元，其结构与 GAL 类似，主要包括"与或"逻辑阵列和输出逻辑宏单元(OLMC)等电路。其中，"与或"逻辑阵列完成组合逻辑功能，OLMC 中的可编程触发器可以完成时序逻辑。

(2) 可编程连线阵列(PLA 或 PIA)遍布各 LAB 和 I/O 控制模块之间，可在各个 LAB 之间、LAB 和 IOCB 之间实现连接，为 CPLD 各逻辑单元提供灵活可编程的连接，构成各种复杂的系统。由于 CPLD 内部采用固定长度的金属线进行各逻辑块的互连，所以设计的逻辑电路具有时间可预测性，避免了分段式互连结构时序不完全预测的缺点。

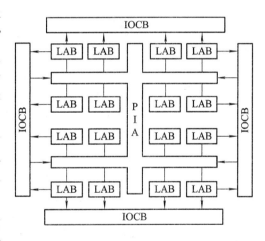

图 5.4.1　CPLD 的结构示意图

(3) I/O 控制模块(IOCB)位于器件四周，是器件引脚和内部逻辑间的接口电路。CPLD 通常只有少数几个专用输入引脚，多数是输入/输出(I/O)端，通过 IOCB 的输出多路选择器可以控制 I/O 端为输入或者输出状态。

CPLD 组合逻辑资源比较丰富，适合组合电路较多的控制应用。早期的 PLD 只能实现同步时序电路，在 CPLD 中各触发器时钟可以异步工作，有些器件中触发器的时钟还可以通过多路选择器在时钟网络中进行选择。

Xilinx CPLD 系列器件包括 XC9500 系列器件、CoolRunner XPLA 和 CoolRunner-Ⅱ 系列器件。Xilinx CPLD 器件可使用 Foundation 或 ISE 开发软件进行开发设计，也可使用专门针对 CPLD 器件的 Webpack 开发软件进行设计。Altera CPLD 系列器件包括

Max9000 系列、Max7000 系列、Max3000 系列、MaxⅡ系列和 Max Ⅴ系列。Altera CPLD 器件可使用 MaxplusⅡ或 QuartusⅡ进行开发设计。下面以 Altera 公司生产的 Max7000 系列 CPLD 中的 EPM7128S 为例,介绍 CPLD 内部的基本结构和工作原理。

5.4.2 在系统可编程器件 EPM7128S 的内部结构

Max7000 系列高密度在系统可编程逻辑器件是美国 Altera 公司生产的,该系列包含 EPM7064、EPM7128S、EPM7128E、EPM7160S 等不同集成规模的 CPLD 器件。内部包含 的等效门有 600~5000 个,逻辑宏单元有 32~256 个,I/O 引脚有 36~164 个。下面以 EPM7128S 为例介绍 MAX 7000 系列芯片的内部结构。图 5.4.2 是其 PLCC 封装 84 脚的 引脚图,其中有 64 个 I/O 引脚,4 个直接输入引脚 2、1、84、83。标注 * 的几个引脚对应 于 JTAG 编程下载链接的 4 个信号 TMS、TDI、TDO 和 TCK。

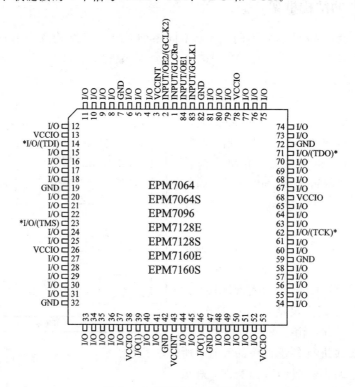

图 5.4.2　EPM7128S 引脚图

图 5.4.3 是 EPM7128S 器件结构图,它由 8 个相同的逻辑阵列块(Logic Array Blocks,LAB)、1 个可编程连线阵列(Programmable Line Array,PLA)和多个输入/输出 控制块(Input Output Control Block,IOCB)三部分组成。一个 LAB 包含 16 个宏单元 (Macro-cells)阵列,接受 2 个独立的全局时钟和一个全局清除,接受 6~12 个来自 I/O 引 脚的输入信号。可编程连线阵列 PLA 在芯片的中央,相当于中转站,它的输入信号有:每 个 IOCB 输入 6~12 信号、每个 LAB 输入 16 个信号、全局时钟信号 GCLK1 和 GCLK2、 全局清零 GCLRn 及输出使能信号 OE1 和 OE2。它的输出送给 LAB 和 IOCB,送至每个 LAB 宏单元中的与阵列 32 个信号,给每个 IOCB 输出 6 个使能信号。I/O 控制块 IOCB 负 责输入/输出的电气特性控制。

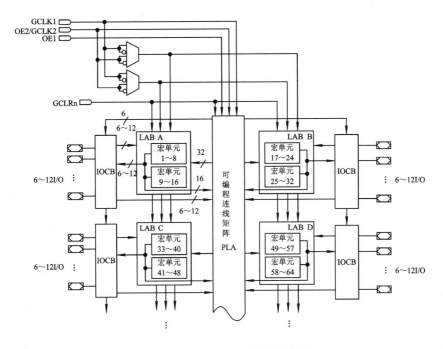

图 5.4.3　EPM 7128S 器件结构图

1. 宏单元

MAX7000 系列的宏单元是器件实现逻辑功能的主体。宏单元主要由与逻辑阵列、乘积项选择矩阵和可编程触发器三个功能块组成，在组态功能上与 GAL 的 OLMC 相似，每一个宏单元可以被单独地配置为时序逻辑或组合逻辑工作方式。图 5.4.4 为 EPM7128S 宏单元的结构框图。

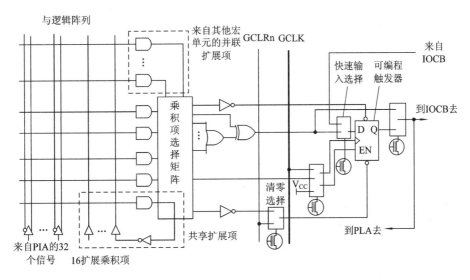

图 5.4.4　EPM 7128S 宏单元结构图

从图 5.4.4 可以看出，左侧是乘积项逻辑与阵列，每一个交叉点都是一个可编程连接点，如果编程导通则对应变量出现在与项中，后面的乘积项选择矩阵是一个或阵列，两者一起完成组合逻辑。每个乘积项的变量来自 PLA 的 32 个信号以及来自逻辑阵列模块 LAB 的 16 个共享逻辑扩展乘积项,可编程与逻辑阵列可以给每个宏单元提供 5 个乘积项,乘积项选择矩阵分配这些乘积项作为或门和异或门的逻辑输入,以实现组合逻辑函数。每个宏单元的一个乘积项可以反馈到乘积项与阵列。这些乘积项还可以作为宏单元中触发器的清零等控制输入信号。宏单元可以支持两种扩展乘积项,一种是共享乘积项,它是由宏单元中的一个乘积项经非门反馈到与阵列构成的,另一种是并联乘积项,它是由相邻宏单元借来的。

每一个宏单元中的触发器可以单独地编程为具有可编程时钟控制的 D、JK 或 RS 触发器工作方式,以实现各种时序逻辑电路。如果需要,通过编程可将寄存器旁路,以实现纯组合逻辑电路。宏单元的寄存器支持异步清除、异步置位功能。触发器的清零、置位、时钟和时钟使能控制可通过乘积项选择矩阵分配乘积项来控制这些操作。

大多数的逻辑函数可由一个宏单元中的 5 个乘积项之和来实现,对于较复杂的逻辑函数需要增加另一个宏单元提供的附加乘积项。MAX7000 结构允许可共享的和并行的扩展乘积项直接提供额外的乘积项给在同一 LAB 内的宏单元。这些扩展项确保逻辑是同步的,并可以用最少的逻辑资源获得最快的速度。

1) 共享扩展乘积项

每一个 LAB 有 16 个共享扩展乘积项。它们是由每个宏单元提供一个乘积项接到与逻辑阵列组成的。每个共享扩展乘积项可被同一 LAB 内任何一个或全部宏单元使用和共享,如图 5.4.5 所示。利用共享扩展乘积项可以获得较小的延时。

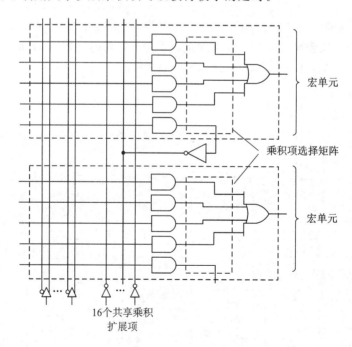

图 5.4.5 共享扩展乘积项

2) 并联扩展乘积项

并联扩展乘积项是一些宏单元没有使用的乘积项,可以把它们接到邻近高位的宏单元去快速实现较复杂的逻辑函数。这样一来,或逻辑函数最多可有 20 个乘积项,其中 5 个乘积项是由宏单元本身提供的，15 个并联扩展乘积项是从 LAB 中邻近宏单元借用的。一个 LAB 中有两组宏单元，每组有 8 个(宏单元 1 到 8 和 9 到 16)，形成两条借出或借入并联扩展项的链。

一个宏单元可从较小编号的宏单元中借用并联扩展项。如宏单元 8 可从宏单元 7 借用 5 个乘积项，也可以从宏单元 7、6 和 5 借用 15 个并联扩展项，则可构成最大乘积项为 20 的逻辑函数。在宏单元组内，最小编号的宏单元仅能借出并联扩展项，而最大编号的宏单元仅能借入并联扩展项，如图 5.4.6 所示。

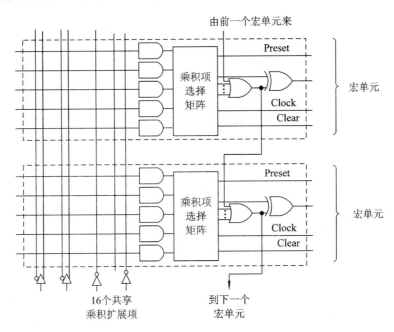

图 5.4.6　EMP 7128S 并联扩展乘积项

2. 可编程连线阵列 PLA

LAB 之间的逻辑路由是通过可编程互联阵列(PLA)实现的。这种全局总线是一种在器件上可以连接任意信号源与任意目标的可编程路径。所有 MAX7000 的专用输入、I/O 引脚和宏单元输出信号均可通过 PLA 送到各个 LAB，这就使得信号通过整个器件时都是有效的。只有每个 LAB 需要的信号才是真的从 PLA 连接到了 LAB 上。图 5.4.7 显示出一个 PLA 可编程节点是如何连接到 LAB 上的。一个编程单元(EEPROM 单元)通过控制一个 2 输入与门的一个输入端，以选择驱动 LAB 的 PLA 信号。

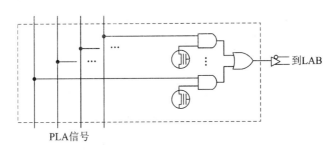

图 5.4.7　PLA 结构图

3. IOCB

IOCB 的结构如图 5.4.8 所示。I/O 控制模块允许每个 I/O 脚能单独地配置为输入、输出或双向工作方式。MAX7000E 和 MAX7000S 的 I/O 控制模块有 6 个全局输出使能信号，所有引脚都有一个三态缓冲器，其使能端由 OE MUX 的输出信号控制，OE MUX 的输入数据包括 GND、V_{CC}和 6 个全局输出使能信号。当三态缓冲器使能端连接到地时，输出是三态的(高阻态)，I/O 引脚可以作为一个专用的输入脚。当三态缓冲器使能端连到V_{CC}时，该 I/O 引脚是输出引脚。

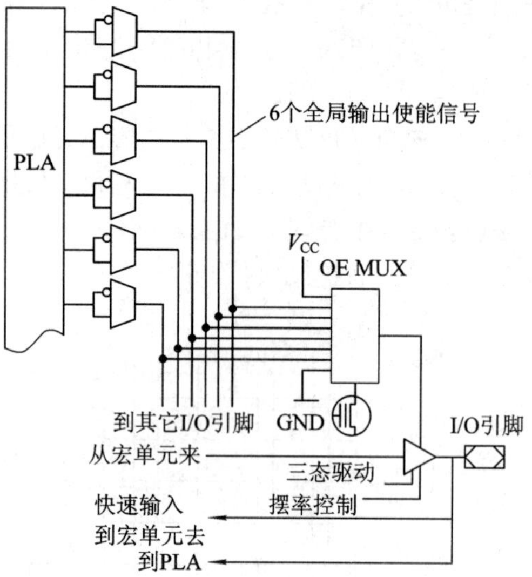

图 5.4.8　IOCB 结构图

IOCB 中的 6 个全局输出使能信号包含 OE1 和 OE2，其他为 I/O 引脚或一个宏单元的输出信号。每一个 I/O 引脚的输出缓冲器都可以调整输出电压摆率，编程后设置在快电压摆率时，可以提供较高的高低电平转换速度，这种设置一般仅用于影响速度的关键输出端。电压摆率控制隐含设置在低电压摆率状态，这可降低芯片的功耗、减少噪声和地线上的毛刺。

MAX7000 结构提供了宏单元反馈和管脚反馈相独立的双 I/O 反馈，当一个 I/O 脚被定义成输入时，与其关联的宏单元就作为隐蔽式逻辑。

5.4.3　EPM7128S 的特点

复杂可编程逻辑器件 EPM7128S 与低密度可编程逻辑器件 PAL、GAL 相比，有以下特点：

(1) 集成度高。EPM7218S 内部有 2500 个逻辑门，而且 I/O 引脚数远多于 GAL，可以用一个 CPLD 器件构成系统，器件内部可以设置数据总线和地址总线。

(2) 速度高。EPM7128S 中最快器件的传输延迟为 2 ns，构成系统的工作频率大于 178.6 MHz。

(3) 具有线或功能。EPM7128S 的 I/O 引脚具有漏极开路输出选择功能，这样可以方便地实现输出的线或功能。

(4) 具有异步时钟、异步清零功能。

(5) 具有三态输出使能控制。

(6) 在系统可编程。低密度器件没有在系统可编程能力。EPM7128S 可以在系统编程，而且无需外部提供编程电压，编程电压就是系统电压 5 V。采用 IEEE Std 1149.1－1190 JTAG(Joint Test Action Group)工业标准，通过 4 根编程线，就可以对系统中的 CPLD 进行编程。

(7) 具有测试功能。EPM7128S 具有 JTAG 边界扫描电路，具有测试下载链接、芯片内部故障监测、故障定位等功能。

(8) 具有更强的加密功能。EPM7128S 具有可编程加密位，可以保护设计信息。

5.4.4　EPM7128S 的最小系统

图 5.4.9 是复杂可编程逻辑器件 EPM7128S 的硬件最小系统,由 EPM7128S、时钟电路、下载接口和电源电路组成。图中 J4 是连接变压器的接口,来自变压器的 8~10 V 交流电压经过全桥电路整流和滤波变成直流电压,再经过 LM7805 得到 +5 V 电压,+5 V 电压分成两路:一路为 VCCIO,为 EPM7128S 的 I/O 口提供电源;一路为 VCCINT,为 EPM7128S 的内核提供电源。时钟电路采用有源晶振电路,如图中的 Y1 所示,晶振频率为 25 MHz。J3 是 JTAG 下载端口,用于在线调试和下载程序。另外,发光二极管 VD1 是电源正常指示灯,按键开关 S1 用于系统手动复位。

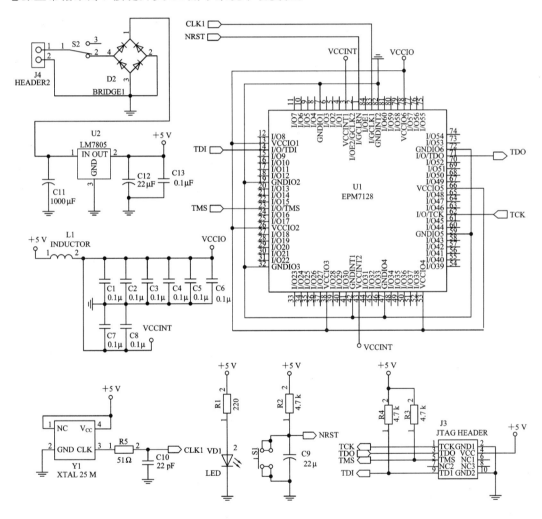

图 5.4.9　EPM7128 硬件最小系统

5.5　现场可编程逻辑阵列 FPGA

现场可编程门阵列是一种由静态随机存取存储器(SRAM,见第 10 章半导体存储器)

保存编程信息的高密度可编程逻辑器件。单个 FPGA 器件上能容纳上百万个晶体管,可实现时序、组合等各种复杂逻辑电路。

5.5.1　FPGA 的结构框架

FPGA 的结构与 CPLD 类似,主要由三部分组成:可组态逻辑块(Configurable Logic Blocks,CLB),输入输出块(Input Output Blocks,IOB)及可编程内部连线器(Programmable Interconnector,PI 或者 Switch Boxes,SB),如图 5.5.1 所示。

(1) 可组态逻辑块(CLB)是 FPGA 的主要组成部分,是实现各种逻辑功能的基本单元,完成用户指定的逻辑功能。

(2) 输入输出块(IOB)是器件引脚和内部逻辑间的接口电路。它位于器件四周,通过编程 IOB 可将某一 I/O 引脚配置为输入或者输出状态。

(3) 可编程内部连线器(PI 或 SB)遍布各 CLB 和 IOB 之间,编程 PI 就可以确定单个 CLB 输入输出之间、各个 CLB 之间、CLB 和 IOB 之间的连接,PI 为 FPGA 各逻辑单元提供灵活可编程的连线方式,容易实现各种复杂的逻辑系统。

除了上述基本模块以外,FPGA 一般还有数字时钟管理器 DCM(Digital Clock Manager)。先进的 FPGA 内部结构还包括 RAM 块(RAM blocks)、乘

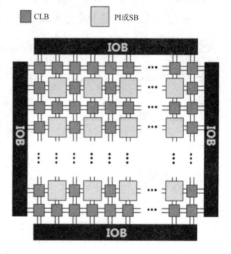

图 5.5.1　FPGA 的结构示意图

法器、高速串行 IO 收发器、以太网 MAC、处理器核(ARM、PowerPC 等)、DSP 模块等内容。Xilinx 公司 7 系列 FPGA 包括 Artix-7,Kintex-7 和 Virtex-7 三个系列,采用低功耗 HPL 28nm 工艺,内部集成 ARM 双 A9 内核,高层次综合支持 C、C++、System C,封装采用 3D IC 堆叠硅互联技术。Xilinx 的最新产品 Virtex UltraScale 是一款目前最高性能 FPGA。

FPGA 内部的可配置逻辑块 CLB 的集成度比 CPLD 中逻辑阵列块 LAB 的小得多,要实现一个较复杂的数字系统,不可避免地要出现若干 CLB 串联使用,再加之在 CLB 之间的连接有可能通过多级通用可编程连线所需的传输延迟时间,因而实际的传输延迟时间一般比 CPLD 长且不固定,这不仅给设计工作带来一定的困难,也限制了数字系统的工作速度。

目前的 FPGA 从实现技术上可分为基于 SRAM 工艺查找表技术的 FPGA、基于 Flash 技术的 FPGA 和基于反熔丝(Anti-fuse)的 FPGA 三种。而使用最多的是基于 SRAM 的查找表实现逻辑配置的 FPGA,由于 SRAM 的易失性,即断电后信息会丢失,因此,在 FPGA 应用中,必须配一块非易失性配置存储器,将所有的编程信息保存在该存储器中,每次使用通电后,都必须对 FPGA 重新配置。FPGA 的上电配置方式分为主动式和被动式,数据宽度有 8 位并行方式和串行方式两种。配置模式由 FPGA 的相应模式选择引脚的高低电平组合确定。在主动模式下,FPGA 在上电后,自动将编程信息从外部配置存储器读到内部 SRAM 中,实现内部结构映射。在被动模式下,FPGA 作为从属器件,由相应的控制电路或微处理器提供配置所需的时序,实现配置数据的下载。在器件配置完成后,内部的寄存器以及

I/O 管脚进行初始化,等初始化完成以后,器件才会按照用户设计的功能正常工作。

下面以 Xilinx 公司的 Spartan-3E 系列的 FPGA 器件为例介绍 FPGA 的内部结构。其他厂商的 FPGA 架构与 Spartan-3E 有很多相似的地方,掌握 Spartan-3E 的结构之后可以很方便地学习和使用其他 FPGA 器件。

5.5.2　Spartan-3E FPGA 的基本结构

Spartan-3E 的结构如图 5.5.2 所示,主要包括 CLB、IOB、Block RAM、Multiplier 和可编程内部连线 PI (图中未画出)。其中,CLB 是 FPGA 中基本的逻辑单元,CLB 阵列完成用户指定的逻辑功能;IOB 位于芯片四周,为内部逻辑阵列与外部引脚之间提供了一个可编程接口;PI 位于 CLB 之间,在 FPGA 内部占了很大的硅片面积,编程后形成连线网络,用于为 FPGA 各逻辑单元提供灵活可配置的连接。

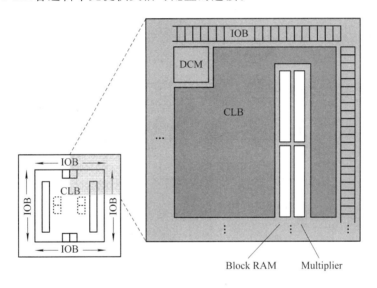

图 5.5.2　Spartan-3E 系列 FPGA 的基本结构框图

1. CLB、Slice、查找表

组成 CLB 的是 Slice(切片),一个 CLB 中有 4 个 Slice,其结构如图 5.5.3 所示。这 4 个 Slice 分成左右两对,如图 5.5.4 所示。左边的是 SLICEM,具有组合逻辑和存储功能。右边的是 SLICEL,只有组合逻辑功能,没有存储功能。提供 SLICEM 的目的就是为了让通用 FPGA 能够对存储应用有更多支持。SLICEL 没有存储增强功能的原因是为了减小 CLB 右侧的面积,从而降低整个芯片的价格成本,以及更容易实现组合逻辑功能。SLICEM 的结构与 SLICEL 的结构类似,最大的区别是使用了一个新的单元代替 SLICEL 中的查找表。这个新单元可以配置为 LUT、RAM、ROM 或移位寄存器,从而使 SLICE 除了可以实现 LUT 的逻辑功能外,也能作为存储单元(多个单元组合起来可以提供更大的容量)和移位寄存器使用。每个 CLB 都包含一个可配置开关矩阵,使 CLB 不仅可以用于实现组合逻辑、时序逻辑,还可以配置为分布式 RAM 等。

一个 Slice 中又包括 2 个核心逻辑单元(Logic Cell, LC),如图 5.5.3 中的 XiYj,其中 Xi 和 Yj 分别代表 2 个 LC。一个 LC 是由一个 4 输入的查找表(LUT)、多路选择器(MUX)、

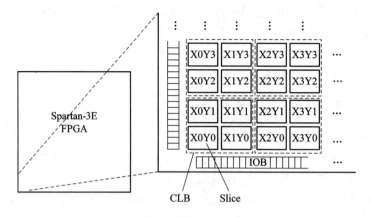

图 5.5.3　CLB 和 Slice 结构图

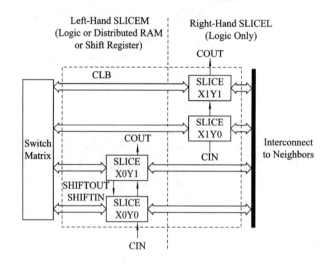

图 5.5.4　CLB 中的 Slice 排列

D 触发器、进位链等逻辑构成的。Xilinx FPGA 中逻辑块的等级关系为 LC - Slice - CLB, LC 之间的互连速度最快,同一 CLB 中的 Slice 之间的互连速度稍慢些,CLB 之间的互连速度更慢一些。

　　FPGA 中的组合逻辑函数是用查找表 LUT 实现的。LUT 本质上就是一个 RAM,目前 FPGA 中多使用 4 输入的 LUT,所以每一个 LUT 可以看成一个有 4 位地址线的 16×1 的 RAM,n 输入的逻辑运算最多只能输出 2^n 个结果,对 4 输入的 LUT 共有 16 种输出结果。当用户通过原理图或 HDL 描述了一个逻辑电路以后,FPGA 开发软件会自动计算逻辑电路的所有可能的结果,把要实现逻辑函数的真值表事先存入这个 RAM 中,输入信号作为 RAM 的地址,这样,每输入一个信号进行逻辑运算就等于输入一个地址进行查表,找出地址对应的内容,然后输出即可。因此,通过查表就可以方便地实现任意逻辑函数。可以认为查找表就是一个逻辑函数发生器。

　　LUT 实现一个 4 输入逻辑电路的示例如表 5.5.1 所示。由表中图可知,只需把组合逻辑电路的真值表写入 4 输入 LUT 的 RAM 中,就相当于实现了组合逻辑电路的逻辑功能。但 LUT 具有更快的执行速度,LUT 可以级联形成更大的规模。

表 5.5.1　LUT 实现组合逻辑电路示例

实际逻辑电路及真值表				LUT 实现		
Combinatorial Logic（A B C D 输入，Z 输出）				地址线（A B C D）— 16×1 RAM (LUT) — 输出 Z		
A B C D			Z	地　　址		RAM 中存储单元的内容
0	0	0	0 （Z=0）	0　0　0　0		0
0	0	0	1 （Z=0）	0　0　0　1		0
0	0	1	0 （Z=0）	0　0　1　0		0
0	0	1	1 （Z=1）	0　0　1　1		1
0	1	0	0 （Z=1）	0　1　0　0		1
0	1	0	1 （Z=1）	0　1　0　1		1
0	1	1	0 （Z=1）	0　1　1　0		1
0	1	1	1 （Z=1）	0　1　1　1		1
1	0	0	0 （Z=0）	1　0　0　0		0
1	0	0	1 （Z=0）	1　0　0　1		0
1	0	1	0 （Z=0）	1　0　1　0		0
1	0	1	1 （Z=1）	1　0　1　1		1
1	1	0	0 （Z=0）	1　1　0　0		0
1	1	0	1 （Z=0）	1　1　0　1		0
1	1	1	0 （Z=0）	1　1　1　0		0
1	1	1	1 （Z=1）	1　1　1　1		1

对于一个 LUT 无法完成的组合逻辑电路，编译软件将自动通过进位逻辑将多个 LUT 相连，这样 FPGA 就可以实现任何复杂的逻辑运算了。

2. 可编程输入输出模块 IOB

输入输出模块 IOB 是 FPGA 的主要组成部分之一，IOB 是器件管脚与内部逻辑之间的可编程接口，提供输入缓冲、输出驱动、接口电平转换、阻抗匹配、延迟控制等功能。高端 FPGA 的输入输出模块还提供了 DDR 输入/输出接口、高速串并收发器等功能。收发器可以达到数十 Gb/s 的收发速度。输入/输出模块的功能非常丰富，可以灵活配置成各种工作方式以实现不同的功能。Xilinx FPGA 的输入输出模块采用 SelectIO 技术，可以提供多达 960 个用户 IO，支持 20 多个单端和差分电平 I/O 标准，例如 LVTTL、LVCMOS、PCI、LVDS 等，单端 I/O 的速度可以达到 600Mb/s，差分 I/O 的速度可以达到 1 Gb/s，还支持 DDR、DDR-2、SDRAM、QDR-II 和 RLDRAM(II 等 memory 接口标准。SelectIO 可以提供有源 I/O 终端以实现阻抗匹配，这是高速 PCB 布线不可缺少的。使用片上有源 I/O 终端代替外部终端电阻，提高了信号的完整性，节省了 PCB 空间。

Spartan-3E 的 IOB 如图 5.5.5 所示，图中三个虚线方框是 IOB 的输出通路，输入通路和三态门控制电路。每部分电路都有两个触发器，锁存对应的数据。每一部分与 GAL 的 OLMC 类似，可以通过编程配置为多种工作方式。

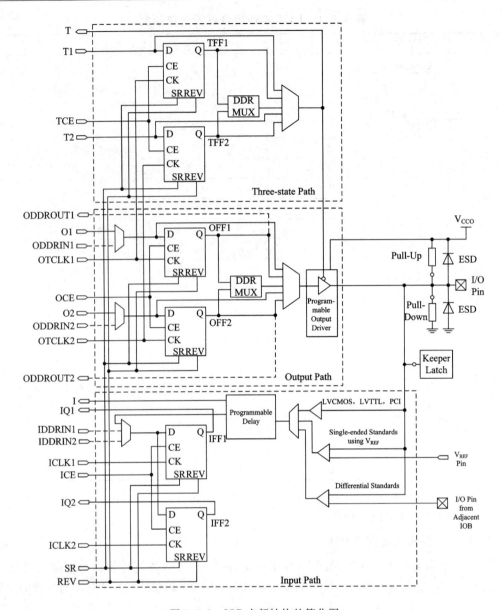

图 5.5.5　IOB 内部结构的简化图

　　IOB 对每个引脚都有静电保护二极管，还可以通过编程选上拉或下拉电阻。目前，FPGA 的 I/O口的频率越来越高，一些高端 FPGA 通过 DDR 寄存器技术可以支持高达 2 Gb/s 的数据速率。

　　为了便于管理和适用多种电气标准，FPGA 的 IOB 被划分为若干个组(bank)，每个 bank 的接口标准由其接口电压 VCCO 决定，一个 bank 只能有一种 VCCO，但不同 bank 的 VCCO 可以不同。只有相同电气标准的端口才能连接在一起，VCCO 相同是接口连接标准的基本条件。

3. 嵌入式 RAM 块(BRAM)

　　目前的 FPGA 一般都有内嵌的 BRAM，这大大拓展了 FPGA 的应用范围和灵活性，在实际应用中，芯片内部 BRAM 的数量也是选择芯片的一个重要因素。不同型号 FPGA 的 BRAM 容量不同，Virtex UltraScale 的 BRAM 高达 132.9 MB。BRAM 是双口 RAM 结构，有两套数据、地址和控制总线，共享同一组存储单元。两套总线的操作是完全独立的，总线宽度可以在 16k×1、8k×2 到 512×36 之间任意选择，不必相同。BRAM 可被配置为单端口 RAM、双端口 RAM、内容地址存储器(CAM)以及 FIFO 等常用存储结构。CAM 存储器在其内部的每个存储单元中都有一个比较逻辑，写入 CAM 中的数据会和内部的每一个数据进行比较，并返回与端口数据相同的所有数据的地址，因而在路由的地址交换器中有广泛的应用。除了块 RAM 外，还可以将 FPGA 中的 LUT 灵活地配置成 RAM、ROM 和 FIFO 等结构。Virtex-4 的 BlockRAM 具有 FIFO 专用逻辑，因此实现 FIFO 时将不需要额外的 CLB 资源，也不需要设计者自行设计 FIFO 逻辑控制电路，只需对 BRAM 进行配置即可。

单片块 RAM 的容量为 18 Kbit，即位宽为 18 bit、深度为 1024，可以根据需要改变其位宽和深度，但要满足两个原则：首先，修改后的容量(位宽×深度)不能大于 18 Kbit；其次，位宽最大不能超过 36 bit。当然，可以将多片块 RAM 级联起来形成更大的 RAM，此时只受限于芯片内块 RAM 的数量，而不再受上面两条原则约束。

4. 数字时钟管理模块(DCM)

大多数 FPGA 均提供数字时钟管理模块，Xilinx 的全部 FPGA 均具有这种特性。Xilinx 推出最先进的 FPGA 提供数字时钟管理和相位环路锁定。DCM 具有相位调整功能和自动偏移校正功能，相位环路锁定能够提供精确的时钟综合，且能够降低抖动，并实现过滤功能。

DCM 具有灵活的倍频和分频功能，可以将系统输入时钟频率(50 MHz)倍频到 250 MHz，甚至更高，也可将系统时钟频率分频到 1 MHz，甚至更低。

5. 可编程布线资源

FPGA 芯片内部有着丰富的布线资源，通过编程可以连通 FPGA 内部的所有单元。根据工艺、长度、宽度和分布位置的不同，可以划分为 4 类：第一类是全局布线，通常用来连接芯片内部全局时钟和全局清零/置位信号；第二类是长线，用以连接芯片 Bank 间的高速信号和第二全局时钟信号；第三类是短线，用于完成基本逻辑单元之间的逻辑互连和布线；第四类是分布式的布线，用于专有时钟、复位等控制信号线。

在实际中设计者不需要直接选择布线资源，布局布线器可自动地根据输入逻辑网表的拓扑结构和约束条件选择布线资源来连通各个模块单元。从本质上讲，布线资源的使用方法和设计的结果有密切、直接的关系。

5.5.3　Xilinx FPGA 设计流程

设计一个基于 FPGA 的应用系统，首先要根据设计需要设计 FPGA 配置电路及应用系统所需的外围电路，然后根据流程图 5.5.6 进行 FPGA 从设计到调试的整个流程，这个流程也就是一个 FPGA 开发人员的基本工作。在建立好开发环境后可以尝试设计一个与非门，走一遍全部的流程以加深印象。

1. 设计输入和层次结构选择

在设计输入之前，需要选择设计语言，设计工具等。设计语言推荐使用 Verilog，是一种类 C 语言，代码篇幅比较短，其缺点是没有 VHDL 的严谨。

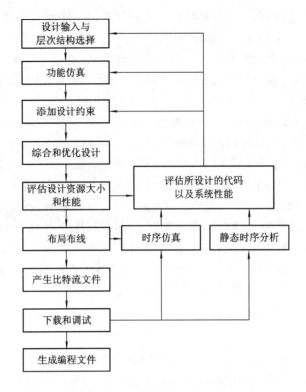

图 5.5.6　Xilinx FPGA 设计流程

设计输入可以选择硬件描述语言，也可以是原理图。一般推荐用语言完成整个设计，原理图及顶层用原理图都不建议。

设计工具有 ISE、Planahead 和最新推出的 Vivado 供选择。ISE 目前用的最多，不过为了适应以后的发展，可以尝试使用 Planahead 和 Vivado。最新的 Vivado 只支持 7 系列。

Verilog 语言支持层次化的设计结构，设计时一定要事先规划好设计的层次，分配各个层次的模块的功能，层次划分是系统性工作，需要对系统功能、算法结构和硬件结构进行综合考虑，进行时域划分、资源估计、接口分配等工作。根据不同项目的需求，反复讨论修改来定稿。

2. 功能仿真

功能仿真也叫布线前仿真，功能仿真是指在编译之前对用户所设计的电路进行逻辑功能验证，此时的验证仅仅对功能进行检验，不含任何时序信息。仿真需要建立测试平台(TestBench)，编写仿真激励文件，仿真结果将按照测试平台所加载的激励产生报告文件和输出波形，可方便观察各个信号节点的变化，如果发现错误，返回修改逻辑设计。仿真工具可以采用 Modelsim，也可用 ISE 自带的 Isim。一般对信号处理而言，需要完全仿真验证通过后，才能进行后续工作。在做顶层仿真或者模块联仿时可能速度较慢。

3. 添加设计约束

为设计添加时序约束、管脚约束、区域约束和综合约束。

4. 综合和优化设计

综合和优化是针对给定的电路实现功能和实现电路的约束条件，如速度、功耗、成本以及电路的类型等，通过计算机进行优化处理，获得一个能满足上述要求或者相近的最优电路设计方案。

综合过程包括分析、综合和优化三个步骤。以 HDL 描述为例，分析是采用标准的 HDL 语法规则对 HDL 源文件进行分析并纠正语法错误；综合是以选定的 FPGA 结构和器件为目标，对 HDL 和 FPGA 网表文件进行逻辑综合；优化则是根据用户的设计约束对速度和面积进行逻辑优化，产生一个优化的 FPGA 网表文件，以供 FPGA 布局和布线工具使用。

5. 评估设计资源大小和性能

按照一般的流程，评估资源和性能应该在整个开发前完成，以免硬件不能完成指定的功能和性能。开发前评估一般可以确定系统的工作频率，需要的乘法器资源和 RAM 资源，逻辑资源则很难估计准确。综合后评估可以比较准确地获得各种资源的消耗，来确定是否进行优化调整还是进入布局布线阶段。

6. 布局布线

影响布局布线结果的是输入的网表，约束文件(ucf)和布局布线选项设置。一般建议用缺省选项运行一遍来查看工程的基本性能，查找时序关键路径。再通过设置时序优先或者面积优先来优化。可以通过 Partition 来保持部分模块的综合，布局布线结果。对于复杂设计，布局布线是一个很花费时间的过程。

7. 时序仿真和静态时序分析

时序仿真也叫布线后仿真，是在布局布线后，提取相关器件的延迟、连线延时等时序参数，并在此基础上进行的时序仿真，它是接近真实器件运行的仿真。

通过功能仿真和静态时序分析就可开始调试了。根据实际经验，对于占芯片百分比比较高的设计，时序全部正确的不一定就一定功能正确，必须反复调试。

8. 产生比特流文件

系统综合生成比特流文件(.bit 文件)。.bit 文件是在线配置文件，可以通过 JTAG 下载到 FPGA 内，配置 FPGA 并工作，用来快速验证设计是否正确，掉电就丢失。

9. 下载和调试

Xilinx FPGA 调试主要采用自带的 Chipscope 工具，用起来比较麻烦。因为 FPGA 调试不像软件调试，可以随时观察任意信号的当前结果。FPGA 调试只能保存指定信号在一定条件下较短时间的值用于观察，所以，在调试前，就要做好规划，对模块进行分段结果验证对比，来迅速定位故障模块。

10. 生成编程文件

调试成功后或阶段调试完成后，可以通过 ISE 软件将比特流文件转换为编程文件，即将.bit 文件转换为.mcs 文件。编程文件的烧写比较慢，而且 FLASH 器件有烧写寿命，所以应尽量减少烧写次数。编程文件是烧写到 FPGA 外部的配置芯片(FLASH)上的，掉电后信息不丢失。比特流文件是生成编程文件的基础，比特流文件只有一种格式，必须通过 JTAG 写入，而编程文件有多种格式。编程文件可以通过 JTAG 也可以通过专用编程器等其他方式写入外部存储器。

5.5.4 Xilinx Spartan-3E FPGA 最小系统

本节以 Digilent 的 Basys2 开发板上的 Xilinx Spartan-3E XC3S250E FPGA 为例介绍其最小系统。FPGA 硬件最小系统主要包括电源电路、时钟电路、配置电路等。

1. 电源电路

Basys2 开发板上 FPGA 电源电路如图 5.5.7 所示。由来自计算机的 USB 接口提供 5 V 或者外接电源供电(3.5 V~5.5 V),经过一个电源管理芯片 LTC3545,可以产生开发板上 FPGA 需要的 1.2 V、2.5 V 和 3.3 V 电源,其中 1.2 V 供给 XC3S250E 的内核,2.5 V 供给配置接口电路,3.3 V 供给 I/O 口。

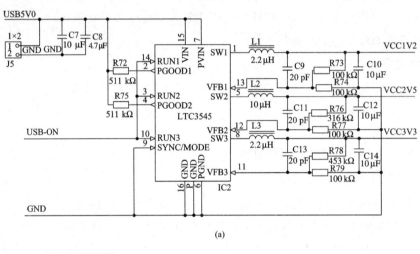

(a)

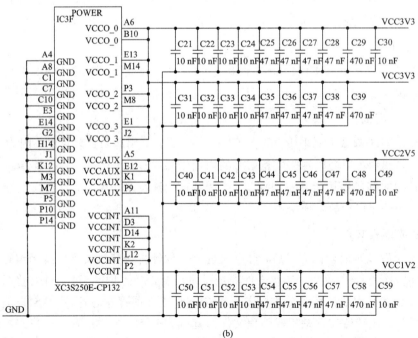

(b)

图 5.5.7 Xilinx Spartan-3E XC3S250E 电源电路

(a) 电源电路;(b) FPGA 电源和地

2. 时钟电路

时钟电路如图 5.5.8 所示。其中，SG8002 是一个有源晶振，为了维持稳定运行，在接近 SG8002 电源输入端(在 VCC - GND 之间)处添加一个 $0.47\ \mu F$ 的去耦电容。一般选择 FPGA 晶振频率为 50MHz。当用户需要较低频率时，也可以用图中的斯密特触发器(IC8)构成 RC 振荡器。LD0 用于指示系统是否正常。用户可编写程序，通过 LED 灯的闪烁表示系统处于工作状态。有关有源晶振和斯密特触发器的概念详见第 9 章。

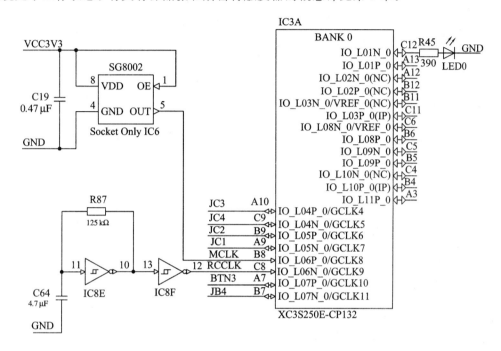

图 5.5.8　Xilinx Spartan - 3E XC3S250E 时钟电路

3. 配置电路

FPGA 有多种配置方式，下面仅以常用的 JTAG 方式为例进行介绍。图 5.5.9 中 MODE0、MODE1、MODE2 用于下载模式设置。当 MODE0、MODE1、MODE2 都接地时，为 JTAG-ROM 模式，此时，既可以通过 JTAG 直接将比特流文件写入 FPGA 进行调试，也可以通过 JTAG 将 mcs 配置文件烧写到非易失存储器 XCF02S 中。

5.5.5　CPLD 与 FPGA 的区别

CPLD 和 FPGA 的设计流程基本相似，在结构和应用方面有以下区别：

(1) CPLD 是以乘积项构成逻辑行为的器件，更适合完成各种算法和组合逻辑；FPGA 是以查找表构成逻辑行为的器件，且集成大量触发器，更适合完成时序逻辑。

(2) CPLD 的连续式布线结构决定了它的连线延迟是均匀的和可预测的，而 FPGA 的分段式布线结构决定了其连线延迟的不可预测性。

(3) 在编程上 FPGA 比 CPLD 具有更大的灵活性。CPLD 通过修改具有固定内连电路的逻辑功能来编程，FPGA 主要通过改变内部连线的布线来编程；FPGA 可在逻辑门下编程，而 CPLD 是在逻辑块下编程。

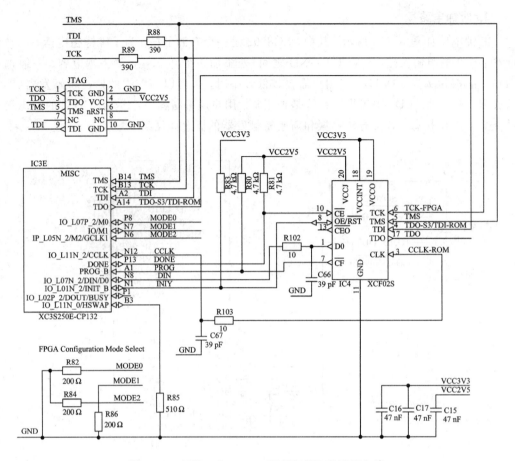

图 5.5.9　Xilinx Spartan-3E XC3S250E 配置电路

（4）FPGA 的集成度比 CPLD 高，具有更复杂的布线结构和逻辑实现。

（5）在编程方式上，CPLD 主要是基于 E^2PROM 或 FLASH 存储器编程，编程次数可达 1 万次，优点是系统断电时编程信息也不丢失。CPLD 又可分为在编程器上编程和在系统编程两类。FPGA 大部分是基于 SRAM 编程，编程信息在系统断电时丢失，每次上电时，需从器件外部将编程数据重新写入 SRAM 中。其优点是可以编程任意次，可在工作中快速编程，从而实现板级和系统级的动态配置。

（6）CPLD 比 FPGA 使用更为方便。CPLD 无需外部存储器芯片，而 FPGA 的编程信息需存放在外部非易失性存储器中，使用方法复杂。

（7）CPLD 的速度比 FPGA 快，并且具有较大的时间可预测性。这是由于 FPGA 是门级编程，并且 CLB 之间采用分布式互联，而 CPLD 是逻辑块级编程，并且其逻辑块之间的互联是集总式的。

（8）CPLD 保密性好，FPGA 保密性差。

（9）一般情况下，CPLD 的功耗要比 FPGA 大，且集成度越高越明显。

高密度 CPLD 和 FPGA 器件，与微处理器实现数字系统方法不同。微处理器是通过串行地执行软件的程序指令来实现预期的功能；而 PLD 是通过内部硬件布线以硬件并行地实现预期的功能。所以，PLD 完成逻辑功能的工作速度比微处理器的要快得多。

本 章 小 结

可编程逻辑器件 PLD 是可以由编程来确定其逻辑功能器件的统称。在设计和制作数字系统中使用它们,可以获得最大的灵活性和最短的研制周期。

PROM 是早期的 PLD,而 PAL 和 GAL 则是典型的低密度可编程逻辑器件,其中 GAL 给逻辑设计带来很强的灵活性,但是集成密度较低。

新一代高密度可编程逻辑器件 CPLD 的集成度一般可达数千至上万门,而现场可编程门阵列 FPGA 集成度更可达几十万门。它们都具有现场可编程特性,可用于实现较大规模的逻辑电路和数字系统。

思考题与习题

思考题

5.1　简述 PAL 和 GAL 的区别,为什么说 GAL 是低密度可编程逻辑器件的代表?

5.2　试比较 CPLD 和 FPGA 的特点。分析它们的应用范围。

5.3　FPGA 内部主要功能单元有哪些? 它们各完成什么逻辑功能?

5.4　高度可编程逻辑器件中具有硬件加密功能的是 CPLD 还是 FPGA?

5.5　简述 FPGA 的未来发展趋势。

5.6　对比查找表与乘积项结构的优缺点。

5.7　查阅资料说明 DCM 的使用方法。

习题

5.1　用 PLA 实现以下逻辑函数,要求画出编程后的阵列图。

(1) $Y_2 = A\bar{B}C + \bar{A}B + AB\bar{C}$

(2) $Y_1 = \bar{A} + BC$

(3) $Y_0 = A\bar{B} + \bar{A}C$

5.2　用一片 PAL 实现以下逻辑函数,要求画出编程后的阵列图。

(1) $Y_2 = A\bar{B}\,\bar{C} + AB\bar{C}$

(2) $Y_1 = A\,\overline{BC}$

(3) $Y_0 = \bar{A}\,\bar{B}C + \bar{A}B\bar{C}$

5.3　分析图题 5.3 所示 PAL 构成的逻辑电路,试写出输出与输入的逻辑关系式。

5.4　试写出图题 5.4 中两个触发器的输入 J_1、K_1、J_2、K_2 以及输出 Y 的逻辑关系式,确定触发器的时钟 CP_1 和 CP_2 与外部时钟信号 CP 的关系。分别在 X 为 0、1 两种情况下,画出各触发器在 CP 信号作用下的 Q_1 和 Q_2 波形(假设初态全为0)以及输出 Y 的波形,分析两个触发器状态的变化规律,说明电路的功能。

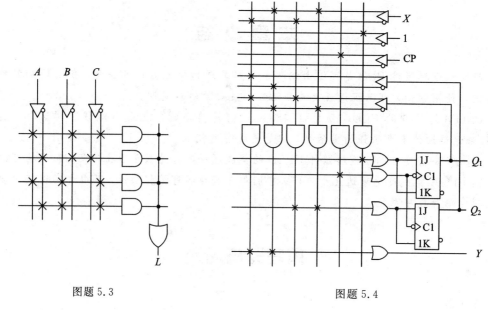

图题 5.3

图题 5.4

5.5 用 LUT 实现以下逻辑函数：

$$Y_0 = \overline{A}\,\overline{B}C + \overline{A}B\overline{C}$$

5.6 用原理图输入法实现与或非门及边沿 D 触发器，并在 Basys2 实验板上完成验证。

第 6 章

Verilog 硬件描述语言

本章首先简要介绍了硬件描述语言的发展与特点；将 Verilog 语言与 C 语言进行对比，便于更快地学习 Verilog；简明介绍了 Verilog 的基本语法，通过实例学习 Verilog 的基本结构和特点；实例描述了 Verilog 有限状态机设计。

6.1　硬件描述语言简介

硬件描述语言（Hardware Description Language，HDL）是一种编程语言，用来描述硬件电路及其执行过程，是用软件方法对硬件的结构和运行进行建模。所以，程序设计过程也叫电路建模过程。硬件描述语言有上百种，目前比较流行的 HDL 是 Verilog HDL 和 VHDL，并且都已成为 IEEE 标准。VHDL 是在 1987 年成为 IEEE 标准的，Verilog HDL 则在 1995 年才正式成为 IEEE 标准。之所以 VHDL 比 Verilog HDL 早成为 IEEE 标准，是因为 VHDL 是美国军方组织开发的，而 Verilog HDL 则是从一个普通的民间公司的私有财产转化而来，基于 Verilog HDL 的优越性才成为 IEEE 的标准，因而有更强的生命力。

VHDL 英文全名为 VHSIC Hardware Description Language，VHSIC 是 Very High Speed Integerated Circuit 的缩写词，意为超高速集成电路，故 VHDL 准确的中文译名为超高速集成电路硬件描述语言。

Verilog HDL 和 VHDL 作为描述硬件电路设计的语言，其共同的特点在于：能形式化地抽象表示电路的结构和行为，支持逻辑设计中层次与模块的描述，可借用高级语言的精巧结构来简化电路的描述，具有电路仿真与验证机制以保证设计的正确性，支持电路描述由高层到低层的综合转换，硬件描述与实现工艺无关（有关工艺参数可通过语言提供的属性包括进去），便于文档管理，易于理解和设计重用。

但是 Verilog HDL 和 VHDL 又各有其特点。由于 Verilog HDL 早在 1983 年就已推出，至今已有三十多年的应用历史，因而 Verilog HDL 拥有更广泛的设计群体，成熟的资源也远比 VHDL 丰富。目前版本的 Verilog HDL 和 VHDL 在行为级抽象建模的覆盖范围方面也有所不同。一般认为，Verilog HDL 在系统级抽象方面比 VHDL 略差一些，而在门级开关电路描述方面比 VHDL 强得多。与 VHDL 相比，Verilog HDL 的最大优点是：它是一种非常容易掌握的硬件描述语言，与 C 语言较接近，只要有 C 语言的编程基础，通过学习和实际操作，一般在较短时间内就可以掌握这种设计技术。而掌握 VHDL 设计技术相对比较困难一些。本书主要介绍 Verilog 硬件描述语言。

1983 年，GDA（Gateway Design Automation）公司在 C 语言的基础上发布了 Verilog

硬件描述语言，即"Verilog HDL"，或简称为"Verilog"。1985 年，该公司的 Verilog 创始人 Phil Moorby 设计了 Verilog-XL 仿真器。1987 年，Synopsys 开始使用 Verilog 行为语言作为综合产品的输入。1989 年，Cadence 公司收购了 GDA 公司。1990 年，Cadence 公司公开发布了 Verilog HDL，并且成立了 Open Verilog International(OVI)组织，专门负责 Verilog HDL 的发展，控制了 Verilog HDL 的所有权。由于 Verilog 语言具有简洁、高效、易用的特点，几乎所有专有集成电路公司都支持 Verilog 语言，并且将 Verilog-XL 作为黄金仿真器。1993 年，在提交到 ASIC(Application Specific Integrated Circuit)公司的所有设计中，有 85％的设计使用了 Verilog HDL。1995 年，IEEE 制定了 Verilog HDL 的 IEEE 标准，即 Verilog HDL1364−1995。2001 年，通过了 IEEE 1364−2001 标准(Verilog−2001)。2002 年，为了使综合器的输出结果和基于 IEEE 1364−2001 标准的仿真和分析工具的结果相一致，推出了 IEEE 1364[1].1−2002 标准。IEEE 1364[1].1−2002 为 Verilog HDL 的寄存器传输级 RTL(Register Transfer Level)综合定义了一系列的建模标准。

目前，Verilog 与 VHDL 已经成为最广泛使用的、具有国际标准支持的硬件描述语言，绝大多数的芯片生产厂家都支持这两种描述语言。在工业界，由于 Verilog HDL 的一些优点，应用更加广泛。

以上所有的讨论都没有提及模拟设计。如果想设计带有模拟电路的芯片，硬件描述语言必须有模拟扩展部分，2001 年发布的 Verilog HDL 1364−2001 标准中加入了 Verilog HDL-A 标准，既要求能够描述门级开关级电路，又要求具有描述电路物理特性的能力，使 Verilog 具有模拟设计描述的能力。

硬件描述语言为适应新的情况，迅速发展，不断推出很多新的硬件描述语言，像 Superlog、SystemC、Cynlib C++等。目前，基于 Xilinx-7 系列 FPGA 的高层次综合支持 C、C++、System C 等语言。

6.2　Verilog HDL 与 C 语言

Verilog 语言是在 C 语言的基础上发展而来的，Verilog 语言继承和借鉴了 C 语言的很多语法结构，粗略地看，Verilog 语言与 C 语言有许多相似之处。分号用于结束每个语句，注释符也是相同的(/ * ... * /和//都是大家熟悉的)，运算符"＝＝"也用来测试相等性。Verilog 的 if...then...else 语法与 C 语言的也非常相似，只是 Verilog 用关键字 begin 和 end 代替了 C 的大括号。事实上，关键字 begin 和 end 对于单语句块来说是可有可无的，与 C 中的大括号用法一样。Verilog 语言和 C 语言都对大小写敏感，它们的很多关键字和运算符都可以对应起来。Verilog 语言和 C 语言一样都不能用关键字作为变量名。表 6.2.1 中列举了常用的 C 语言与 Verilog 语言相对应的关键字与控制结构。

Verilog HDL 作为一种硬件描述语言，与 C 语言还是有本质区别的，一个重要区别是它们的"运行"方式不同。C 程序是一行接一行依次执行的，属于顺序结构，而 Verilog 描述的硬件是可以在同一时间同时运行的，属于并行结构。

Verilog HDL 所设计的硬件电路单元是并行工作的。一旦设备电源开启，硬件的每个单元就会一直处于运行状态。虽然根据具体的控制逻辑和数据输入，设备的一些单元可能不会改变它们的输出信号，但它们还是一直在"运行"中。

表 6.2.1　常用的 C 语言与 Verilog 对应的关键字

C 语言	Verilog HDL
function	module, function, task
if-then-else	if-then-else
for	for
while	while
case	case
break	break
define	define
printf	printf
int	int
{···}	begin···end

相反，对于 C 语言程序，在同一时刻整个软件设计中只有一小部分(即使是多任务软件也只有一个任务)在执行。如果只有一个处理器，任一时间点只能有一条指令在执行。软件的其他部分可以被认为处于休眠状态，这与硬件描述语言程序有很大的不同。变量可能以一个有效方式存在，但大多数时间里它们都不在使用状态。

也就是说，C 语言是串行执行的，而 Verilog 语言是并发执行的。C 语言和 Verilog 硬件描述语言在执行方式上的不同直接导致了 C 语言和 Verilog 硬件描述语言的编程方式和代码风格的不同。不能用串行执行的观念去理解 Verilog 程序，一定要用并行执行的思想去理解和编写 Verilog 程序。

Verilog 语言中没有 C 语言中的一些较抽象的语法，例如，迭代、指针、不确定次数的循环等。不是所有的 C 语言编程思想和方法都可以用于 Verilog 语言，可用于综合的 Verilog 语法是相当有限的。语法检查没有错误的 Verilog 程序不一定都能综合，能综合的程序也不一定都能实现。

C 语言的函数调用与 Verilog 中模块的调用也有区别。C 程序调用函数时，函数是惟一确定的，对同一个函数的不同调用是一样的。而 Verilog 中对模块的不同调用是不同的，即使调用的是同一个模块，也必须使用不同的名字来指定。

Verilog 的语法规则很死，限制很多，能用的判断语句有限，仿真速度较慢，查错功能差，而且错误信息不完整。

6.3　Verilog 的数据类型

Verilog HDL 的数据类型集合表示在硬件数字电路中数据进行存储和传输的要素，共有 19 种数据类型，在此介绍 4 个最基本的数据类型：integer 型(整型)、parameter 型(参数型)、reg 型(寄存器型)和 wire 型(连线型)。

Verilog HDL 中也有常量和变量之分，它们分属以上这些类型。

6.3.1　常量

在程序运行过程中，其值不能被改变的量称为常量。

1. 数字表示

在 Verilog HDL 中，整数型常量(即整常数)有以下 4 种进制表示形式：二进制整数(b 或 B)；十进制整数(d 或 D)；十六进制整数(h 或 H)；八进制整数(o 或 O)。

完整的数字表达式为

$$<位宽>'<进制><数字>$$

位宽为对应二进制数的宽度，十进制的数可以缺省位宽和进制说明。例如，

```
8'b11000101      //位宽为 8 位的二进制数 1100 0101
8'hc5            //位宽为 8 位的十六进制数 c5
197              //代表十进制数 197
```

数字中 x 表示不定值，z 表示高阻值，"?"是高阻态的 z 的另一种表示符号。每个字符代表的宽度取决于所用的进制，例如，

```
8'b1001xxxx      //表示位宽为 8 位的二进制数，低四位不确定，等价于 8'h9x
8'b1010zzzz      //等价于 8'hAz
```

当常量不说明位数时，默认值为 32 位。

2. 常量表示

在 Verilog HDL 中，用 parameter 来定义常量，即用 parameter 来定义一个标志符，代表一个常量，称为符号常量。其定义格式如下：

```
parameter 参数名 1=表达式，参数名 2=表达式，…；
```

例如：

```
parameter sel=8, code=8'ha3;//分别定义参数 sel 为十进制常数 8，参数 code 为十六进制常数 a3
```

6.3.2　变量

变量是在程序运行过程中其值可以改变的量。变量分为两种：一种为网络型(nets type)，另一种为寄存器型(register type)。

1. nets 型变量

nets 型变量指输出始终根据输入的变化而更新其值的变量，它一般指的是硬件电路中的各种物理连接。Verilog HDL 中提供了多种 nets 型变量，具体如表 6.3.1 所示。

表 6.3.1　常用的 nets 型变量及说明

类　型	功　能　说　明
wire, tri	标准连线类型(缺省为该类型)
wor, trior	多重驱动时，具有线或特性的连线
wand, triand	多重驱动时，具有线与特性的连线
tri1, tri0	分别为上拉电阻和下拉电阻
supply1, supply0	分别为电源(逻辑 1)和地(逻辑 0)

这里着重介绍 wire 型变量。wire 是一种常用的 nets 型变量，wire 型数据常用来表示

assign 语句赋值的组合逻辑信号。Verilog HDL 模块中的输入/输出信号类型缺省时自动定义为 wire 型。wire 型信号可以用作任何方程式的输入,也可以用作 assign 语句或实例元件的输出,其取值为 0,1,x,z。

wire 型变量格式如下:

(1) 定义宽度为 1 位的变量:

  wire 数据名 1,数据名 2,…,数据名 n;

例如:wire a,b; //定义了两个宽度为 1 位 wire 型变量 a,b

(2) 定义宽度位为 n 位的向量(vectors):

  wire[n−1:0] 数据名 1,数据名 2,…,数据名 n;

例如,wire[7:0] databus; //定义一个 8 位 wire 型向量

wire 型向量可按以下方式使用:

  wire[7:0] in,out; //定义两个 8 位 wire 型向量 in,out

  assign out=in;

若只使用其中某几位,可直接指明,注意宽度要一致。例如,

  wire[7:0] out;

  wire[3:0] in;

  assign out[5:2]=in; //out 向量的第 2 位到第 5 位与 in 向量相等

2. register 型变量

register 型变量对应的是具有状态保持作用的电路元件,例如触发器、寄存器等。register 型变量与 nets 型变量的根本区别在于:register 型数据保持最后一次赋值,默认初始值为不定值 x,位宽为 1。寄存器型变量放在过程块语句(如 initial、always)中,通过过程赋值语句赋值。wire 型数据需要有持续的驱动。在 always 过程块内被赋值的每一个信号都必须定义成寄存器型,即赋值操作符的右端变量必须是 reg 型。

在 Verilog HDL 中,有 4 种寄存器型变量,如表 6.3.2 所示。

表 6.3.2　常用的 register 型变量及说明

类　　型	功　能　说　明
reg	常用的寄存器型变量
integer	32 位带符号整数型变量
real	64 位带符号整数型变量
time	无符号时间变量

integer、real、time 等 3 种寄存器型变量都是纯数学的抽象描述,不对应任何具体的硬件电路。reg 型变量是最常用的一种寄存器型变量,reg 型变量格式如下:

  reg 数据名 1,数据名 2,…,数据名 n; //定义 n 个一位的 reg 变量

例如,reg a,b; //定义了两个宽度为 1 位的 reg 型变量 a,b

  reg[n−1:0] 数据名 1,数据名 2,…,数据名 n;//定义 n 位宽度的向量

例如,reg[7:0] data; //定义 data 为 8 位宽的 reg 型向量

3. reg 和 wire 类型的区别和用法

Verilog 中变量的物理数据分为线型和寄存器型。reg 相当于存储单元，wire 相当于物理连线。这两种类型的变量在定义时要设置位宽，缺省为 1 位。变量的每一位可以是 0，1，x，z。其中 x 代表一个未被预置初始状态的量或者是由于由两个或多个驱动装置试图将之设定为不同的值而引起的冲突型线型量；z 代表高阻状态或浮空量。

两者的区别是：寄存器型数据保持最后一次的赋值，而线型数据需要持续的驱动；wire 表示直通，即只要输入有变化，输出马上无条件地反映，reg 表示一定要有触发，输出才会反映输入；wire 只能被 assign 连续赋值，使用在持续赋值语句中。reg 只能在 initial 和 always 中赋值，使用在过程赋值语句中。

在持续赋值语句中，表达式右侧的计算结果可以立即更新表达式的左侧。在理解上，相当于一个逻辑之后直接连了一条线，这个逻辑对应于表达式的右侧，而这条线就对应于 wire。从综合的角度来说，wire 型的变量综合出来一般是一根导线。

在过程赋值语句中，表达式右侧的计算结果在某种条件的触发下放到左侧的一个变量当中，左侧的这个变量必须声明成 reg 类型。根据触发条件的不同，过程赋值语句可以建模成不同的硬件结构：如果这个条件是时钟的上升沿或下降沿，那么这个硬件模型就是一个触发器；如果这个条件是某一信号的高电平或低电平，那么这个硬件模型就是一个锁存器；如果这个条件是赋值语句右侧任意操作数的变化，那么这个硬件模型就是一个组合逻辑。

4. 数组

若干个相同宽度的向量构成数组，reg 型数组变量即为 memory 型变量，即可定义存储器型数据。通常，存储器采用如下方式定义：

    parameter wordwidth=8, memsize = 1024;

    reg[wordwidth−1：0] mymem[memsize−1：0];

上面的语句定义了一个宽度为 8 位、1024 个存储单元的存储器，该存储器的名字是 mymem，若对该存储器中的某一单元赋值的话，采用如下方式：

    mymem[8]=1;   //mymem 存储器中的第 8 个单元赋值为 1

注意：Verilog HDL 中的变量名、参数名等标记符是对大小写字母敏感的。

6.4 Verilog 运算符及优先级

6.4.1 运算符

(1) 算术运算符：加(＋)、减(−)、乘(＊)、除(/)、求模(％)。

(2) 逻辑运算符：逻辑与(&&)、逻辑或(||)、逻辑非(!)。

(3) 位运算符：位运算是将两个操作数按对应位进行逻辑运算。位运算符包括：按位取反(～)、按位与(&)、按位或(|)、按位异或(^)、按位同或(^～或～^)。

当两个不同长度的数据进行位运算时，会自动地将两个操作数按右端对齐，位数少的操作数会在高位用 0 补齐。

(4) 关系运算符：小于($<$)、小于或等于($<=$)、大于($>$)、大于或等于($>=$)。

在进行关系运算时，如果声明的关系是假，则返回值是 0；如果声明的关系是真，则返回值是 1；如果某个操作数的值不定，则其结果是模糊的，返回值是不定值。

(5) 等式运算符(双目运算)：等于($==$)、不等于($!=$)、全等($===$)、不全等($!==$)。这四种运算符得到的结果都是 1 位的逻辑值。如果得到 1，说明声明的关系为真；如果得到 0，说明声明的关系为假。

相等运算符($==$)和全等运算符($===$)的区别是：对于相等运算符，参与比较的两个操作数必须逐位相等，其相等比较的结果才为 l，如果某些位是不定态或高阻值，其相等比较得到的结果就会是不定值；而全等比较($===$)是对这些不定值或高阻态的位也进行比较，两个操作数必须完全一致，其结果才为 1，否则结果是 0。

例如，设寄存器变量 a$=5'b11x01$，b$=5'b11x01$，则"a$==$b"得到的结果为不定值 x，而"a$===$b"得到的结果为 l。

(6) 缩减运算符(单目运算)：与($\&$)、与非($\sim\&$)、或($|$)、或非($\sim|$)、异或($^\wedge$)、同或($^\wedge\sim$ 或$\sim^\wedge$)。缩减运算符与位运算符的逻辑运算法则一样，但缩减运算是对单个操作数进行与、或、非递推运算的。例如，

```
reg[3：0] a;
b=&a;                        //等效于 b=((a[0]&a[1])&a[2])&a[3];
```

例：若 A$=5'b11001$，则：

```
&A=0;                        //只有 A 的各位都为 1 时，其与缩减运算的值才为 1
|A=l;                        //只有 A 的各位都为 0 时，其或缩减运算的值才为 0
```

(7) 移位运算符：右移($>>$)、左移($<<$)。移位运算符的用法如下：

```
A>>n 或 A<< n;        //表示把操作数 A 右移或左移 n 位，并用 0 填补移出位
```

(8) 条件运算符(三目运算符)：?：。格式如下：

　　信号＝条件 ? 表达式 1：表达式 2;

当条件成立时，信号取表达式 1 的值，反之取表达式 2 的值。例如，

```
assign out=(sel==0)? a：b; //持续赋值，如果 sel 为 0，则 out=a；否则 out=b
```

这样，用一个带条件的赋值语句就可以实现 2 选 1 的多路选择器了。

(9) 位拼接运算符：{ }。该运算符将两个或多个信号的某些位拼接起来。其用法如下：

　　{信号 1 的某几位，信号 2 的某几位，…，信号 n 的某几位};

例如，在进行加法运算时，可将输出与和拼接在一起使用。

```
output[3：0] sum;            //sum 代表和
output cout;                 //cout 为进位输出
input[3：0] ina, inb;
input cin;
assign {cout, sum}=ina+inb+cin;        //进位与和拼接在一起
```

位拼接可以嵌套使用，还可以用重复法来简化书写。例如，

```
{3{a, b}}等同于{{a, b}, {a, b}, {a, b}} 也等同于{a, b, a, b, a, b}
```

表 6.4.1 列出了 Verilog 与 C 语言相对应的运算符。

表 6.4.1　常用的 C 语言与 Verilog 语言相对应的运算符

C 语言	Verilog HDL	功　能	C 语言	Verilog HDL	功　　能
+	+	加	<=	<=	小于等于
−	−	减	==	==	等于
*	*	乘	!=	!=	不等于
/	/	除	~	~	位反相
%	%	取模	&	&	按位逻辑与
!	!	逻辑取反	|	|	按位逻辑或
&&	&&	逻辑与	^	^	按位逻辑异或
||	||	逻辑或	~^	~^	按位逻辑同或
>	>	大于	>>	>>	右移
<	<	小于	<<	<<	左移
>=	>=	大于等于	?:	?:	同等于 if-else 叙述

6.4.2　运算符的优先级

Verilog 运算符的优先级如表 6.4.2 所示。为了有效地避免优先级排列带来的错误，建议在编写程序时用()来控制运算的优先级，这样也可增加程序的可读性。

表 6.4.2　Verilog 语言运算符的优先级

运 算 类 型	运　算　符	优 先 级
单目运算	$+,-,!,\sim$	高优先级
乘、除、取模	$*,/,\%$	
双目运算(加、减)	$+,-$	
移位	$<<,>>$	
关系	$<,<=,>,>=$	
等价	$==,!=,===,!==$	
按位与、单目运算(与、与非)	$\&,\sim\&$	
单目或双目运算(异或、同或)	$\wedge,\wedge\sim$	
按位或、单目运算(或、或非)	$\|,\sim\|$	
逻辑与	$\&\&$	
逻辑或	$\|\|$	低优先级
条件	$?:$	

6.5　Verilog 模块的结构

Verilog 程序的基本设计单元是"模块"(module)，模块由模块声明、端口定义、信号类型声明和逻辑功能描述四部分组成。为了清晰地说明模块的结构，下面举例说明如何用 Verilog 语言描述一个简单的与非门逻辑单元电路。

[例 6.5.1]　与非门逻辑单元电路如图 6.5.1 所示。用 Verilog 描述与非逻辑功能。

解　与非门逻辑单元电路的 Verilog 描述如下：

module not2_inst(a，b，c)；	//模块名为 not2_inst，端口列表 a，b，c
input a，b；	//模块的输入端口为 a，b
output c；	//模块的输出端口为 c
wire a，b，c；	//定义信号的数据类型
assign c＝～(a&b)；	//逻辑功能描述
endmodule	//模块结束

通过上面的例子可以看出，Verilog 的模块内容嵌在 module 和 endmodule 两个关键字之间。Verilog 模块的基本结构如图 6.5.2 所示。

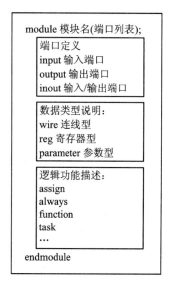

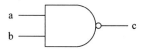

图 6.5.1　与非门逻辑单元电路

图 6.5.2　Verilog 模块的基本结构

1. 模块声明

模块声明包括模块名字，模块输入、输出端口列表。模块定义的格式如下：

　　module 模块名(端口 1，端口 2，端口 3，…)；　　　　//模块开始

　　…

　　endmodule　　　　　　　　　　　　　　　　　　//模块结束

2. 端口定义

端口是模块与外界或其他模块沟通的信号线。模块端口类型有三种，分别是输入端口(input)、输出端口(output)和输入/输出双向端口(inout)。其格式为：

　　input 端口名 1，端口名 2，…，端口名 n；　　　　　//输入端口

　　output 端口名 1，端口名 2，…，端口名 n；　　　　//输出端口

　　inout 端口名 1，端口名 2，…，端口名 n；　　　　　//输入输出端口

图 6.5.3 是 Verilog 模块的端口示意图。图中给出了端口可被定义的数据类型、驱动输入端口的数据类型以及输出端口可驱动的数据类型。输入端口只能是 wire 型，输入端口可以由 wire/reg 驱动；输出端口可以是 wire/reg 类型，输出端口只能驱动 wire；用关键词

inout 声明一个双向端口，inout 端口不能声明为 reg 类型，只能是 wire 类型。在设计中，一般情况下，对输入信号来说是不知道上一级是寄存器输出还是组合逻辑输出的，那么对于本级来说就是一根导线，也就是 wire 型。而输出信号则由设计者决定是 wire 型或 reg 型。但一般的，整个设计的外部输出(即最顶层模块的输出)，要求是寄存器输出，这样输出比较稳定、扇出能力也较好。

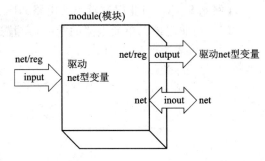

图 6.5.3　Verilog 模块的端口示意图

3. 信号类型声明

对模块中用到的所有信号(包括端口信号、节点信号等)都必须进行数据类型的定义。与模块信号定义有关的数据类型是 wire 和 reg。如果信号类型没有定义，则综合器将其默认为 wire 型。下面是定义信号数据类型的几个例子：

```
wire A, B, C;              //定义信号 A, B, C 的数据类型为 wire 连线型
reg[3：0] counter;         //定义信号 counter 的数据类型为 4 位 reg 型
```

在 Verilog—2001 标准中，可将端口声明和信号类型声明放在一条语句中完成。例如，

```
output reg cout;           //cout 为输出端口，其数据类型为 reg 型
output wire[7：0] A;       //A 为输出端口，其数据类型为 8 位 wire 型
```

还可以将端口声明和信号类型声明放在模块列表中，模块列表中的信号只是模块对外的输入输出信号，模块列表外定义的信号是在模块内部要用到的信号。Xilinx 公司的 ISE13.4 默认的模块格式就是这样的，如[例 6.5.2]所示。

[**例 6.5.2**]　用 Xilinx 公司的 ISE13.4 重写例 6.5.1。

解　用 Verilog 描述与非门，在 ISE13.4 中生成模块的模板后，添加相应代码如下：

```
module not2_inst(          //模块名为 not2_inst
    input a, b,            //模块的输入端口为 a, b, 信号类型默认为 wire 型
    output c               //模块的输出端口为 c, 信号类型默认为 wire 型
    );
    assign c=~(a&b);       //逻辑功能描述
endmodule                  //模块结束
```

这种格式书写形式上更为简洁，建议使用这种格式编写 Verilog 程序。

4. 逻辑功能描述

逻辑功能描述是模块中最重要的部分。对电路的逻辑功能描述有多种方法，除了下面两种常用方法外，还可以通过调用函数(function)和任务(task)来描述逻辑功能。

（1）用 assign 持续赋值语句描述组合逻辑。例如：

```
assign y=~((a&b)|(c&d));
```

assign 语句一般给 wire 型数据信号赋值。这种描述方法的句法很简单，只需在 assign 后加上一个逻辑方程式即可。

（2）用 always 过程块描述。例 6.5.1 也可用 always 过程块进行描述，用 always 过程块描述例 6.5.1 如下所示：

```
module not2_inst(              //模块名为 not2_inst
    input a, b,                //模块的输入端口为 a, b, 信号类型默认为 wire 型
    output reg c);             //always 过程块中的被赋值变量必须是 reg 型
    always @ (a or b)          //always 过程块及敏感信号列表
    begin                      //always 过程块开始
        c=~(a&b);             //逻辑功能描述
    end                        //always 过程块结束
endmodule                      //模块结束
```

用 always 描述的功能和例 6.5.1 完全相同，综合器综合后得到的电路也是相同的。由此可见，相同的电路可采用不同的描述方法。always 过程语句除可描述组合逻辑电路外，更多的是用于描述时序逻辑电路。用 always 过程语句描述 D 触发器的 Verilog 程序如例 6.5.3 所示。

［例 6.5.3］　用 Verilog 描述带有置位和清零端的边沿 D 触发器。

解
```
module D_Flip_Flop(
    input clk,                 //时钟信号输入端口，信号类型默认为 wire 型
    input set,                 //置位输入端口，信号类型默认为 wire 型
    input D,                   //触发信号输入端口，信号类型默认为 wire 型
    input clr,                 //清零信号输入端口，信号类型默认为 wire 型
    output reg q);             //输出端口，always 过程块中的输出必须是 reg 型变量
    always @ (posedge clk or posedge clr or negedge set)   //敏感信号列表
    begin   //如果 clk 或 clr 有上升沿，或 set 的下降沿，将执行下列程序段
        if(clr) q<=0;          //如果 clr 为高电平，则 q 输出 0
        else if(! set) q<=1;   //如果 set 为低电平，则 q 输出 1
        else q<=D;             //否则 q 输出 D
    end                        //always 过程块结束
endmodule                      //模块结束
```

模块(module)是 Verilog 设计中的基本单元，每个 Verilog 设计的系统中都由若干个 module 组成，每个 .v 程序都有且仅有一个模块。对模块的总结如下：

(1) 模块在语言形式上是以关键词 module 开始，endmodule 结束的一段程序。

(2) 模块的实际意义是代表硬件电路上的逻辑实体。

(3) 每个模块都实现特定的功能。

(4) 模块的描述方式有行为建模和结构建模之分。

(5) 模块之间是并行运行的。

(6) 模块是分层的，高层模块通过调用、连接低层模块的实例来实现复杂的功能。

(7) 各模块连接完成整个系统，因此，需要一个顶层模块(top-module)。

6.6　Verilog 设计的层次与风格

6.6.1　Verilog 语言的设计风格

Verilog 既是一种行为描述语言，也是一种结构描述语言。Verilog 模型可以是实际电路的不同级别的抽象。Verilog 设计的描述风格可分为：结构(Structural)描述、数据流(Data Flow)描述、行为(Behavioural)描述以及混合描述。

1. 结构(Structural)描述

在 Verilog 程序中可通过调用 Verilog 内置门元件(门级结构描述)、开关级元件(晶体管级结构描述)以及用户自定义的基本单元 UDP(User Defined Privitives)(也在门级)来描述电路的结构。

结构级 Verilog 适合开发小规模的组合逻辑电路。门级建模描述的是电路结构,看起来比较复杂。如果阅读一个门级建模程序,很难分析其所描述的逻辑功能。Verilog 结构描述(门级建模)模块的基本结构如图 6.6.1 所示。

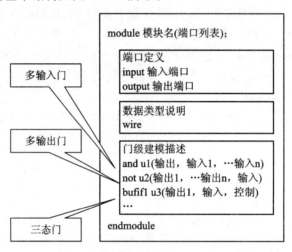

图 6.6.1　Verilog 结构描述(门级建模)模块的基本结构

[**例 6.6.1**]　调用门元件实现 2 选 1 的 MUX。其逻辑电路图如图 6.6.2 所示。

解　module mux2_1 (
　　　　　 input a, b, sl,
　　　　　 output out
　　　　　);
　　　　　 wire nsl, sela, selb;
　　　　　 not u1 (nsl, sl);
　　　　　 and u2 (sela, a, nsl);
　　　　　 and u3 (selb, b, sl);
　　　　　 or u4 (out, sela, selb);
　　　　endmodule

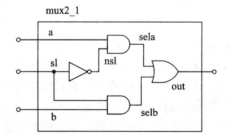

图 6.6.2　用基本门实现的 2 选 1 MUX 原理图

2. 数据流(Data Flow)描述

数据流描述方式主要使用持续赋值语句,多用于描述组合逻辑电路,其格式为

　　　 assign LHS_net＝RHS_expression;

右边表达式中的操作数无论何时发生变化,都会引起表达式值的重新计算,并将重新计算后的值赋予左边表达式的 net 型变量。

net 型变量没有数据保持能力,只有被连续驱动后,才能取得确定值。而寄存器型变量只要在某时刻得到过一次过程赋值,就能一直保持该值,直到下一次过程赋值。若一个连线型变量没有得到任何连续驱动,它的取值将是不定态 x。assign 持续赋值语句就是实现对连线型变量进行连续驱动的一种方法。

进一步讲，assign 持续赋值语句对 net 型变量赋值后，始终监视赋值表达式中的每一个操作数，只要赋值表达式中任一操作数发生变化，立即对 net 型变量进行更新操作，以保持对 net 型变量的连续驱动。体现了组合逻辑电路的特征——任何输入的变化，立即影响输出。所以，可根据组合电路的逻辑表达式，用 assign 持续赋值语句进行描述。

Verilog 数据流描述模块的基本结构如图 6.6.3 所示。

```
module 模块名(端口列表);
  ┌────────────────────┐
  │端口定义            │
  │input 输入端口      │
  │output 输出端口     │
  └────────────────────┘
  ┌────────────────────┐
  │数据类型说明        │
  │wire                │
  └────────────────────┘
  ┌────────────────────┐
  │逻辑功能定义        │
  │assign<逻辑表达式1>;│
  │…                   │
  │assign<逻辑表达式n>;│
  └────────────────────┘
endmodule
```

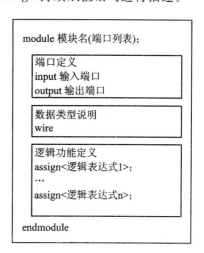

图 6.6.3　Verilog 数据流描述模块的基本结构

［**例 6.6.2**］　用数据流描述 2 选 1 MUX。

解

```
module mux2_1 (
        input a, b, sl,
        output out
        );
        assign out=(a & ~sl)|(b & sl);
endmodule
```

用数据流描述模式设计电路与用传统的逻辑方程设计电路很相似。设计中只要有了布尔代数表达式，就很容易将它用数据流方式表达出来。表达方法是用 Verilog 中的逻辑运算符置换布尔逻辑运算符即可。

3. 行为(Behavioural)描述

逻辑电路的结构描述侧重于表示一个电路由哪些基本元件组成，以及这些基本元件的相互连接关系。

逻辑电路的数据流描述侧重于逻辑表达式以及 Verilog HDL 中运算符的灵活运用。

而行为描述只关注逻辑电路输入、输出的因果关系(行为特性)，即在何种输入条件下，产生何种输出(操作)，并不关心电路的内部结构。EDA 的综合工具能自动将行为描述转换成电路结构，形成网表文件。

行为描述是对设计实体的数学模型的描述，其抽象程度远高于结构描述方式。行为描述类似于高级编程语言，当描述一个设计实体的行为时，无需知道具体电路的结构，只需要描述清楚输入与输出信号的行为，而不需要花费更多的精力关注设计功能的门级实现。

因此，当电路的规模较大或时序关系较复杂时，通常采用行为描述方式进行设计。

```
module 模块名(端口列表);
  ┌──────────────────────────────────────────────┐
  │端口定义                                      │
  │input 输入端口                                │
  │output 输出端口                               │
  └──────────────────────────────────────────────┘
  ┌──────────────────────────────────────────────┐
  │数据类型说明                                  │
  │reg                                           │
  │parameter                                     │
  └──────────────────────────────────────────────┘
  ┌──────────────────────────────────────────────┐
  │逻辑功能定义                                  │
  │always @(敏感事件列表)                        │
  │begin                                         │
  │阻塞、非阻塞、if-else、case、for等行为语句    │
  │end                                           │
  └──────────────────────────────────────────────┘
endmodule
```

图 6.6.4　Verilog 行为描述模块的基本结构

Verilog 行为描述模块的基本结构如图6.6.4 所示。

［**例 6.6.3**］　用行为描述 2 选 1 MUX。

解
```
module muxtwo (
    input a, b, sel,
    output reg out
);
always @( sel or a or b)
    if (! sel) out=a;
    else out=b;
endmodule
```

用行为描述模式设计电路，可以降低设计难度。行为描述只需表示输入与输出之间的关系，不需要包含任何结构方面的信息。设计者只需写出源程序，而挑选电路方案的工作由 EDA 软件自动完成。在电路的规模较大或者需要描述复杂的逻辑关系时，应首先考虑用行为描述方式设计电路，如果设计的结果不能满足资源占有率的要求，则应改变描述方式。

对设计者而言，采用的描述级别越高，设计越容易；对综合器而言，行为级的描述为综合器的优化提供了更大的空间，较之门级结构描述更能发挥综合器的性能。所以在电路设计中，除非一些关键路径的设计采用门级结构描述外，一般更多地采用行为级建模方式。

4. 混合描述

在 Verilog 程序设计中经常采用行为和数据流混合描述的形式描述一个数字系统。在一个 .v 程序中，用 assign 语句描述简单的组合逻辑电路，用 always 语句描述较为复杂的逻辑过程。一个 .v 程序所表达的逻辑电路可由多个 assign 语句和多个 always 过程块来描述。多个 assign 语句和多个 always 过程块是同时并发执行的。其基本结构如图 6.5.2 所示。

6.6.2 自顶向下的设计方法

现代数字系统设计中一般采用自顶向下(Top-down)的设计方法。设计者从整个系统的功能要求出发，先进行最上层的系统设计，而后将系统分成若干子系统逐级向下，再将每个子系统分为若干功能模块，模块还可继续向下划分成子模块，直至分成许多最基本的数字功能电路实现。

自顶向下的设计方法并不是一个一次就可以完成的设计过程，它需要不断地反复改进，反复实践，通过多次改进达到设计要求。

自顶向下的设计是从系统全局出发，逐次分层次的设计。因此，首先根据系统的设计要求，进行系统顶层方案的设计，也就是确定系统的结构框图，包括系统的输入信号、输出信号，系统划分为几个部分，各个部分由哪些模块组成，以及根据系统的功能确定各模块的功能和各模块之间的输入输出关系等。这一步骤需反复推敲，通过仿真或实际调试达到设计要求。自顶向下的设计方法可用图 6.6.5 所示的树状结构表示。

通过自顶向下的设计方法，可以实现设计的结构化，可以使一个复杂的系统设计由多个设计者合作完成，还可以实现层次化的管理。

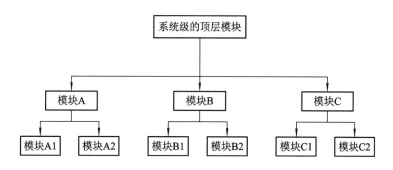

图 6.6.5　自顶向下的设计思想

6.6.3　层次化设计中模块的调用

6.6.2 节中介绍过自顶向下(Top-down)的设计方法，这种 Top-down 的方法能够把一个复杂的数字系统设计分层次地划分成为许多简单的、易于实现的逻辑功能模块。这样就能实现多人进行分工合作，如同用 C 语言编写大型软件一样。Verilog 语言能够很好地支持这种"Top-down"的设计方法。数字系统的设计可以按照下面步骤进行：

(1) 把系统划分成模块；

(2) 规划各模块的接口；

(3) 对基础模块进行编程实现；

(4) 对模块进行实例化；

(5) 连接各模块完成系统设计。

模块实例化(module instantiation)时应注意以下几点：

(1) 模块实例化时实例必须有一个名字。

(2) 模块的调用方法如下：

① 采用位置对应的方式：严格按照模块定义的端口顺序来连接，不用标明原模块定义时规定的端口名。例如，已经定义了一个模块：

　　　Design：module Design(端口 1，端口 2，端口 3…)；

现在实例化一个与 Design 相同功能的模块 u1：

　　　Design u1(u1 的端口 1，u1 的端口 2，u1 的端口 3…)；//和 Design 对应

② 采用信号名对应方式：引用时用"."符号标明原模块定义时规定的端口名。调用时端口次序与位置无关，不必按顺序。

　　　Design u2(.(端口 1(u2 的端口 1)，

　　　　　　　.(端口 2(u2 的端口 2)，

　　　　　　　.(端口 3(u2 的端口 3)，

　　　　　　　…

　　　)；　　　　　　//建议采用这种方式，这样当被调用的模块管脚改变时不易出错

(3) 悬空端口的处理：在实例化中，可能有些管脚没用到，可在映射中采用空白处理。空白表示悬空。输入管脚悬空，该管脚输入为高阻 Z；输出管脚悬空，该管脚废弃不用。

(4) 没有连接的输入端口初始化值为 x。例如，下面设计了一个 comp 模块，两种调用方式如下：

```
module comp (
        output o1，o2，
        input i1，i2
        )；
        …
    endmodule


module test；
        comp c1 (Q，R，J，K)；                              //位置对应
        comp c2 (.i2(K)，   .o1(Q)，   .o2(R)，   .i1(J))；  //信号名对应
        comp c3 (Q，   ，   J，   K)；              //位置对应，一个端口没有连接
        comp c4 (.i1(J)，   .o1(Q))；               //信号名对应，两个端口没有连接
    endmodule
```

[例 6.6.4] 采用位置对应方式，调用两个半加器设计一个全加器。用两个半加器(一个异或门和一个与门构成一个半加器)和一个或门组成的全加器如图 6.6.6 所示。(半加器和全加器的概念见 7.4.1 节。)

解 首先设计半加器(文件名 HalfAdd.v)：

```
module HalfAdd(
    input A，B，
    output S，C
    )；
    assign S=A^B；
    assign C=A&B；
    endmodule
```

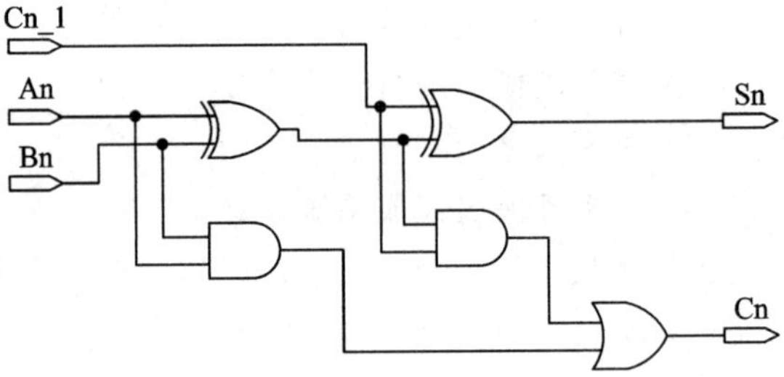

图 6.6.6　两个半加器和一个或门组成的全加器

然后调用半加器设计全加器(top.v)：

```
module FullAdd(
    input An，Bn，Cn_1，
    output Sn，Cn
    )；
    wire HalfAdd_1_S；            //定义中间变量，连线型变量必须是 wire 型
    wire HalfAdd_1_C；
    wire HalfAdd_2_C；
    assign Cn= HalfAdd_1_C|HalfAdd_2_C；
    HalfAdd HalfAdd_1(An，Bn，HalfAdd_1_S，HalfAdd_1_C)；
    HalfAdd HalfAdd_2(Cn_1，HalfAdd_1_S，Sn，HalfAdd_2_C)；
    endmodule
```

[例 6.6.5] 采用信号名对应方式，调用两个半加器设计一个全加器。

解 HalfAdd.v 同例 6.6.5，修改 top.v 的模块调用部分即可。

```
module FullAdd(
    input An，Bn，Cn_1，
    output Sn，Cn
    )；
```

```
    wire HalfAdd_1_S;            //定义中间变量,连线型变量必须是 wire 型
    wire HalfAdd_1_C;
    wire HalfAdd_2_C;
    assign Cn= HalfAdd_1_C|HalfAdd_2_C;
    HalfAdd HalfAdd_1(.A(An),.B(Bn),.S( HalfAdd_1_S),.C(HalfAdd_1_C));
    HalfAdd HalfAdd_2(.A(Cn_1),.B(HalfAdd_1_S),.S(Sn),.C(HalfAdd_2_C));
endmodule
```

[**例 6.6.6**]　设计要求如图 6.6.7 所示。该设计采用 Xilinx 大学计划提供的 Basys2 开发板。将开发板上的 50MHz 时钟信号分频得到 1Hz 的时钟信号,然后驱动一个 60 进制的计数器工作,该计数器(见 8.3 节)的输出驱动开发板上的 8 个 LED 指示灯,显示计数结果。

图 6.6.7　例 6.6.6 的设计要求

输入信号:时钟信号(clk),来自开发板上的 50 MHz 时钟。

输出信号:秒计数结果连续到开发板的 8 个 LED 灯上,显示计数值的变化。

解　采用 ISE13.4 开发环境,设计过程如下:

(1) 创建工程,工程名为 SecondCounter。

(2) 添加设计文件。该设计由三个模块组成:秒信号发生器模块、60 进制计数器模块和顶层模块。其中,顶层模块包含秒信号发生器模块的实例化和 60 进制计数器模块的实例化。

秒信号发生器模块程序(Second.v):

```
module Second(
    input wire clk,
    output reg sec
    );
    //中间变量定义 q1
    reg [26:0] q1;        //设计一个 27 位的计数器
    // q1 计数到 25000000 输出 sec 翻转一次,即对 clk 时钟 50 MHz 分频,sec 周期为 1s
    always @ (posedge clk)
        begin
            if (q1 == 25000000)
                begin
                    q1<=0;
                    sec<=~sec;
                end
            else
                q1 <= q1 + 1;
        end
endmodule
```

60 进制计数模块程序(Counter60.v)：

```verilog
module cnt60(
    input wire clk,
    output reg [3:0] cnt60_L,
        output reg [3:0] cnt60_H,
    output reg carry
    );
    //初始化
    initial begin
        cnt60_L=8;
        cnt60_H=5;
    end
    // 60 进制计数器
    always @ (posedge clk)
        begin
            carry<=0;
            cnt60_L<=cnt60_L+1;
            if (cnt60_L==9)
                begin
                    cnt60_L<=0;
                    cnt60_H<=cnt60_H+1;
                end
            if(cnt60_H==5&&cnt60_L==9)
                begin
                    cnt60_L<=0;
                    cnt60_H<=0;
                    carry<=1;
                end
        end
endmodule
```

顶层设计模块(top.v)：

```verilog
module top(
    input wire clk,
    output wire [3:0] Second_L,
    output wire [3:0] Second_H
    );
    //模块间连接定义(注意必须是 wire)
    wire jinwei;

    Second U0(
        .clk(clk),
        .sec(jinwei)
        );
```

```
cnt60 U1(
    .clk(jinwei),
    .cnt60_L(Second_L),
    .cnt60_H(Second_H)
    );              //这里省去了 60 进制计数器输出变量 carry
endmodule
```

（3）添加约束文件 SecondCounter. ucf。

```
♯Basys2 开发板约束文件:
NET "clk" LOC ="B8";                    //50 MHz 时钟
NET "clk" CLOCK_DEDICATED_ROUTE=FALSE;
♯ Pin assignment for LEDs
NET "Second_L[0]" LOC="M5";           //LED0
NET "Second_L[1]" LOC="M11";          //LED1
NET "Second_L[2]" LOC="P7";           //LED2
NET "Second_L[3]" LOC="P6";           //LED3
NET "Second_H[0]" LOC="N5";           //LED4
NET "Second_H[1]" LOC="N4";           //LED5
NET "Second_H[2]" LOC="P4";           //LED6
NET "Second_H[3]" LOC="G1";           //LED7
```

综合、布线、生成 bit 流文件,下载后可以看到 8 个 LED 按秒计数闪烁。

以上是用户在顶层设计文件中直接编写例化代码,当模块比较复杂,输入输出变量比较多时,也可以由 ISE13.4 生成例化模板,只要将生成的例化模板拷贝到顶层设计文件即可。生成例化模板的步骤如下:

（1）将 Second. v 和 Counter60. v 添加到工程项目中。

（2）在工程项目中通过 Verilog 程序模板建立顶层文件 top. v。

（3）在 Hierarchy 面板下先选中 Second. v。在 Processes 面板下,找到并展开 Design Utilities。用鼠标双击 View HDL Instantiation Template 选项。这样就会在工作区窗口中打开秒信号发生器模块的例化模板,如图 6.6.8 所示。将秒信号发生器模块的例化模板拷贝到 top. v 中,将 instance_name 改为instance_Second,其他不变。

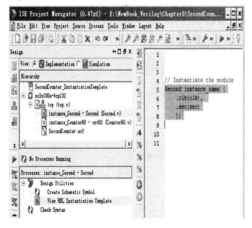

图 6.6.8　秒信号发生器的例化模板

(4) 采用同样的方法,在工作区窗口中打开 60 进制计数器模块的例化模板,将 60 进制计数器模块的例化模板拷贝到 top.v 中,将 instance_name 改为 instance_Counter60,60 进制计数器模块的时钟来自秒信号发生器模块,所以要将其 clk 与 sec 对应,将其输出与顶层模块的输出对应。

(5) 最终的顶层模块程序 top.v 如下:

```
module top(
    input wire clk,
    output wire [3:0] Second_L,
    output wire [3:0] Second_H
    );
Second instance_Second (
    .clk(clk),
    .sec(sec)
    );
cnt60 instance_Counter60 (
    .clk(sec),
    .cnt60_L(Second_L),
    .cnt60_H(Second_H),
    .carry(carry)
    );

endmodule
```

综上所述,可给出 Verilog HDL 模块的模板(仅考虑用于逻辑综合的部分,不考虑用于逻辑仿真的部分)如下:

```
module <顶层模块名>,(<输入输出端口列表>);
    output 输出端口列表;  //输出端口声明
    input 输入端口列表;  //输入端口声明
    /* 定义数据,信号的类型,函数声明,用关键字 wire, reg, funtion 等定义 */
    //使用 assign 语句定义逻辑功能
    wire 结果信号名;
    assign <结果信号名> = <表达式>;
    //可以有多个 assign 语句
    //使用 always 块描述逻辑功能
    always @ (<敏感信号表达式>)
        begin
        // 过程赋值
        // if 语句
        // case 语句
        // while, for, repeat 循环语句
        // function 调用
        end
    //可以有多个 always 行为描述块
    // 模块元件例化
```

```
< module_name 模块名>, <instance_name 例化元件名>,  (<port_list 端口列表>);
// 门元件例化
gate_type_keyword <instance_name 例化元件名> (<port_list>);
endmodule
```

在一个模块(module)中，使用 always 语句的次数是不受限制的。always 块内的语句是不断重复执行的。对于敏感信号表达式还应注意：

(1) 敏感信号表达式又称事件表达式或敏感表，当该表达式的值改变时，就会执行一遍块内语句。因此在敏感信号表达式中应列出影响块内取值的所有信号(一般为所有输入信号)。若有两个或两个以上信号，它们之间用"or"连接。敏感信号表达式缺省为(＊)，表示只要 always 模块内的任何输入变量发生变化，就会执行一遍块内的语句。

(2) posedge 与 negedge 关键字，对于时序电路，事件是由时钟边沿触发的。为表达边沿这个概念，Verilog HDL 提供了 posedge 和 negedge 两个关键字来描述。posedge clk 表示时钟信号 clk 的上升沿，negedge clk 表示时钟信号 clk 的下降沿。

(3) 在敏感信号列表中，不能同时有电平触发与边沿触发信号存在，如果同时存在，综合时无法通过。同样的，一个逻辑块里不能同时阻塞赋值和非阻塞赋值。

下面是敏感信号列表不全，将导致综合出锁存器的一段例子：

```
module insuf(
    input a, b, c,
    output reg e, d
    );
    always @(a or b or c)
        begin
            e=d&a&b;    /＊d 没有在敏感电平列表中，d 变化时 e 不会立刻变化，直
                          到 a、b、c 中某一个变化。这将导致综合出锁存器＊/
            d=e|c;
        end
    endmodule
```

下面是敏感信号列表全，综合出组合逻辑电路的一段例子：

```
module suf(
    input a, b, c,
    output reg e, d
    );
    always @(a or b or c or d)
        begin
            e=d&a&b;    /＊d 在敏感电平列表中，d 变化时 e 立刻变化＊/
            d=e|c;
        end
    endmodule
```

注意：(1) always @(a or b or c)的这种块实现的是组合逻辑。但如果敏感信号列表不全、if-else 语句缺少 else 部分、case 语句缺少 default 部分，就可能导致综合器综合出锁存器来。为了避免这种错误，对于组合逻辑电路建议使用 always(＊)。

（2）always @(posedge clk)的这种块实现的是时序逻辑。对于时序逻辑块，综合器综合出来的肯定是寄存器而不是锁存器。

（3）assign 语句实现的是组合逻辑。综合器综合出的结果只能是组合逻辑电路。

6.7 Verilog 行为语句

Verilog HDL 支持的语句包括：赋值语句、条件语句、循环语句、块语句等。每一类又包括几种不同的语句，具体如表 6.7.1 所示。

表 6.7.1 Verilog 的行为语句

类　别	语　句	可综合性
赋值语句	持续赋值语句 assign	√
	过程赋值语句＝、＜＝	√
条件语句	if－else 语句	√
	case 语句	√
循环语句	for 语句	√
	repeat 语句	
	while 语句	
	forever 语句	
过程语句	initial 语句	
	always 语句	√
	function 语句	√
	task 语句	√
编译预处理语句	`define 语句	√
	`include 语句	√
	`timescale 语句	√
	`ifdef、`else、`endif	√

所有的 HDL 语句都可用于仿真，但可综合的语句只是 HDL 的一个核心子集，不同综合软件支持的 HDL 语句有所差别。学习重点应该放到能综合的语句上。要充分理解 HDL 语句和硬件电路的关系，编写 HDL 程序只是表象，实际是在描述一个电路，每一段程序都对应着一个相应的硬件电路结构。

6.7.1 赋值语句

1. 持续赋值语句 assign

assign 为持续赋值语句，它用来对 wire 型变量进行赋值。其格式如下：

　　assign 变量＝表达式；

　　例如：assign c ＝～(a|b)；

在上面的赋值中，a 和 b 信号的任何变化，都将随时反映到 c 上，因此称为持续赋值方式。

2. 过程赋值语句

过程赋值语句用于对寄存器类型(reg)的变量进行赋值。在 always 过程块中的被赋值变量必须是 reg 型，Verilog 语言支持两种类型的赋值：阻塞赋值和非阻塞赋值。

1) 非阻塞(non_blocking)赋值方式

非阻塞赋值使用"<="语句，例如，b<=a；

非阻塞赋值在块结束时才完成赋值操作，即 b 的值并不是立刻就改变的。

2) 阻塞(blocking)赋值方式

阻塞赋值使用"="语句，例如，b=a；

阻塞赋值在该语句结束时就完成赋值操作，即 b 的值在该赋值语句结束后立刻改变。如果在一个块语句中，有多条阻塞赋值语句，那么在前面的赋值语句没有完成之前，后面的语句就不能执行，就像被阻塞(blocking)一样，因此称为阻塞赋值方式。

注意：千万不要将这两种赋值方法与 assign 赋值语句混淆起来，assign 赋值语句根本不允许出现在 always 语句块中。

3) 阻塞赋值方式和非阻塞赋值方式的区别

在 always 过程块中正确地使用阻塞赋值语句("=")和非阻塞赋值语句("<="),对于 Verilog 的设计和仿真非常重要。

位于 begin/end 块内的多条阻塞赋值语句是串行执行的，这一点同标准的程序设计语言是相同的。只要前一句阻塞赋值语句没执行完，后面的语句是不会被执行的。非阻塞赋值语句相当于并行语句，但不是真正的并行语句。执行时，先计算<=右边的表达式的值，计算完后不赋给左边变量而是执行下一条语句，等到所有语句都执行完(即过程块结束)时，同时对所有非阻塞赋值语句左边的变量赋值，因此最终的效果相当于并行语句的效果。如果很难理解，可以把阻塞赋值看成是串行语句，把非阻塞赋值看成是并行语句。

每个 always 语句块都隐含表示一个独立的逻辑电路模块。因此，对于特定的 reg 类型的变量，只能在一个 always 语句块中对其进行赋值，Verilog 中不允许在两个 always 语句中赋值同一个变量，否则就可能会出现两个硬件模块同时从同一个输出端口输出数据的情况，道理就和不能把两个与门输出端接到一起一样，这种情况一般称为短路输出(shorted output)。因此，不能从高级语言的角度来理解 Verilog HDL，Verilog 语言描述的是电路，必须从电路连接的角度去理解。这时有三个解决方法：① 把其中一个 always 语句变为另一个模块，并在主程序中引用。② 利用中间变量，也就是增加寄存器的方法把需要重复赋值的变量存起来，再统一调用。③ 更改语言进行编写，换用没有类似问题的语言，例如 VHDL、SYSTEM VERILOG 等。

[例 6.7.1]　用非阻塞赋值法实现移位寄存器。要求将输入信号移位到第一个触发器中，第一个触发器中的数据被移到第二个触发器中，第二个触发器中的数据被移到第三个触发器中，…，如此继续下去，直到最后一个触发器中的数据被移出该寄存器为止。

解

```
module shiftreg (        //这是正确使用非阻塞赋值的实例
    input clk,
    input serin,
    output reg [3:0]q
```

```
                );
           always @(posedge clk)
                begin
                     q[0] <= serin;        //非阻塞赋值：<=
                     q[1]<= q[0];
                     q[2]<= q[1];
                     q[3]<= q[2];
                     //写作 q<= {q[2:0], serin}; 更简单一些
                end
           endmodule
```

　　非阻塞赋值语句的功能是使得所有语句右侧变量的值都同时被赋给左侧的变量。因此，在上面的实例中，q[1]得到的是 q[0]的原始值，而非 serin 的值（在第一条语句中，serin 的值被赋给了 q[0]）。每来一个 clk 的上升沿，所有寄存器的值都向前移动一位。这正是我们期望得到的实际硬件电路。当然，我们可以把上边的四条语句合并写成一条更简短的语句：q<= {q[2:0], serin}。{ }是位拼接运算，{q[2:0], serin}将 q[2]、q[1]、q[0]、serin 拼接构成一个 4 位二进制数，每来一个 clk 的上升沿，新拼接好的数据就会送到q[3:0]中，以实现移位寄存的目的。

　　阻塞赋值语句的功能更接近于传统的程序设计语言，但是阻塞赋值语句并不一定能够准确地实现硬件工作模型。如果用阻塞赋值语句代替例 6.7.1 中的所有非阻塞赋值语句会得到什么结果呢？在每个 clk 的上升沿，Verilog 将会把 serin 的值赋给 q[0]，然后 q[0]的新值被赋给 q[1]，如此继续执行下去，最终寄存器四位都会得到相同的 serin 值。也就是说，只要来一个 clk 的上升沿，寄存器每一位的值都是 serin 的值。可见，使用阻塞赋值无法得到移位寄存的效果。也许有读者会发现：如果将四条阻塞赋值语句的顺序倒转，那么使用阻塞赋值语句仍然能实现相应的移位功能，但是与使用非阻塞赋值的方法相比，这种方法并没带来任何好处，相反还暗藏了巨大的风险。

　　Clifford E. Cummings 研究了非阻塞赋值和阻塞赋值，总结出了可综合风格的 Verilog 模块编程的原则。对于初学者，在编写 Verilog 代码时只要注意以下几点，就可以在综合布局布线后的仿真中避免出现冒险竞争问题。

　　(1) 时序电路建模时，用非阻塞赋值。

　　(2) 锁存器电路建模时，用非阻塞赋值。

　　(3) 用 always 块建立组合逻辑模型时，用阻塞赋值。

　　(4) 在同一个 always 块中建立时序和组合逻辑电路时，用非阻塞赋值。

　　(5) 在同一个 always 块中不要既用非阻塞赋值又用阻塞赋值。

　　(6) 不要在一个以上的 always 块中为同一个变量赋值。

6.7.2　条件语句

　　条件语句是顺序语句，应放在"always"块内。

1. if-else 语句

　　该语句的使用方法有以下 3 种：

（1）if(表达式) 语句；

（2）if(表达式) 语句 1；

　　　else 语句 2；

（3）if(表达式 1) 语句 1；

　　　else if(表达式 2) 语句 2；

　　　else if(表达式 3) 语句 3；

　　　……

　　else if(表达式 n) 语句 n；

　　else 语句 n+1；

这三种方式中，"表达式"一般为逻辑表达式或关系表达式，也可能是一位变量。若表达式的值为 0、x、z，视为"假"；若为 1，视为"真"。语句可以是单句，也可以是多句，多句时用"begin-end"括起来。

[例 6.7.2]　用 if-else 语句描述一个三态门。

解

```
module tristate(
    input in, en, out,
    output reg out
    );
    always @(in or en)
        begin
            if(en) out<=in;
            else out<=1'bz;
        end
endmodule
```

[例 6.7.3]　用 if-else 语句描述 8 线—3 线优先编码器 74148。

解
```
module ttl74148(
    input[7:0] din,
    input ei,
    output reg gs, eo,
    output reg[2:0] dout
    );
    always @(ei, din)
        begin
            if(ei) begin dout<=3'b111; gs<=1'b1; eo<=1'b1; end
            else if(din==8'b111111111) begin dout<=3'b111; gs<=1'b1; eo<=1'b0; end
            else if(! din[7]) begin dout<=3'b000; gs<=1'b0; eo<=1'b1; end
            else if(! din[6]) begin dout<=3'b001; gs<=1'b0; eo<=1'b1; end
            else if(! din[5]) begin dout<=3'b010; gs<=1'b0; eo<=1'b1; end
            else if(! din[4]) begin dout<=3'b011; gs<=1'b0; eo<=1'b1; end
            else if(! din[3]) begin dout<=3'b100; gs<=1'b0; eo<=1'b1; end
```

```
        else if(! din[2]) begin dout<=3'b101; gs<=1'b0; eo<=1'b1; end
        else if(! din[1]) begin dout<=3'b110; gs<=1'b0; eo<=1'b1; end
        else begin dout<=3'b111; gs<=1'b0; eo<=1'b1; end
    end
endmodule
```

注意：对于 if-else 语句，如果代码是时序逻辑，因为综合器综合出来的肯定是寄存器而不是锁存器。因此，写不写 else 都能实现正确的功能，推荐不写 else，因为写了会导致寄存器的翻转率增加，有时候还会导致寄存器翻转的条件判断逻辑变得复杂。如果代码是组合逻辑，一定要写 else 语句，否则就会综合出锁存器来。

if-else 语句最好不要超过 3 层，如果超过 3 层的话速度会变慢，建议用 case 语句，因为 case 语句的速度快。

2. case 语句

该语句多用于多条件译码电路，例如描述译码器、数据选择器、状态机及微处理器的指令译码等。case 语句格式如下：

```
case(敏感表达式)
        值 1：语句 1；
        值 2：语句 2；
        …
        值 n：语句 n；
        default：语句 n+1；
endcase
```

[例 6.7.4] 用 case 语句描述的 4 选 1 MUX。

解
```
module mux4_1b(
input in1, in2, in3, in4, s0, s1
output reg out
);
always@( * )        //使用通配符，任何一个输入变量发生变化，都会执行 always
    case({s0, s1})
            2'b00：out=in1；
            2'b01：out=in2；
            2'b10：out=in3；
            2'b11：out=in4；
            default：out=2'bx；
        endcase
endmodule
```

对组合逻辑来讲，case 语句中的 default 和 if-else 语句中的 else 一样，是需要有 default 语句的，否则就会综合出隐含的锁存器(latch)。对于状态机来说，如果不写 default，万一巡查时查到 case 中没列出来的状态，状态机就挂死了。使用 default，不用进行任何操作，将 default 置为初始状态，或者置初值会避免挂死发生。

对时序逻辑来讲，如果默认情况是什么都不做的话，default 和 else 是可以不要的。要跟不要没有什么区别，理论上都可以。但是对于阻塞逻辑，如果 case 里没有包含所有可能的情况，在综合时就会产生寄生锁存器。对于时序逻辑，建议还是将 default 状态写上，特别是写状态机的时候，一旦出现意外，状态机不会死掉。

casez 与 casex 语句是 case 语句的两种变体，三者的表示形式中唯一的区别是 3 个关键词 case、casez、casex 的不同。在 case 语句中，敏感表达式与值 1～值 n 之间的比较是一种全等比较，必须保证两者的对应位全等。在 casez 语句中，如果分支表达式某些位的值为高阻 z，那么对这些位的比较就不予考虑。因此，只需关注其他位的比较结果。而在 casex 语句中，则把这种处理方式进一步扩展到对 x 的处理，即如果比较的双方有一方的某些位的值是 x 或 z，那么这些位的比较就不予考虑。

此外，还有另外一种标识 x 或 z 的方式，即用表示无关值的"?"来表示。

6.7.3　循环语句

Verilog HDL 中存在 4 种类型的循环语句，用来控制语句的执行次数。这 4 种语句分别为：

(1) forever 语句：连续地执行语句，多用在"initial"块中，以生成周期性输入波形。

(2) repeat 语句：连续执行一条语句 n 次。

(3) while 语句：执行一条语句，直到循环条件不满足。

(4) for 语句。

这四个语句中只有 for 语句是可以综合的，因此这里只介绍 for 语句。

for 语句的格式(形式同 C 语言)如下：

　　　for(表达式 1；表达式 2；表达式 3)语句；

即

　　　for (循环变量初值；循环结束条件；循环变量增值) 执行语句；

Verilog 中的 for 循环和 C 语言中的 for 循环不一样，表示的是电路的硬件行为，循环几次，就是将相同的电路复制几次。例如，

```
integer i；
    for(i = 0；i <= 7 ；i = i+1)
begin
    if(data_in[i])
        data_out[i] <= 1；
        else
            data_out[i] <= 1'bz；
end
```

上面的语句相当于 8 个选择器：

```
assign data_out[0] = data_in[0]? 1：1'bz；
...
assign data_out[7] = data_in[7]? 1：1'bz；
```

对于 loop 中的 integer i；integer 类型一般只用于 loop，其他时候基本不用此类型，其默认是 32 bit。

6.7.4 块语句

在 Verilog 中有两种结构化的过程语句：initial 语句和 always 语句，它们是行为级建模的两种基本语句。其他所有的行为语句只能出现在这两种语句里。

与 C 语言不同，Verilog 在本质上是并发而非顺序的。Verilog 中的各个执行流程(进程)是并发执行，而不是顺序执行的。每个 initial 语句和 always 语句代表一个独立的执行过程，每个执行过程从仿真时间 0 开始执行，并且两种语句不能嵌套使用。

所有的 initial 语句内的语句构成了一个 initial 块。initial 块从仿真 0 时刻开始执行，在整个仿真过程中只执行一次。如果一个模块中包括了若干个 initial 块，则这些 initial 块从仿真 0 时刻开始并发执行，且每个块的执行是各自独立的。如果在块内包含了多条行为语句，那么需要将这些语句组成一组，一般使用关键字 begin 和 end 将它们组合在一个块语句；如果块内只有一条语句，则不必使用 begin 和 end。例如在例 6.6.6 中就使用 initial 语句给出了 60 进制计数器的计数初值。

6.8 Verilog 有限状态机设计

6.8.1 有限状态机概念简介

如果一个对象(系统或机器)，其构成为若干个状态，触发这些状态会发生状态相互转移的事件，那么此对象称为状态机。设定一个初始状态输入给这台机器，机器就会自动运转，最后处于终止状态或进入某一个循环状态。

描述对象的状态往往是有限的，所以状态机又称为有限状态机(Finite-state machine，FSM)，有限状态机是一个非常有用的模型，可以模拟世界上大部分事物。

简单地说，有限状态机有三个特征：

(1) 其状态总数(state)是有限的。

(2) 它有记忆的能力，能够记住自己当前的状态。任一时刻，只处在一种状态之中。

(3) 在某种条件下，会从一种状态转变(transition)到另一种状态。

状态机分为两种类型，一种叫 Moore 型，一种叫 Mealy 型。

(1) Moore 有限状态机：输出仅依赖于内部状态，跟输入无关。

(2) Mealy 有限状态机：输出不仅决定于内部状态，还跟外部输入有关。

用有限状态机描述对象，逻辑清晰，表达力强，有利于系统的结构化和模块封装。一个对象的状态越多、发生的事件越多，就越适合采用有限状态机来描述。

例如，用六个数码管和两个按键设计一个最简单的电子表。要有年、月、日、时、分、秒显示，还要有秒表功能，并要求用这两个按键完成校时操作。这两个按键分别称为选择键 SelectKey 和调整键 AdjustKey。现给出一个完整的功能描述表格，如表 6.8.1 所示。

表 6.8.1　简易电子表功能描述

当前显示状态	按键操作	操 作 结 果
显示时间	按 SelectKey 键	屏幕显示变成日期
显示日期	按 SelectKey 键	屏幕显示变成秒表
显示秒表	按 SelectKey 键	屏幕显示变成时间
显示秒表	按 AdjustKey 键	秒表归 0
显示时间	按 AdjustKey 键	屏幕时间、日期交替显示
时间、日期交替显示	按 AdjustKey 键	屏幕"时"闪烁显示
"时"闪烁显示	按 SelectKey 键	屏幕"分"闪烁显示
"分"闪烁显示	按 SelectKey 键	屏幕"年"闪烁显示
"年"闪烁显示	按 SelectKey 键	屏幕"月"闪烁显示
"月"闪烁显示	按 SelectKey 键	屏幕"日"闪烁显示
"日"闪烁显示	按 SelectKey 键	屏幕回到时间显示
"时"闪烁显示	按 AdjustKey 键	屏幕"时"加 1，超过 23 回 0
"分"闪烁显示	按 AdjustKey 键	屏幕"分"加 1，超过 59 回 0
"年"闪烁显示	按 AdjustKey 键	屏幕"年"加 1，超过 99 回 0
"月"闪烁显示	按 AdjustKey 键	屏幕"月"加 1，超过 11 回 0
"日"闪烁显示	按 AdjustKey 键	屏幕"日"加 1，超过 30 回 0

如果按照通常的编程思路尝试去画流程图，很快就会陷入一头雾水。你会发现实现这个功能的程序根本就没有"确定的流程"。因为程序实际流程是根据人的操作而变化的，程序运行到什么地方，完全取决于两个键的次序，有无数种次序组合，根本不可能画出流程图来。但是我们会发现，这个电子表功能的"语言描述"在语法上似乎有某种规律，就是：当系统处于某状态(S1)时，如果发生了什么事情(E)，就执行某功能(F)，然后系统变成新状态(S2)，只要能用上面这句话描述的系统，就可以用一种状态跳转机制很方便地实现，并且就一句 if(…)。无论有多么复杂的功能，只要能用上面这句话描述，都可以通过状态机编程实现。将它们进行抽象，整个系统中有 2 个事件：SelectKey 键按下和 AdjustKey 键按下。各自按下的任务如下：

SelectKey 按下时执行：

```
{
    if(Status==TIME)                //当显示时间时按下 SelectKey 键
        {Status=DATE;}              //变成显示日期
    if(Status==DATE)                //当显示日期时按下 SelectKey 键
        {Status=SEC;}              //变成显示秒钟
    if(Status==SEC)                //当显示秒钟时按下 SelectKey 键
        {Status=TIME;}            //变成显示时间
    if(Status==SET_HOUR)          //当设置"小时"时按下 SelectKey 键
        {Status=SET_MINUT;}        //变成设置"分钟"
```

```
        if(Status==SET_MINUT)              //当设置"分钟"时按下 SelectKey 键
            {Status=SET_YEAR;}             //变成设置"年"
        ...
        }
AdjustKey 按下(可以是中断)时执行：
    {
        if(Status==SEC)                    //当显示秒钟时按下 AdjustKey 键
            {Secound=0;}                   //秒归 0
        if(Status==TIME)                   //当显示时间时按下 AdjustKey 键
            {Status=TIMEDATE;}             //变成时间日期交替显示
        if(Status==TIMEDATE)               //当日期交替显示时按下 AdjustKey 键
            {Status=SET_HOUR;}             //变成设置"时"(时闪烁)
        if(Status==SET_HOUR)               //当设置"时"时按下 AdjustKey 键
            {begin
                Status=Hour++;             //时加 1
                if(Hour>23) Hour=0;
            end
            }
        ...
    }
```

可见，上述编程和自然语言描述完全一致，编程简单明了。这就是最简单的状态机思想。当然，上述一大堆 if 语句用 case 语句实现会更好。

Verilog HDL 中可以用许多种方法来描述有限状态机，最常用的方法是用 always 语句和 case 语句。

6.8.2 有限状态机设计的一般原则和步骤

1. 逻辑抽象，得出状态图和表

有限状态机适合于研究较为复杂的问题，特别是交互式问题。研究时首先要分析对象，根据实际情况将其划分为若干个独立的状态。对于状态不太多的系统，可以用状态转换表或状态转换图来描述。对于比较复杂的系统，建议用状态转移表来描述，这时如果用状态转移图已经不太现实了，太多的转移连线会使人眼花缭乱。具体完成以下任务：

(1) 分析给定的逻辑问题，确定系统的输入变量、输出变量、状态数以及各系统状态间转换的条件。确定系统状态时一定要穷尽所有状态，即使有的状态可能在系统运行过程中不会出现，也要将其列出。这样可以避免综合出不必要的锁存器，锁存器可能会带来额外的延迟和异步 timing 问题。

(2) 确定系统各状态的含义，并给系统状态顺序编号或取能代表状态意义的名字。

(3) 列出系统的状态转换表(要求给出当前状态、转移状态及转移条件)或画出状态转换图。这样，就把给定的逻辑问题抽象到一个能用 always 过程块描述的时序逻辑了。

2. 状态化简

如果在状态转换图中出现这样两个状态，它们在相同的输入下转换到同一状态去，并得到一样的输出,则称它们为等价状态。显然等价状态是重复的,可以合并为一个。电路的状态数越少,电路也就越简单。状态化简的目的就在于将等价状态尽可能地合并,简化状态转换图使电路最简。同时要确保状态图中的任何一个状态,在同一条件下不能转换到一个以上的状态中去。

3. 状态编码

在 Verilog 中最常用的编码方式有二进制编码(Binary code)、格雷码编码(Gray-code)、独热码(One-hot code)。

二进制编码和格雷码编码是压缩状态编码。二进制编码也可称连续编码,也就是码元值的大小是连续变化的。例如,有 8 个状态,编码可以用 3 位二进制表示为 $S0 = 3'b000$,$S1 = 3'b001$,$S2 = 3'b010$,$S3 = 3'b011$,…。格雷码的相邻码元值间只有一位是不同的,例如,$S0 = 3'b000$,$S1 = 3'b001$,$S2 = 3'b011$,$S3 = 3'b010$,…。若使用格雷码编码,则相邻状态转换时只有一个状态位发生翻转,这样不仅能消除状态转换时由多条状态信号线的传输延迟所造成的毛刺,又可以降低功耗。

独热码又称一位有效编码,其方法是使用 N 位状态寄存器来对 N 个状态进行编码,每个状态都有它独立的寄存器位,并且在任意时候,其中只有一位有效。独热码值每个码元值只有一位是 $'1'$,其他位都是 $'0'$。例如,系统有 3 个状态,可以表示为 $S0 = 3'b001$,$S1 = 3'b010$,$S2 = 3'b100$。虽然使用较多的触发器,但由于状态译码简单,可减少组合逻辑且速度较快,这种编码方式还易于修改,增加状态或改变状态转换条件都可以在不影响状态机的其他部分的情况下很方便地实现。另外,它的速度独立于状态数量。与之相比,压缩状态编码在状态增加时速度会明显下降。

二进制编码和格雷码编码使用最少的触发器,消耗较多的组合逻辑,而独热码编码反之。One-hot 编码的最大优势在于状态比较时仅仅需要比较一个位,一定程度上简化了比较逻辑,减少了毛刺产生的概率。虽然在需要表示同样的状态数时,独热编码占用较多的位,也就是消耗较多的触发器,但这些额外触发器占用的面积可与译码电路省下来的面积相抵消。

为了进一步提高独热码编码的速度,可以使用并行 CASE 语句,即在 $case(1'b1)$ 后添加综合器可以辨认的并行 CASE 注释语句。

注意:并行 CASE 语句只推荐在独热码编码时使用,在二进制编码和格雷码编码时使用反而会增大面积、降低速度。

在 CPLD 中,由于器件拥有较多的组合逻辑资源,所以 CPLD 多使用二进制编码或格雷码编码,而 FPGA 更多地提供触发器资源,所以在 FPGA 中多使用独热码编码。

4. 描述状态机

描述状态机的方法多种多样,总结起来有两大类:第一种,将状态转移和状态的操作、判断等写在一起;另一种是将状态转移单独写成一个部分,将状态的操作和判断写到另一个部分中。建议采用后面这种两段式的状态机描述方法。

两段式的状态机描述方法比较好,它将同步时序和组合逻辑分别放到不同的程序块中实现,不仅仅便于阅读、理解、维护,更有利于综合器优化代码,利于用户添加合适的时序约束条件,利于布局布线器实现设计。

在状态机描述过程中要注意以下几点：

(1) 确认初始化状态和默认状态。

一个完备的状态机(健壮性好)应该具备初始化状态和默认状态。当系统启动或复位后，状态机应该能自动进入到初始化状态，并能在运行过程中自动判断状态转移条件，根据状态转移条件进行转换。一般的方法是为状态机设计异步复位信号或者将默认的初始状态的编码设为全零，这样当系统复位后，状态机自动进入初始状态。另一方面，状态机也要有一个默认状态，当转移条件不满足，或状态发生突变时，保证逻辑不会陷入死循环。

(2) 指定默认输出值。

这样做的好处是能够防止无意生成的锁存器。另外，所有的输出最好用寄存器型变量，以获得更好的时序环境和输出状态的稳定。

(3) 状态机输出逻辑复用。

如果在状态机中有多个状态都会执行某项同样的操作，则可在状态机的外部定义这个操作的具体内容，在状态机中仅仅调用这个操作的最终输出即可。例如，状态机中经常会对按键响应进行处理，那么最好用一个 always 过程块完成读键值操作。

下面给出一个采用有限状态机设计数字电路的例子，附录 2 中介绍了基于有限状态机的数码管动态显示和简易时钟的应用实例和 Verilog 程序，读者可以进一步熟悉。

[例 6.8.1] 采用有限状态机设计跑马灯。要求控制 8 个 LED 灯实现如下显示花型：

(1) 从两边到中间逐个点亮，全亮后熄灭；

(2) 从中间往两头逐个点亮，全亮后熄灭；

(3) 循环执行上述过程。

解 以(1)为例说明有限状态机实现 LED 显示花型的过程。

① 分析跑马灯的显示花型，得出状态转换如表 6.8.2 所示。表中 0 表示 LED 灭，1 表示 LED 亮。表中列出了所有可能出现的状态，以及状态之间的转换。

表 6.8.2　例 6.8.1(1)的 LED 显示状态转换表

8 个 LED 显示的当前状态	8 个 LED 显示的下一个状态
0　0　0　0　0　0　0　0	1　0　0　0　0　0　0　1
1　0　0　0　0　0　0　1	1　1　0　0　0　0　1　1
1　1　0　0　0　0　1　1	1　1　1　0　0　1　1　1
1　1　1　0　0　1　1　1	1　1　1　1　1　1　1　1
1　1　1　1　1　1　1　1	0　0　0　0　0　0　0　0
0　0　0　0　0　0　0　0	0　0　0　1　1　0　0　0
0　0　0　1　1　0　0　0	0　1　1　1　1　1　1　0
0　1　1　1　1　1　1　0	1　1　1　1　1　1　1　1
1　1　1　1　1　1　1　1	0　0　0　0　0　0　0　0

跑马灯需要一个时序控制，每隔一段时间显示状态进行一次切换。因此，要实现跑马灯显示，还需要一个控制跑马灯的时钟，这里采用 4Hz 的时钟信号作为跑马灯的时序控制

信号。4Hz 的时钟信号可以通过对 50MHz 的时钟信号分频得到。

　　② 状态检查和化简。注意表中有两个"00000000"和"11111111"状态，这是不允许的，一个状态在同一条件下不能转换到一个以上的状态中去。为了保证状态的唯一性，可以考虑增加一位来区分。例如，低位增加一位，用 000000000 和 000000001 区分两个"00000000"状态。

　　③ 状态编码。对于比较简单的状态机，状态可以直接用于进行状态编码的有限状态机系统，一个过程就可以实现系统的状态控制功能，这样可以使电路变得简单。如本例所示，用 8 个 LED 的亮灭状态需要的控制数字量作为显示状态编码。

　　④ 描述状态机。在每一个 4 Hz 信号的上升沿当前状态发生一次改变，将当前状态中与显示状态对应的 1 到 8 位输出给 8 个 LED 的控制位，即可得到所需要的跑马灯显示花型。

　　实现代码如下：

```verilog
module RunningLED(
    input clk50MHz,              //输入信号：50MHz 时钟信号
    input reset,                 //输入信号：复位开关，置 1 时全灭
    output [7：0] LED            //输出信号：8 个 LED 的控制信号
    );
//中间变量定义
reg[8：0] state;                 //跑马灯状态寄存器，9 位位宽
reg[23：0] counter;              //计数寄存器，用于分频产生 4 Hz 时钟信号
wire clk4Hz;                     //4 Hz 时钟信号用于跑马灯显示状态切换
parameter   //LED 显示状态编码。0—灭，1—亮。8 位表示时有重复编码，所以在后面加了 1 位
        s0＝9'b000000000,
        s1＝9'b100000010,
        s2＝9'b110000110,
        s3＝9'b111001110,
        s4＝9'b111111110,
        s5＝9'b000000001,
        s6＝9'b000110000,
        s7＝9'b001111000,
        s8＝9'b011111100,
        s9＝9'b111111111;
always @(posedge clk50MHz)  //从 50MHz 时钟信号分频得到 4Hz 时钟信号
    begin
        if(counter＜12500000)
            counter＜＝counter＋1;
        else
            counter＜＝0;
    end
assign clk4Hz＝counter[23];
always @(posedge clk4Hz)      //每个 4 Hz 信号的上升沿显示状态切换一次
    begin
        if(reset)   state＜＝s0;
```

```
        else case(state)
            s0：state<＝s1;
            s1：state<＝s2;
            s2：state<＝s3;
            s3：state<＝s4;
            s4：state<＝s5;
            s5：state<＝s6;
            s6：state<＝s7;
            s7：state<＝s8;
            s8：state<＝s9;
            s9：state<＝s0;
            default：state<＝s0;
        endcase
    end
assign LED[7：0]＝state[8：1];        //显示状态的 1 到 8 位送 LED 显示控制
endmodule
```

　　有限状态机是一种处理复杂问题的方法,适用于任何编程语言。一定要灵活运用,切不可死搬硬套。对于简单的能用 if-else 或 case 语句直接表达的逻辑电路,就没有必要采用有限状态机的方法了。对于比较复杂的系统,而且系统运行过程可以划分为多个状态的,可以尝试用有限状态机的方法来解决。

本 章 小 结

　　本章首先比较了 Verilog 语言与 C 语言的区别与相同之处,帮助读者从 C 语言过渡到 Verilog 程序设计。本章强调了 Verilog 语言的并行性和硬件关联性。介绍了 Verilog HDL 的语法结构,包括变量、语句、模块结构和 Verilog 设计的层次与风格。对于较为复杂的系统可采用自顶向下的设计方法,为此专门介绍了模块的调用方法。对于可划分为多个状态的复杂系统可采用有限状态机的方法进行设计和描述。

　　可编程逻辑器件(CPLD 和 FPGA)可以简单的理解为一块特殊的面包板,上面插了许多数字逻辑器件,而且提供了许多连线资源,用户可以根据自己的需要使用不同方法搭建自己的电路。原理图和硬件描述语言是两种常用方法,原理图输入法适合于实现逻辑结构比较清楚、简单的数字逻辑系统。而对于比较复杂的数字逻辑系统就必须用硬件描述语言来实现。用原理图输入法实现一个数字逻辑系统,就像在面包板上搭建电路一样,用硬件描述语言实现一个复杂的数字逻辑系统时,只关心系统的行为表现,而不用关心系统的内部硬件结构和硬件上如何实现,编译软件会自动将硬件描述语言翻译成相应的硬件电路。因此,在 Verilog 语言中重点掌握如何用 always 行为块描述语句描述数字逻辑过程,对于简单的组合逻辑部分用 assign 赋值语句实现。

　　需要注意的是,所有的 Verilog HDL 编译软件都只支持该语言的某一个子集。所以,在使用 Verilog HDL 进行编译时,必须弄清楚所用编译软件的功能,用编译软件支持的语句来描述所设计的系统。

思考题与习题

思考题

6.1　什么是硬件描述语言？Verilog HDL 与 C 语言最本质的区别是什么？

6.2　wire 型变量与 reg 型变量有什么本质区别？

6.3　阻塞赋值和非阻塞赋值的区别是什么？

习题

6.1　设计一个与或非门的 Verilog 程序。

6.2　先分别设计与门、或门和非门的模块程序，然后调用这几个模块程序，设计一个异或门的 Verilog 程序。

6.3　用 Verilog 设计一个 8 位加法器，进行综合和仿真，查看综合和仿真结果，并用 ISE 软件的布线后仿真功能测试加法器的延时。

6.4　用 Verilog 语言设计比较器、译码器、多路选择器等器件的逻辑功能。

6.5　用 Verilog 语言设计一个 60 进制计数器，并通过模块调用设计一个 360 进制的计数器。

6.6　时钟信号频率为 50MHz，用 Verilog 语言设计一个秒脉冲发生器。

6.7　用 case 语句和 Basys2 开发板设计一个表决电路。参加表决者为 8 人，同意为 1，不同意为 0，同意者过半则表决通过，LED0 指示灯亮，表决不通过则 LED1 指示灯亮。

6.8　编写 Basys2 开发板上 8 个 LED 灯的跑马灯程序，要求至少有以下 3 种模式：

(1) 从左到右(或从右到左)依次点亮，然后依次熄灭。

(2) 从中间到两侧依次点亮，然后依次熄灭。

(3) 从左到右(或从右到左)循环跑灯。

6.9　用 Verilog 语言设计一个带异步复位和置位的 D 触发器。

6.10　用 Verilog 语言设计一个带同步复位和置位的 D 触发器。

6.11　完成一个具有时、分、秒显示的数字钟。用 8 个 LED 灯显示秒、4 个数码管分别显示时和分。用 2 到 4 个按键实现校时功能。要求采用模块调用和有限状态机的方法设计。

第7章

组合逻辑电路与器件

集成门是组合逻辑电路最基本的器件,在第2、3章中由门构成的无反馈的电路都是组合电路,由门构成的组合逻辑电路分析和设计方法相对简单。本章首先介绍组合逻辑电路的基本概念以及常用中规模器件的符号表示,然后介绍译码器和编码器、多路选择器、加法器和比较器、算术逻辑单元等一些具有特定逻辑功能的常用中规模集成电路(MSI)。

7.1　组合逻辑电路基本概念和器件符号

7.1.1　组合逻辑电路基本概念

所谓组合逻辑电路,是指在任何时刻,逻辑电路的输出状态只取决于该时刻输入信号的逻辑状态,而与电路原来的状态无关。组合逻辑电路的基本单元是各种逻辑门。

由于组合逻辑电路的输出逻辑状态与电路的历史情况无关,所以它的电路中不包含记忆性电路或器件。目前常用的组合逻辑电路都已制成标准化、系列化的中、大规模集成电路可供选用。

组合电路可以用图7.1.1的框图表示。图中A_1、A_2、$\cdots$、A_n表示输入逻辑变量,L_1、L_2、$\cdots$、L_m表示输出逻辑变量。输出与输入之间的逻辑关系可以用下列一组函数式来表示:

$$L_1 = f_1(A_1, A_2, \cdots, A_n)$$
$$L_2 = f_2(A_1, A_2, \cdots, A_n)$$
$$\vdots$$
$$L_m = f_m(A_1, A_2, \cdots, A_n)$$

(7.1.1)

组合逻辑电路可以有多个输入端和多个输出端。其中每个输出变量可以是全部或部分输入变量的逻辑函数。n个输入变量有2^n种输入组合,对于每一种组合,每个输出只有一个输出值与其对应。

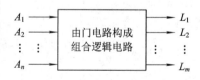

图7.1.1　组合逻辑电路框图

对于图7.1.1中方框内组合电路的逻辑功能,除了用逻辑函数描述它的逻辑功能外,还可以用逻辑电路图、真值表、硬件描述语言等方式描述它。

无论是组合逻辑电路还是时序逻辑电路,通常遇到的问题一般可分为两类,一类称为逻辑电路的分析,另一类称为逻辑电路的设计。所谓分析,是根据已知的逻辑电路图分析电路所实现的逻辑功能,而设计则是根据逻辑问题得出能够实现该功能的逻辑电路。

　　在满足逻辑功能的前提下，传统的基于门的逻辑电路设计中的重要步骤是化简逻辑函数表达式，以便用最简单的电路来实现逻辑设计。所谓电路最简单，是指所用小规模集成门电路的种类、个数和输入端数最少。设计一个像计算机这样复杂的数字系统，如果采用门电路来实现是无法想象的，因此，本教程不再介绍基于门电路的设计和分析。如果用中大规模集成电路或高密度可编程逻辑器件实现逻辑设计，则不一定要将逻辑函数化为最简逻辑表达式。

　　复杂的数字系统采用层次式设计方法，将复杂的数字网络分解为实现一定功能的逻辑部件。具有一定功能的逻辑部件通常称为数字部件、数字单元或模块，其本身是由逻辑部件或简单的逻辑门构成实现相应功能的复杂逻辑结构。这些逻辑电路已被制成了各种规格的标准化集成器件并得到广泛的应用，例如本章后面介绍的编码器、译码器、多路数据选择器和数字运算电路等中规模集成电路(MSI)。这些器件具有特定的逻辑功能，通常用符号图、功能表等描述其逻辑功能。与集成芯片引脚图不同，符号图一般只标出输入、输出端，而不标注输入、输出信号对应引脚以及电源和接地引脚。为方便使用，本书中一些常用集成电路符号图上标出了信号对应的引脚号。功能表是描述中规模集成器件功能的一种表格，与真值表类似，但是功能表中输入变量取值一般不是所有输入取值的列表，功能表给出了输入端、控制信号与输出变量的逻辑关系。虽然，MSI 器件在现代数字电路设计中也很少使用，其功能可以由可编程逻辑器件实现，但还是很有必要了解它的功能和应用。

7.1.2　中规模逻辑器件的符号

　　具有一定功能的中规模集成逻辑器件(MSI)，制造厂家都提供其数据手册。MSI 器件数据手册都提供了功能描述、逻辑符号图、功能表、封装和引脚排列、内部逻辑图等内容。功能表是描述输入和输出之间的逻辑关系的表格，由于输入变量之间可能会有约束条件，或者优先级不同，又或者变量之间各不相关，因此，表中无需列出输入逻辑变量的所有取值的组合，而只需写出简化的真值表，这种简化表格不再称为真值表。

　　用数字部件进行数字系统设计和分析时主要关心各部件的外部特性和功能。虽然各数字部件内部包含了基本的逻辑门，但实际应用中通常忽略内部逻辑细节，主要研究如何用数字部件构造大型的数字网络和系统。该方式有助于设计者在较高层次上理解数字系统设计。在学习数字部件时，通过符号图和功能表基本可以掌握 MSI 的全部功能，所以本书中介绍的多数器件没给出内部电路细节。

　　一般来说，数字部件具有输入和输出端，有些数字部件包括一些控制信号输入端口，这些控制端口上的信息不是数据流的一部分，但它是控制 MSI 是否工作的一类重要信号。符号图很清晰地显示了输入(包含控制端口)和输出端。一般同一个器件的逻辑符号图或引脚图，不同的器件手册或教材使用的引脚符号和表示形式都不一样。本书对逻辑符号图进行了规范，符号图框内所有输入输出信号均用正体字母标注，且为正逻辑(即框内符号上没有非号)。框外输入端的小圆圈表示输入信号低电平(逻辑 0)有效，而输出端的小圆圈表示反码输出，并在框外对应的自定义输入和输出变量上冠上"—"号表示低有效，符号图外的变量都用斜体字母表示，外部自定义变量一般是在应用 MSI 的电路中标出，如图 7.2.3 所示的 $\overline{Y_0}$、$\overline{Y_1}$ 等。通常单纯的符号图无需写出框外的变量，如图 7.2.1 所示，图中的数字代表信号对应的引脚排列号。

但要注意,这只是本书的规定,并不是标准,其他的参考书或器件手册中的标法可能会五花八门。因此,使用器件时,大家学会使用器件的方法是最重要的,这样面对不断出现的新器件才不会束手无策。通过大量的使用集成器件,大家会发现使用中小规模的集成器件只要了解以下几点即可:

(1)在逻辑符号图或原理图中,器件的输入信号一般在图框的左面或上面,输出在右面或下面;

(2)当输入信号端有小圆圈(一般是控制输入端),表示该端为低电平有效,当输出信号端有小圆圈,表示器件工作时该端输出低电平有效;

(3)多控制端芯片只有当所有控制端同时有效时,才可以实现芯片的逻辑功能;

(4)如果资料中给出了器件的功能表,要学会看对应的功能表,器件功能以功能表为准;

(5)资料也经常会有出错的情况,遇到问题可以通过实验来最后验证。

7.2 译码器和编码器

在图 2.2.1 中已经说明,编码器将现实世界的信息转换为数字信息处理网络可以理解的二进制信息;而译码器则将数字网络处理的结果转换为现实世界可接收的信号输出。编码器和译码器是数字系统非常重要的器件。

7.2.1 地址译码器

数字系统中的信息是用二进制编码来表示的,译码是把一些二进制码、8421BCD 码或十六进制码转换为可识别的数字或特征信号。具有译码功能的 MSI 芯片称为译码器(Decoder),译码器是一种常用的组合逻辑功能器件,有许多不同型号的集成译码器。

具体来说,译码器是将来自 n 个输入线的二进制信息转换为最多达 2^n 个输出线的组合逻辑器件,这种译码器被称为 $n-2^n$ 线译码器,例如,74138 为 3-8 线译码器。译码输入不限于自然二进制码,还可输入其他码,如 8421BCD 码和十六进制码等,例如,7442 为 4 线到 10 线的 BCD 译码器,74154 为 4 线到 16 线的十六进制译码器。如果译码器只有一个输出为有效电平,其余输出为相反电平,这种译码电路称为"唯一"地址译码电路,也称为基本译码器,常用于计算机中对存储器地址的译码;另外,也可以有多个输出为有效电平,例如,BCD - 七段显示译码器。本节以74138 译码器为例介绍地址译码器。

74LS138 是最常用的集成译码器之一,74LS138 的符号图如图 7.2.1 所示。74LS138 有 3 个译码输入端 A_2、A_1 和 A_0,8 个输出端 $Y_0 \sim Y_7$,因此又称为 3-8 线译码器,它有 ST_A、ST_B 和 ST_C 三个控制输入端(使能控制端),以增加使用的灵活性。

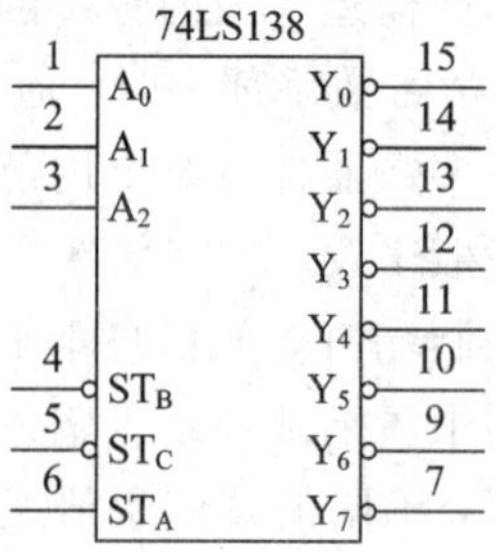

图 7.2.1 74LS138 的符号图

图 7.2.2 是 74LS138 译码器的内部电路,由内部电路很容易理解其功能表。一般情况下,由功能表就可以了解芯片的全部功能。因此,后续 MSI 器件不再给出内部逻辑图。对个别有疑问的芯片可以下载数据手册查看详细资料。

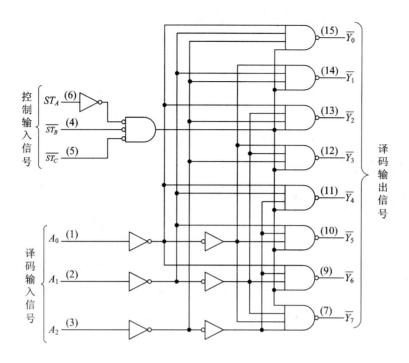

图 7.2.2　74LS138 内部电路

由表 7.2.1 可知，74LS138 的输出信号 $\overline{Y_0} \sim \overline{Y_7}$ 分别对应着二进制码 $A_2 A_1 A_0$ 的所有最小项的非，因此，该译码器又称为最小项唯一译码器。

表 7.2.1　3-8 线译码器 74LS138 的功能表

控　制　输　入		译　码　输　入			输　　　出							
ST_A	$\overline{ST_B} + \overline{ST_C}$	A_2	A_1	A_0	$\overline{Y_0}$	$\overline{Y_1}$	$\overline{Y_2}$	$\overline{Y_3}$	$\overline{Y_4}$	$\overline{Y_5}$	$\overline{Y_6}$	$\overline{Y_7}$
×	1	×	×	×	1	1	1	1	1	1	1	1
0	×	×	×	×	1	1	1	1	1	1	1	1
1	0	0	0	0	0	1	1	1	1	1	1	1
1	0	0	0	1	1	0	1	1	1	1	1	1
1	0	0	1	0	1	1	0	1	1	1	1	1
1	0	0	1	1	1	1	1	0	1	1	1	1
1	0	1	0	0	1	1	1	1	0	1	1	1
1	0	1	0	1	1	1	1	1	1	0	1	1
1	0	1	1	0	1	1	1	1	1	1	0	1
1	0	1	1	1	1	1	1	1	1	1	1	0

由表 7.2.1 可以得到译码器每个输出端的逻辑函数式为

$$\overline{Y_0} = \overline{\overline{A_2}\,\overline{A_1}\,\overline{A_0}} = \overline{m_0} \qquad \overline{Y_1} = \overline{\overline{A_2}\,\overline{A_1}\,A_0} = \overline{m_1}$$

$$\overline{Y_2} = \overline{\overline{A_2}\,A_1\,\overline{A_0}} = \overline{m_2} \qquad \overline{Y_3} = \overline{\overline{A_2}\,A_1\,A_0} = \overline{m_3}$$

$$\overline{Y_4} = \overline{A_2\,\overline{A_1}\,\overline{A_0}} = \overline{m_4} \qquad \overline{Y_5} = \overline{A_2\,\overline{A_1}\,A_0} = \overline{m_5}$$

$$\overline{Y_6} = \overline{A_2\,A_1\,\overline{A_0}} = \overline{m_6} \qquad \overline{Y_7} = \overline{A_2\,A_1\,A_0} = \overline{m_7}$$

74138 也称为 8 选 1 的八进制译码器。

7.2.2　地址译码器的扩展应用

1. 扩展

74LS138 的 3 个控制端为译码器的扩展及灵活应用提供了方便。例如,用两片 74LS138 按图 7.2.3 连接,可方便地扩展成 4-16 线译码电路。图 7.2.3 中将两片 74LS138 的 3 个输入端 A_2、A_1、A_0 分别连接,作为 4-16 线译码电路的输入 A_2、A_1、A_0,将第一片的 $\overline{ST_C}$ 和第二片的 ST_A 与 A_3 连接,其余控制端按图接有效电平。当输入 $\overline{ST}=1$ 时,两片 74LS138 均被禁止;当 $\overline{ST}=0$ 时,哪片 74LS138 工作取决于 A_3 的值。 $A_3=0$ 时,第 I 片 74LS138 工作,将 $A_3A_2A_1A_0$ 对应的 0000~0111 这 8 个二进制代码分别译为 $\overline{Y_0}\sim\overline{Y_7}$ 8 个低电平信号;当 $A_3=1$ 时,第 II 片 74LS138 工作,将 $A_3A_2A_1A_0$ 对应的 1000~1111 这 8 个二进制代码分别译为 $\overline{Y_8}\sim\overline{Y_{15}}$ 8 个低电平信号;从而实现 4-16 线译码电路的功能。

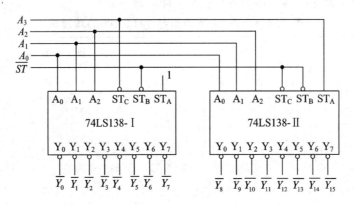

图 7.2.3　3-8 线译码器扩展为 4-16 线译码器

2. 实现逻辑函数

由于 74LS138 译码器的输出是译码 3 变量输入的 8 个最小项的非,而任何逻辑函数都可以表示为最小项之和的形式。因此,由德·摩根定律可知,用 74LS138 译码器和与非门可以很方便地构成多输出的逻辑函数发生器。如果译码器的输出是高电平有效,每个输出就对应一个最小项,用这种译码器和或门也可以实现逻辑函数。

例如,试用 74LS138 实现 $F = \overline{A}C + B$。一般要将逻辑函数先变换为最小项之和形式,本函数的变换显然比较麻烦,在此使用卡诺图方法可以方便地得到函数的最小项,如图 7.2.4(a)所示,如果将变量 A 连接到译码器译码输入的高位 A_2,由卡诺图得到

$F = \sum m(1, 2, 3, 6, 7)$。译码器实现逻辑函数的电路如图 7.2.4(b)所示。

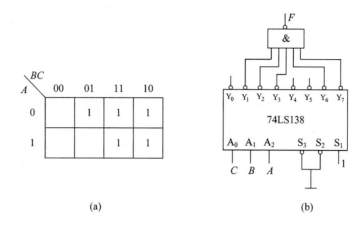

(a)　　　　　　　　　　　　　　(b)

图 7.2.4　用卡诺图得到最小项和译码器实现逻辑函数
(a) 逻辑函数的卡诺图；(b) 译码器实现逻辑函数的电路图

7.2.3　计算机 I/O 接口及地址译码技术

输入/输出(I/O)接口技术是实现计算机与外部设备进行信息交换的技术，在微处理器系统中占有重要地位。本小节主要讨论 I/O 接口及内部端口的两种编址方式，简单介绍早期计算机主板上的译码电路。

1. I/O 接口基本概念

I/O 接口是 CPU 与外部输入/输出设备(简称外设)进行数据交换的中转站，是在主机与外设之间起到协助完成数据传送和控制等任务的逻辑电路。外设通过 I/O 接口电路把信息传送给微处理器进行处理，微处理器将处理完的信息通过 I/O 接口电路传送给外设，I/O 接口完成计算机系统的各种输入/输出功能。

计算机中常用输入设备有键盘、鼠标、扫描仪、麦克风、摄像头、手写板等。常用的输出设备有打印机、显示器、投影仪、耳机、音箱等。

由于输入/输出设备和装置的工作原理、驱动方式、信息格式以及工作速度等各不相同，其数据处理速度也各不相同，但都远比 CPU 的处理速度要慢。所以，这些外设不能与 CPU 直接相连，必须经过中间电路连接，这部分中间电路被称做 I/O 接口电路，简称 I/O 接口，用来解决 CPU 和 I/O 设备间的信息交换问题，使 CPU 和 I/O 设备协调一致地工作。I/O 接口的具体功能就是完成速度和时序的匹配、信号逻辑电平的匹配、驱动能力的协调等。其中，时序匹配是非常重要的，每个外设都有自己固定的时序，CPU 访问外设时必须产生与外设时序一致的信号才能正常交换信息。

完成 I/O 接口的功能，就要求 I/O 接口电路必须有：数据缓冲器、信号转换、设备选择、信息的 I/O 传送、中断控制、可编程、复位和错误检测等功能。无论接口电路复杂程度如何，CPU 与 I/O 接口交换的信息都可以分为三类：数据信息、状态信息和控制信息，这三种信息都以数据形式存放在 I/O 接口电路的寄存器中。数字信息是两者之间要传送的数据；状态信息主要用来反映 I/O 设备当前的状态，例如，输入设备是否准备好，输出设备是否处于忙状态等；控制信息是 CPU 通过 I/O 接口来控制 I/O 设备的操作，是向外设传送的控制命令，例如，读、写等命令。

为了区分 I/O 接口中的不同寄存器，定义了"I/O 端口"概念，I/O 端口是指能被 CPU 直接访问(读/写)的寄存器。因此，如果 I/O 接口芯片中有多个 I/O 端口，接口芯片就有对应地址线输入引脚，用于区分各端口。一般情况下，计算机要访问多个 I/O 接口，就需要地址译码电路产生区分不同接口芯片的信号，分别接到芯片的片选端($\overline{CS}$，即 Chip Select)，$\overline{CS}$ 表示片选信号是低电平有效，即低电平选中该芯片工作(多数 IC 片选为低有效)。一般处理器地址总线的高位地址与 CPU 的控制信号，经译码电路产生 I/O 接口的片选信号 $\overline{CS}$，地址总线的低位地址不参与片选译码，直接连到接口芯片的地址端，对片内端口进行寻址。I/O 接口与 CPU 及外设的典型连接如图 7.2.5 所示。

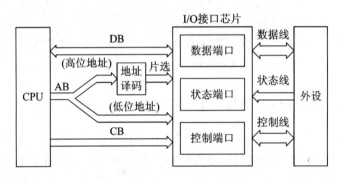

图 7.2.5　I/O 接口电路典型连接示意图

I/O 接口技术采用的是软件和硬件相结合的方式，接口电路属于微机的硬件系统，软件是控制这些电路按要求工作的驱动程序。任何接口电路的应用，都离不开软件的驱动与配合，软件部分在学习微处理器之后介绍。

2. I/O 端口的编址(或寻址)方式

微处理器除了访问 I/O 设备外，还需要访问存储器。不同处理器对存储器和 I/O 接口的编址方法不同，主要有两种：一种是端口和存储器统一编址，即存储器映射方式；另一种是 I/O 和存储器分开独立编址，即 I/O 映射方式。

统一编址是从存储器空间划出一部分地址空间给 I/O 设备，把 I/O 接口中的端口当作存储器单元一样进行访问，不设置专门的 I/O 指令。Motorola 系列、Apple 系列微型机、TI 的 DSP 和一些小型机就是采用这种方式。

独立编址的存储器和 I/O 端口地址空间是可以完全重叠的，这种编址方式的主要优点是 I/O 端口地址不占用存储器空间，使用专门的 I/O 指令对端口进行操作，I/O 指令短，执行速度快。IBM 系列、Z-80 系列微型机和大型计算机通常采用这种方式。

假设某微处理器系统地址总线宽度为 16 位，那么两种编址的方式如图 7.2.6 所示，统一编址访问存储器和 I/O 端口的指令相同，但不同处理器分配给 I/O 端口的存储空间不同，可能在地址空间的低地址区，高地址区，或者中间区域。独立编址通过不同指令访问存储器和 I/O 端口。

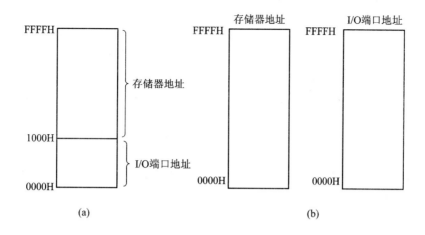

图 7.2.6 I/O 端口的两种编址方式举例

(a) 统一编址；(b) 独立编址

3. PC 系列微机中的 I/O 端口译码电路

PC 系列微机中的 I/O 接口电路大体上分为两类：

(1) 主板上的 I/O 接口芯片。这些芯片大多都是可编程的大规模集成电路，完成相应的接口操作。在 IBM—XT/AT 微机中有 DMA 控制器(8237)、中断控制器(8259A)、计数/定时器 T/C(8253)、并行可编程接口 PPI(8255A)、DMA 页面寄存器及 NMI 屏蔽寄存器等 I/O 接口。随着 IC 设计、制造、封装以及 PLD 技术的发展，目前 PC 机系统主板上由芯片组(Chipset)联络 CPU 和外围设备的运作，主板上最重要的芯片组就是南桥和北桥。北桥是主芯片组也称为主桥，是主板上离 CPU 最近的芯片，它主要负责 CPU 和内存之间的数据交换，随着芯片的集成度越来越高，也集成了不少其他功能。南桥芯片主要负责 I/O 接口的控制，包括管理中断及 DMA 通道、KBC(键盘控制器)、RTC(实时时钟控制器)、USB(通用串行总线)、Ultra DMA/33(66)EIDE 数据传输方式和 ACPI(高级能源管理)等，一般位于主板上离 CPU 插槽较远的下方，在靠近 PCI 槽的位置。370 主板上南桥为 VT82C686A、VT82C686B 等。其他 I/O 芯片常用型号有 W83627HF、IT8712F、IT8705F 等(都集成有监控功能)。

(2) 扩展槽上的 I/O 接口控制卡。这些接口控制卡是由若干个集成电路按一定的逻辑功能组成的接口部件，例如，多功能卡、图形卡、串行通信卡、网络接口卡等。

PC 系列微机中的 I/O 端口采用独立编址。虽然，PC 微机 I/O 地址线有 16 根，对应的 I/O 端口编址可达 64K 字节，但由于 IBM 公司当初设计微机主板及规划接口卡时，其端口地址译码是采用非完全译码方式，即只考虑了低 10 位地址线 $A_0 \sim A_9$。故其 I/O 端口地址范围是 0000H～03FFH，总共只有 1024 个端口。

图 7.2.7 是早期的 PC 计算机 IBM—XT/AT 使用 74LS138 译码器构成的系统主板上的芯片片选译码电路，图中的高 5 位地址 $A_9 \sim A_5$ 参与译码，低 5 位地址 $A_0 \sim A_4$ 用作各接口芯片内部端口的访问地址。图中的 $\overline{AEN}$ 信号是地址允许(Address Enable)信号，当 $\overline{AEN} = 0$ 时，表示 CPU 占用地址总线，译码有效，可以访问 I/O 接口芯片；当 $\overline{AEN} = 1$ 时，表示 DMA 占用地址总线，译码无效，防止 DMA 周期与 CPU 访问端口冲突。

根据图 7.2.7 的连接,在信号 $\overline{AEN}=0$ 时,可得到各芯片的地址范围如表 7.2.2 所示。

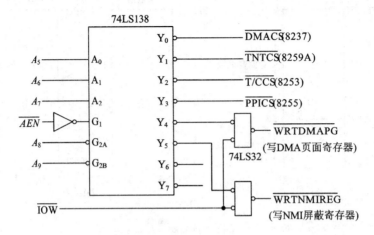

图 7.2.7 IBM—PC XT/AT 系统主板上的 I/O 接口片选译码电路

表 7.2.2 系统主板上接口芯片的端口地址范围

地址线										对应地址范围	接口芯片
A_9	A_8	A_7	A_6	A_5	A_4	A_3	A_2	A_1	A_0		
0	0	0	0	0	×	×	×	×	×	000H~01FH	DMA8237
0	0	0	0	1	×	×	×	×	×	020H~03FH	中断控制器 8259A
0	0	0	1	0	×	×	×	×	×	040H~05FH	定时计数器 8253
0	0	0	1	1	×	×	×	×	×	060H~07FH	并行计数器 8255
0	0	1	0	0	×	×	×	×	×	080H~09FH	写 DMA 页面寄存器
0	0	1	0	1	×	×	×	×	×	0A0H~0BFH	写 NMI 屏蔽寄存器
0	0	1	1	0	×	×	×	×	×	0C0H~0DFH	
0	0	1	1	1	×	×	×	×	×	0E0H~0FFH	

片选信号选中芯片后,接口芯片内部一般会有多种可访问端口,不同的芯片端口数量不同。这些端口的寻址需要由地址线的低位地址区分,即低位地址接到接口芯片的对应地址端,经内部译码电路即可区分端口,图 7.2.8 是 8255A 在 PC 机主板系统中的连接,高 5 位地址 $A_9A_8A_7A_6A_5$ 取值为 00011 时,片选信号 $\overline{PPICS}$(即译码器 Y_3 输出)有效,A_1 和 A_0 作为内部译码电路输入,区分端口 A、B、C 和控制寄存器,没用到的地址 $A_4A_3A_2$ 可以任意取值,一般设定为 000,则 8255 内部 4 个端口地址为 060H~063H。8255A 在 PC 主板上用于控制扬声器、键盘、RAM 的奇偶校验电路和系统配置开关等。

在 PC/AT 系统中,前 256 个端口(000~0FFH)供给系统板上的 I/O 接口芯片使用,如表 7.2.3 所示,后 768 个端口(100~3FFH)供扩展槽上的 I/O 接口控制卡使用,常用扩展槽上接口控制卡的端口地址范围如表 7.2.4 所示。

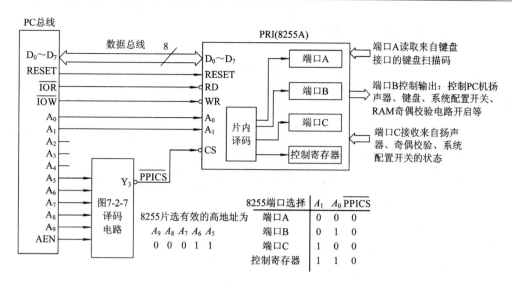

图 7.2.8　接口芯片片内端口寻址举例

表 7.2.3　系统主板上接口芯片的端口地址

端口地址范围(H)	I/O 接口
000—01F(00—0F)	8237A‐5DMA 控制器
020—03F(20—21)	8259A 中断控制器
040—05F(40—43)	8253‐5 计数器/定时器
060—07F(60—63)	8255A‐5 并行接口
080—09F(80—83)	DMA 页寄存器
0A0—0BF(A0)	NMI 屏蔽寄存器
0C0—0DF	保留
0E0—0FF	保留

表 7.2.4　扩展槽上接口控制卡的端口地址

I/O 接口名称	端口地址
游戏控制卡	200H～20FH
并行口控制卡 1	370H～37FH
并行口控制卡 2	270H～27FH
串行口控制卡 1	3F8H～3FFH
串行口控制卡 2	2F0H～2FFH
原型插件板(用户可用)	300H～31FH
同步通信卡 1	3A0H～3AFH
同步通信卡 2	380H～38FH
单显 MDA	3B0H～3BFH
彩显 CGA	3D0H～3DFH
彩显 EGA/VGA	3C0H～3CFH
硬驱控制卡	1F0H～1FFH
软驱控制卡	3F0H～3F7H
PC 网卡	360H～36FH

7.2.4 数码管和BCD–七段显示译码器

数字系统中使用的是二进制数,但在数字测量仪表和各种显示系统中,为了便于表示测量和运算的结果以及对系统的运行情况进行监测,常需将数字量用人们习惯的十进制字符直观地显示出来,这就要靠专门的译码电路把二进制数译成十进制码,通过驱动电路由数码管显示出来。在中规模集成电路中,常把译码和驱动电路集于一体,用来驱动数码管。

1. 七段数码管的结构及工作原理

LED(Light Emitting Diode)显示器(也称为七段数码管)广泛地应用于许多的数字系统中作为显示输出设备。它的结构是由发光二极管构成如图7.2.9所示的a、b、c、d、e、f和g七段,并由此得名,实际上每个LED还有一个发光段dp,一般用于表示小数点,所以也有少数的资料将LED称为八段数码管。

LED内部的所有发光二极管有共阴极接法和共阳极接法两种,即将LED内部所有二极管阴极或阳极接在一起并通过com引脚引出,将每一发光段的另一端分别引出到对应的引脚,LED的引脚排列一般如图7.2.9所示,图中的3和8是公共端com的两个引脚,在数码管内部一般连在一起。使用时以具体型号的LED资料为依据。LED数码管多数情况用于显示十进制数字,要将0~9的数字用7个发光段显示,必须将十进制数字转换为LED对应七段码的信息,如图7.2.10(b)所示。例如,要显示"0",就是让a、b、c、d、e和f段发光,显示"1",让b和c段发光。也可以显示A,b,C,d,E,F等字符或自定义一些段发光代表简单符号。

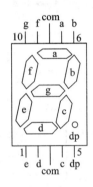

图7.2.9 数码管物理结构和引脚

图7.2.10(a)和(b)给出了共阳极接法的七段数码管内部结构和显示十进制数的对应段关系。共阳极接法的数码管,使用时共阳极端(COM)接正电源。当某段二极管的阴极经过限流电阻R接低电平时,该段亮;若接高电平,该段灭。共阴极接法的数码管则是将公共端com接地,七段引出脚经限流电阻接高电平时,对应段亮。

LED七段数码管有多种型号,例如,BS211、BS212、BS213为共阳型;BS201、BS202、BS203为共阴型。每种型号的LED厂家手册都提供了详细功能及参数介绍,例如,七段共阴磷砷化镓显示器BS201的主要参数有:消耗功率$P_M = 150$ mW;最大工作电流$I_{FM} = 100$ mA;正常工作电流$I_F = 40$ mA;正向压降$V_F \leqslant 1.8$ V;发红色光;BS201燃亮电压为5 V。

控制七段数码管,就需要硬件或软件将数字系统产生的待显示的BCD码"翻译"为数码管的七段信息。学习了微处理器后,就可以建立十进数与七段码的对应表格由软件实现"翻译"工作。表7.2.5列出了两种接法下的字形段码关系表。

例如,为了显示"0",对应共阴极应该使一个字节的$D_7 D_6 D_5 D_4 D_3 D_2 D_1 D_0$(假设对应$\times$gfedcba) = 00111111B = 3FH;对应共阳极应该使$D_7 D_6 D_5 D_4 D_3 D_2 D_1 D_0$ = 11000000B = C0H。从表中可以看出,对于同一个显示字符,共阴极和共阳极的七段码互为反码。

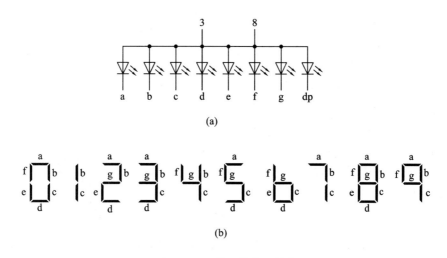

图 7.2.10　数码管物理结构

(a) 共阳极 LED 数码管内部框图；(b) BCD 显示的对应段列表

表 7.2.5　7 段数码管显示字符的七段码表

显示字符	共阴极段码	共阳极段码	显示字符	共阴极段码	共阳极段码
0	3FH	C0H	C	39H	C6H
1	06H	F9H	d	5EH	A1H
2	5BH	A4H	E	79H	86H
3	4FH	B0H	F	71H	8EH
4	66H	99H	•	80H	7FH
5	6DH	92H	P	73H	82H
6	7DH	82H	U	3EH	C1H
7	07H	F8H	T	31H	CEH
8	7FH	80H	Y	6EH	91H
9	6FH	90H	8.	FFH	00H
A	77H	88H	"灭"	00H	FFH
b	7CH	83H	⋮ 自定义	⋮	⋮

　　将待显示内容"翻译"为 LED 段码也可以采用专用芯片，例如，带驱动的 LED 七段译码器 74LS47 及 74LS48、74LS49 等，依靠硬件实现译码。当选用共阳极 LED 数码管时，应使用低电平有效的七段译码器驱动(如 7446、7447)；当选用共阴极 LED 数码管时，应使用高电平有效的七段译码器驱动(如 7448、7449)。通常，1 英寸以上数码管的每个发光段由多个二极管并联组成，需要较大的驱动电压和电流。

2. BCD-七段译码器

不像基本译码器只有一个有效译码输出信号，BCD 七段译码器 74LS47 输入是 4 位码，对应的输出是 7 位码，且可能是多位有效。严格地说，称之为代码变换器更为确切，但习惯上仍称为 BCD-七段显示译码器。74LS47 的符号如图 7.2.11 所示，功能表如表 7.2.6 所示。由表可以看出，该电路的输入 $A_3A_2A_1A_0$ 是 4 位 BCD 码，输出是七段反码 $\bar{a}\sim\bar{g}$，驱动共阳极数码管。表中某一位输出为 0 表示将数码管对应段点亮，为 1 表示对应段熄灭。74LS47 驱动电流达 24 mA。

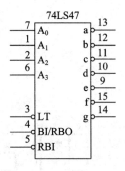

图 7.2.11　74LS47 符号图

表 7.2.6　74LS47 功能表

十进制数字或功能	输入							输出							显示字型
	$\overline{LT}$	$\overline{RBI}$	A_3	A_2	A_1	A_0	$\overline{BI/RBO}$	$\bar{a}$	$\bar{b}$	$\bar{c}$	$\bar{d}$	$\bar{e}$	$\bar{f}$	$\bar{g}$	
0	1	1	0	0	0	0	1	0	0	0	0	0	0	1	0
1	1	×	0	0	0	1	1	1	0	0	1	1	1	1	1
2	1	×	0	0	1	0	1	0	0	1	0	0	1	0	2
3	1	×	0	0	1	1	1	0	0	0	0	1	1	0	3
4	1	×	0	1	0	0	1	1	0	0	1	1	0	0	4
5	1	×	0	1	0	1	1	0	1	0	0	1	0	0	5
6	1	×	0	1	1	0	1	1	1	0	0	0	0	0	6
7	1	×	0	1	1	1	1	0	0	0	1	1	1	1	7
8	1	×	1	0	0	0	1	0	0	0	0	0	0	0	8
9	1	×	1	0	0	1	1	0	0	0	1	1	0	0	9
10	1	×	1	0	1	0	1	1	1	1	0	0	1	0	⊏
11	1	×	1	0	1	1	1	1	1	0	0	1	1	0	⊐
12	1	×	1	1	0	0	1	1	0	1	1	1	0	0	Ц
13	1	×	1	1	0	1	1	0	1	1	0	1	0	0	⊑
14	1	×	1	1	1	0	1	1	1	1	0	0	0	0	Ε
15	1	×	1	1	1	1	1	1	1	1	1	1	1	1	熄灭
$\overline{BI}$	×	×	×	×	×	×	0	1	1	1	1	1	1	1	熄灭
$\overline{RBI}$	1	0	0	0	0	0	0	1	1	1	1	1	1	1	灭零
$\overline{LT}$	0	×	×	×	×	×	1	0	0	0	0	0	0	0	试灯

当 $\overline{LT}=0$ 时，不论 $\overline{RBI}$ 和 $A_3A_2A_1A_0$ 输入为何值，数码管的七段全亮，是试灯信号。工作时应置 $\overline{LT}=1$。$\overline{RBI}$ 是灭零输入信号，用来熄灭不需要显示的 0。$\overline{BI}$ 是熄灭信号，可控制数码管是否显示。$\overline{RBO}$ 是灭零输出。$\overline{RBO}$ 和 $\overline{BI}$ 在芯片内部是连在一起的，共用一根引脚。正常使用时，这些信号一般均应无效，图 7.2.12 所示是七段译码器驱动一个数码管的电路。当 $\overline{LT}=1$，$\overline{RBI}=0$，且 $A_3A_2A_1A_0=0000$ 时，数码管不显示，同时 $\overline{BI}/\overline{RBO}$ 输出为 0。多位数码管显示电路中，在显示数据小数点左边，将高位的 BI/RBO 端与相邻低位的 RBI 端相连，最高位 RBI 端接地；在小数点右边将低位的 BI/RBO 端接到相邻高位的 RBI 端上，最低位的 RBI 端接地。这样，可将有效数字前后的零灭掉。

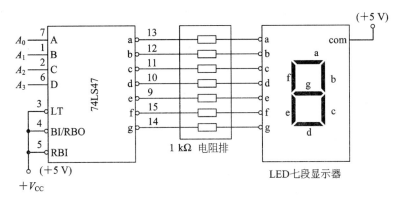

图 7.2.12　74LS47 驱动一个数码管

3. 多个数码管的显示原理

在许多实际的系统中，经常需要多个数码管(LED)显示系统的信息，例如，数字钟实验要显示时、分和秒信息，就必须要 6 个 LED，对这些 LED 的控制也可以和上面一位 LED 显示器一样，采用 6 个七段译码器分别驱动每一个 LED，并使所有 LED 的公共端始终接有效信号，即共阴极 COM 端接地，共阳极 COM 端接电源。这种 LED 显示方式称为静态显示方式。采用静态方式，LED 亮度高，但这是以复杂硬件驱动电路作为代价的，硬件成本高。

因此，在实际使用时，特别是有微处理器的系统中，如果用多位的 LED 显示，一般采取动态扫描方式、分时循环显示，即多个发光管轮流交替点亮。动态扫描显示中所有的数码管段信号端 a~g 分别接在一起，公共端有效的数码管将显示相同的字符。要使各数码管显示不同内容，必须控制它们的公共端分时轮流有效。这种方式的依据是利用人眼的滞留现象，只要在 1 秒内一个数码管亮 24 次以上，每次点亮时间维持 2 ms 以上，则人眼感觉不到闪烁，宏观上仍可看到多位 LED 同时显示的效果。动态显示可以简化硬件、降低成本、减小功耗。图 7.2.13 是一个 6 位 LED 动态显示电路，段驱动器输出 LED 字符 7 段代码信息 a~g，位驱动器输出 6 个 LED 的位选信号，即分时使 $Q_0 \sim Q_5$ 轮流有效，使得 $LED_0 \sim LED_5$ 轮流显示，如果数码管是共阴极的，其位驱动器可以由 74LS138 控制，根据动态显示时间的要求，使 74LS138 分时输出如图 7.2.14 所示 $Q_0 \sim Q_5$ 信号，在公共端有效期间，图 7.2.13 中的七段显示译码器送出对应段信息 $N_0 \sim N_5$ 显示。具体的定时控制和配合由 FPGA 或微处理器可以很方便地实现。

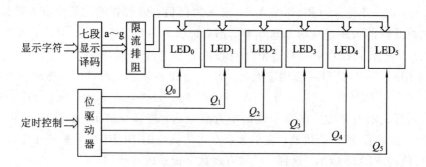

图 7.2.13　多位 LED 动态显示原理

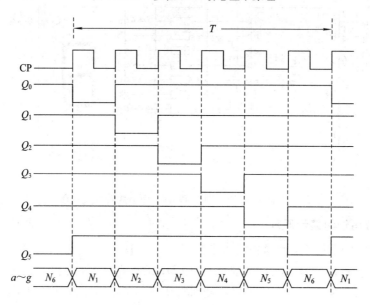

图 7.2.14　6 个数码管公共端控制时序图

7.2.5　编码器

编码器是实现地址译码器相反功能的数字部件,编码器有 2^n(或少于 2^n)个输入线和 n 个输出线,输出线产生对应于输入信号的二进制码或 BCD 码 (或者对应的反码)。具有编码功能的电路称为编码电路,而相应的器件称为编码器(Encoder)。按照被编码对象的不同特点和编码要求,输入线有优先级的编码器称为优先编码器,编码输出为 8421BCD 码,则称为 8421BCD 编码器。还有对按键进行扫描的编码器。下面介绍优先编码器。

优先编码器对输入信号安排了优先编码顺序,允许同时输入多路编码信号,但编码电路只对其中优先权最高的一个输入信号进行编码,所以不会出现编码混乱。这种编码器广泛应用于计算机系统中的中断请求和数字控制的排队逻辑电路中。

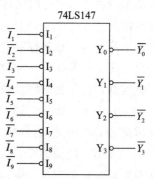

图 7.2.15　74LS147 符号图

图 7.2.15 是 10 - 4 线优先编码器 74LS147 的符号图。表 7.2.3 是优先编码器的功能表。

表 7.2.3　10 - 4 线优先编码器的功能表

输　入									输　出			
$\bar{I}_1$	$\bar{I}_2$	$\bar{I}_3$	$\bar{I}_4$	$\bar{I}_5$	$\bar{I}_6$	$\bar{I}_7$	$\bar{I}_8$	$\bar{I}_9$	$\bar{Y}_3$	$\bar{Y}_2$	$\bar{Y}_1$	$\bar{Y}_0$
×	×	×	×	×	×	×	×	0	0	1	1	0
×	×	×	×	×	×	×	0	1	0	1	1	1
×	×	×	×	×	×	0	1	1	1	0	0	0
×	×	×	×	×	0	1	1	1	1	0	0	1
×	×	×	×	0	1	1	1	1	1	0	1	0
×	×	×	0	1	1	1	1	1	1	0	1	1
×	×	0	1	1	1	1	1	1	1	1	0	0
×	0	1	1	1	1	1	1	1	1	1	0	1
0	1	1	1	1	1	1	1	1	1	1	1	0
1	1	1	1	1	1	1	1	1	1	1	1	1

由表 7.2.3 可以看出，输入是 10 路（$\bar{I}_0 \sim \bar{I}_9$，$\bar{I}_0$ 隐含其中）被编对象，允许有几个输入端送入编码信号同时低有效。其中，$\bar{I}_9$ 优先权最高，$\bar{I}_8$ 依次降低，$\bar{I}_0$ 优先权最低。当 $\bar{I}_9 = 0$ 时，无论其他输入端是否有效（表中以×表示），输出只给出 $\bar{I}_9$ 反码形式的编码，即 0110。当 $\bar{I}_9 = 1$，$\bar{I}_8 = 0$ 时，无论其他输入端有无信号，只对 $\bar{I}_8$ 编码，输出其反码形式 $\bar{Y}_3 \bar{Y}_2 \bar{Y}_1 \bar{Y}_0 =$ 0111，…。当所有输入端都为 1 时，对 $\bar{I}_0$ 进行编码，输出其反码 $\bar{Y}_3 \bar{Y}_2 \bar{Y}_1 \bar{Y}_0 = 1111$。该器件为 10 - 4 线反码形式输出的 BCD 码优先编码器。

常用的 10 - 4 线 BCD 优先编码器中规模集成产品还有 CD40147B 等。常用的 8 - 3 线二进制优先编码器有 74148 和 CD4532B 等。

键盘或者按键是数字系统中常用的输入设备，数字系统必须能够扫描和编码按键，图 7.2.16 是用优先编码器实现按键扫描编码电路，当 9 号键按下，对应输入为低电平，输出的编码 ABCD 为 1001（即 9），当只有 1 号键按下，输出的编码 ABCD 为 0001（即 1），实现了对按键的扫描和编码。这样的电路就确定了与 $\bar{I}_9$ 连接的 9 号按键优先级最高，这样可以克服多个按键同时按下出现编码混乱问题，当然这种电路不适合对要求区分按键先后顺序的抢答器的按键编码。

实现对键盘扫描、编码等功能的集成键盘编码器件很多，例如，由 Intel 公司推出的一款可编程键盘和显示器专用并行接口芯片 8279，它可以代替单片机完成键盘扫描编码和显示器控制的许多接口操作，大大减轻单片机的负担。因此，在单片机领域中应用较为广泛。又比如 16 键盘编码电路 74C922，采用 CMOS 工艺技术制造，工作电压为 3～15 V，具有"二键锁定"功能，编码输出为三态输出，可直接与微处理器数据总线相连，内部能完成 4×4 矩阵键盘扫描。不同键盘编码器的结构和原理各不相同，在此不详细介绍。

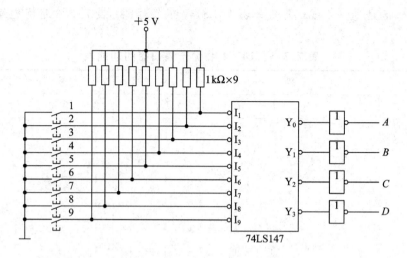

图 7.2.16　74LS147 按键的扫描编码电路

7.2.6　译码器和编码器的 Verilog 实现

3 - 8 译码器 Verilog 源代码如下：

```
module decode38(
    input wire [2：0] a,
    output wire [7：0] y
    )；
    assign y[0] = ~a[2] & ~a[1] & ~a[0]；
    assign y[1] = ~a[2] & ~a[1] & a[0]；
    assign y[2] = ~a[2] & a[1] & ~a[0]；
    assign y[3] = ~a[2] & a[1] & a[0]；
    assign y[4] = a[2] & ~a[1] & ~a[0]；
    assign y[5] = a[2] & ~a[1] & a[0]；
    assign y[6] = a[2] & a[1] & ~a[0]；
    assign y[7] = a[2] & a[1] & a[0]；
endmodule
```

8 - 3 优先编码器的 verilog 源代码如下：

```
module pencode83 (
    input wire [7：0] x,
    output reg [2：0] y,
    output reg valid
    )；
integer i；
always @ ( * )
    begin
        y = 0；
        valid = 0；
        for (i = 0； i <= 7； i = i+1)
```

```
if (x[i] ==1)
    begin
        y = i;
        valid = 1;
    end
end
endmodule
```

试分析程序描述的哪个输入优先级高？输入信号是高有效还是低有效？

7.3　多路选择器

在数字系统中，有时需要将多路数字信号分时地从一条通道传送，完成这一功能的电路称为多路数据选择器（Multiplexer，MUX）或者叫多路选择器。对多路输入线的选择是由一组地址选择线来控制的。通常，MUX 有 2^n 个输入线、n 个地址选择线和 1 个输出线，因此，称为 2^n 选 1 多路选择器。

7.3.1　MUX 功能描述

图 7.3.1 为一个 4 选 1 MUX，$D_0 \sim D_3$ 为 4 路数据输入，A_1A_0 为通道或地址选择输入，Y 为数据输出，A_1A_0 为 00、01、10、11 时分别选择 D_0、D_1、D_2、D_3 由 Y 输出。

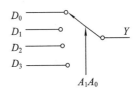

图 7.3.1　多路选择器的示意图

图 7.3.2 为中规模双 4 选 1 数据选择器 74LS253 符号图。它由两个完全相同的 4 选 1 数据选择器构成，$1D_0 \sim 1D_3$、$2D_0 \sim 2D_3$ 是两组独立的数据输入端；1Y、2Y 分别为两组 MUX 的输出端；1EN 和 2EN 分别是两路选通输入端，选通信号 $\overline{EN} = 1$ 时，选择器被禁止，无论输入 A_1A_0 为何取值，输出均为高阻状态（用 Z 表示）；选通信号 $\overline{EN} = 0$ 时，选择器把与 A_1A_0 相应的一路数据选送到输出端。

表 7.3.1 是 74LS253 的功能表。由表可知，当选通信号 $\overline{EN}$ 有效时，输出可表示为

$$Y = (D_0\overline{A}_1\overline{A}_0 + D_1\overline{A}_1A_0 + D_2A_1\overline{A}_0 + D_3A_1A_0) \tag{7.2.1}$$

表 7.3.1　MUX74LS253 功能表

输　　入				输　　出
选通	地址		数　据	
$\overline{EN}$	A_1	A_0	D_i	Y
1	$\times$	$\times$	$\times$	(Z)
0	0	0	$D_0 \sim D_3$	D_0
0	0	1	$D_0 \sim D_3$	D_1
0	1	0	$D_0 \sim D_3$	D_2
0	1	1	$D_0 \sim D_3$	D_3

图 7.3.2　74LS253 符号图

显然，n 个地址输入端可选择 2^n 路输入数据，它的逻辑表达式可表示为

$$Y = \sum_{i=0}^{2^n-1} m_i D_i \qquad (7.2.2)$$

其中，n 为地址端个数，m_i 是地址选择的最小项，D_i 表示对应的输入数据。

常用的双 4 选 1 数据选择器的型号有 74LS253、74153 和 MC14539B 等；常用的 8 选 1 数据选择器有 TTL 系列的 74LS151、74152 、74251 和 CMOS 系列的 CD4512B、74HC151 等；常用的 16 选 1 数据选择器有 74LS150、74850 和 74851 等。

7.3.2 MUX 的扩展和应用

如果需要选择的数据通道较多，可以选用 8 选 1 或 16 选 1 数据选择器，也可以把几个 MUX 连接起来扩展数据输入端数。

例如，用一片 74LS253 和若干门电路，可将双 4 选 1 MUX 扩展为一个 8 选 1 的 MUX。一个 8 选 1 MUX 的逻辑符号如图 7.3.3 所示，图 7.3.4 是由 74LS253 扩展的电路，由图可知，当 $A_2 A_1 A_0$ 为 $000 \sim 011$ 时，选通 $1D_0 \sim 1D_3$ 输出，而当 $A_2 A_1 A_0$ 为 $100 \sim 111$ 时，选通 $2D_0 \sim 2D_3$ 输出。由于 74LS253 未选通的 MUX 输出端为高阻，因此可以将两个 MUX 的输出端直接连在一起，得到 8 选 1 的一个输出 Y，Y 经过非门可以得到一个互补输出 $\overline{Y}$。

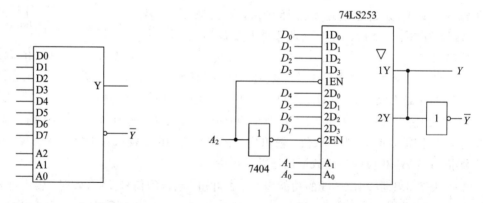

图 7.3.3 8 选 1 的 MUX   图 7.3.4 74LS253 扩展为 8 选 1 MUX

使用多个 MUX 进行扩展时，一定要注意多个 MUX 输出端的连接方法。当使用三态 MUX 扩展时，多个 MUX 的输出可以像图 7.3.4 所示直接连接在一起，构成扩展的 1 个输出信号端；当使用的 MUX 不是三态输出，就需要由功能表了解具体 MUX 器件未选通时输出是逻辑 1 还是逻辑 0，当未选通 MUX 输出为逻辑 0 时，一般要用或门或者或非门构成扩展的 1 路输出信号端；当未选通 MUX 输出为逻辑 1 时，一般要用与门或者与非门构成扩展的 1 个输出信号端。例如，图 7.3.5 是用两块 8 选 1 数据选择器 74151 构成 16 选 1 数据选择器的接线图。由 74151 数据手册中功能表可知，其选通信号无效时，输出 Y 为逻辑 0，因此，扩展的输出端需要一个或门构成 16 选 1 的输出。图 7.3.5 中 $D_0 \sim D_{15}$ 为十六路数据输入，$A_3 A_2 A_1 A_0$ 为 4 位地址输入，高位地址码 A_3 选出有效的 MUX，低位地址码 $A_2 A_1 A_0$ 选出 $D_0 \sim D_7$ 或 $D_8 \sim D_{15}$ 数据中的一路通过或门送到输出端。这样，对应于地址码 $A_3 A_2 A_1 A_0$ 的十六种组合，可分别将十六路数据 $D_0 \sim D_{15}$ 选送到数据选择器的输出端 Y。

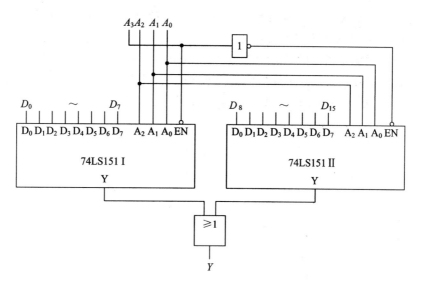

图 7.3.5　扩展的 16 选 1 数据选择器

由多路选择电路的功能可知，MUX 可将一组并行输入数据转换为串行输出。又由式 (7.2.2)可知，MUX 的输出是地址变量的最小项之和，系数由数据输入确定，因此可方便地实现单输出逻辑函数。

[例 7.3.1]　如图 7.3.6 是由双 4 选 1 MUX 74LS153 与若干门组成的电路，试分析输出 Z 与输入 X_3、X_2、X_1 和 X_0 之间的逻辑关系。

解　本题的逻辑电路比较简单，只包含一个 MSI 器件，直接分析电路的功能。通过查 74LS153 的功能表可知，74LS153 是双 4 选 1 的 MUX，使能端无效时，74LS153 的输出 Y 是逻辑 0。当 $X_3=0$ 时，2MUX 被使能，1MUX 被禁止，2MUX 的 4 个数据端全为逻辑 0，因此，$Z=\overline{1Y+2Y}=1$；当 $X_3=1$ 时，2MUX 被禁止，1MUX 被使能，由 1MUX 的 4 个数据端输入情况，可列整体电路功能如表 7.3.2 所示。

表 7.3.2　例 7.3.1 功能表

X_3	X_2	X_1	X_0	Z
0	×	×	×	1
1	0	0	0	1
1	0	0	1	1
1	0	1	0	0
1	0	1	1	0
1	1	0	0	0
1	1	0	1	0
1	1	1	0	0
1	1	1	1	0

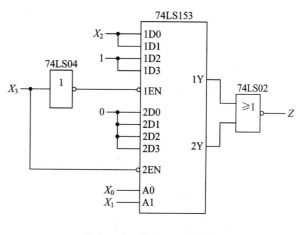

图 7.3.6　例 7.3.1 电路图

分析可知，当 $X_3X_2X_1X_0$ 为 8421BCD 码时，输出 Z 为 1，否则，输出为 0，可见本电路实现了一个检测 8421BCD 码的功能电路。

与多路选择器功能相反的是多路分配器(Demultiplexer，DMUX)，DMUX 将一条输入通道上的数字信号分时送到不同的输出数据通道上，数据分配也由地址线确定。

实现 2 选 1 MUX 的 Verilog HDL 源文件如下：

```
module mux24a(
    input wire a,
    input wire b,
    input wire s,
    output wire y
    );
    assign y = ~s & a | s & b;
    // assign y = s? b: a;
endmodule
```

7.4 加法器和比较器

数字运算是数字系统基本的功能之一，加法器(Adder)是执行算术运算的重要逻辑部件，在数字系统和计算机中，二进制数的加、减、乘、除等运算都可以转换为加法运算。

7.4.1 一位二进制加法器

半加器和全加器是实现两个一位二进制数的加法器。两个 1 位二进制数 A 和 B 相加，不考虑低位进位的加法器称为半加器(Half Adder，HA)，符号如图 7.4.1(a)所示，其中，S 表示和(Sum)，C_O 表示进位(Carry)。逻辑功能如表 7.4.1 所示，由表可以直接写出 S 和 C_O 的函数式为

$$S = A \oplus B$$
$$C_O = AB \tag{7.4.1}$$

表 7.4.1 半加器真值表

输	入	输	出
A	B	S	C_O
0	0	0	0
0	1	1	0
1	0	1	0
1	1	0	1

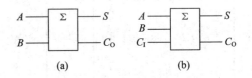

图 7.4.1 1位二进制加法器符号
(a) 半加器符号图；(b) 全加器符号图

两个 1 位二进制数 A 和 B 相加时，考虑到相邻低位的进位 C_I 的加法器称为全加器(Full Adder，FA)，全加器符号如图 7.4.1(b)所示。表 7.4.2 是全加器的真值表，由表可写出 S 和 C_O 的逻辑表达式，并整理如下：

$$S = \overline{A}\,\overline{B}C_I + \overline{A}B\,\overline{C_I} + A\overline{B}\,\overline{C_I} + ABC_I$$
$$= A \oplus B \oplus C_I$$
$$C_O = \overline{A}BC_I + A\overline{B}C_I + AB\,\overline{C_I} + ABC_I$$
$$= (A \oplus B)C_I + AB \tag{7.4.2}$$

表 7.4.2　全加器真值表

输　　入			输　　出	
A	B	C_I	S	C_O
0	0	0	0	0
0	0	1	1	0
0	1	0	1	0
0	1	1	0	1
1	0	0	1	0
1	0	1	0	1
1	1	0	0	1
1	1	1	1	1

　　将 n 个全加器级联，将低位进位输出端接到相邻高位的进位输入端，可实现两个 n 位二进制数相加的电路，如图 7.4.2 所示。$S_{n-1}S_{n-2}\cdots S_1 S_0$ 为和输出，C_{n-1} 为进位输出，可用于进一步扩展。

　　图 7.4.2 中电路高位相加的结果只有等到低位进位产生后才能建立起来，因此，把这种结构的电路称为串行进位加法器或行波加法器，也称为串行进位的并行加法器。

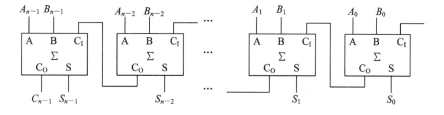

图 7.4.2　串行进位加法器逻辑电路

　　串行进位加法器的缺点是最高进位位的运算速度很慢，执行一次 n 位数相加的加法运算，需要经过 n 级全加器的传输延迟，才能得到稳定可靠的运算结果。但它具有电路结构简单的优点，在运算速度要求不高的场合仍得到应用。

7.4.2　单级和多级先行进位加法器

　　采用图 7.4.2 串行进位加法电路，进位是逐级传递的，电路延迟与位数成正比关系。因此，现代计算机采用一种单级或多级先行进位（Carry Look Ahead，CLA）、超前进位或者叫并行进位方式并行计算进位与加法和。

1. 单级(或局部)先行进位加法器

如何产生两个 n 位二进制数 A 和 B 的先行进位呢？

由于全加器的进位表达式可以写为 $C_{i+1}=A_iB_i+(A_i\oplus B_i)C_i$，其中，$A_i$ 和 B_i 是第 i 位的被加数和加数，C_i 是第 i 位的进位输入，C_{i+1} 是第 i 位的进位输出。先定义两个辅助函数：

(1) 进位生成(或产生)函数：$G_i=A_iB_i$，可以理解为 G_i 为 1，进位 C_{i+1} 就为 1。

(2) 进位传递函数：$P_i=A_i\oplus B_i$，可以理解为若 P_i 为 1，低位进位 C_i 就传递给 C_{i+1}。

把实现 G_i 和 P_i 逻辑的电路称为进位生成/传递部件，则处于任何位置的全加器的逻辑式为

$$S_i = P_i \oplus C_i, \quad C_{i+1} = G_i + P_iC_i$$

式中，S_i 是第 i 位的和数。

假设 $n=4$，则：

$$\left.\begin{aligned}
C_1 &= G_0 + P_0C_0 \\
C_2 &= G_1 + P_1C_1 = G_1 + P_1G_0 + P_1P_0C_0 \\
C_3 &= G_2 + P_2C_2 = G_2 + P_2G_1 + P_2P_1G_0 + P_2P_1P_0C_0 \\
C_4 &= G_3 + P_3C_3 = G_3 + P_3G_2 + P_3P_2G_1 + P_3P_2P_1G_0 + P_3P_2P_1P_0C_0
\end{aligned}\right\} \quad (7.4.3)$$

由上述逻辑式可知：各位进位之间无等待，相互独立并同时产生。通常把实现上述各进位位的电路称为 4 位 CLA 部件。

由 $S_i=P_i\oplus C_i$ 可并行求出各位和。把实现 $S_i=P_i\oplus C_i$ 的电路称为求和部件。

图 7.4.3 所示为上述三部分电路构成的 8 位先行进位加法器。

图 7.4.4 为中规模 4 位二进制超前进位全加器 74LS283 的符号图。其中，$A_0\sim A_3$、$B_0\sim B_3$ 分别为 4 位加数和被加数输入端，$S_0\sim S_3$ 为 4 位和输出端；C_I 为进位输入端，C_O 为进位输出端。

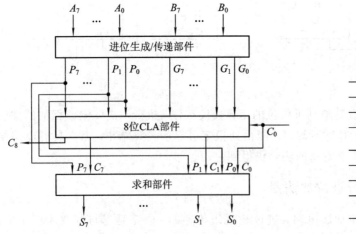

图 7.4.3　8 位全先行进位加法器　　　　图 7.4.4　74LS283 的符号图

如果一片集成超前进位加法器的位数太多，例如 16 位加法，想像 C_{16} 的方程长度便可知实现全先行进位加法器的硬件复杂程度和成本。一般采用折中的方法，采用局部或者单

级先行进位加法器。图 7.4.5 是由四组 4 位的先行进位加法器串联构成 16 位的局部先行进位加法器。

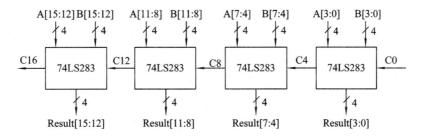

图 7.4.5 16 位局部先行进位加法器

局部先行进位加法器的进位产生是"单片内(或组)并行,多片间串行",虽然比行波加法器延迟时间短,但高位组进位依赖低位组,故仍有较长的延迟时间。

2. 多级先行进位加法器

通过多级先行进位方法实现"组内并行、组间并行",可以进一步提高运算速度。假设要用四组 4 位先行进位加法器组成字长为 16 的两级先行进位加法器,第一组的最高进位输出 C_4 可以写成:

$$\begin{aligned} C_4 &= G_3 + P_3 G_2 + P_3 P_2 G_1 + P_3 P_2 P_1 G_0 + P_3 P_2 P_1 P_0 C_0 \\ &= G_1^* + P_1^* C_0 \end{aligned} \tag{7.4.4}$$

其中,$G_1^* = G_3 + P_3 G_2 + P_3 P_2 G_1 + P_3 P_2 P_1 G_0$,称为组进位生成函数;$P_1^* = P_3 P_2 P_1 P_0$,称为组进位传递函数,脚标 1 表示第一组。

依此类推,可以得到其他组的最高进位输出为:

$$\left.\begin{aligned} C_8 &= G_2^* + P_2^* C_4 = G_2^* + P_2^* G_1^* + P_2^* P_1^* C_0 \\ C_{12} &= G_3^* + P_3^* C_8 = G_3^* + P_3^* G_2^* + P_3^* P_2^* G_1^* + P_3^* P_2^* P_1^* C_0 \\ C_{16} &= G_4^* + P_4^* C_{12} = G_4^* + P_4^* G_3^* + P_4^* P_3^* G_2^* + P_4^* P_3^* P_2^* G_1^* + P_4^* P_3^* P_2^* P_1^* C_0 \end{aligned}\right\} \tag{7.4.5}$$

组间的进位利用 CLA 电路即可实现。得到 16 位两级先行进位加法器电路如图 7.4.6 所示。把能够同时实现上述组间进位生成/传递函数的先行进位加法器电路称为 BCLA (Block Carry Look Ahead)部件。

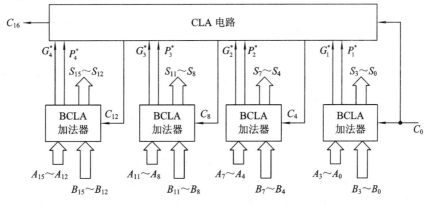

图 7.4.6 16 位两级先行进位加法器

3. 加法器的应用

在 CPU 中，加法器是其最基本的运算电路，加法器可以实现加法、减法(变补相加)、乘法和除法(由编程实现)等多种运算电路，这里不一一讲述。在逻辑设计中，加法器的作用有限，但要实现输出恰好等于输入代码加上某一常数或某一组代码时，用加法器往往可得到非常简单的设计结果。

[例 7.4.1] 试设计一个将 8421BCD 码转换为余三码的逻辑电路。

解 由第 2 章有关内容可知，余三码 $L_3L_2L_1L_0$ 与 8421BCD 码 $A_3A_2A_1A_0$ 总是相差 0011。因此，8421BCD 码与余三码之间的算术表达式可写为

$$L_3L_2L_1L_0 = A_3A_2A_1A_0 + 0011$$

由于输出与输入仅差一个常数，用加法器实现该设计最简单。将 8421BCD 码连接到 4 位二进制全加器 74LS283 的一组输入端，另一组输入端接二进制数 0011，输出即为余三码。画逻辑电路如图 7.4.7 所示。

图 7.4.8 是用加法器实现加/减法运算的电路，当控制信号 Sub=1 时，做减法，当 Sub=0 时，做加法。做减法($A-B$)时，实际上是将减 B 变成负 B 的补码，即 B 取反以及 Carryin=1 得到 B 的补码，然后由加法器完成减法运算。

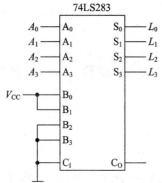

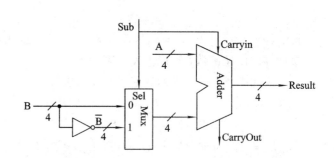

图 7.4.7 例 7.4.1 的逻辑电路图   图 7.4.8 用加法器实现加/减法运算电路示意图

7.4.3 数值比较器

在数字系统和计算机中，经常需要比较两个二进制数的大小，完成这一功能的逻辑电路称为数值比较电路，相应的器件称为比较器(Digital Comparator)。

1. 4 位数值比较器功能描述

图 7.4.9 为 4 位数值比较器 7485 的符号，其中，$A_3 \sim A_0$、$B_3 \sim B_0$ 是相比较的两组 4 位二进制数的输入端，$Y_{A<B}$、$Y_{A=B}$、$Y_{A>B}$ 是比较结果输出端，$I_{A<B}$、$I_{A=B}$、$I_{A>B}$ 是级联输入端，用于扩展多于 4 位的两个二进制数的比较。

表 7.4.3 是 7485 的功能表，由表可得，两个多位数相比较时，从高位到低位逐位比较，如最高位不相等，即可立即判断确定两个数值的大小；如果最高位相等，则需比较次高位，

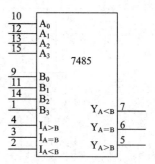

图 7.4.9 7485 的符号图

依此类推，直到最低位。

表 7.4.3　7485 4 位数字比较器逻辑功能表

比　较　输　入				级　联　输　入			输　　出		
$A_3 B_3$	$A_2 B_2$	$A_1 B_1$	$A_0 B_0$	$I_{A>B}$	$I_{A<B}$	$I_{A=B}$	$Y_{A>B}$	$Y_{A<B}$	$Y_{A=B}$
$A_3 > B_3$	$\times$	$\times$	$\times$	$\times$	$\times$	$\times$	1	0	0
$A_3 < B_3$	$\times$	$\times$	$\times$	$\times$	$\times$	$\times$	0	1	0
$A_3 = B_3$	$A_2 > B_2$	$\times$	$\times$	$\times$	$\times$	$\times$	1	0	0
$A_3 = B_3$	$A_2 < B_2$	$\times$	$\times$	$\times$	$\times$	$\times$	0	1	0
$A_3 = B_3$	$A_2 = B_2$	$A_1 > B_1$	$\times$	$\times$	$\times$	$\times$	1	0	0
$A_3 = B_3$	$A_2 = B_2$	$A_1 < B_1$	$\times$	$\times$	$\times$	$\times$	0	1	0
$A_3 = B_3$	$A_2 = B_2$	$A_1 = B_1$	$A_0 > B_0$	$\times$	$\times$	$\times$	1	0	0
$A_3 = B_3$	$A_2 = B_2$	$A_1 = B_1$	$A_0 < B_0$	$\times$	$\times$	$\times$	0	1	0
$A_3 = B_3$	$A_2 = B_2$	$A_1 = B_1$	$A_0 = B_0$	1	0	0	1	0	0
$A_3 = B_3$	$A_2 = B_2$	$A_1 = B_1$	$A_0 = B_0$	0	1	0	0	1	0
$A_3 = B_3$	$A_2 = B_2$	$A_1 = B_1$	$A_0 = B_0$	0	0	1	0	0	1

2. 比较器的扩展和应用

比较器的级联输入端 $I_{A<B}$、$I_{A=B}$、$I_{A>B}$ 用于扩展多于 4 位的两个二进制数的比较。例如，用两片 7485 就能比较两个 8 位二进制数，低 4 位比较芯片的输出端连接到高 4 位比较芯片级联输入端，由高位比较芯片的输出端得到全部 8 位数的比较结果。为了保证比较结果正确，低位比较芯片的级联输入端应根据具体比较器芯片的功能表连接，使得低位比较芯片级联输入的结果是 $A = B$。例如，7485 芯片级联时，由表 7.4.3 可知，低位芯片的级联输入应接为 $I_{A<B} = I_{A>B} = 0$，$I_{A=B} = 1$。用多个 7485 也可以进行大于 8 位数的级联比较。

一定注意：不同比较器连接并不是完全相同的，使用时应该忠实于器件厂家提供的器件数据手册，按照其功能表进行电路的设计连接。

图 7.4.10 是由两个 4 位 CC14585 扩展的 8 位二进制数比较电路。其中，CC14585 详细资料可以从网上下载。由 CC14585 的功能表可知，CC14585 的级联输入端 $I_{A>B}$ 可以始终接 1，这是由 CC14585 的内部电路决定的。若只单片 4 位二进制数比较，或者多于 4 位的扩展级联比较的低位芯片，如图 7.4.10 中低位芯片 CC14585(1) 其扩展端 $I_{A<B} = 0$，$I_{A=B} = 1$，其输出 $Y_{A<B}$、$Y_{A=B}$ 接到高位芯片的 $I_{A<B}$、$I_{A=B}$。高位比较器输出的 $Y_{A<B}$、$Y_{A=B}$、$Y_{A>B}$ 是 8 位数的比较结果。显然级联级数越多，比较速度越慢。

若比较两个 6 位数的大小，可将 A_7、A_6、B_7、B_6 全接高电平或低电平；也可将 8 对输入端中任意两对 A_i、B_i 和 A_j、B_j 闲置不用，而不影响比较结果。

中规模集成 4 位数字比较器常用的型号还有 CD4063B、5485/7485、54S85/74S85、54LS85/74LS85；8 位数字比较器有 74LS885 等。

比较电路用于实现逻辑设计非常有限，不如译码电路和多路选择电路灵活方便。但在某些特殊情况下(如需要与二进制数码比较)却特别简单，可以大大简化电路设计。

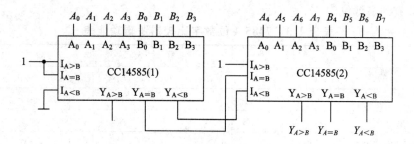

图 7.4.10 8 位二进制数比较电路连线图

7.4.4 加法器、比较器的 Verilog 描述

4 位加法器的 Verilog 源代码如下：

```
module adder4a(
    input wire [3：0] a,
    input wire [3：0] b,
    output wire [3：0] s,
    output wire c4
    );
    wire [4：0] c;
    assign c[0]=0;
    assign s = a ^ b ^ c[3：0];
    assign c[4：1] = a & b | c[3：0] & (a ^ b);
    assign c4 = c[4];
endmodule
```

4 位比较器的 Verilog 源代码如下：

```
module compare ( Y , A , B );
    input [3：0] A ;
    wire [3：0] A ;
    input [3：0] B ;
    wire [3：0] B ;
    output [2：0] Y ;
    reg [2：0] Y ;
    always @ ( A or B )
        begin
            if ( A > B )
                Y <= 3'b001;
            else if ( A == B )
                Y <= 3'b010;
            else
                Y <= 3'b100;
        end
endmodule
```

7.5 算术/逻辑运算单元(ALU)

CPU 是微处理器数字系统能够运作的最核心、最重要的元件,是系统的心脏,其作用就是当数字系统开始运作时,CPU 从存储器内读取操作它的程序指令,透过算术逻辑单元(Arithmetic-Logic Unit,ALU)计算结果并保存到存储器中,同时通过接口电路与外界的 I/O(输入/输出)沟通,达到资料处理的目的。

算术逻辑单元(ALU)是 CPU 的执行单元和核心组成部分,是用于执行计算机指令集中的算术与逻辑操作,即进行加、减、乘、除算术运算以及比较、判断、和逻辑运算等。某些处理器中,将 ALU 切分为两部分,即算术单元(AU)与逻辑单元(LU)。某些处理器包含一个以上的 AU,例如,一个用来进行定点操作,另一个用来进行浮点操作。在算术单元中,乘除操作是通过一系列的加法运算得到的,很多算术单元直接集成有硬件乘法器。ALU 的设计是处理器设计中的关键部分,目

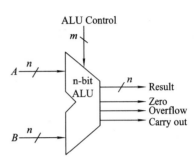

图 7.5.1 ALU 符号图

前仍在不断研究如何提高指令的处理速度。ALU 的核心部件是加法器。ALU 常用符号如图 7.5.1 所示,图中处理的数据位数 n 一般称为字长。

现代的计算机或者微处理器中甚至有多个 CPU 核,一个核中有多个 ALU。为了了解 ALU 原理,在此用独立芯片及级联构成多位 ALU(即芯片级 ALU),CPU 中必然包含有 ALU 部分,没有独立 ALU 芯片。

7.5.1 芯片级 ALU

图 7.5.2(a)所示是由门、全加器 FA 和多路选择器构成的一位 ALU 的运算电路,根据来自 CPU 的指令操作码 ALUop,可以实现简单的逻辑及算术运算。将 ALU 串联构成图(b)所示的 4 位 ALU,显然速度会很慢。

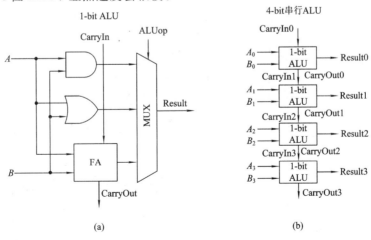

图 7.5.2 1 位 ALU 和 4 位 ALU

(a) 1 位 ALU;(b) 4 位串行 ALU

74181 是先行进位 4 位定点算术/逻辑运算单元(ALU),并且可以输出组进位产生/传递函数。图 7.5.3 是正逻辑符号图,符号与 ANSI/IEEE Std. 91—1984 和 IEC 发布的 617—12 标准一致。图中的三角符号"⊿"代表输入输出方式及表示对应输入和输出是低电平有效,小尖指向框内代表是输入引脚,相反是输出。框中的字母"M"表示方式关联(即控制方式输入等),有 $S_0 \sim S_3$ 和 M 共 5 个方式控制变量,因此有 0~31 种控制方式,标注为 $\frac{0}{31}$,M 是用来控制 ALU 是进行算术运算还是进行逻辑运算的。四位的 A 和 B 相等时,由"$P=G$"端输出信号。74181 ALU 有 CP、CG 和 CO 三个进位输出,其中 CG 称

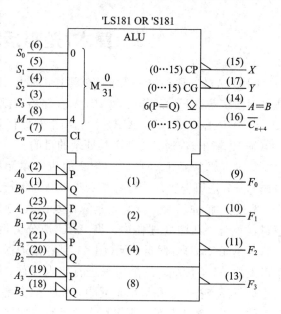

图 7.5.3 74181 正逻辑时的逻辑符号和信号表示

为组进位发生输出,CP 称为组进位传送输出,CO 是本片(组)的最后进位输出,CP 和 CG 是为了便于实现多片(组)ALU 之间的先行进位。

当 $M=0$ 时,M 对进位信号没有任何影响。此时 F_i 不仅与本位的被操作数 A_i 和操作数 B_i 有关,而且与向本位的进位值 C_n 有关,进行算术操作。

当 $M=1$ 时,封锁了各位的进位输出,各位的运算结果 F_i 仅与 A_i 和 B_i 有关,进行逻辑操作。

由于 $S_0 \sim S_3$ 有 16 种状态组合,因此,有 16 种算术运算功能和 16 种逻辑运算功能,如图 7.5.4 所示。

SELECTION				ACTIVE-HIGH DATA		
				M=H	M=L: ARITHMETIC OPERATIONS	
S3	S2	S1	S0	LOGIC FUNCTIONS	$\overline{C_n}$=H (no carry)	$\overline{C_n}$=L (with carry)
L	L	L	L	$F=\overline{A}$	F=A	F=A PLUS 1
L	L	L	H	$F=\overline{A+B}$	F=A+B	F=(A+B) PLUS 1
L	L	H	L	$F=\overline{A}B$	F=A+$\overline{B}$	F=(A+$\overline{B}$)PLUS1
L	L	H	H	F=0	F=MINUS1(2'S COMPL)	F=ZERO
L	H	L	L	$F=\overline{AB}$	F=A PLUS A$\overline{B}$	F=A PLUS A$\overline{B}$ PLUS 1
L	H	L	H	$F=\overline{B}$	F=(A+B) PLUS A$\overline{B}$	F=(A+B) PLUS A$\overline{B}$ PLUS 1
L	H	H	L	$F=A \oplus B$	F=A MINUS B MINUS 1	F=A MINUS B
L	H	H	H	$F=A\overline{B}$	F=A$\overline{B}$ MINUS 1	F=A$\overline{B}$
H	L	L	L	$F=\overline{A}+B$	F=A PLUS AB	F=A PLUS AB PLUS 1
H	L	L	H	$F=\overline{A \oplus B}$	F=A PLUS B	F=A PLUS B PLUS 1
H	L	H	L	F=B	F=(A+$\overline{B}$) PLUS AB	F=(A+$\overline{B}$)PLUS AB PLUS 1
H	L	H	H	F=AB	F=AB MINUS 1	F=AB
H	H	L	L	F=1	F=A PLUS A*	F=A PLUS A PLUS 1
H	H	L	H	$F=A+\overline{B}$	F=(A+B)PLUS A	F=(A+B) PLUS A PLUS 1
H	H	H	L	F=A+B	F=(A+$\overline{B}$) PLUS A	F=(A+$\overline{B}$) PLUS A PLUS 1
H	H	H	H	F=A	F=A MINUS 1	F=A

图 7.5.4 来自 Texas Instruments 74181 器件手册中正逻辑时的功能表

由于 74181ALU 设置了 P 和 G 两个组先行进位输出端，如果将四片 74181 的 P 和 G 输出端送入到 74182 成组先行进位部件，又可实现第二级的先行进位，即组与组之间的先行进位，构成一个字长更长的 ALU。由 4 个 74181 和 1 个 74182 芯片可以构成 16 位两级先行进位 ALU，如图 7.5.5 所示，图中 74182 还可以输出大组间的进位产生/传递函数 G 和 P，以便级联得到字长更大的先行进位 ALU。例如，由 16 个 74181 和 5 个 74182 芯片可以构成 64 位三级先行进位 ALU。

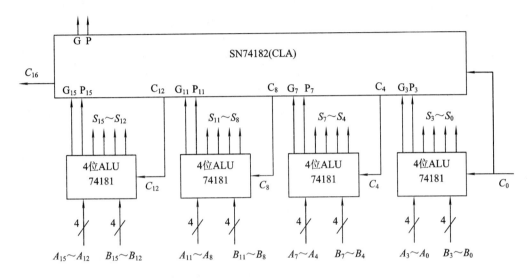

图 7.5.5　两级 16 位先行进位 ALU

7.5.2　ALU 的 Verilog 描述

使用 Verilog 描述 ALU，并不需要自行设计加法器，因为 Verilog 提供了 $[+，-，*，/]$ 等基本运算，可直接使用，只要搭配 case 语句，就可以很容易地设计出一个 ALU 了。以下是一个简易 ALU 单元的 Verilog 代码（含测试代码）。

```verilog
// alu.v 输入两个 8 位信号 a 和 b，执行 op 所指定的 8 种运算，然后将运算结果放在暂存器 y 中。
module alu(input [7:0] a, input [7:0] b, input [2:0] op, output reg [7:0] y);
always@(a or b or op) begin   // 当 a, b 或 op 有改变时，就进入此下面执行
  case(op)                    // 根据 op 决定要执行何种运算
    3'b000: y = a + b;        // op=000，执行加法
    3'b001: y = a - b;        // op=001，执行减法
    3'b010: y = a * b;        // op=010，执行乘法
    3'b011: y = a / b;        // op=011，执行除法
    3'b100: y = a & b;        // op=100，执行 AND
    3'b101: y = a | b;        // op=101，执行 OR
    3'b110: y = ~a;           // op=110，执行 NOT
    3'b111: y = a ^ b;        // op=111，执行 XOR
  endcase
$display("base 10 : %dns : op=%d a=%d b=%d y=%d", $stime, op, a, b, y);
                             // 显示 op, a, b, y 的十进制值
```

```
            $ display("base 2 : %dns : op=%b a=%b b=%b y=%b", $ stime, op, a, b, y);
                                            // 显示 op, a, b, y 的二进制值
        end
    endmodule

    module main;                    // 测试程序开始
        reg [7:0] a, b;             //定义 a, b 为 8 位元暂存器
        wire [7:0] y;               //定义 y 为 8 位元 wire
        reg [2:0] op;               //定义 op 为 3 位元暂存器
    alu alu1(a, b, op, y);          // 建立一个 ALU 单元，名称为 alu1

        initial begin               // 测试程式的初始化
            a = 8'h07;              //设定 a 为数值 7
            b = 8'h03;              //设定 b 为数值 3
            op = 3'b000;            //设定 op 的初始值为 000
        end

        always #50 begin            // 每个 50 ns 就做下列动作
            op = op + 1;            // 让 op 的值加 1
        end

        initial #1000 $ finish;     // 时间到 1000 ns 结束

    endmodule
```

为了更清楚地观察 ALU 的输出结果，在 ALU 代码的结尾放入两行 $ display() 指令，以便同时显示(op, a, b, y)等变量的十进制与二进制结果。读者自行观察和分析测试结果。

本 章 小 结

本章讲述了组合逻辑电路的特点，介绍了编码器、译码器、数据选择器、加法器、比较器、ALU 等中规模组合逻辑集成器件及其应用。

本章还介绍了各种器件功能的 Verilog 描述方法。

思考题与习题

思考题

7.1 组合逻辑电路有什么特点？

7.2 什么是编码？编码器的作用是什么？

7.3 优先编码器有何特点？

7.4 什么是译码？译码器的作用是什么？

7.5　在 MSI 器件中控制端有什么作用？

7.6　中规模集成译码器 74LS138，若 ST_A 管脚从根部折断，该器件是否能用？为什么？若 ST_B、ST_C 从根部折断，该器件还能用否？为什么？

7.7　用 74LS138 译码器构成 4 – 16 线译码电路，需多少块 74LS138 译码器？它们之间如何连接？

7.8　如实现 6 – 64 线译码电路，需多少块 4 – 16 线译码器？

7.9　若已有现成的 BCD 七段译码器，选用七段显示器 LED 时应注意什么？

7.10　若有共阳极 LED 数码管，应选用何种输出电平的显示译码电路？

7.11　多路选择器的基本功能是什么？

7.12　多路分配器的基本作用是什么？

7.13　全加器与半加器有何区别？

7.14　串行加法器与超前进位加法器各有什么特点？

7.15　ALU 电路的结构和功能是什么？

习题

7.1　图 7.2.7 是早期的 PC 计算机 IBM—XT/AT，使用 74LS138 译码器构成系统主板上的接口选择译码电路，分析电路原理，说明各接口芯片的地址译码范围。

7.2　分析图 7.2.2 的 74LS138 译码器内部电路，说明三个控制信号 ST_A、$\overline{ST_B}$、$\overline{ST_C}$ 任何一个无效，八个译码输出是什么信号？说明译码器要工作时，三个控制信号应该如何处理？

7.3　用 74LS138 译码器设计一个代码转换器，要求将 3 位步进码转换成二进制码。编码如表题 7.3 所示。

表题 7.3

输　　入			输　　出		
C	B	A	Z_3	Z_2	Z_1
0	0	0	0	0	0
1	0	0	0	0	1
1	1	0	0	1	0
1	1	1	0	1	1
0	1	1	1	0	0
0	0	1	1	0	1

7.4　试用 3 – 8 线译码器和若干门电路实现交通灯故障报警电路，要求 R、G、Y 三个灯有且只有一个灯亮，输出 $L=0$；无灯亮或有两灯及以上灯亮均为故障，输出 $L=1$。列出逻辑真值表，给出所用器件的型号，画出电路连接图。

7.5　用译码器 74LS47 驱动七段数码管时，发现数码管只显示 1、3、5、7、9。试分析故障可能在哪里？

7.6　试分析图题 7.6，写出 Y 的逻辑表达式，当 CD 为 00～11 时，说明电路的功能。（读者自行查找 74153 的数据手册，了解其逻辑功能）。

7.7　试用一片 3－8 线译码器(输出为低电平有效)和一个与非门设计一个 3 位数 $X_2X_1X_0$ 奇偶校验器。要求当输入信号为偶数个 1 时(含 0 个 1),输出信号 F 为 1,否则为 0。

7.8　将双 4 选 1 数据选择器 74253 扩展为 8 选 1 数据选择器,并实现逻辑函数 $F=AB+B\overline{C}+\overline{A}C$。画逻辑电路图,令 CBA 对应着 $A_2A_1A_0$。

7.9　试用 74LS138 译码器构成 8 线输出数据分配器,要求将一路数据 D,分时通过 8 个通道原码输出(即实现多路分配器)。

7.10　画出用半加器和适当的门电路构成全加器的逻辑电路图。

7.11　试选择 MSI 器件,设计一个将余三码转换成 8421 BCD 码的电路。

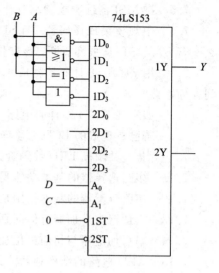

图题 7.6

7.12　用比较器或加法器设计如下功能的电路:当输入为 4 位二进制数 N,$N\geqslant10$ 时,输出 $L=1$,其余情况下 $L=0$。

7.13　选择 MSI 器件,设计一个 4 位奇偶逻辑校验判断电路,当输入为奇数个 1 时,输出为 1;否则输出为 0。

7.14　试选择如下器件设计一个逻辑电路,当 $X_2X_1X_0>5$ 时,电路输出为 1,否则输出为 0。

(1) 比较器;

(2) 加法器;

(3) MUX;

(4) 3－8 译码器。

7.15　设计一个多输出逻辑组合电路,其输入为 8421BCD 码,其输出定义为

(1) L_1:输入数值能被 4 整除时 L_1 为 1;

(2) L_2:输入数值大于或等于 5 时 L_2 为 1;

(3) L_3:输入数值小于 7 时 L_3 为 1。

7.16　74181 是先行进位 4 位定点算术/逻辑运算(ALU)单元,使用 74181 构成 8 位 ALU。

7.17　使用 Verilog HDL 描述编码器、译码器、MUX、ALU 等组合器件功能,并在 FPGA 上实现。

7.18　由 74181 和 74182 芯片构成 64 位三级先行进位 ALU,各自需要多少芯片,画出框图。

第 8 章

时序逻辑电路与器件

本章首先简单介绍时序逻辑电路的特点、分类和表示方法，通过对基于触发器的时序的分析和设计，加深对时序电路特点和描述方式的理解；然后介绍一些常用中规模集成电路，例如，移位寄存器和计数器等；最后讨论了 MSI 的应用。

8.1　时序电路的结构、分类和描述方式

1. 结构特点

时序逻辑电路是指：在任何时刻，逻辑电路的输出状态不仅取决于该时刻电路的输入状态，而且与电路原来的状态有关。顾名思义，电路的输出状态与时间顺序有关，因此称为时序逻辑电路，简称时序电路。由于电路的输出状态与过去的状态有关，所以电路中必需要有具有"记忆"功能的器件来记住电路过去的状态，并与输入信号一起共同决定电路的输出。时序逻辑电路的一般结构框

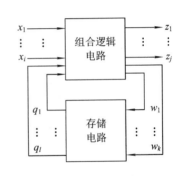

图 8.1.1　时序逻辑电路的一般结构框图

图如图 8.1.1 所示。由图可得，时序逻辑电路一般由组合逻辑电路和存储电路两部分组成。图中 $X(x_1, x_2, \cdots, x_i)$ 代表外部输入信号，$Z(z_1, z_2, \cdots, z_j)$ 代表输出信号，$W(w_1, w_2, \cdots, w_k)$ 代表存储电路的输入信号，$Q(q_1, q_2, \cdots, q_l)$ 代表存储电路的输出状态。组合逻辑电路的部分输出 W 通过存储电路输出 Q 反馈到组合逻辑电路的输入，与外输入信号 X 共同决定组合逻辑电路的输出 Z。

这些信号之间的逻辑关系可以用三个向量方程来表示：

(1) 输出方程：　$Z(t_n) = F[X(t_n), Q(t_n)]$

(2) 驱动方程：　$W(t_n) = H[X(t_n), Q(t_n)]$

(3) 状态方程：　$Q(t_{n+1}) = G[W(t_n), Q(t_n)]$

式中，t_n 和 t_{n+1} 表示相邻的两个离散时间。由于时序电路状态一般在有效时钟脉冲到达时才发生变化，$Q(t_{n+1})$ 表示时钟作用后触发器的状态，称为次态，后续表示中记为 Q^{n+1}；$Q(t_n)$ 表示时钟作用前触发器的状态，称为现态，记为 Q^n。输出和驱动方程其实描述了组合逻辑电路的连接关系，组合电路没有记忆单元，无时间概念，所以一般可以忽略时间 t_n。

2. 分类

根据存储电路中触发器状态变化的特点，可以将时序逻辑电路分为两大类：同步时序电路和异步时序电路。在同步时序电路中，所有触发器的时钟都接在统一时钟信号上，它们的状态在时钟脉冲到达时同时发生变化；而在异步时序电路中，至少一个触发器的时钟没有接在统一的时钟信号上，触发器的状态变化由各自的时钟脉冲信号决定。

时序逻辑电路中的存储电路部分是必不可少的，而组合逻辑电路部分则随具体电路而定。许多实际的时序逻辑电路或者没有组合逻辑电路或者没有外部输入信号，但它们仍具有时序逻辑电路的基本特征。根据输出信号的产生方式，时序电路可以分为米利型(Mealy，也叫米利机)和摩尔型(Moore，也称摩尔机)两类。Mealy 型状态机的输出与当前状态和输入有关，Moore 型状态机的输出仅依赖于当前状态而与输入无关，如图 8.1.2 所示。

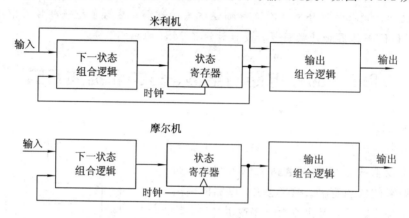

图 8.1.2　Mealy 型和 Moore 型时序逻辑电路的结构

3. 描述方式

虽然由状态方程、驱动方程和输出方程可以完整地描述一个时序逻辑电路的逻辑功能，但电路状态的转换过程不能直观地得到反映。为了更清楚地表现时序逻辑电路的状态和输出在时钟作用下的整个变化过程，可以用状态转换真值表(简称状态转换表)、状态转换图、时序波形图等来描述时序逻辑电路的逻辑功能。这些描述方式与介绍触发器时的内容类似，不同点在于时序逻辑电路一般是由多个触发器构成。

1) 状态转换表

状态转换表是用表格的形式反映时序逻辑电路在时钟作用下，电路现态、输入同输出及次态的关系。状态转换表与真值表基本相同。表头的输入是输入和现态，输出是次态和输出，没有输入和输出的电路状态转换表就是现态和次态的转换表。把一组输入变量和现态代入状态方程和输出方程，就可以得到时序逻辑电路的次态和输出，把次态作为新的初态和这时的输入一起代入状态方程和输出方程，又可得到一组下一时刻的次态和输出值，如此反复进行并把它们填入状态转换表中即可得到完整的状态转换表。

2) 状态转换图

状态转换图是状态转换表的图形表示方式。状态转换图是反映时序逻辑电路的状态转换规律及相应输入、输出取值关系的一种图形，在状态转换图中以圆圈及圈内的字母或数字表示电路的各个状态，以箭头表示状态转换的方向，相应输入/输出标注在转换箭头上。

图 8.1.3 给出了传统的两状态变量的部分状态图，两变量最多有 4 个状态圈 00、01、10、11。没有具体电路及状态分配前，一般用一个符号比如 S 来表示状态。状态箭头上注明在 S^n 状态以及当前输入变量 X 的作用下输出变量 Z 的值，输出一般来自组合逻辑电路，因此，常以 X/Z 的形式来表示。

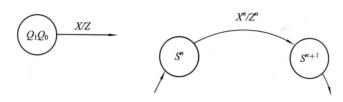

图 8.1.3　两状态变量部分状态图

3）时序图

时序图就是反映时序逻辑电路的输入信号、时钟信号、输出信号、电路状态等在时间上的对应关系的工作波形图。时序图是描述时序逻辑电路最直观的一种方式。

下面通过基于触发器的时序逻辑电路的分析和设计，进一步理解时序逻辑电路及其描述方式。

8.2　基于触发器的时序逻辑电路的分析和设计

时序逻辑电路中的基本单元是触发器。基于触发器的时序逻辑电路的分析和设计是学习时序逻辑电路的基础。

8.2.1　触发器构成的时序逻辑电路分析

分析一个基于触发器的时序逻辑电路，是根据给定的逻辑电路图，在输入及时钟作用下，找出电路的状态及输出的变化规律，从而了解其逻辑功能。图 8.2.1 是分析基于触发器的时序逻辑电路的流程图。

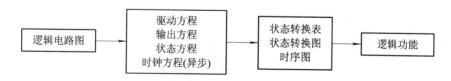

图 8.2.1　电路分析流程图

分析的一般步骤为以下三步：

1）根据电路写出驱动方程、输出方程和时钟方程

根据逻辑电路图，先写出各触发器的驱动方程。触发器的驱动方程是触发器输入端的逻辑函数 $W(w_1, w_2, \cdots, w_k)$，W 代表 JKFF 的 J 和 K、DFF 的 D 等，由图 8.1.1 可知，W 变量是由组合电路输出、触发器的现态 Q^n 和输入确定的。将得到的驱动方程代入触发器的特征方程中，得出每个触发器的状态方程。状态方程实际上是依据触发器的不同连接，具体化了的触发器的特性方程。它反映了触发器次态与现态及外部输入之间的逻辑关系。

输出逻辑变量也是由组合逻辑电路输出的，输出方程表达了电路的输出与触发器现态

Q^n 及电路输入之间的逻辑关系。

对于异步时序电路,需要写出各个触发器的时钟方程,每个触发器在各自时钟作用下按其状态方程改变状态。

2) 由状态方程列出状态转换表、画出状态转换图等

首先应根据状态方程和输出方程画出各触发器的次态卡诺图及输出 Z 的卡诺图。由次态卡诺图可以很方便地列出状态转换表。

由状态转换表可以直接画出状态转换图。由状态转换真值表或状态转换图可以画出时序图,即工作波形图,它直观体现了触发器状态、输出和输入以及时钟之间的关系。

3) 分析说明逻辑功能

分析状态转换表、状态转换图、波形图等,即可获得电路的逻辑功能。

下面举例说明分析基于触发器的同步时序逻辑电路的方法。

[例 8.2.1] 分析如图 8.2.2 所示时序逻辑电路的逻辑功能。

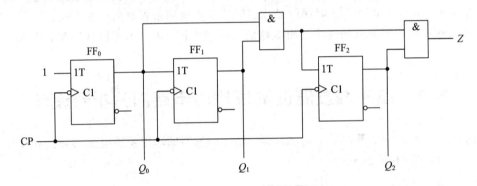

图 8.2.2 例 8.2.1 逻辑电路图

解 电路的组合逻辑电路部分是两个与门。存储电路部分是三个 T 触发器,Z 为电路输出,三个触发器由同一时钟 CP 控制,显然是同步时序逻辑电路。分析步骤如下:

(1) 写出三个向量方程。

驱动方程:$T_0 = 1$;$T_1 = Q_0^n$;$T_2 = Q_1^n Q_0^n$(状态 Q 右上角的 n 常常可以省掉)

输出方程:$Z = Q_2^n Q_1^n Q_0^n$

由于是同步时序电路,所有触发器时钟均接外部时钟 CP,同步动作。

将驱动方程代入 T 触发器的特性方程 $Q^{n+1} = T \oplus Q^n$ 中,可得状态方程为

$$Q_0^{n+1} = T_0 \oplus Q_0^n = \overline{Q_0^n}$$

$$Q_1^{n+1} = T_1 \oplus Q_1^n = Q_0^n \oplus Q_1^n = Q_0^n \overline{Q_1^n} + \overline{Q_0^n} Q_1^n$$

$$Q_2^{n+1} = T_2 \oplus Q_2^n = (Q_0^n Q_1^n) \oplus Q_2^n = \overline{Q_2^n} Q_1^n Q_0^n + Q_2^n \overline{Q_0^n} + Q_2^n \overline{Q_1^n}$$

(2) 列出状态转换表、画出状态转换图和时序图。

三个触发器其状态组合最多有 8 种,如果给定一组初值(例如 $Q_2^n Q_1^n Q_0^n = 000$),直接由 3 个状态方程计算次态,最多将需要 24 次运算。因此,在得到这些描述方式前,先画出各个触发器的次态卡诺图和输出 Z 的卡诺图,如图 8.2.3(a)所示。然后根据初态直接由次态卡诺图读出次态,假设初态 $Q_2^n Q_1^n Q_0^n = 000$,每个次态为对应的次态卡诺图最小项为 m_0 的方格中的值,按照高低顺序在 Q_2^{n+1}、Q_1^{n+1}、Q_0^{n+1} 的卡诺图中得到次态为 001,以 001 为现态可得到下一次态为 010,依此类推,直到状态回到初态。得到状态转换表如表 8.2.1 所

示，本例的状态转换表中，输入变量为 $Q_2^n Q_1^n Q_0^n$，输出变量为 $Q_2^{n+1} Q_1^{n+1} Q_0^{n+1}$ 和 Z。由状态转换表和输出逻辑式可以画出状态转换图，如图 8.2.3(b)所示。其波形图如图 8.2.3(c)所示。

表 8.2.1　例 8.2.1 的状态转换表

Q_2^n	Q_1^n	Q_0^n	Q_2^{n+1}	Q_1^{n+1}	Q_0^{n+1}	Z
0	0	0	0	0	1	0
0	0	1	0	1	0	0
0	1	0	0	1	1	0
0	1	1	1	0	0	0
1	0	0	1	0	1	0
1	0	1	1	1	0	0
1	1	0	1	1	1	0
1	1	1	0	0	0	1

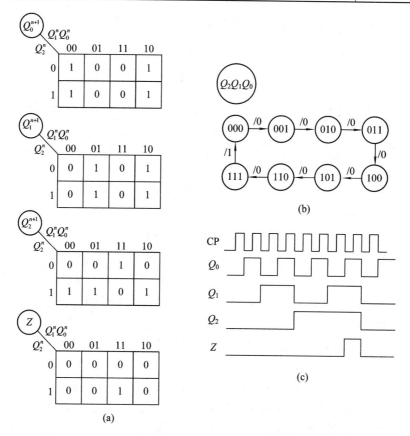

图 8.2.3　例 8.2.1 的次态卡诺图、状态转换图、波形图

（a）卡诺图；（b）状态转换图；（c）波形图

（3）分析说明逻辑功能。

通过分析状态转换表、状态图和波形图可知，最低位触发器是来一个时钟脉冲翻转一次；除最低位外，其余触发器只有在其所有低位触发器输出都为 1 时，才能接收计数脉冲而动作。因此，电路功能是同步的八进制加 1 计数器，并且在状态达到 111 时使进位输出

信号 $Z=1$。同时，2^n 进制的计数器，每一位输出都是 CP 的分频信号。

本例中 $T_0=1$，$T_1=Q_0$，$T_2=Q_0Q_1$，依次类推，若由 n 个 T 触发器组成这样的计数器，则第 i 位 T 触发器的控制端 T_i 的驱动方程为 $T_i=Q_0Q_1Q_2\cdots Q_{i-1}$，构成同步 2^n 进制计数器。

为了简单表示时序逻辑电路的状态转换规律，有时采用态序表代替状态转换表。在态序表中，以时钟脉冲作为状态转换顺序。首先根据某一初态 S_0 得到相应的次态 S_1，再以 S_1 为现态得到新的次态 S_2。依次排列下去，直至进入到循环状态。表 8.2.2 中列出本例的态序表，电路的初态设为 000。

表 8.2.2　例 8.2.1 的态序表

时钟	触发器状态		
CP	Q_2	Q_1	Q_0
0	0	0	0
1	0	0	1
2	0	1	0
3	0	1	1
4	1	0	0
5	1	0	1
6	1	1	0
7	1	1	1

8.2.2　触发器构成的时序逻辑电路设计

时序逻辑电路的设计是分析的逆过程。要根据给出的具体逻辑问题，求出完成这一功能的逻辑电路。图 8.2.4 是基于触发器的时序逻辑电路的设计步骤。

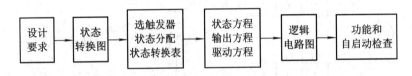

图 8.2.4　时序电路设计流程

1) 画状态转换图

在把文字描述的设计要求变成状态转换图时，必须搞清要设计的电路有几个输入变量，几个输出变量，有多少信息需要存储。对每个需要记忆的信息用一个状态来表示，从而确定电路需要多少个状态。目前还没有可遵循的固定程序来画状态图，对于较复杂的逻辑问题，一般需要经过逻辑抽象，先画出原始状态转换图，每个状态用 S_0、S_1、$\cdots$、S_{N-1} 表示。再分析该转换图有无多余的状态，是否可以进行状态化简。如果两个状态在所有输入情况下其次态和输出均相同，则这两个状态是等价状态，可以合并为一个。力争获得最简状态转换图。

2) 选择触发器，并进行状态分配等

每个触发器有两个状态 0 和 1，n 个触发器能表示 2^n 个状态。如果用 N 表示该时序逻辑电路的状态数，则触发器数目 n 应满足：$2^{n-1}<N\leqslant 2^n$。

所谓状态分配，是指对原始状态图中的每个状态 S_0、S_1、$\cdots$、S_{N-1} 编码。状态分配不同，所得到的电路也不同。例如，若确定 $n=4$，可选择 $S_0=0000$，$S_1=0001$，$\cdots$。若状态数 $N<2^n$，多余状态可作为任意项处理。

根据状态分配的结果可以列出状态转换表，由状态转换表可以画出状态转换图。

3) 写出三个向量方程

由状态转换表，画出次态卡诺图，从次态卡诺图可求得状态方程。如果设计要求的输出量不是触发器的输出 Q_i，还需写出输出变量的输出方程。

将得到的状态方程与选定的触发器的特性方程相比较，可求得驱动方程。对于异步时序逻辑电路还需写出时钟方程。

4）画逻辑电路图

根据驱动方程和输出方程，可以画出基于触发器的逻辑电路图。

5）检查功能和自启动

所谓电路的自启动能力，是指电路状态处在任意态时，能否经过若干个 CP 脉冲后返回到工作主循环状态中。判断一个电路是否能够自启动，实际上是在某些特定状态下，对电路进行分析的过程。画出电路图后，检查电路是否满足设计要求。

[**例 8.2.2**]　试用下降沿触发的 JK 触发器设计一个同步 8421 码十进制加法计数器。

解　（1）根据设计要求，作出状态转换图。

依题意，十进制计数器需要用十个状态来表示。十个状态循环后回到初始状态。设这十个状态为 S_0、S_1、S_2、$\cdots$、S_9。原始状态转换图如图 8.2.5 所示。

图 8.2.5　例 8.2.2 原始状态图

（2）选择所用触发器的类型、个数以及进行状态分配。

题目限定用 JK 触发器，本例中，因为状态数 $N=10$，所以触发器个数 $n=4$。

题目限定采用 8421 BCD 码，因此状态应为 $S_0=0000$，$S_1=0001$，$\cdots$，$S_9=1001$。1010~1111 这六个状态可作为任意项处理。

根据状态分配的结果可以列出状态转换真值表如表 8.2.3 所示。

表 8.2.3　例 8.2.2 的状态转换表

CP	Q_3^n	Q_2^n	Q_1^n	Q_0^n	Q_3^{n+1}	Q_2^{n+1}	Q_1^{n+1}	Q_0^{n+1}
1	0	0	0	0	0	0	0	1
2	0	0	0	1	0	0	1	0
3	0	0	1	0	0	0	1	1
4	0	0	1	1	0	1	0	0
5	0	1	0	0	0	1	0	1
6	0	1	0	1	0	1	1	0
7	0	1	1	0	0	1	1	1
8	0	1	1	1	1	0	0	0
9	1	0	0	0	1	0	0	1
10	1	0	0	1	0	0	0	0

（3）写出三个向量方程。

画次态卡诺图如图 8.2.6 所示。

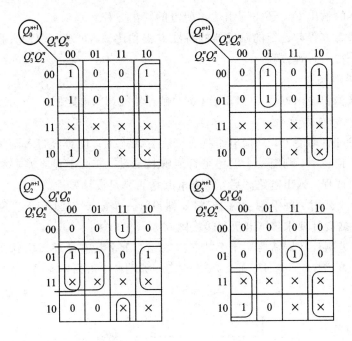

图 8.2.6　例 8.2.2 次态卡诺图

以 FF_2 为例，由图可得 FF_2 的状态方程为

$$Q_2^{n+1} = Q_2^n \overline{Q_0^n} + Q_2^n \overline{Q_1^n} + \overline{Q_2^n} Q_1^n Q_0^n = Q_2^n (\overline{Q_1^n} + \overline{Q_0^n}) + \overline{Q_2^n} Q_1^n Q_0^n$$

与 JK 触发器的特性方程相比较，可得 FF_2 的驱动方程为(有时为了书写方便，将触发器现态的上标 n 忽略)：

$$J_2 = Q_1 Q_0 ; \quad K_2 = \overline{\overline{Q_0} + \overline{Q_1}} = Q_1 Q_0$$

同理可得其他触发器驱动方程如下：

$$J_3 = Q_2 Q_1 Q_0, \qquad K_3 = Q_0$$
$$J_1 = \overline{Q_3} Q_0, \qquad K_1 = Q_0$$
$$J_0 = 1, \qquad K_0 = 1$$

(4) 由驱动方程画出逻辑电路图。

逻辑电路图如图 8.2.7 所示。

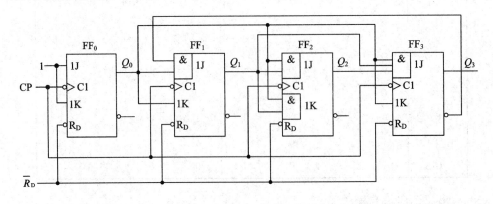

图 8.2.7　例 8.2.2 逻辑电路图

（5）检查电路的自启动能力。

由次态卡诺图可以得到电路状态为 1010～1111 时的次态情况。例如，初态为 1010 时，分别从 Q_3^{n+1}、Q_2^{n+1}、Q_1^{n+1} 和 Q_0^{n+1} 卡诺图上的相应方格得次态为 1011，1011 的次态又为 0100。同理得：1100→1101→0100，1110→1111→0000。因此，可知该电路能够自启动。完整的状态转换图如图 8.2.8 所示。分析电路的状态变化，满足设计要求。

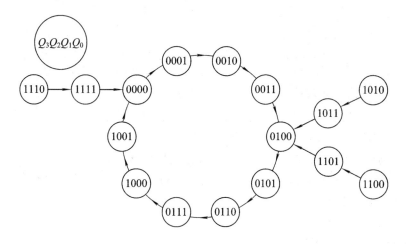

图 8.2.8　例 8.2.2 完整的状态转换图

在有些情况下，所设计的电路不能自启动。这时，一般需要修改电路设计，或者重新从状态分配这一步做起。其实，在画出次态卡诺图后就可以进行自启动检查，以避免到设计完成后再修改电路设计。

8.3　集 成 计 数 器

计数器（Counter）的功能是累计输入脉冲的个数。它是数字系统中使用最广泛的时序部件。计数器除了具有计数功能之外，还具有分频、定时等功能。目前，几乎所有的微处理器中，都是使用定时器对时钟脉冲计数完成定时的，定时时间＝脉冲数 * 时钟周期。

计数器的种类非常繁多。如果按计数器时钟脉冲的输入方式来分，可以分为同步计数器（各触发器时钟接在一起）和异步计数器（至少有一个触发器时钟不同于其它）。

如果按计数过程中计数器输出数码的规律来分，可以分为加法计数器（递增计数）、减法计数器（递减计数）和可逆计数器（可加可减计数器）。

如果按计数容量（也称为计数器的模，模即计数状态的个数，记为 m）来分，可以分为模 2^n 计数器（$m=2^n$）和模非 2^n 计数器（$m\neq 2^n$）。

在 8.2 节中，已经分析和设计了用触发器组成的计数器。下面介绍中规模集成计数器。中规模集成计数器品种较多，主要分为同步计数器和异步计数器两大类，每一类中又分为二进制计数器和十进制计数器两类。

表 8.3.1 列举了几种集成计数器，限于篇幅，只能选择其中几种有代表性的加以分析和介绍。

表 8.3.1　几种中规模集成计数器

CP脉冲引入方式	型　号	计数模式	清零方式	预置数方式
异　步	74293	二-八-十六进制加法	异步(高电平)	无
	74290	二-五-十进制加法	异步(高电平)	异步置9(高电平)
同　步	74160	十进制加法	异步(低电平)	同步(低有效)
	74161	4位二进制加法	异步(低电平)	同步(低有效)
	74162	十进制加法	同步(低电平)	同步(低有效)
	74163	4位二进制加法	同步(低电平)	同步(低有效)
	74192	十进制可逆	异步(高电平)	异步(低有效)
	74193	4位二进制可逆	异步(高电平)	异步(低有效)

　　表 8.3.1 中第 1 列的同步和异步是指集成计数器芯片内部的电路是同步或异步时序逻辑电路。第 4 列的清零方式和第 5 列的预置数方式是指清零和置数操作是否受时钟控制，如果清零或置数控制信号有效，则立即执行清零和置数操作，与 CP 边沿无关，把这种操作称为异步操作；如果清零或置数控制信号有效且 CP 有有效边沿，则执行清零和置数操作，称为同步操作。

　　集成计数器还有高速 CMOS 系列产品，例如，74HC160、74HC161、…、40193 等。它们与表中列出的 TTL 系列相应型号的功能完全一致。

8.3.1　异步集成计数器

1. 异步二进制计数器 74293

　　74293 是二-八-十六进制异步加法计数器。它由四个 T 触发器串接而成，内部逻辑电路如图 8.3.1(a)所示。FF_0 为 1 位二进制计数器，FF_1、FF_2 和 FF_3 组成 3 位行波计数器。它们分别以 CP_0 和 CP_1 作为计数脉冲的输入，Q_0 和 $Q_1 Q_2 Q_3$ 分别为其输出。这也给使用者提供了较大的方便，既可以将 FF_0 与 FF_1、FF_2、FF_3 级联起来使用，组成十六进制计数器；也可单独使用，组成二进制和八进制计数器。74293 的逻辑符号如图 8.3.1(b)所示，功能表如表 8.3.2 所示。

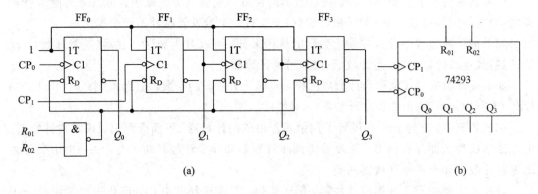

(a)　　　　　　　　　　　　　　　　(b)

图 8.3.1　异步二进制计数器 74293
(a) 逻辑电路；(b) 符号图

由表可得：

① 当外部 CP 仅送入 CP_0，而 CP_1 无输入时，仅 FF_0 工作，计数器由 Q_0 输出，电路为二进制计数器。

② 当外部 CP 仅送入 CP_1，而 CP_0 无输入时，$FF_1 \sim FF_3$ 工作，计数器由 $Q_3 Q_2 Q_1$ 输出，电路为八进制计数器。

③ 当外部 CP 仅送入 CP_0，而 CP_1 与 Q_0 相连时，$FF_0 \sim FF_3$ 均工作，计数器由 $Q_3 Q_2 Q_1 Q_0$ 输出，电路为 16 进制计数器。

表 8.3.2　74293 的功能表

CP_0	CP_1	R_{01}	R_{02}	工 作 状 态
×	×	1	1	清零
↓	0	×	0	FF_0 计数
↓	0	0	×	FF_0 计数
0	↓	×	0	$FF_1 \sim FF_3$ 计数
0	↓	0	×	$FF_1 \sim FF_3$ 计数

从图 8.3.1 和表 8.3.2 可看出，74293 在时钟脉冲 CP 的下降沿触发；有两个复位端 R_{01} 和 R_{02}，当它们全为 1 时，计数器异步清零（不受 CP 控制），当为其他状态时，74293 工作在计数状态。

2. 异步十进制计数器 74290

74290 是二-五-十进制异步加法计数器，它由四个 JK 触发器组成。74290 的逻辑符号如图 8.3.2 所示，功能表如表 8.3.3 所示。$R_{0(1)}$ 和 $R_{0(2)}$ 是异步清零信号，$S_{9(1)}$ 和 $S_{9(2)}$ 是异步置 9 信号，均为高电平有效。

① 当外部 CP 仅送入 CP_0 时，由 Q_0 输出，电路为二进制计数器。

② 当外部 CP 仅送入 CP_1 时，由 $Q_3 Q_2 Q_1$ 输出，电路为五进制计数器。

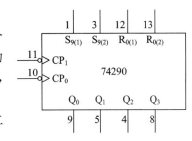

图 8.3.2　74290 符号图

③ 当外部 CP 送入 CP_0，Q_0 接至 CP_1 时，则构成 2×5 十进制计数器，由 $Q_3 Q_2 Q_1 Q_0$ 输出 8421BCD 码。

④ 当外 CP 仅送入 CP_1，CP_0 接至 Q_3 时，则构成 5×2 十进制计数器，由 $Q_0 Q_3 Q_2 Q_1$ 输出 5421 BCD 码。

表 8.3.3　74290 的功能表

输　　　入						输　　出			
$R_{0(1)}$	$R_{0(2)}$	$S_{9(1)}$	$S_{9(2)}$	CP_0	CP_1	Q_3	Q_2	Q_1	Q_0
1	1	0	×	×	×	0	0	0	0
1	1	×	0	×	×	0	0	0	0
0	×	1	1	×	×	1	0	0	1
×	0	1	1	×	×	1	0	0	1
$R_{0(1)} R_{0(2)} = 0$		$S_{9(1)} S_{9(2)} = 0$		CP	0	二进制计数			
				0	CP	五进制计数			
				CP	Q_0	8421 码十进制计数			
				Q_3	CP	5421 码十进制计数			

8.3.2 同步集成计数器

1. 同步二进制计数器 74161

74161 是同步二进制可预置加法集成计数器，它的功能表如表 8.3.4 所示，符号图如图 8.3.3 所示。74161 计数翻转是在时钟信号的上升沿完成的，CR 是异步清零端，CT_P、CT_T 是使能控制端，LD 是置数端，$D_0 D_1 D_2 D_3$ 是四个数据输入端，CO 是进位输出端。74161 有清零、置数、保持及计数功能。下面根据功能表及符号图进一步说明其各项功能：

表 8.3.4　74161 的功能表

CP	$\overline{CR}$	$\overline{LD}$	CT_P	CT_T	工作状态
×	0	×	×	×	异步清零
↑	1	0	×	×	同步预置
×	1	1	0	×	保持
×	1	1	×	0	保持
↑	1	1	1	1	加 1 计数

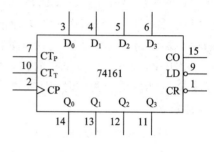

图 8.3.3　74161 的符号图

(1) 异步清零：当 $\overline{CR} = 0$ 时，其他输入任意，可以使计数器立即清零。

(2) 同步预置：当 $\overline{CR} = 1$，且数据输入 $D_3 D_2 D_1 D_0 = DCBA$ 时，若置数控制信号 $\overline{LD} = 0$，在时钟信号 CP 的上升沿到来时，完成置数操作，使 $Q_3 Q_2 Q_1 Q_0 = DCBA$。使能控制信号 CT_P、CT_T 的状态不影响置数操作。

(3) 保持：当 $\overline{CR} = \overline{LD} = 1$，即既不清零也不预置时，若使能控制信号 CT_P 或者 CT_T 为 0，都能使计数器各 Q 端的状态保持不变；

(4) 计数：当 $\overline{CR} = \overline{LD} = 1$，$CT_P = CT_T = 1$ 时，在时钟脉冲信号 CP 的上升沿到来时，计数器进行计数。Q 端的状态加 1 计数。

CO 是进位输出信号，$CO = Q_3 Q_2 Q_1 Q_0 CT_T$，当 $Q_3 \sim Q_0$ 及 CT_T 均为 1 时，$CO = 1$，产生正进位脉冲。

与 74161 相似的还有同步十进制可预置加法计数器 74160，各输入、输出端子功能与 74161 相同，其功能表及符号图也与 74161 一致，这里不再列出。与 74161 不同的是，74160 为十进制计数器，故它的进位输出方程为 $CO = Q_3 Q_0 CT_T$。

74163 为四位二进制加法计数器，其功能表和符号图与 74161 类似。除 $\overline{CR}$ 为同步清零外，其余功能与 74161 完全相同，因此，74163 是全同步式集成计数器。这里不再赘述。74162 也为全同步式集成计数器，与 74163 唯一不同之处是，74162 为十进制加法计数器，符号图与 74161 完全相同。

2. 同步可逆集成计数器 74193

74193 是双时钟输入四位二进制同步可逆计数器，其逻辑符号如图 8.3.4 所示，功能见表 8.3.5。CP_U 是加法计数时钟信号输入端，CP_D 是减法计数时钟信号输入端，CR 是清零端，$\overline{LD}$ 是送数控制端，$\overline{CO}$ 是加法进位信号输出端，$\overline{BO}$ 为减法借位信号输出端。

表 8.3.5　**74193 的功能表**

CP_U	CP_D	CR	$\overline{LD}$	工作状态
×	×	1	×	异步清零
×	×	0	0	异步预置
↑	1	0	1	加法计数
1	↑	0	1	减法计数

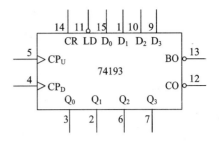

图 8.3.4　74193 的符号图

74193 的主要功能是完成可逆计数。它的各项功能说明如下：

(1) 异步清零：当 $CR=1$ 时，74193 立即清零，与其他输入端的状态无关。

(2) 异步置数：当 $\overline{LD}=0$ 且 $CR=0$ 时，将 $D_3D_2D_1D_0$ 立即置入计数器中，使 $Q_3Q_2Q_1Q_0=D_3D_2D_1D_0$，是异步送数，与 CP 无关。

(3) 加法计数：当 $CR=0$，$\overline{LD}=1$，$CP_D=1$ 时，时钟信号接至 CP_U，74193 作加法计数。加法计数进位输出 $\overline{CO}=\overline{Q_3Q_2Q_1Q_0\ \overline{CP_U}}$，计数器输出 1111 状态，且 CP_U 为低电平时，$\overline{CO}$ 输出一个负脉冲信号。

(4) 减法计数：当 $CR=0$，$\overline{LD}=1$，$CP_U=1$ 时，时钟信号接至 CP_D，74193 作减法计数。减法计数借位输出 $\overline{BO}=\overline{\overline{Q_3}\ \overline{Q_2}\ \overline{Q_1}\ \overline{Q_0}\ \overline{CP_D}}$，当计数器输出 0000 状态，且 CP_D 为低电平时，$\overline{BO}$ 输出一个负脉冲信号。

图 8.3.5 所示波形进一步展示了 74193 的功能。

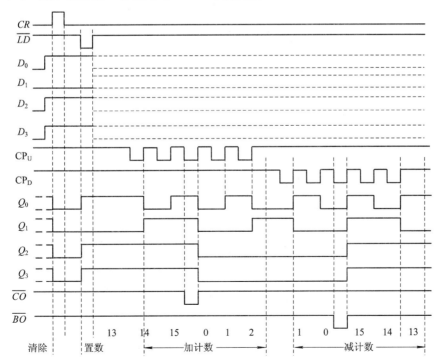

图 8.3.5　74LS193 时序图

8.3.3　集成计数器扩展与应用

中规模集成计数器由于其具有体积小、功耗低、可靠性高等优点而获得了广泛的应用。但出于成本方面的考虑，集成计数器的定型产品追求大的批量。因而，市场上销售的集成计数器产品，在计数体制方面，只做成应用较广的十进制、十六进制等几种产品。在需要其他任意进制计数器时，只能在现有中规模集成计数器基础上，经过外电路的不同连接实现。如果要实现的计数器的模小于单片计数器的模，则使用一片计数器经过反馈置数或者清零即可实现。如果要实现的计数器的模大于集成计数器本身的模，就需要多片级联。

1. 多片集成计数器级联

前面介绍的各种集成计数器多是四位的二进制或十进制计数器，只能实现模 $m \leqslant 16$ 的计数，在实际应用中，例如构成时、分、秒的计数，就需要多片集成计数器的级联使用。计数器的级联方式有同步级联（即各计数器芯片的时钟信号接在一起）和异步级联（各计数器芯片的时钟不同）两种。下面以 74LS161 为例，介绍集成计数器的级联方法。

在图 8.3.6(a)中，将两片 74LS161 的 CP 相连，构成同步级联，并将低位片的 CO 与高位片的 CT_T 和 CT_P 端相连。低位片在 CP 作用下进行正常计数，当 $Q_3 Q_2 Q_1 Q_0$ 计到 1111 时，低位片的 CO 变到 1，使高位片的 CT_T 和 CT_P 信号为 1，这样，高位片在下一个 CP 到来时才能进行"加 1"计数。实现了 256 进制计数器。更多片计数器的同步级联可以照此连接。

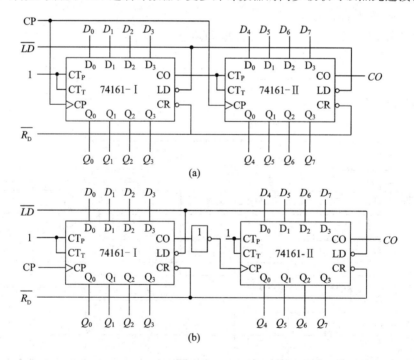

图 8.3.6　两片 74161 的级联方法
(a) 同步级联方式；(b) 异步级联方式

图 8.3.6(b)是以异步级联方式连接的 256 进制计数器。其中低位片的进位输出信号

CO(或 Q_3)经非门反相后作为高位片的 CP 计数脉冲，当低位片 $Q_3Q_2Q_1Q_0$ 由 1111 变成 0000 时，其 CO(或 Q_3)由 1 变为 0，高位片的 CP 由 0 变为 1，高位片进行"加1"计数。其他情况下，片 II 都将保持原有状态不变。

无论是同步还是异步级联，都应该在低位回零时刻高位芯片加 1。也可以通过分析 CP 计数脉冲作用下，计数器的计数状态值是否连续来验证级联是否正确。例如，两个十六进制加法芯片级联，如果在 CP 计数脉冲作用下，计数值是从 0FH 到 10H，说明正确，如果是从 0FH 到 1FH 或其他非 10H 状态，都说明级联有问题。

2. 构成任意 n 进制计数器

现以 m 表示已有中规模集成计数器的进制(或模值)，以 n 表示待实现计数器的进制。若 $m>n$，只需一片集成计数器，如果 $m<n$，则需多片集成计数器实现。假设 $S_0 \sim S_{n-1}$ 为 n 进制计数器的 n 个状态，最后一个状态之后的无效状态为 S_n。下面介绍利用集成计数器控制端(清零或置数端)的同步和异步操作实现 n 进制计数器的方法。

1) 控制端是异步操作

异步操作即清零或置数控制信号有效，则立即清零或置数。清零或置数信号一般由计数器输出 $Q_3Q_2Q_1Q_0$ 译码得到，反馈构成异步操作控制信号有效的 $Q_3Q_2Q_1Q_0$ 状态一定是暂态。因此，异步操作用 n 进制计数器无效 S_n 状态作为反馈状态，对二进制集成计数器，S_n 状态应取二进制编码，对十进制集成计数器，S_n 状态应取 8421 BCD 码。将 S_n 状态编码中值为 1 的各 Q 值"与"或"与非"连接至高或者低有效的控制端使其有效。画逻辑图，不仅要按反馈逻辑画出控制回路，还要将其他控制端按计数功能的要求接到规定电平。此外，还应考虑 CP 信号的连接，对于 $m<n$ 的情况还应考虑各片之间进位信号的连接。

[例 8.3.1] 用 74LS293 构成十进制计数器。

解 构成 $n=10$ 的计数器，按 74LS293 功能表，需令 $CP_0=CP$，$CP_1=Q_0$，把计数器接成 $m=16$。这属于 $m>n$ 的情况，用一片 74LS293，再加反馈逻辑即可构成。

n 进制计数器 S_n 状态的二进制编码 $S_n=1010$。由于 74LS293 是两个清零信号，则将 S_n 状态中为 1 的 Q_3Q_1 分别连接至清零信号即可。逻辑图如图 8.3.7(a)所示。

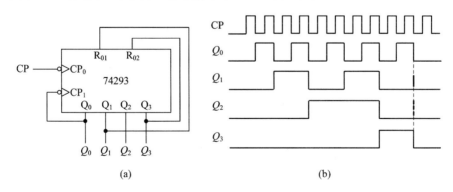

图 8.3.7　74LS293 构成十进制计数器
(a) 逻辑电路图；(b) 波形图

为了进一步说明反馈清零法设计的计数器的工作情况，图 8.3.7(b)给出了 74LS293 构成十进制计数器的工作波形。由图可见，计数器的循环状态为 0000~1001，共十种状态，每一种状态持续时间为一个 CP 周期。由图还可看出 1010 是瞬态，其持续时间仅为一级与非门和一级触发器的延迟(几十 ns)，非常短暂，故不是计数循环的有效状态。

[例 8.3.2] 用 74LS290 构成 60 分频电路。

解 数字电路中，分频电路与计数电路的区别仅仅在于其输出形式不同，计数电路将所有 Q 状态作为一组代码输出，而分频电路一般仅使用一个输出端作为与 CP 成某种特定关系的脉冲序列。因此，本例可按 60 进制计数器设计，由最高位 Q 端输出则得到 CP 的 60 分频信号。

因为单片 74LS290 所能实现的最大计数模数 $m=10$，要构成 $n=60$ 进制计数器，$m<n<m \times m=100$，故需 2 片 74LS290 级联。而且 S_n 状态只能用 8421BCD 码，而不能用二进制码。$n=60$，所以 $S_n=01100000$；反馈使用 $Q_6 Q_5$。画逻辑图如图 8.3.8 所示。

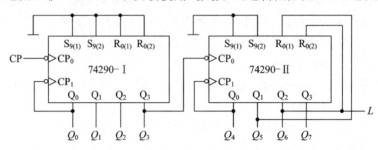

图 8.3.8 74LS290 构成六十分频电路

图 8.3.8 的低位片执行 10 进制计数，其计数循环为 0000~1001。当第 10 个 CP 脉冲到来时，低位片自然归零，其 Q_3 由 1 到 0 的变化正好作为高位片 CP 脉冲的有效下降沿，触发高位片翻转加"1"。逻辑图中反馈逻辑仅接到高位片的复位端 $R_{0(1)}$、$R_{0(2)}$，而将高位片的置 9 端 $S_{9(1)}$、$S_{9(2)}$ 和低位片的 $S_{9(1)}$、$S_{9(2)}$、$R_{0(1)}$ 及 $R_{0(2)}$ 直接接低电平，这样低位片实现 $n_0=10$，高位片实现 $n_1=6$，高低位串接后实现 $n = n_1 \times n_0 = 6 \times 10 = 60$。计数器级联，模数是相乘的。

图 8.3.8 中 L 为 60 分频输出。60 分频电路广泛地应用于计时电路中，它的输出可以作为分信号和小时信号。

[例 8.3.3] 试用 74193 设计十进制加法计数器，设计数器的起始状态为 0011。

解 前面设计的计数器初态都是 0，因此可以使用异步清零信号。本例的初态不为 0，必须使用计数器的置数端。对于具有异步置数输入的集成计数器而言，在计数过程中，不管计数器处于何种状态，只要在其置数输入端加入置数控制信号，计数器立即置数。反馈置数法设计任意进制计数器的步骤与反馈清零法相同，S_n 状态构成反馈，不同之处是要处理置数输入端(如果芯片有的话)，并将其设置为计数初态。

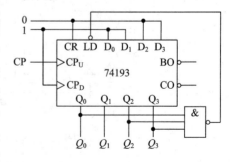

图 8.3.9 例 8.3.3 图

求 S_n 状态的二进制编码：

$$S_n=S_0+[n]_B=0011+1010=1101$$

求反馈逻辑式：$\overline{LD}=\overline{Q_3 Q_2 Q_0}$。画逻辑图如图 8.3.9 所示。

由 74193 功能表中加法计数功能可见，未用的功能端信号 CR 应置于 0，而 CP_D 应置于 1。

2) 控制端是同步操作

同步操作即清零或置数控制信号有效后，待 CP 有效沿到来时，才使计数器清零或置数，也就是说，其控制信号要与 CP 脉冲同步。同步操作清零或置数信号一般也由计数器输出 $Q_3 Q_2 Q_1 Q_0$ 译码得到，由于要与 CP 同步，反馈构成同步操作控制信号有效的 $Q_3 Q_2 Q_1 Q_0$ 状态一定是稳态。同步操作用 n 进制计数器 S_{n-1} 状态作为反馈状态，将 S_{n-1} 状态编码中值为 1 的各 Q 值"与"或"与非"连接至控制端使其有效。画逻辑图即可。

[例 8.3.4] 用 74LS161 和 74163 分别设计一个十进制加法计数器，要求初始状态为 0000。

解 74LS161 为四位二进制加法计数器，假设计数器的初态 $S_0 = 0000B$。

利用其同步置数端置数，写出 n 进制计数器 S_{n-1} 状态的二进制编码：

$$S_{n-1} = S_0 + [n-1]_B = 0000 + 1001 = 1001$$

求反馈逻辑：$\overline{LD} = \overline{Q_3 Q_0}$

画逻辑图：除了按照反馈逻辑和 S_0 状态进行必要的连接外，还要按 74LS161 的功能表中的计数功能，将 CT_T、CT_P 接逻辑"1"。画出逻辑图如图 8.3.10(a)所示。因为本例计数器的初态是 0000，利用 74163 同步清零，反馈逻辑改为 $\overline{CR} = \overline{Q_3 Q_0}$，即可得到同步置 0 法设计的十进制加法计数器，如图 8.3.10(b)所示。图 8.3.10(a)和(b)两个计数器均在 0000～1001 状态之间循环计数。

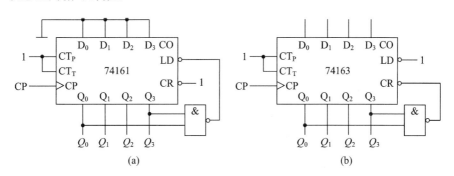

图 8.3.10 十进制加法计数器逻辑图

(a) 74LS161 构成；(b) 74LS163 构成

图 8.3.11 为图 8.3.10(a)计数波形图，图中第 9 个时钟脉冲上升沿到来后，S_{n-1} 状态 $Q_3 Q_2 Q_1 Q_0$ = 1001，反馈使置数控制输入 $\overline{LD} = 0$，数据输入 $D_3 D_2 D_1 D_0 = 0000$ 早已准备就绪，第 10 个 CP 脉冲上升沿到来时，才将数据置入计数器，使 $Q_3 Q_2 Q_1 Q_0$ = $D_3 D_2 D_1 D_0 = 0000$，此时置数控制输入信号失效，计数器作好下一循环计数的准备。由此可见，反馈态 $S_{n-1} = 1001$ 与其他有效计数状态一样持续一个 CP 周期，故同步操作无瞬态，可靠性较高。

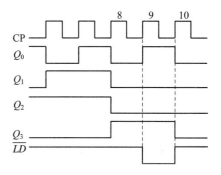

图 8.3.11 同步操作波形图

将异步操作和同步操作设计 n 进制计数器的方法进行比较：在异步操作条件下，无论是异步清零法，还是异步置数法，均用 S_n 状态反馈，

且 S_n 状态为瞬态;而在同步操作条件下,无论是同步清零法还是同步置数法,均用 S_{n-1} 状态反馈,无瞬态。

3)置最小数法

有时为了简化这类设计,常用进位输出信号 CO 信号作为反馈。即反馈的状态只能取使 CO 有效的状态,如果是四位二进制计数器,该状态为 $Q_3Q_2Q_1Q_0=1111$,十进制计数器为 $Q_3Q_2Q_1Q_0=1001$。如果由 CO 信号反馈控制同步操作,则使 CO 有效的上述状态为计数器的 S_{n-1} 状态,若 CO 信号反馈控制异步操作,则使 CO 有效的上述状态为计数器的 S_n 状态。确定了 S_{n-1} 或 S_n,要求实现 n 进制的设计,求初态 S_0 即可。这种情况计数初态一般不为零,只能用置数法。

[例 8.3.5] 试用 74160 的 CO 端反馈,实现 6 进制计数器。

解 使十进制计数器 74160 有效的 $CO=Q_3Q_0CT_T$,即 1001 状态,CO 反馈控制同步置数端,因此,1001 是一个计数稳态,即 $S_{n-1}=1001$。

$$S_0 = D_3D_2D_1D_0 = [S_{n-1}-n+1]_{BCD}$$
$$= [9-6+1]_{BCD} = 0100$$

画逻辑图如图 8.3.12 所示。该计数器执行 $0100 \to 0101 \to 0110 \to 0111 \to 1000 \to 1001$ 的计数循环,实现了六进制计数。

由于预置数 0100 是计数循环中的最小数,这种设计方法也称为置最小数法。

如果本例使用 74192 可逆十进制计数器的加法实现,由于其置数是异步操作,因此,使 CO 有效的 1001 则为瞬态 S_n,

$$S_0 = D_3D_2D_1D_0 = [S_n-n]_{BCD} = 0011$$

如果是四位二进制加法计数器,使 CO 有效的

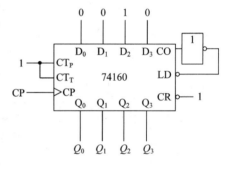

图 8.3.12 例 8.3.5 图

状态为 1111,同样,该状态是 S_n 还是 S_{n-1} 需要看 CO 控制异步操作还是同步操作。

8.4 寄 存 器

寄存器是数字系统中用来存储二进制数据的逻辑器件,例如计算机中的通用寄存器、指令码寄存器、地址寄存器和输入输出寄存器等。寄存器的电路结构一般由具有同步时钟控制的多个触发器组成,待存入的数据在统一的时钟脉冲控制下存入寄存器中。

寄存器按主要的逻辑功能可分为并行寄存器和移位寄存器。并行寄存器没有移位功能,通常简称为寄存器。寄存器能实现对数据的清除、接受、保存和输出功能。移位寄存器除了寄存器的上述功能外,还具有数据移位功能。

8.4.1 寄存器及其应用

寄存器(Register)具有将数据并行输入、保存及在适当时刻并行输出的功能。图 8.4.1 是一个由 4 个 D 触发器组成的 4 位寄存器逻辑图。CP 为公共时钟脉冲,$D_0 \sim D_3$ 为 4 位数据输入,$Q_0 \sim Q_3$ 为 4 位数据输出,$\bar{R}$ 为直接清零信号。

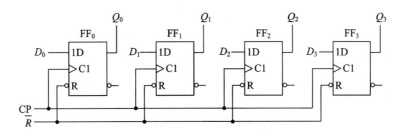

图 8.4.1　四位寄存器逻辑图

先将要存入的 4 位数据送到相应的数据输入端，在 CP 脉冲上升沿到达后，则 $Q^{n+1}=D$，数据便存入了寄存器，一直保存到下一个 CP 脉冲上升沿到达时。该电路的数据输出端未加控制电路，寄存的数据可以直接得到，若加入输出控制门电路后，则需要等到输出允许信号有效后，才能输出寄存的数据。这种将数据同时存入又同时取出的方式称为并入并出方式。

图 8.4.2 是中规模集成 8 位上升沿 D 寄存器 74273 的符号图，其内部是 8 个 D 触发器。其中，$D_7 \sim D_0$ 为输入端，$Q_7 \sim Q_0$ 为输出端；CP 是公共时钟脉冲端，控制 8 个触发器同步工作；CR 为公共清零端。

该寄存器为 8 位并行输入/并行输出寄存器，其功能表如表 8.4.1 所示。

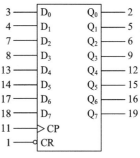

表 8.4.1　74273 的功能表

$\overline{CR}$	CP	D_i	Q_i^{n+1}	工作状态
0	×	×	0	异步清 0
1	↑	0	0	存 0
1	↑	1	1	存 1

图 8.4.2　74273 符号图

另一种常用的寄存器是三态寄存器。如 4 位三态并行输入并行输出寄存器 74LS173，其内部是 4 个上升沿触发的 D 触发器和三态门输出电路，逻辑符号如图 8.4.3 所示，功能表如表 8.4.2 所示。由表可知，CR 是异步清零输入；$\overline{EN_A}$ 和 $\overline{EN_B}$ 是输出使能，当 $\overline{EN_A} + \overline{EN_B} = 1$ 时，输出为高阻状态(Z)，但对置数功能无影响，当 $\overline{EN_A} + \overline{EN_B} = 0$ 时，寄存器输出内部保存的数据；$\overline{ST_A}$ 和 $\overline{ST_B}$ 是输入控制，当 $\overline{ST_A} + \overline{ST_B} = 0$ 时，时钟脉冲 CP 上升沿到来，允许数据 $D_0 \sim D_3$ 置入寄存器中，当 $\overline{ST_A} + \overline{ST_B} = 1$ 时，无论 CP 如何变化，寄存器状态保持不变。

表 8.4.2　74LS173 的功能表

CR	CP	$\overline{ST_A} + \overline{ST_B}$	$\overline{EN_A} + \overline{EN_B}$	工作状态
1	×	×	×	清 0
0	0	×	×	保持不变
0	↑	1	×	保持不变
0	↑	×	1	高阻
0	↑	0	×	置数
0	×	×	0	允许输出

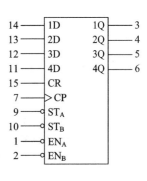

图 8.4.3　74LS173 符号图

在数字系统和计算机中,不同部件的数据输入和输出一般是通过公共数据总线(Data Bus)传送的。这些部件必须具有三态输出或者通过三态缓冲器接到总线。图 8.4.4 是用三片 74173 寄存器 Ⅰ、Ⅱ 和 Ⅲ 进行数据传送的电路连接图。图中,$DB_3 \sim DB_0$ 是 4 位数据总线,寄存器的输入 $D_3 \sim D_0$、输出 $Q_3 \sim Q_0$ 分别与相应的数据总线相连。在寄存器使能信号控制下,可将任一寄存器的内容通过数据总线传送到另一寄存器中去。在任一时刻,只能有一个寄存器输出使能($\overline{EN}=0$),其余两个寄存器的输出必须处于高阻态(令 $\overline{EN}=1$)。否则总线上的电位将不确定,可能损坏寄存器。

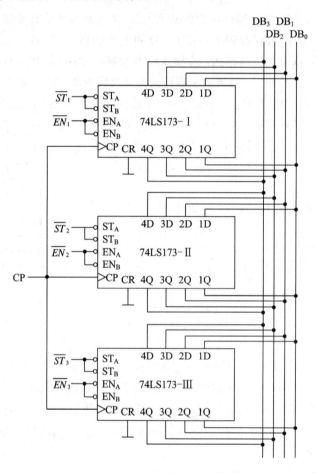

图 8.4.4 多个寄存器与数据总线的连接电路

8.4.2 移位寄存器

移位寄存器(Shift register)是同时具有数码寄存和移位两种功能的时序逻辑电路。在移位操作时,每来一个 CP 脉冲,寄存器里存放的数码依次向左或向右移动一位。移位寄存器是数字系统和计算机中的一个重要部件。例如,计算机作乘法运算时,需要将部分积左移。又如在主机与外部设备之间串行传送数据,通信接收需要将串行数据转换成并行数据,发送数据需要将并行数据转换成串行数据,这些都需要移位寄存器实现,即移位寄存器是接收器和发生器的一个重要组成部分。

　　移位寄存器按移位方式分类，可分为单向移位寄存器和双向移位寄存器。其中单向移位寄存器具有向左或向右移位的功能，双向移位寄存器则兼有左移和右移的功能。

　　移位寄存器的工作方式主要有：串行输入并行输出、串行输入串行输出、并行输入并行输出和并行输入串行输出。移位寄存器的特点有：① 各寄存单元组成结构相同；② 寄存单元数等于可寄存数码的位数；③ 各寄存单元共用一个 CP 同步工作；④ 每个寄存单元的输出与相邻下一位寄存单元输入相连；⑤ 若将串行输入端与串行输出端首尾相连，可构成环型移位寄存器，可使输出的数码不丢失。

1. 移位寄存器工作原理

　　在移位脉冲 CP 作用下，数码逐位依次向右移动者称右移移位寄存器，如图 8.4.5 所示；向左移动者称左移移位寄存器，如图 8.4.6 所示。数码输入后，由 CP 控制先移入高位触发器 D3，然后逐位移至低位触发器 D2～D0(CP 作用下所有触发器同步触发输出)。设有一四位并行输入数码 $D_3 D_2 D_1 D_0$，低位先由图 8.4.5 串行输入端输入，经 4 个 CP 脉冲作用后，并行输出端数据 $Q_3 Q_2 Q_1 Q_0 = D_3 D_2 D_1 D_0$，在第 4 个 CP 脉冲后，数码 $D_3 D_2 D_1 D_0$ 从串行输出端 Q_0 移出。图 8.4.5 和图 8.4.6 可实现串入并出和串入串出两种工作方式。图 8.4.7 可实现并行输入数码，输入数码前清零脉冲先清零，4 个与非门由寄存指令控制，将数码 D_0～D_3 送入相应触发器的 S_d 端，当数码 $D=1$ 时，寄存指令(假设为高电平有效)到来后 $S_d=0$，触发器 Q 端置 1。所以 $D=1$ 时，$Q=1$，$D=0$ 时，$Q=0$，从而图 8.4.7 可实现并行输入数码的目的。

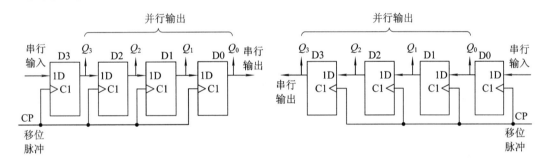

图 8.4.5　右移移位寄存器　　　　　　　图 8.4.6　左移移位寄存器

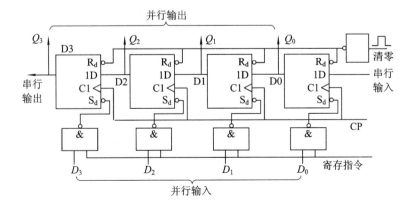

图 8.4.7　具有并行输入数码的移位寄存器

若欲在同一电路中同时具有右移和左移的双向移位功能,可将触发器的输出有选择地接到相邻触发器的输入端,即构成如图 8.4.8 所示的兼有右移和左移两种功能的双向移位寄存器。图中每个触发器的输入与左右两个触发器的输出之间,通过与或门由移位方向控制信号 X 选择。当 $X=1$ 时,四个与或门左半部选通,右移串行输入数码送入触发器 D3 的 D 端,触发器 D3 的 Q_3 端通过与或门接到触发器 D2 的 D 端,依此类推,电路进行右移操作。当 $X=0$ 时,四个与或门右半部选通,电路进行左移操作。

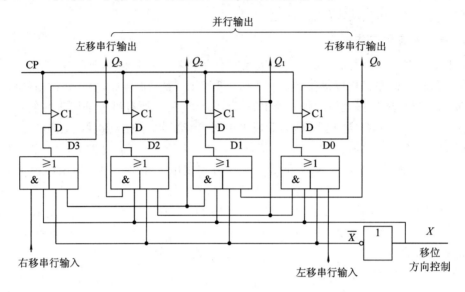

图 8.4.8　双向移位寄存器

2. 集成移位寄存器

74164 是一个串行输入、并行输出的八位单向移位寄存器,电路符号如图 8.4.9 所示,逻辑功能如表 8.4.3 所示。其中,CR 是异步清 0 端;D_{SA}、D_{SB} 是串行数据输入端。表中 D_0 的值取决于 D_{SA}、D_{SB} 的状态,$D_0=D_{SA}D_{SB}$。在时钟脉冲 CP 到来时,由表可知,每来一个 CP 脉冲,所有数据向高位数左移一位,同时 $Q_0=D_0$。8 个时钟脉冲过后,串行输入的 8 位数据全部移入寄存器中,寄存器从 $Q_7\sim Q_0$ 端输出并行数据。该寄存器可将一个时间排列的数据(时间码)转换成一个存放在寄存器中的信息(空间码)。

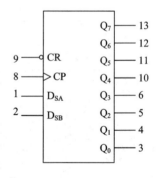

图 8.4.9　74164 的符号图

表 8.4.3　74164 功能表

$\overline{CR}$	CP	D_0	Q_0	$Q_1\cdots\cdots\cdots\cdots\cdots Q_7$
0	$\times$	$\times$	0	$0\cdots\cdots\cdots\cdots\cdots 0$
1	$\uparrow$	0	0	$Q_0\cdots\cdots\cdots\cdots\cdots Q_6$
1	$\uparrow$	1	1	$Q_0\cdots\cdots\cdots\cdots\cdots Q_6$

74194 是四位双向移位寄存器,电路符号和功能表分别如图 8.4.10 和表 8.4.4 所示。

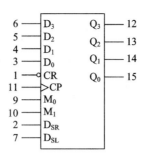

图 8.4.10　74194 的符号图

表 8.4.4　74LS194 的功能表

$\overline{CR}$	M_1	M_0	CP	D_{SL}	D_{SR}	D_0	D_1	D_2	D_3	Q_0	Q_1	Q_2	Q_3	工作状态
0	×	×	×	×	×	×	×	×	×	0	0	0	0	异步清 0
1	1	1	↑	×	×	D_0	D_1	D_2	D_3	D_0	D_1	D_2	D_3	同步置数
1	0	1	↑	×	D_{SR}	×	×	×	×	D_{SR}	Q_0^n	Q_1^n	Q_2^n	右移
1	1	0	↑	D_{SL}	×	×	×	×	×	Q_1^n	Q_2^n	Q_3^n	D_{SL}	左移
1	0	0	×	×	×	×	×	×	×	Q_0	Q_1	Q_2	Q_3	保持

74194 由四个主从 RS 触发器组成，$D_0 \sim D_3$ 为并行数据输入信号，$Q_0 \sim Q_3$ 为并行数据输出，D_{SL} 和 D_{SR} 分别是数据左移和右移输入信号，M_1、M_0 为工作方式控制信号，控制移位寄存器保持、左移、右移和置数四种工作方式。$\overline{CR}$ 为异步清零输入。

3. 移位寄存器的应用

一个数字系统经常会有很多外围设备，例如，最基础的键盘、显示器等。这些外设经常用微处理器的 I/O(输入/输出)引脚控制，但由于这些引脚数有限，因此常常用移位寄存器实现端口的扩展。例如，74LS164 是一个串行输入并行输出的移位寄存器，可用于扩展并行输出口。74LS165 是 8 位并行输入串行输出移位寄存器，可以扩展并行输入接口。

图 8.4.11 和图 8.4.12 实现了对发光二极管和开关的控制。

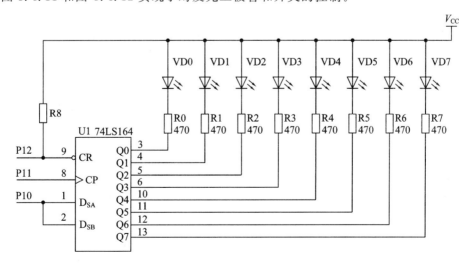

图 8.4.11　移位寄存器控制 8 个简单输出设备 LED

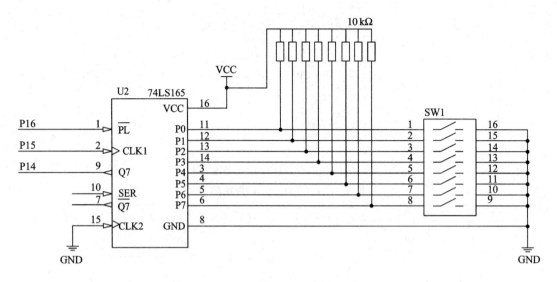

图 8.4.12 移位寄存器控制 8 个简单输入设备 SW

有时候为了实现多个数码管静态显示,也可以使用多片 74LS164 实现七段码移位锁存。也可以使用一片 74LS164 锁存多个数码管的七段信息,完成动态显示。图 8.4.13 是由译码器 74LS138 和 74LS164 完成的 4 个数码管动态显示电路。

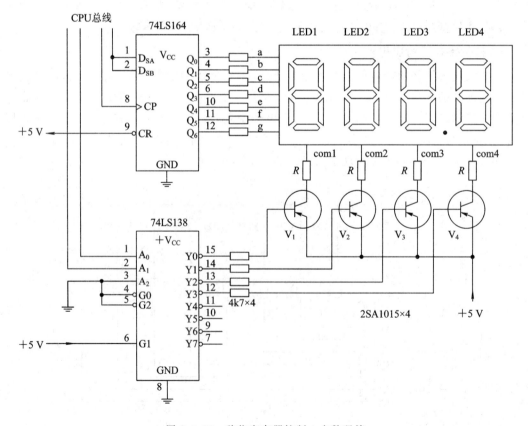

图 8.4.13 移位寄存器控制 4 个数码管

本 章 小 结

　　本章介绍了时序逻辑电路的结构、分类、描述方式及其特点。简要介绍了基于触发器的电路分析和设计方法。

　　本章还介绍了几种常用的时序电路器件，例如，寄存器、移位寄存器、计数器等。这几种电路基本上都有对应的 MSI 产品，掌握这些器件的逻辑功能和使用方法，在现代电子设计中也非常必要。

思考题与习题

思考题

8.1　同步时序电路和异步时序电路有何区别？

8.2　Moore 型和 Mealy 型时序电路有何区别？

8.3　基于触发器时序电路设计中，如何选择触发器的个数？

8.4　同步计数器 74161 可以异步级联吗？

8.5　设计计数器时应该尽量采用同步操作还是异步操作？

8.6　对于不能自启动的计数器，应该采取什么办法使其可以自启动？

习题

8.1　一同步时序电路如图题 8.1 所示，设各触发器的起始状态均为 0 态。要求：

　　（1）写出状态方程，作出电路的状态转换表；

　　（2）画出电路的状态图；

　　（3）画出 CP 作用下各 Q 的波形图；

　　（4）说明电路的逻辑功能。

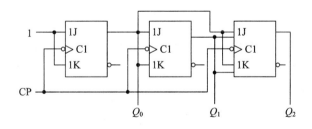

图题 8.1

8.2　由 JK FF 构成的电路如图题 8.2 所示。

　　（1）若以 $Q_2 Q_1 Q_0$ 作为输出，该电路实现何种功能？

　　（2）若仅由 Q_2 输出，它又为何种功能？

8.3　试分析图题 8.3 所示电路的逻辑功能。

8.4　试求图题 8.4 所示时序电路的状态转换真值表和状态转换图，并分别说明 $X=0$ 及 $X=1$ 时电路的逻辑功能。请重新设计一个 X 控制的可逆四进制计数器，$X=0$ 时加计数，$X=1$ 时减计数。

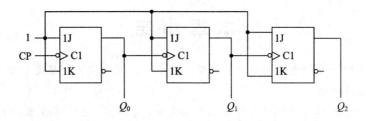

图题 8.2

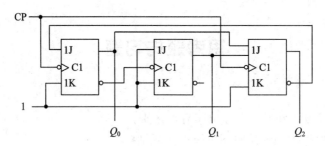

图题 8.3

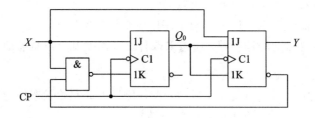

图题 8.4

8.5 用 JK 触发器设计图题 8.5 所示功能的逻辑电路。

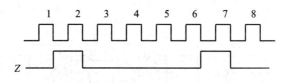

图题 8.5

8.6 用 JK 触发器设计图题 8.6 所示两相脉冲发生电路。

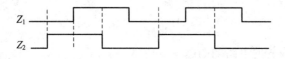

图题 8.6

8.7 用 74LS293 及其他必要的电路组成六十进制计数器,画出电路连接图。

8.8 试用计数器 74LS161 及必要的门电路实现 13 进制及 100 进制计数器。用计数器 74LS160 可如何实现上述计数器。

8.9 用计数器 74193 构成 8 分频电路,在连线图中标出输出端。

8.10 计数器 74LS293 构成电路如图题 8.10 所示,试分析其逻辑功能。

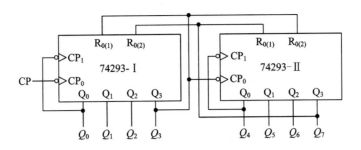

图题 8.10

8.11　计数器 74LS290 构成电路如图题 8.11 所示，试分析该电路的逻辑功能。

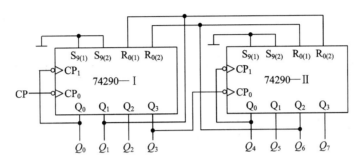

图题 8.11

8.12　计数器 74161 构成电路如图题 8.12 所示，试说明其逻辑功能。

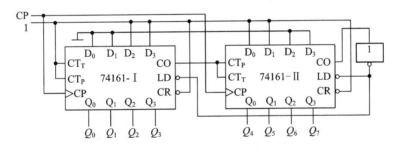

图题 8.12

8.13　设图 8.4.4 中各 74LS173 寄存器起始数据为［Ⅰ］＝1011，［Ⅱ］＝1000，［Ⅲ］＝0111，将图题 8.13 中的信号加在寄存器Ⅰ、Ⅱ、Ⅲ的使能输入端。试列表写出在 t_1、t_2、t_3 和 t_4 时刻，各寄存器的内容。

8.14　时序电路如图题 8.14 所示，其中 R_A、R_B 和 R_S 均为 8 位移位寄存器，其余电路分别为全加器和 D 触发器。要求：

（1）若电路工作前先清零，且两组数码 A＝10001000B，B＝00001110B，8 个 CP 脉冲后，R_A、R_B 和 R_S 中的内容为何？（A 和 B 数码低位先移入寄存器）

（2）再来 8 个 CP 脉冲，R_S 中的内容如何？

（3）说明电路的逻辑功能。

8.15　试用计数器 74290 设计一个 5421 编码的六进制计数器。

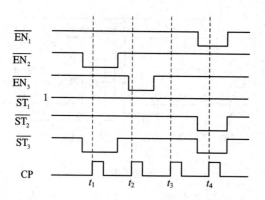

图题 8.13

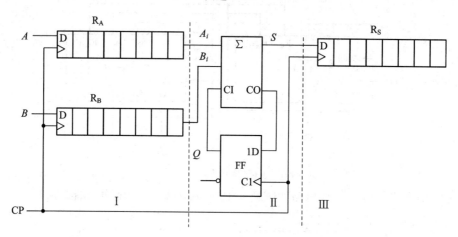

图题 8.14

8.16　图题 8.16 中，74154 是 4—16 线译码器。试画出 CP 及 S_0、S_1、S_2、S_3、S_4、S_5、S_6 和 S_7 各输出端的波形图。

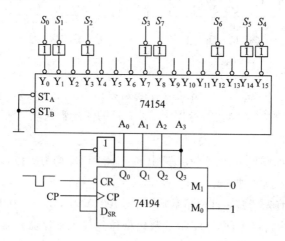

图题 8.16

8.17　电路如图题 8.17 所示，要求：

(1) 列出电路的状态迁移关系(设初始状态为 0110)；

（2）写出 F 的输出序列。

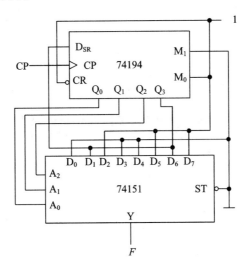

图题 8.17

8.18　图题 8.18 电路是显示优先抢答号码的多路抢答器电路。优先编码器 74LS147 和 9 个按键开关组成抢答输入电路；74LS373 和与门 74LS21 组成锁存电路；非门 74LS04、七段显示译码器 CC4511 和七段数码显示器组成译码显示电路。试分析电路的工作原理。说明电路设计是否合理？如不合理，如何改进。

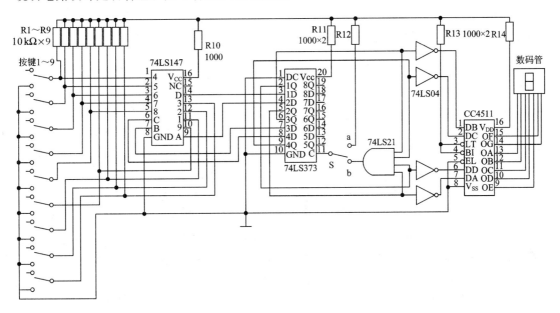

图题 8.18

第**9**章

脉冲产生与整形

时钟脉冲是驱动时序电路的必须信号。本章主要讨论几种脉冲产生和整形电路。首先介绍两类常用的脉冲整形电路——施密特触发器和单稳态触发器;然后介绍脉冲产生电路——多谐振荡器和石英晶体多谐振荡器;最后介绍集成555定时器和用它构成施密特触发器、单稳态触发器和多谐振荡器的方法。

9.1 集成施密特触发器

施密特触发器是可以将缓慢变化的输入信号转变为边沿快速跃变的输出信号的集成电路。它内部电路采用正反馈加速电平的转换过程,常用于对缓慢变化、叠加有噪音、模拟等输入信号进行整形,输出上升和下降时间很短的数字信号。

9.1.1 传输特性、符号和常见型号

施密特触发器与门电路不同,有两个阈值电压。当输入电压上升到使输出电平翻转时的电压被称为上限阈值电压 U_{T+};当输入电压下降时,使输出电平翻转对应的输入电压被称为下限阈值电压 U_{T-}。两者不相同,而且 $U_{T+} > U_{T-}$。施密特触发器的这种特性被称为回差特性,U_{T+} 与 U_{T-} 的差值被称为回差电压 ΔU_T。这样,施密特触发器传输特性上就出现了"滞回"曲线。在图 9.1.1(a)中,只有当 u_1 从低电平上升到 U_{T+} 时,u_O 才从高电平降为低电平;当 u_1 从高电平下降到 U_{T-} 时,u_O 才从低电平变为高电平。由于 u_1 和 u_O 始终为反相关系,故称这类施密特触发器为反相施密特触发器,其逻辑符号如图 9.1.1(c)所示。同理,u_1 和 u_O 始终保持同相变化,具有如图 9.1.1(b)所示传输特性曲线的施密特触发器称为同相施密特触发器,由两个 CMOS 反相器门电路加适当反馈可以构成同相施密特触发器,其逻辑符号如图 9.1.1(d)所示。但很少有集成的同相施密特触发器。

TTL 集成施密特触发器有:六反相器(缓冲器)74LS14(U_{T+} 典型值 1.6 V,U_{T-} 是 0.8 V),四 2 输入与非门 74LS132,双 4 输入与非门 74LS13 等。它们的主要特性如表 9.1.1 所示。

CMOS 集成施密特触发器有 CD40106(六反相器)、CD4093(四 2 输入与非门)和 CD4584(六反相器)等。逻辑符号与 TTL 集成施密特触发器的相同。CMOS 施密特触发器的回差电压与电源电压 V_{CC} 的大小有关,使用时要查产品手册。

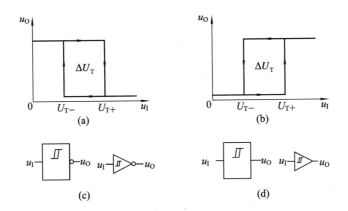

图 9.1.1　施密特触发器的电压传输特性及逻辑符号

（a）反相输出；（b）同相输出；（c）反相输出逻辑符号；（d）同相输出逻辑符号

表 9.1.1　TTL 集成施密特触发器特性表

型　号	T_{pd}/ns	P_m/mW	$\Delta U_T/V$
74LS14	15	25.5	0.8
74LS132	15	8.8	0.8
74LS13	16.5	8.75	0.8

9.1.2　施密特触发器应用举例

由于集成施密特触发器性能一致性好，触发阈值稳定，因此广泛用于脉冲整形、波形变换、鉴幅等方面。

1. 脉冲整形电路

在数字测量和控制系统中，由于传感器送来的信号波形边沿较差，此外，脉冲信号经过远距离传输后，往往会发生各种各样的畸变，利用施密特电路可以对这些信号进行整形。将边沿较差或畸变脉冲 u_I 作为施密特电路的输入，其输出 u_O 为矩形波。但其相位与 u_I 相反，若要求同相输出，再加一级反相器即可。图 9.1.2 为几种经过施密特触发器整形后的波形图。

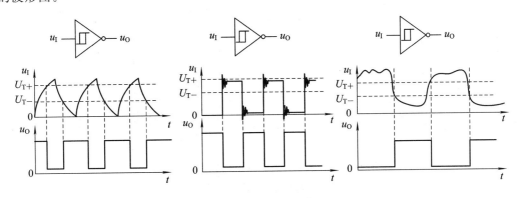

图 9.1.2　脉冲整形

2. 脉冲变换电路

由于施密特电路在状态转换过程中伴随着正反馈过程发生，转换速度极快。因此，施密特电路输出矩形波的前后沿总是很陡峭。利用这一特点，施密特电路可以把变化比较缓慢的正弦波、三角波等变换成矩形脉冲信号。图 9.1.3 是用反相施密特触发器完成变换的波形图。

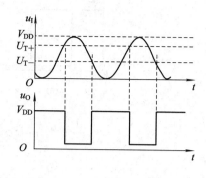

图 9.1.3　波形变换图

由变换电路的输入、输出波形图可知，施密特触发器能把幅度满足要求的不规则波形变换成前后沿陡峭的矩形波。但输出波形的周期和频率则与输入信号相同。

3. 鉴幅电路

在一串幅度不相等的脉冲信号中要剔除幅度不够大的脉冲，可利用施密特触发器来实现。图 9.1.4 给出在反相施密特触发器的输入端送入一串幅度不等的脉冲时相应的输出波形。由图可知，只有幅度超过上限阈值电压 U_{T+} 的脉冲才能使施密特触发器翻转，同时在输出端得到一个矩形脉冲。可见，施密特触发器可用作脉冲幅度鉴别电路。

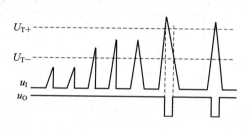

图 9.1.4　鉴幅电路

4. 构成多谐振荡器

利用 CMOS 集成施密特触发器组成的多谐振荡器如图 9.1.5(a)所示。电容上电的初始电压 $u_C = 0$ V，施密特触发器的输出电压为高电平，即 $u_O = V_{DD}$。u_O 通过电阻 R 给电容充电，电容电压 u_C 按指数规律增加，当 u_C 到达 U_{T+} 时，触发器翻转，使 $u_O = 0$ V，电容又通过电阻 R 放电，当 u_C 下降到 U_{T-} 时，触发器再次翻转，$u_O = V_{DD}$。如此周而复始，稳态时 u_C 和 u_O 的工作波形如图 9.1.5(b)所示。

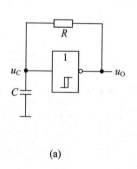

(a)

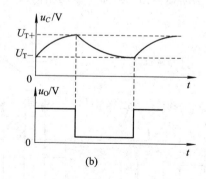

(b)

图 9.1.5　施密特触发器组成的多谐振荡器
（a）电路；（b）波形图

5. 微处理器可靠复位

　　复位就是指通过某种手段使微处理器内部某些资源(例如，程序指针 PC、状态寄存器、累加器等)处于微处理器器件手册上介绍的初始状态，以确保微处理器每次复位后都能在一个已知的环境中并从某一固定的入口地址处开始读取程序运行，并禁止所有的可屏蔽中断请求。

　　例如，MCS-51 系列单片机复位后，片内各特殊功能寄存器状态如下：累加器 ACC 内容为 00H；状态寄存器 PSW 内容为 00H；堆栈指针 SP 内容为 07H，意味着上电后堆栈 SP 指向内部数据存储器的 07 单元，即堆栈从 08 单元开始；PC 内容为 0000H，使单片机从起始地址 0000H 开始读取程序并执行；P0～P3 端口写入 FFH，此时，各端口既可用于输入又可用于输出，等等。如果程序运行出错或进入死循环，可以按复位键重启。因此，复位电路应该具有上电复位和手动复位的功能。而且复位电路要有足够复位时间保证系统可靠复位，同时具有一定的抗干扰能力。

　　以 MCS-51 系列单片机为例，图 9.1.6 所示是 8051 的两种常见复位电路，包含了上电自动复位和手动按键复位功能。图中 8051 单片机的复位端 RST 显然是高电平有效，即高电平复位，低电平处理器工作，不同处理器复位信号高低有效性不同。图 9.1.6 电路稳态时 RST 为低电平，复位无效，CPU 正常工作。上电后，给电容不断充电，电容上电压由 0 不断增加，图 9.1.6(a)带有施密特性质的反相器 74LS14 输出稳定可靠的高电平，直到电容电压达到 74LS14 的上限阈值电压，RST 为低电平，复位结束。电路中使用 74LS14 是为了减小来自电源和按钮传输线串入的噪声干扰，使得输出复位信号的上升沿尽量陡峭和稳定。不同微处理器复位信号脉宽要求也不同，8051 复位脉冲的高电平宽度必须大于 2 个机器周期(机器周期等于 12 个石英晶体振荡周期)，若系统选用 6 MHz 晶振，则一个机器周期为 2 μs，那么复位脉冲宽度最小应为 4 μs。在实际应用系统中，考虑到电源的稳定时间、参数漂移、晶振稳定时间等因素，必须有足够的时间余量。图 9.1.6(a)上电瞬间电容 C 上电压为 0，RST 引脚出现正脉冲，一般 RST 端保持 10 ms 以上的高电平，就能使单片机可靠复位。图 9.1.6 中的电容 C 两端的电压(即 RC 积分电路输出)是一个时间的函数：

$$v_C(t) = V_C(\infty) + [V_C(0^+) - V_C(\infty)]e^{-\frac{t}{\tau}} = V_{CC}(1 - e^{-\frac{t}{RC}})$$

　　其中的 V_{CC} 为电源电压，电路的时间常数 $RC = 1k \times 22\ \mu F = 22$ ms。当充电时间 $t = 0.68RC$ 时，则充电电压 $v_C(t) = 0.32 \times 5 = 1.6$ V，约等于 74LS14 的上限阈值电压 1.6 V，复位结束。其中 t 即为复位时间，$t = 22$ ms $\times 0.68 = 14.96$ ms，能够可靠复位。

　　图 9.1.6 中按键 SW 是手动复位开关，可以使跑飞的程序回到复位状态。按键复位有 2 个过程，按下按键之前，RST 的电压是 0 V，当按下按键后 RST 电压值处于高电平复位状态，同时电容进行放电。当松开按键后就和上电复位类似。手动按下按键的时间通常都会有几百毫秒，这个时间足够复位了。注意：按下按键瞬间，图 9.1.6(a)中电容两端的 5 V 电压会被直接接通，此刻会有一个瞬间的大电流冲击，在局部范围内产生电磁干扰，为抑制这个大电流所引起的干扰，最好在 SW 支路串入一个小电阻限流(类似图 9.1.6(b)的 18 Ω 电阻)。

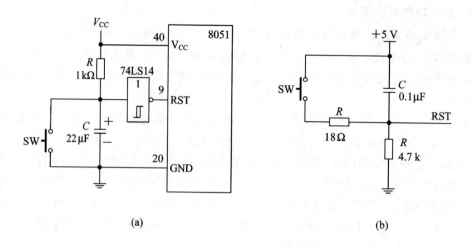

图 9.1.6　两种 MCS-51 常见复位电路

9.2　集成单稳态触发器

单稳态触发器与第 4 章介绍的双稳态触发器的不同之处是它只有一个稳态。在触发脉冲作用下,单稳态触发器从稳态翻转到暂稳态,经过一暂稳态时间 t_w 后,又自动地翻回稳态,在其输出端产生一个宽度为 t_w 的矩形脉冲。

单稳态触发器通常由门电路和 R、C 电路元件组成。暂稳态的时间长短取决于电路本身的参数,与触发脉冲宽度无关。

由于上述特点,单稳态触发器被广泛应用于数字系统的整形(把不规则的波形转换成宽度、幅度都相同的脉冲)、延时(将输入信号延迟一定的时间输出)和定时(产生一定宽度的方波)电路中。

由于单稳态触发器在数字系统中应用十分普遍,目前已有各种单片集成电路。TTL 系列的有 74121、74122、74123 等;CMOS 系列的有 4098、4528、4538 等。这些器件只要外接很少的电阻和电容,就可构成单稳态触发电路,使用起来非常方便。

9.2.1　TTL 集成单稳态触发器

DM74121 是仙童半导体公司(Fairchild)制造的不可重触发(即暂稳态结束前的再次触发无效)集成单稳态触发器,图 9.2.1 是连接图和符号图,功能如表 9.2.1 所示,通过它们可了解 DM74121 的工作原理。由表可知,稳态时的输出为 $Q=0$,有三个触发信号。当下降沿触发脉冲从 $\overline{A}_1$ 或/和 $\overline{A}_2$ 输入,同时其他触发端为 1;或者,当上升沿触发脉冲从 B 端输入,同时 $\overline{A}_1$、$\overline{A}_2$ 当中至少有一个为 0 状态,电路都进入暂稳态:$Q=1$、$\overline{Q}=0$。如果触发信号是缓慢上升或者包含噪声,这种触发信号接到 B 端,由内部施密特触发器整形。

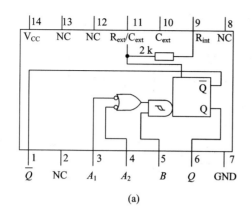

(a)

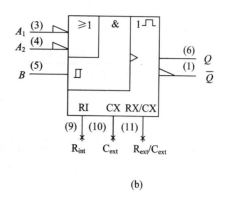

(b)

图 9.2.1　DM74121 连接图和符号图

表 9.2.1　74121 的功能表

输　　入			输　出
$\overline{A}_1$	$\overline{A}_2$	B	Q
0	×	1	0
×	0	1	0
×	×	0	0
1	1	×	0
1	⌐	1	⌐⌐
⌐	1	1	⌐⌐
⌐	⌐	1	⌐⌐
0	×	⌐	⌐⌐
×	0	⌐	⌐⌐

　　RC 定时器件接在 9、10 和 11 引脚。如果使用内部的 2 kΩ 电阻，可将引脚 9 接电源 V_{CC}；如果外接电阻，接在 11 引脚和 V_{CC} 之间，可将定时电容接在 10 和 11 引脚之间；如果是电解电容器，其正极必须接 11 引脚。输出暂稳态脉冲宽度 t_w 可由外接电阻 R_{ext}（或 2 kΩ 的内部电阻 R_{int}）和外接电容 C_{ext} 确定。不同厂家的 74121 器件外接电阻 R_{ext} 和电容 C_{ext} 的取值范围及脉冲宽度 t_w 不同。仙童的 DM74121 器件手册说明，t_w 范围为 30 ns～28 s，C_{ext} 取值在 1000 pF～100 μF 之间时，t_w 由下式估算：

$$t_W \approx 0.7 R_{ext} C_{ext} \qquad\qquad (9.2.1)$$

　　图 9.2.2 给出了外接电阻和使用内部电阻的两种接线图。图 9.2.3 给出了 74121 的工作波形图。

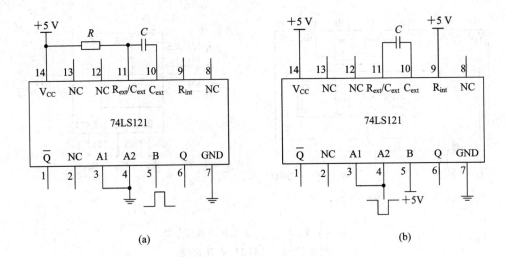

图 9.2.2 定时电阻的两种接法

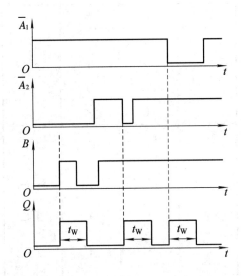

图 9.2.3 74121 的工作波形图

9.2.2 CMOS 集成单稳态触发器

4538 是 CMOS 精密双单稳态触发器,由于采用了线性 CMOS 技术,可得到高精度的输出脉冲宽度。4538 的符号图和引脚图如图 9.2.4 所示,功能表如表 9.2.2 所示。由表可知,A 为上升沿触发输入端,B 为下降沿触发输入端,CR 为清零输入端。当选择上升沿触发时,应将输入脉冲加入 A 端,同时 B 端接高电平;若选择下降沿触发,可将输入脉冲引入 B 端,A 端接低电平,其他情况时,Q 保持稳态 0 不变。4538 输出脉冲宽度由外接电阻 R_{ext} 和电容 C_{ext} 决定。$t_w = R_{ext} C_{ext}$,R_{ext} 和 C_{ext} 可在较大范围内选择,t_w 的范围可达 10 $\mu s \sim \infty$。

表 9.2.2 4538 的功能表

输	入		输 出
A	$\overline{B}$	$\overline{CR}$	Q
⌐	1	1	⊓
⌐	0	1	0
1	⌐	1	0
0	⌐	1	⊓
×	×	0	0

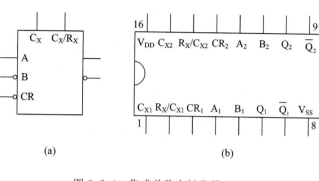

图 9.2.4 集成单稳态触发器 4538
(a) 符号图;(b) 引脚图

[例 9.2.1] 由双集成单稳态触发器 4538 构成的电路如图 9.2.5 所示,说明在 S_1 按下时电路的工作原理,画出电路的输出波形。

解 单稳态触发器处于稳态。按下 S_1,由于 $A_1=0$,单稳态触发器(I)被触发而进入暂稳态,Q_1 由 0 跃变为 1,$t_{W1}=R_1C_1$,而 Q_2 保持不变。到单稳态触发器(I)暂态结束时,Q_1 由 1 回到 0,单稳态触发器(II)被触发进入暂态,Q_2 由 0 跃变为 1,$t_{W2}=R_2C_2$。画电路波形如图 9.2.6 所示。

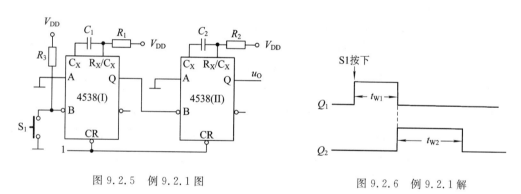

图 9.2.5 例 9.2.1 图   图 9.2.6 例 9.2.1 解

根据触发信号在暂稳态期间是否允许多次触发,将单稳态触发器分为可重触发型和不可重触发型两种。两者的差别可用图 9.2.7 加以说明,假设单稳态触发器下降沿触发有效,单触发的单稳态触发器一旦被触发进入暂稳态以后,再有触发脉冲下降沿不会影响电路的工作过程,直到暂稳态结束后,才能接收触发脉冲进入到暂稳态,如图 9.2.7 (a) 所示。可重触发单稳态触发器则截然不同,在电路被触发而进入暂稳态以后,如果再次输入触发脉冲下降沿,电路将被重新触发,电路的输出脉冲再持续一个暂稳态脉宽 t_w,如图 9.2.7 (b) 所示。74121、74221 等属于单触发,74122、74123、74LS123、4528、4538 等属于可重触发器件。

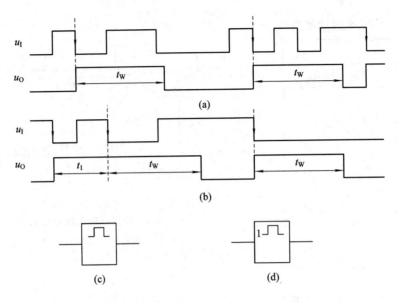

图 9.2.7 单稳态触发器的工作波形

(a) 单触发波形；(b) 重触发波形；(c) 可重触发单稳符号；(d)不可重触发单稳符号

9.2.3 单稳态触发器的应用举例

单稳态电路除了能对脉冲信号的宽度进行变换外，还广泛用于脉冲的整形、定时及延时等场合。

1. 脉冲的整形

在实际的数字系统中，由于脉冲的来源不同，波形也相差较大。例如，从光电检测设备送来的脉冲波形一般不太规则；脉冲信号在线路中远距离传送，常会导致波形变化或叠加上干扰；在数字测量中，被测信号的波形可能千变万化。整形电路可以把这些脉冲信号变换成具有一定幅度和宽度的矩形波形。单稳态触发器就是这种整形电路。

在图 9.2.8 所示电路中，将波形不规则的 u_1 加到单稳态电路的输入端(从 B 端输入，$\overline{A}_1$ 和 $\overline{A}_2$ 为 0)，输出端就得到了规则的脉冲信号 u_O。输出的脉宽由 R_{ext} 和 C_{ext} 决定，幅度为 TTL 标准电平。

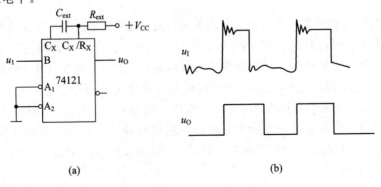

图 9.2.8 脉冲整形电路

(a) 电路图；(b) 波形图

2. 定时

由于单稳态电路能产生一定宽度 t_w 的矩形脉冲，利用这一脉冲去控制某个系统，就能使其在 t_w 时间内动作（或不动作），起到定时控制的作用。图 9.2.9 示出了单稳态触发器用于定时的典型电路。当单稳态触发器处于稳定状态时，输出低电平。当触发信号作用后，单稳态触发器进入暂稳态，与门被打开，在时间 t_w 内输出信号 u_F。若与门输出接一个计数器，t_w 为 1 s，则计数器所计脉冲数为 u_F 的频率，构成一简易的频率计。

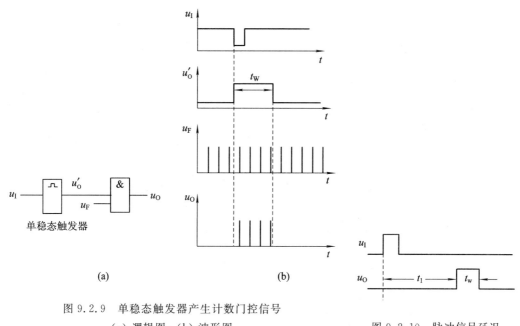

图 9.2.9 单稳态触发器产生计数门控信号

（a）逻辑图；（b）波形图

图 9.2.10 脉冲信号延迟

3. 脉冲的延迟

在数字控制和测量系统中，有时为了完成时序配合，需将脉冲信号延迟 t_1 时间后输出，如图 9.2.10 所示。可用双单稳集成电路外接 R、C 元件实现。逻辑电路图留给读者构思。

9.3 多谐振荡器

多谐振荡器是一种无稳态电路，它在接通电源以后，不需外加触发信号，就能自动产生矩形脉冲。由于输出的矩形波中含有大量谐波分量，故称为多谐振荡器。

9.3.1 集成门电路构成的多谐振荡器

将奇数个非门首尾连接，利用门电路的传输延迟时间就可以构成多谐振荡器。由于这些门组成了一个环形，所以又称这种振荡器为环形振荡器。用三个集成非门构成的多谐振荡器如图 9.3.1 所示。假设在电路上电后 u_I 输入是逻辑 1，非门的传输延迟均为 t_{pd}，则经过 $3t_{pd}$ 后 u_F 为逻辑 0，再经过 $3t_{pd}$ 后 u_F 为逻辑 1，如此周而复始，在任一非门输出端都产生了周期为 $6t_{pd}$ 的方波信号。这种振荡器的振荡频率较高，而且无法调节，很少使用，常用于测试门电路的延迟时间。

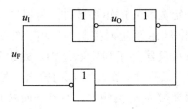

图 9.3.1 环形振荡器

9.3.2 石英晶体振荡器原理

上述环形振荡器和施密特构成的多谐振荡器电路,由于决定振荡频率的主要因素是门电路的阈值电压 U_T、定时元件 RC 等,它们都容易受环境温度、器件寿命等因素的影响,所以频率稳定度(频率的相对变化量 $\Delta f/f_0$,f_0 是标称振荡频率)只有约 10^{-3} 或更差。因此,在对频率稳定性要求比较高的场合,普遍采用高稳定、高精度的定时元件即石英晶体构成石英晶体振荡器(简称为晶振),频率精度从 10^{-4} 量级到 10^{-11} 量级不等。一些 IC 厂商推出了更高性能的振荡器,Silicon Laboratories(芯科)日前推出一款支持输出频率可编程的振荡器(XO)和压控振荡器(VCXO)。Si570/1 系列采用公司专利的 DSPLL 技术和标准的 I^2C 接口,通过对 I^2C 接口的操作,一颗器件就能产生 10 MHz 到 1.4 GHz 的任何输出频率,同时将均方根抖动幅度减少到 0.3 ps 左右。Si570 和 Si571 最适合需要弹性频率源的高效能应用,包括下一代网络设备、无线基站,测试与测量装置、高画质电视视频基础设施和高速数据采集装置。由于石英谐振器具有体积小、重量轻、可靠性高、频率稳定度高等优点,得到广泛应用。首先,不论是老式石英钟或是新式多功能石英钟,都是以石英晶体振荡器为核心电路,其频率精度决定了电子钟表的走时精度。其次,随着电视技术的发展,近来彩电多采用 500 kHz 或 503 kHz 的晶体振荡器作为行、场电路的振荡源。在微处理器、通信网络、无线数据传输、高速数字数据传输及电子设备中,晶体振荡器被广泛用作信号源。从 PC 机诞生至现在,主板上一直都使用一颗 14.318 MHz 的石英晶体振荡器作为基准频率源,在显卡、闪存盘和手机中也有 14.318 MHz 的晶振。计算机主板上还有一颗频率为 32.768 MHz 的晶振,用于实时时钟(RTC)电路中显示精确的时间和日期。

1. 石英晶体的基本特性

石英晶体是一种各向异性的结晶体,化学成分为二氧化硅。将一块石英晶体按一定的方位角切成晶片,然后在晶片的两面涂上银层,安装一对金属块作为极板引出并封装,这就构成了石英晶体振荡器。石英晶体之所以可以做振荡电路是基于其压电效应:当晶片外两个极板之间加一个电场时,晶体会产生机械形变;反之,当极板间施加机械力时,晶体内会产生电场,这种现象称为压电效应。当外加电压和机械压力相互作用时,晶片的机械振动振幅急剧增大,这种现象称为压电谐振。压电谐振状态的建立和维持都必须借助于振荡器电路才能实现。利用这种特性,就可以用石英谐振器取代 LC(线圈和电容)谐振回路、滤波器等。石英谐振器按引出电极情况来分有双电极型、三电极型和双对电极型几种。石英晶体的电路符号(双电极)、等效电路、频率特性如图 9.3.2 所示。图中 C' 为晶体两电极间的寄生电容,它的大小与晶片的几何尺寸、电极面积有关,一般约几个 pF 到几十 pF。

机械振动的惯性可用电感 L 来等效。L 的值一般为几十 mH 到几百 mH。晶片的弹性可用电容 C 来等效，C 的值很小，一般只有 $0.0002 \sim 0.1$ pF。晶片振动时因摩擦而造成的损耗用 R 来等效，它的数值约为 100 Ω。由于晶片的等效电感很大，而 C 和 R 很小，因此回路的品质因数 Q 很大，约为 $10^4 \sim 10^6$。晶片本身的谐振频率基本上只与晶片的切割方式、几何形状、尺寸有关，而且可以做得精确。因此，利用石英谐振器组成的振荡电路可获得很高的频率稳定度，可达 $10^{-9} \sim 10^{-11}$ 数量级。

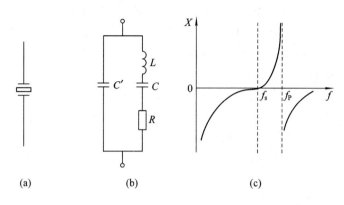

图 9.3.2　石英晶体的电路符号

(a) 符号；(b) 等效电路；(c) 阻抗频率特性曲线

石英晶体的谐振频率有两个：

(1) 当 L、C、R 支路发生串联谐振时，谐振频率为 $f_s = 1/(2\pi \sqrt{LC})$。若工作频率 $f < f_s$，电路呈容性；若 $f > f_s$，电路呈感性。

(2) 当 L、C、R 支路呈感性，与电容 C' 产生并联谐振时，谐振频率为 $f_P = 1/(2\pi \sqrt{LC_P})$，式中，$C_P = CC'/(C+C')$，通常 $C' \gg C$，因此，$C_P \approx C$，也就是 f_P 非常接近于 f_s。当 $f > f_P$ 时，晶体的等效电路呈容性。

石英晶体振荡器电路形式有很多种，常用的有两类：一类是石英晶振接在振荡回路中，作为电感元件使用，这类振荡器称为并联晶体振荡器，如图 9.3.3(a) 所示，C_1、C_2 兼起分压作用。整个电路的振荡频率就是晶体的谐振频率。并联晶体振荡器的原理和一般 LC 振荡器相同，只是把晶体接在振荡回路中作为电感元件使用，并与其他回路元件一起，

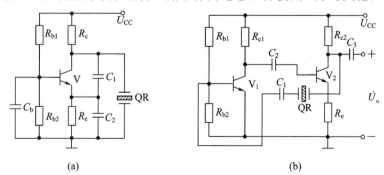

图 9.3.3　石英晶体振荡电路

(a) 并联型晶体振荡器；(b) 串联型晶体振荡器

按照三点式电路的组成原则与晶体管相连；另一类是把晶体接在正反馈支路中，利用石英晶体的串联谐振特性构成的振荡电路，如图 9.3.3(b)所示，当晶体工作在串联谐振 $f=f_s$ 时，其总电抗为零，晶体的阻抗呈纯电阻特性，且最小，这时反馈作用最强，满足振幅起振条件，实现正反馈，产生自激振荡，振荡频率即为 f_s。石英晶体产品外壳上所标的频率，一般指并联负载电容($C_L \approx 30$ pF)时的并联谐振频率。

晶体振荡器的连接电路多种多样，以上仅为两个典型电路。

晶振的主要参数有标称频率、负载电容、频率精度、频率稳定度等。不同的晶振标称频率不同，标称频率大都标明在晶振外壳上。例如，常用的普通晶振标称频率有：48 kHz、500 kHz、503.5 kHz、1 MHz～40.50 MHz 等，对于特殊要求的晶振频率可达到 1 GHz 以上，也有的没有标称频率，如 CRB、ZTB、Ja 等系列。负载电容是指晶振的两条引线连接 IC 块内部及外部所有有效电容之和，可看做晶振片在电路中串接电容。负载频率不同决定振荡器的振荡频率不同。标称频率相同的晶振，负载电容不一定相同。因为石英晶体振荡器有两个谐振频率：一个是串联谐振晶振的低负载电容晶振；另一个为并联谐振晶振的高负载电容晶振。所以，标称频率相同的晶振互换时还必须要求负载电容一致，不能贸然互换，否则会造成电器工作不正常。

振荡电路产生的可能是正弦波，也可能是矩形波信号，正弦信号一般经过整形得到矩形波信号，一般需要加上门电路。

2. 有源晶振和无源晶振

在模拟电子技术中，通常将含有晶体管元件的电路称做有源电路，例如，有源滤波器，而把仅由阻容元件组成的电路称做无源电路。晶体振荡器也分为无源晶振和有源晶振两种类型，类似于无源和有源蜂鸣器，这里的"源"不是指电源，而是指振荡源。有源蜂鸣器内部带振荡源，所以只要一通电就会叫。而无源蜂鸣器内部不带振荡源，所以加直流信号无法令其鸣叫，必须用方波去驱动它。所谓无源晶振(crystal，即仅有晶体)，是指其内部无振荡电路。而有源晶振(oscillator，振荡器，简称为晶振)内部除了石英晶体外，还有晶体管和阻容元件，是一个完整的振荡器，因此体积较大。

无源晶振没有电压的问题，信号电平是可变的，也就是说是根据起振电路来决定的，同样的晶振可以适用于多种电压，可用于多种不同时钟信号电压要求的场合，而且价格通常也较低，因此对于一般的应用如果条件许可，建议使用无源晶振，这尤其适合于产品线丰富批量大的生产者。无源晶振相对于有源晶振而言，其缺陷是信号质量较差，通常需要精确匹配外围电路(用于信号匹配的电容、电感、电阻等)，更换不同频率的晶体时周边配置电路需要做相应的调整。使用时建议采用精度较高的石英晶体，尽可能不要采用精度低的陶瓷晶体。无源晶振有 2 个或 3 个引脚，如果是 3 个引脚的话，中间引脚接晶振的外壳，使用时要接到 GND，两侧的引脚就是晶体的 2 个引出脚，这两个引脚作用是等同的，就像电阻的 2 个引脚一样，没有正负极性之分。

有源晶振信号质量好，比较稳定，而且连接方式相对简单，通常使用一个电容和电感构成电源滤波网络，输出端用一个小阻值的电阻过滤信号即可，不需要复杂的配置电路。其典型电路如图 9.3.4(a)所示。相对于无源晶振，有源晶振的缺陷是其信号电平是固定的，需要选择好合适输出电平，灵活性较差，价格相对较高。对于时序要求敏感的应用，还是有源的晶振好，因为可以选用比较精密的晶振，甚至是高档的温度补偿晶振。有些微处理器内部没有起振电路，只能使用有源的晶振，例如，TI 的 6000 系列和部分 5000 系列 DSP 等。有源晶振相比于无源晶振通常体积较大，但现在许多有源晶振是表贴的，体积和晶体相当，有的甚至比许多晶体还要小。

有源晶振型号较多，有方形 DIP - 8 和长方形 DIP - 14 及表贴的封装，但引出脚一般有 4 个，如图 9.3.4(b)所示。有个点标记的为 1 脚，按逆时针（管脚向下）分别为 2、3、4；或者边沿有一个是尖角，三个圆角，尖角的是 1 脚，和打点一致，1 脚（左下角）悬空（有些晶振也把该引脚作为使能引脚），2 脚（右下角）接地，3 脚（右上角）接输出，4 脚（左上角）接电压。电源有两种，一种是 TTL，只能用 5 V，一种是 HC，可以用 3.3 V/5 V。

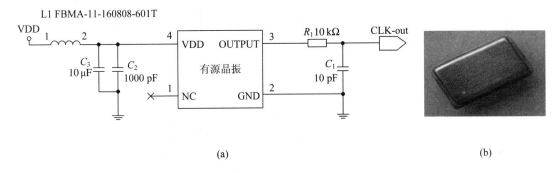

(a)　　　　　　　　　　　　　　　　　　　　(b)

图 9.3.4　有源晶振典型电路

(a) 典型电路；(b) 典型封装

电源端磁珠 L1 与电容 C_2、C_3 构成 LC 滤波电路。输出端串联的电阻可以减少谐波，有源晶体输出的是方波，这将引起谐波干扰，尤其是阻抗严重不匹配的情况下，加上电阻后，该电阻将与输入电容构成 RC 积分平滑电路，将方波转换为近似正弦波，虽然信号的完整性受到一定影响，但由于该信号还要经过后级放大、整形后才作为时钟信号。因此，性能并不受影响，该电阻的大小需要根据输入端的阻抗、输入等效电容、有源晶体的输出阻抗等因素选择。同时，只要阻抗不匹配，都会产生信号反射，即回波，在输出端串电阻可以减小反射波，避免反射波叠加引起过冲。如果对电磁兼容要求不高，可以去掉 L_1 及 C_1。电源输入端加去耦电容，取 0.1 μF 即可，输出端保留输出电阻，约 10 到 27 欧姆。

3. 石英晶体多谐振荡器

要形成振荡，电路中必须包含以下组成部分：① 放大器；② 正反馈网络；③ 选频网络；④ 稳幅环节。为了得到频率比较稳定的信号，需要的晶体稳频形式有多种，但反相器方式最为简单，也最常用。

石英晶体多谐振荡器的典型电路也有串联式振荡器和并联式振荡器两种。并联式振荡器如图 9.3.5(a)所示，R_F 是偏置电阻，保证在静态时使 G_1 门工作在转折区，构成一个反相放大器。石英晶体工作在频率位于其串联谐振频率 f_s 和并联谐振频率 f_p 之间，等效为一电感，与 C_1 和 C_2 共同构成电容三点式振荡电路。虽然石英晶体振荡器可以得到极其稳定的频率，但它输出的波形却并不理想，还需进行整形，才能得到矩形脉冲输出。图 9.3.5(a)中的反相器 G_2 起整形缓冲作用，同时 G_2 还可以隔离负载对振荡电路工作的影响。

串联式振荡器如图 9.3.5(b)所示，R_1 和 R_2 使两个反相器都工作在转折区，成为具有高放大倍数的放大器。对于 TTL 门，常取 $R_1 = R_2 = 0.7 \sim 2$ kΩ，对于 CMOS 门，常取 R_1

$=R_2=10\sim100\ \text{M}\Omega$；$C_1$ 和 C_2 是耦合电容。石英晶体工作在串联谐振频率 f_s 下，只有频率为 f_s 的信号才能通过，满足振荡条件。因此，电路的振荡频率等于 f_s，与外接元件 R、C 无关，所以这种电路振荡频率的稳定度很高。

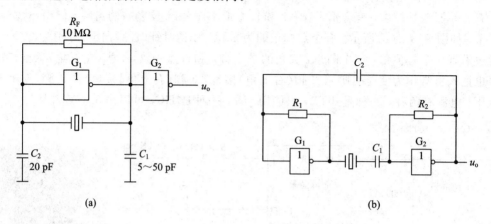

(a)　　　　　　　　　　　　　　　　　(b)

图 9.3.5　石英晶体多谐振荡电路

(a) 并联式晶体多谐振荡器；(b) 串联式晶体多谐振荡器

石英晶体谐振器广泛应用于电子钟表、微处理器、可编程逻辑器件等需要精准时间基准的数字领域。图 9.3.6 所示为由 CD4060 和石英晶体、电阻、电容网络构成的石英晶体秒脉冲源，是一种并联多谐振荡器。CD4060 内部含有构成振荡器的门电路。通过外接元件构成了一个振荡频率为 32 768 Hz 的典型石英振荡器。该信号经过 14 级二进制计数器，在输出端 Q_{14} 可以得到 0.5 s 脉冲($32\ 768/2^{14}=2\ \text{Hz}$)。这种电路常用于电子表、电子钟及其他定时设备。

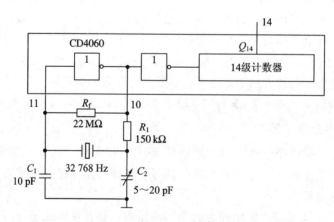

图 9.3.6　石英晶体秒脉冲源电路

并联在两个反相器输入、输出间的反馈电阻 R_f 的作用是使反相器工作在线性放大区，即反相器工作在转折区，构成一个电压放大倍数很大的反相放大器。晶体谐振器工作在频率位于其串联谐振频率 f_s 和并联谐振频率 f_p 之间，这时它相当于一个电感器。这样，电路就形成一个由反相器组成的电容三点式振荡器。R_f 的阻值，对于 TTL 门来说通常取 0.7 $\sim$2 kΩ，而对于 CMOS 门来说则常取 10$\sim$100 MΩ。电容 C_1 和 C_2 用作反相器间的耦合，它们的容抗在石英晶体的谐振频率时可以忽略不计。R_1 为振荡的稳定电阻，与其他元件一起可以实现适当的衰减和相位，同时提供一个低通滤波器的作用，防止晶体高次谐波振荡。

石英晶体的选频特性非常好，只有石英晶体的谐振频率信号容易通过，而其他频率的信号均会被晶体所衰减。因此，一旦合上电源，振荡器只有谐振频率信号通过且不断放大，最后稳定输出。

9.3.3　石英晶体振荡器在微处理器中的应用

微处理器实质就是一个复杂的时序电路，所有工作都是在时钟节拍控制下，由 CPU 根据程序指令指挥 CPU 的控制器发出一系列的控制信号完成指令任务。由此可见，时钟是微处理器的心脏，它控制着微处理器的工作节奏。绝大多数微处理器芯片内部都有振荡电路，这种微处理器的时钟信号一般有两种产生方式：一种是利用芯片内部振荡电路产生；另一种是由外部引入。如果处理器内部无振荡电路，只能由外部引入时钟。可编程逻辑器件的时钟一般也是来源于石英晶体振荡器。无论是哪一种方式，提供给微处理器的时钟频率都不允许超过器件手册的极限值，超频即使能工作，也会造成工作不稳定、发热等问题。

微处理器与时钟有关的引脚一般有两个，XTAL1（或者 X1、XCLKIN 等，不同处理器器件手册叫法不同）和 XTAL2（或 X2），其内部都有一个高增益反相放大器，反相放大器的输入端为 XTAL1，输出端为 XTAL2。下面分别介绍两种产生时钟的方式。

1. 内部时钟方式

利用微处理器内部振荡电路，在 XTAL1 和 XTAL2 两个引脚之间外接一晶体和电容组成并联谐振回路，构成自激振荡，产生时钟脉冲。图 9.3.7 是 MCS-51 单片机内部时钟方式的典型电路图。其中，晶体频率一般在 1.2 MHz～ 12 MHz 之间，常用晶振有 6 MHz、11.0592 MHz、12 MHz。电容值无严

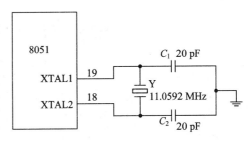

图 9.3.7　MCS-51 单片机内部时钟方式

格要求，但电容取值对振荡频率输出的稳定性、大小和振荡电路起振速度有少许影响，C_1 和 C_2 在 5 pF～30 pF 间取值。

在设计 PCB 板时，晶体或陶瓷谐振器和电容应尽可能靠近单片机芯片安装，以减少寄生电容，更好地保护振荡电路稳定可靠的工作。此外，由于晶振高频振荡相当于一个内部干扰源，所以晶振金属外壳一般要良好接地。

2. 外部时钟方式

外部时钟方式是把外部已有的时钟信号直接接到微处理器时钟 XTAL1 或 XTAL2 引脚。不同处理器稍有不同。MCS-51 系列单片机生产工艺有两种，分别为 HMOS（高密度短沟道 MOS 工艺）和 CHMOS（互补金属氧化物的 HMOS 工艺），这两种单片机完全兼容。CHMOS 工艺比较先进，不仅具有 HMOS 的高速性，同时还具有 CMOS 的低功耗。因此，CHMOS 是 HMOS 和 CMOS 的结合。为区别起见，CHMOS 工艺的单片机名称前冠以字母 C，例如，80C31、80C51 和 87C51 等。不带字母 C 的为 HMOS 芯片。

由于 HMOS 和 CHMOS 单片机内部时钟进入的引脚不同(CHMOS 型单片机由 XTAL1 进入,HMOS 型单片机由 XTAL2 输入),其外部振荡信号源的接入方法也不同。HMOS 型单片机的外部振荡信号接至 XTAL2,而内部的反相放大器的输入端 XTAL1 应接地。在 CHMOS 电路中,因内部时钟引入端取自反相放大器的输入端 XTAL1,故外部信号接至 XTAL1,而 XTAL2 应悬空。图 9.3.8 所示为一 CHMOS 型 51 单片机外部时钟产生电路。外部时钟方式常用于多片单片机同时工作,以使各单片机同步。对于内部无振荡器的微处理器,必须使用外部时钟方式。由于单片机内部时钟电路有一个二分频的触发器,所以对外部振荡信号的占空比没要求,但一般要求外部时钟信号高、低电平的持续时间应大于 20 ns。

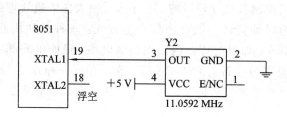

图 9.3.8 CHMOS 型 MCS-51 单片机外部时钟方式

如果需要对其他设备提供时钟信号,简单易行的方法是在时钟引脚取出信号,经过施密特触发器,例如 74LS14,不仅可以整形得到矩形波,而且也提高了驱动能力。

9.4 555 定时器及其应用

555 定时器是一种中规模集成电路,利用它可以方便地构成施密特触发器、单稳态触发器和多谐振荡器等。555 定时器具有功能强、使用灵活、应用范围广等优点,目前在仪器、仪表和自动化控制装置中得到了广泛应用。本节先简单介绍该定时器内部电路原理和参数,然后着重介绍由它组成的施密特电路、单稳态电路和多谐振荡电路。

9.4.1 555 定时器工作原理

555 定时器有 TTL 型和 CMOS 型两类,它们的逻辑功能和外部引线排列完全相同。图 9.4.1(a)、(b)分别示出了 TTL 集成定时器 NE555 的电路结构和引线端功能图。从图可知,它有 8 个引出端:①接地端 GND,⑧正电源端 +V_{cc},④复位端 R_D,⑥高触发端 TH,②低触发端 $\overline{TR}$,⑦放电端 DIS,③输出端 OUT,⑤电压控制端 C-U。NE555 是双列直插式组件,它由分压器、电压比较器、基本 RS 触发器、放电管和输出缓冲级几个基本单元组成。分压器由 3 个 5 kΩ 的电阻组成,它为两个比较器提供参考电平。如果电压控制端(⑤端)悬空,则比较器的参考电压分别为 $2V_{cc}/3$ 和 $V_{cc}/3$。改变电压控制端的电压可以改变比较器的参考电平。A_1 和 A_2 是两个结构完全相同的高精度的电压比较器。A_1 的同相输入端接参考电压 $V_{REF1}=2V_{cc}/3$,A_2 的反相输入端接参考电压 $V_{REF2}=V_{cc}/3$,在高触发端和低触发端输入电压的作用下,A_1 和 A_2 的输出电压不是 V_{cc} 就是零伏,它们作为基本 RS 触发器的输入信号。基本 RS 触发器的输出 Q 经过一级与非门控制放电三极管,再经过一级反相驱动门作为输出信号。R_D 为复位端,在正常工作时应接高电平。

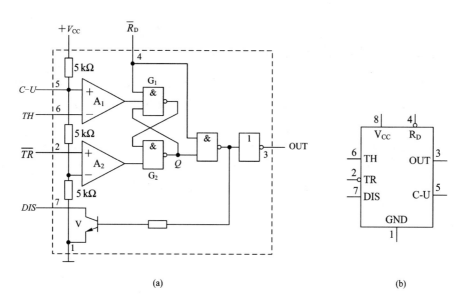

图 9.4.1　NE555 集成定时器

(a) 电路结构图；(b) 电路符号

NE555 的功能如表 9.4.1 所示，其中，×表示任意态。当高触发端输入电压 $TH>$ $2V_{cc}/3$，低触发端输入电压 $\overline{TR}>V_{cc}/3$ 时，比较器 A_1 输出低电平，A_2 输出高电平，基本 RS 触发器被清 0，放电管 V 导通，输出 OUT 为低电平；当 $TH<2V_{cc}/3$，$\overline{TR}<V_{cc}/3$ 时，A_1 输出高电平，A_2 输出低电平，基本 RS 触发器被置 1，放电管 V 截止，输出 u_O 为高电平；当 $TH<2V_{cc}/3$，$\overline{TR}>V_{cc}/3$ 时，A_1 输出高电平，A_2 输出高电平，基本 RS 触发器的状态不变，电路也保持原状态不变。

表 9.4.1　555 功能表

TH	$\overline{TR}$	$\overline{R}_D$	OUT	DIS
×	×	L	L	导通
$>\dfrac{2}{3}V_{cc}$	$>\dfrac{1}{3}V_{cc}$	H	L	导通
$<\dfrac{2}{3}V_{cc}$	$>\dfrac{1}{3}V_{cc}$	H	不变	不变
$<\dfrac{2}{3}V_{cc}$	$<\dfrac{1}{3}V_{cc}$	H	H	截止

555 组件接上适当 R、C 定时元件和连线，可构成施密特触发器、单稳态触发器和多谐振荡器等电路。

NE555 定时器的电源电压范围为 5～15 V，输出电流可达 200 mA。

555 定时器中的 CMOS 型电路，具有静态电流较小(80 μA 左右)、输入阻抗极高(输入电流 0.1 μA 左右)、电源电压范围较宽(在 3～18 V 内均可正常工作)等特点。它的工作原理和功能表与 NE555 相似。另外，还有双定时器产品，例如，双极型 NE556 和 CMOS 电路 7556。

9.4.2 用 555 定时器构成的施密特触发器

将 555 的高电平触发端 TH 和低电平触发端 TR 连接起来,作为触发信号的输入端,就可构成施密特触发器,如图 9.4.2 所示。在输入电压作用下,电路状态能快速变换,且有两个稳定状态。

以输入电压 u_I 为如图 9.4.3 所示的三角波为例,说明图 9.4.2 的工作过程。由表 9.4.1 可知:在 u_I 上升期间,当 $u_I < V_{CC}/3$ 时,电路输出 u_O 为高电平;当 $V_{CC}/3 < u_I < 2V_{CC}/3$ 时,输出 u_O 不变,仍为高电平;当 u_I 增大到略大于 $2V_{CC}/3$ 时,电路输出 u_O 变为低电平。

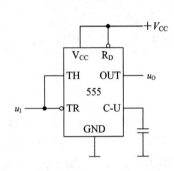

图 9.4.2 555 构成的施密特电路

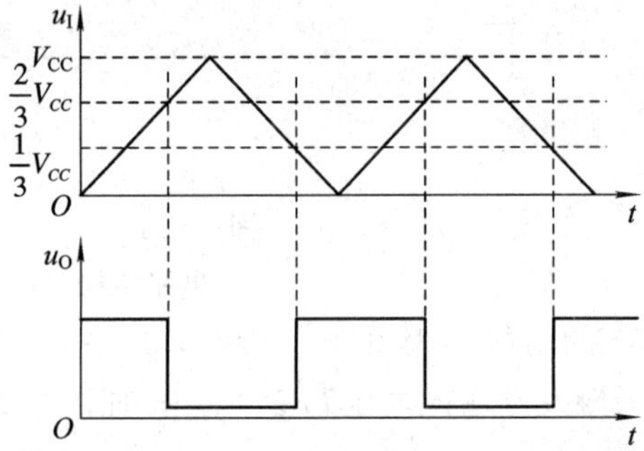

图 9.4.3 三角波变换矩形波电路

当 u_I 由高于 $2V_{CC}/3$ 值下降,达到 TH 端的触发电平时,电路输出不变。直到 u_I 下降到略小于 $V_{CC}/3$ 时,输出 u_O 跃变为高电平。

上述分析说明 u_I 上升时使电路状态改变的输入电压 U_{T+} 和 u_I 下降时电路状态改变的输入电压 U_{T-} 不同,电路的电压传输特性如图 9.4.4 所示。电路的电压传输特性表明了电路的滞回特性,即回差特性。其上、下限阈值电压 U_{T+} 和 U_{T-}、回差电压 ΔU_T 分别为

$$U_{T+} = 2\frac{V_{CC}}{3}$$

$$U_{T-} = \frac{V_{CC}}{3}$$

$$\Delta U_T = U_{T+} - U_{T-} = \frac{V_{CC}}{3}$$

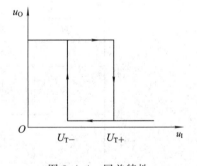

图 9.4.4 回差特性

如果在 C-U 端施加直流电压,则可调节滞回电压 ΔU_T 值。控制电压越大,滞回电压 ΔU_T 也越大。回差越大,电路的抗干扰能力越强。

图 9.4.5 给出了 555 定时器构成的施密特触发器用作光控路灯开关的电路图。图中 R_L 是光敏电阻,有光照射时,阻值在几十 kΩ 左右;无光照射时,阻值在几十 MΩ 左右。KA 是继电器,线圈中有电流流过时,继电器吸合,否则不吸合。VD 是续流二极管,起保护 555 的作用。

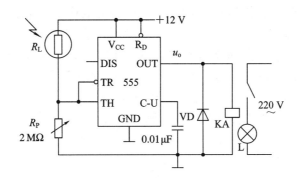

图 9.4.5　施密特触发器用作光控路灯开关

由图可以看出，555 定时器构成了施密特触发器。白天光照比较强，光敏电阻 R_L 的阻值比较小，远远小于电阻 R_P，使得触发器输入端电平较高，大于上限阈值电压 8 V，定时器 OUT 输出低电平，线圈中没有电流流过，继电器不吸合，路灯 L 不亮；随着夜幕的降临，光照逐渐减弱，光敏电阻 R_L 的阻值逐渐增大，触发器输入端的电平也随之降低。当触发器输入端的电平小于下限阈值电压 4 V 时，输出变为高电平，线圈中有电流流过，继电器吸合，路灯 L 点亮。实现了光控路灯开关的作用。

9.4.3　用 555 定时器构成的单稳态触发器

图 9.4.6(a) 是用 555 构成的单稳态触发器，图 9.4.6 (b) 是其工作波形图。图中 R、C 为外接定时元件。输入触发信号接在低触发端 TR，由 OUT 端输出信号。

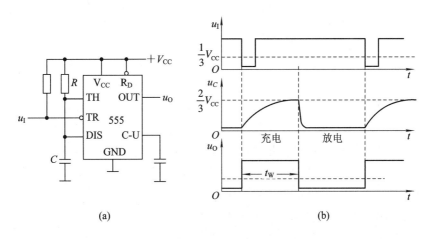

(a)　　　　　　　　　　(b)

图 9.4.6　555 构成的单稳态触发器及工作波形图
(a) 电路图；(b) 工作波形

在刚接通电源时，如果触发负脉冲还未到来，则低触发输入 TR 端处于高电平，上电时刻电容 C 上的电压 u_C 初始值为零，如果 Q 为 0，$\bar{Q}$ 为 1，则放电管导通，电容 C 上的电压保持在零电平，如无外加触发脉冲，电路将稳定在此状态；如果 Q 为 1，$\bar{Q}$ 为 0，则 V 截止，电源 V_{CC} 将通过 R 向 C 充电，使高触发输入 TH 端的电压按指数规律上升；当达到高电平触发电压时，Q 变为 0，$\bar{Q}$ 变为 1，放电管导通。此时，电容 C 通过 V 放电，输出 Q 将维持 0 状态不变。综上所述，可知 $Q=0$，$\bar{Q}=1$，是电路保持的稳定状态。

当输入信号 u_1 的负脉冲低电平值小于 $V_{CC}/3$ 时，电路输出 u_O 跃变为高电平，放电管截止，电路处于暂稳态。同时，电源 V_{CC} 通过 R 对电容 C 充电。当电容 C 充电使 $u_C \geqslant 2V_{CC}/3$ 时，u_O 跃变为低电平，放电管 V 导通，电容 C 通过 V 迅速放电，电路返回到稳态。

单稳态触发器的输出脉冲宽度，即暂稳态时间 t_w 取决于 R 和 C 的数值，即

$$t_w = RC \ln 3 \approx 1.1RC$$

应当说明的是，这种单稳态电路对输入脉冲宽度有一定要求，即触发脉冲宽度要小于暂稳时间 t_w。在实际应用中如遇到 u_1 宽度大于 t_w 时，应先经微分电路后再加到电路的低电平触发端。

9.4.4 用 555 定时器构成的多谐振荡器

555 外接定时电阻 R_1、R_2 和电容 C 构成的多谐振荡器电路如图 9.4.7(a)所示，由图可知，它与 555 构成的施密特触发器和单稳态触发器的区别是无外接触发信号，而是将高电平触发端 TH 和低电平触发端 TR 与电容 C 相连接。

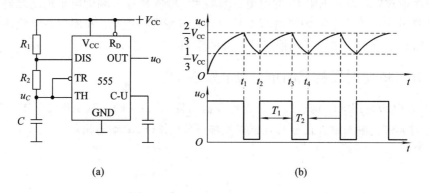

图 9.4.7　555 定时器构成的多谐振荡器及工作波形图

(a) 电路图；(b) 波形图

当接通电源 V_{CC} 时，电容 C 上的初始电压为 0，由表 9.4.1 可知，u_O 处于高电平，放电管 V 截止，电源通过 R_1、R_2 向 C 充电，经过 t_1 时间后，u_C 达到高触发电平 $(2V_{CC}/3)$，u_O 由 1 变为 0，这时放电管 V 导通，电容 C 通过电阻 R_2 放电，到 $t = t_2$ 时，u_C 下降到低触发电平 $(V_{CC}/3)$，u_O 又翻回到 1 状态，随即 V 又截止，电容 C 又开始充电。如此周而复始，重复上述的过程，就可以在输出端得到矩形波电压，如图 9.4.7(b)所示。

现在计算此电路的振荡周期。为了简单起见，设组件内运放 A_1、A_2 的输入电阻为无穷大，并近似地认为 V 截止时，DIS 端对地的等效电阻为无穷大，而 V 导通时，管压降为零。现以 $t = t_2$ 为起始点，可得充电时间 T_1 为

$$T_1 = (R_1 + R_2)C \ln 2 \approx 0.693(R_1 + R_2)C$$

若以 t_3 为起始点，可得电容 C 的放电时间为

$$T_2 = R_2 C \ln 2 \approx 0.693 R_2 C$$

由此可得方波的周期为 $T = T_1 + T_2$，频率为

$$f = \frac{1}{T_1 + T_2} \approx 1.44 \frac{1}{(R_1 + 2R_2)C}$$

振荡频率主要取决于时间常数 R 和 C，改变 R 和 C 参数可改变振荡频率，幅度则由电

源电压 V_{CC} 来决定。但是输出的矩形波是不对称的，占空比为

$$q = \frac{T_1}{T} = \frac{R_1 + R_2}{R_1 + 2R_2} > 50\%$$

如果 $R_1 \gg R_2$，则占空比接近于 1，此时，u_C 近似地为锯齿波。

如果将图 9.4.7(a) 所示电路略加改变，就可构成占空比可调的多谐振荡器，如图 9.4.8 所示。图中增加了可调电位器 R_W 和两个引导二极管，该电路放电管 V 截止时，电源通过 R_A、VD_1 对电容 C 充电；放电管 V 导通时，电容通过 VD_2、R_B、V 进行放电。只要调节 R_W，就会改变 R_A 与 R_B 的比值，从而改变输出脉冲的占空比。图中，$T_1 = 0.693R_A C$，$T_2 = 0.693R_B C$，因此输出脉冲占空比为

$$q = \frac{T_1}{T} = \frac{R_A}{R_A + R_B}$$

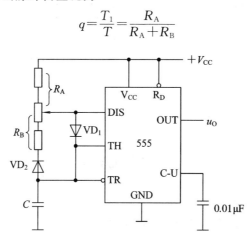

图 9.4.8　占空比可调的多谐振荡器

9.5　综合应用举例

运用已经学过的各种器件可以设计一些简单的电子仪器，下面举例说明。

[例 9.5.1]　试用精密单稳电路 4538、定时器 555、计数器 74290、BCD−七段译码器 7447 和七段数码管等元器件设计一个简易数字电容测量仪，要求测量范围为 0～99 nF。

解　(1) 分析设计要求。

利用精密单稳电路 4538，可以把待测电容 C 值转换为与其成正比的暂稳态时间 t_W，若取电阻 R 为 100 kΩ，则有

$$t_W = RC = 0.1C \qquad （时间单位为 s，电容单位为 \mu F）$$

在采样间隔 t_W 时间内，计数器对已知频率脉冲信号进行计数，若选 $f_{cp} = 10 \text{ kHz}$，暂态时间结束后，计数器计数结果是

$$N = f_{cp}t_W = C$$

亦即是电容量的直接测量值。为了获得稳定的读数，先把计数值锁存在 4D 锁存器 74173 中，再通过 BCD−七段译码显示电路在数码管上显示出来。测试开始时，按一下按钮 S，使电容放电。再用 555 设计一个秒脉冲发生器，每 1 s 给精密单稳电路一个触发信号，对 C_x 测量一次。

（2）根据以上分析，可以画出电路功能块框图如图 9.5.1 所示。

（3）本题各框内均是已学过的逻辑电路，这里就不再详细讨论。

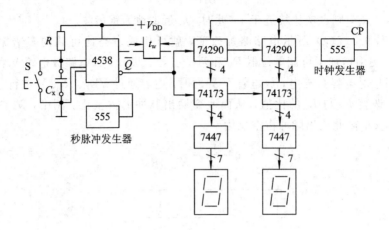

图 9.5.1 例 9.5.1 图

本 章 小 结

数字系统中经常需要合适的脉冲信号，以满足系统中定时或信号处理的需要。获取脉冲信号的途径有两种：一是由脉冲发生器直接产生；二是通过整形电路将已有的周期性波形变换成矩形波。多谐振荡器、单稳态触发器和施密特触发器是脉冲产生与变换中常用的三种电路。

施密特触发器输出有两个稳态。输入信号电平上升到上限阈值 U_{T+} 时，输出从一个稳态转换到另一稳态；下降到下限阈值 U_{T-} 时，输出又转换到第一稳态。上、下限阈值不同，具有回差电压 ΔU_T。施密特触发器用于波形变换、整形和脉冲鉴幅等，应用较广。利用施密特触发器可将边沿变换缓慢的周期波形变换为边沿很陡的矩形波；利用回差电压可将叠加于输入波形上的噪声干扰有效地抑制掉。其输出脉冲的宽度是由输入信号变化情况决定的。

单稳态触发器的显著特点是：在无外加触发信号时，它工作于稳态，只是在触发脉冲信号作用下才由稳态翻转到暂稳态。经过一段时间后，它又自动返回到稳态。单稳态触发器输出脉冲宽度（即暂稳态时间）由电路定时参数 R、C 决定，而与输入触发信号无关。单稳态触发器可用于脉冲整形、定时、延时等。

多谐振荡器不需外加输入信号，只要接通电源就能自行产生矩形脉冲信号，在要求脉冲频率很稳定的场合通常采用石英晶体多谐振荡器。

定时器 555 是一种用途很广的集成电路，只需外接少量 R、C 元件，就可构成多谐振荡器、单稳态触发器及施密特触发器。其他应用电路可参考定时器 555 的器件手册和有关文献。

思考题与习题

思考题

9.1　施密特触发器的主要特点是什么？它主要应用于哪些场合？

9.2　在数控系统和计算机系统中，常采用施密特触发器作为输入缓冲器，为什么？

9.3　简述单稳态触发器的主要用途。

9.4　用哪些方法可以产生矩形波？

9.5　简述 555 组件的主要用途。

习题

9.1　集成施密特触发器及输入波形如图题 9.1 所示，说明是同相还是反相施密特？试画出输出 u_O 的波形图。施密特触发器的阈值电平 U_{T+} 和 U_{T-} 如图所示。

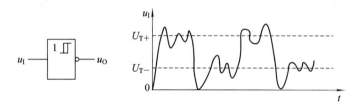

图题 9.1

9.2　图题 9.2 所示为微处理器中常用的上电复位电路。试说明微处理器复位信号的作用？分析图题 9.2 的工作原理，并定性画出 u_I 与 u_O 的波形图。若系统为高电平复位，如何改接电路？

9.3　集成单稳态触发器 74121 组成的延时电路如图题 9.3 所示，要求：

(1) 计算输出脉宽的调节范围；

(2) 说明电位器旁所串电阻有何作用？

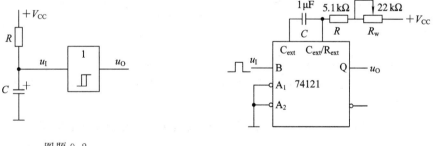

图题 9.2

图题 9.3

9.4　用 74121 设计一个将 50 kHz、占空比为 80％的矩形波信号，转换成 50 kHz、占空比为 50％的方波，即高低电平时间相等。

9.5　集成单稳态触发器 74121 组成电路如图题 9.5 所示，要求：

(1) 若 u_I 如图中所示，试画出输出 u_{O1}、u_{O2} 的波形图；

(2) 计算 u_{O1}、u_{O2} 的输出脉冲宽度。

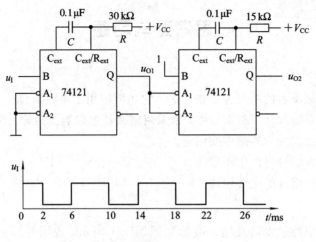

图题 9.5

9.6　若集成单稳态触发器 74121 的输入信号 A_1、A_2、B 的波形如图题 9.6 所示，正确外接了 R、C，试对应画出 Q 的波形。

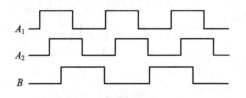

图题 9.6

9.7　控制系统为了实现时序配合，要求输入、输出波形如图题 9.7 所示，t_1 可在 1～99 s 之间变化，试用 CMOS 精密单稳态触发器 4538 和电阻 R、电位器 R_w 和电容器 C 构成电路，并计算 R、R_w 和 C 的值。

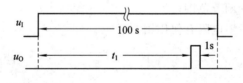

图题 9.7

9.8　电路如图题 9.8 所示：

(1) 分析 S 未按下时电路的工作状态。u_O 处于高电平还是低电平？电路状态是否可以保持稳定？

(2) 若 $C=10\ \mu F$，按一下启动按钮 S 后快速松开，当要求输出脉宽 $t_w=10\ s$ 时，计算 R 值。

(3) 若 $C=0.1\ \mu F$，要求暂稳时间 $t_w=5\ ms$ 时，求 R 值。此时若将 C 改为 $1\ \mu F$（R 不变），则时间 t_w 又为多少？

9.9　电路如图题 9.9 所示。若 $C=20\ \mu F$，$R=100\ k\Omega$，$V_{CC}=12\ V$，试计算常闭开关 S 断开以后经过多长的延迟时间，u_O 才能跳变为高电平。

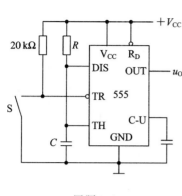
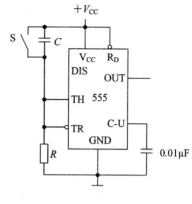

图题 9.8   图题 9.9

9.10 用 555 定时器和逻辑门设计一个控制电路，要求接收触发信号后，延迟 22 ms 后继电器才吸合，吸合时间为 11 ms。

9.11 试用集成定时器 555 设计一个 100 Hz，占空比为 60% 的矩形波发生器。

9.12 试用 555 集成定时器和适当的电阻、电容元件设计一个频率为 10 kHz～50 kHz，频率可调的矩形波发生器。

9.13 用双定时器组成的脉冲发生电路如图题 9.13 所示，设 555 输出高电平为 5 V，输出低电平为 0 V，二极管 VD 为理想二极管。

(1) 每一个 555 组成什么电路？

(2) 若开关 S 置于 1，分别计算 u_{O1} 和 u_{O2} 的频率；

(3) 开关置于 2 时，画出 u_{O1} 和 u_{O2} 波形图，注意关键点的高低电平。

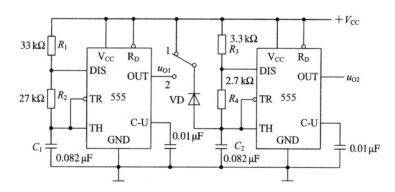

图题 9.13

9.14 试设计一个间隔 2 s 振荡 3 s 的多谐振荡器，其振荡频率为 200 Hz。

9.15 由两个集成单稳态触发器 74121 构成多谐振荡器如图题 9.15 所示。试分析电路的工作原理，并求出电路的振荡频率。

9.16 图题 9.16 所示电路为两个多谐振荡器构成的发声器，试分析电路的工作原理，并定性地画出 u_{O1}、u_{O2} 的工作波形。

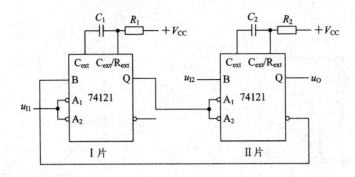

图题 9.15

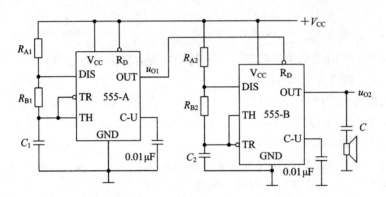

图题 9.16

9.17　图题 9.17 所示电路为两个 555 定时器构成的频率可调而脉宽不变的方波发生器,试说明电路的工作原理,确定频率变化范围和输出脉宽,解释二极管 VD 在电路中的作用。

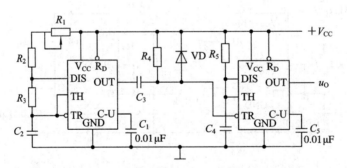

图题 9.17

9.18　图题 9.18 电路中石英晶体的谐振频率为 10 MHz,试分析电路的逻辑功能。指出该电路的 CP 时钟频率是多少? 画出 CP、Q_1、Q_2 和 Q_3 的波形。

9.19　为区分单稳、双稳和施密特电路单元,用相同的信号输入到各电路,再用示波器观测出各输出波形如题 9.19 图所示(设直流电源电压为 +5 V),试根据输入输出波形判断三种电路。

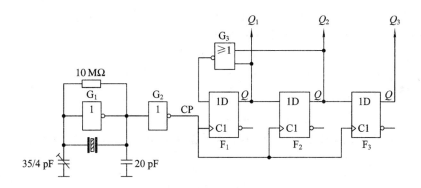

图题 9.18

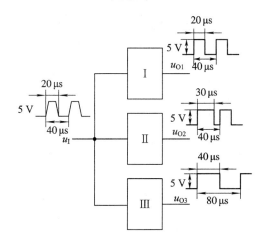

图题 9.19

9.20 由 555 定时器、计数器 74LS193 和单稳态触发器 4538 组成的电路如图题 9.20 所示。已知 $R_x = 4$ kΩ，$C_x = 0.02$ μF。

(1) 说明各集成器件在电路中的功能。若 $R_1 = 10$ kΩ，$R_2 = 20$ kΩ，$C = 0.01$ μF，求 u_{O1} 的周期 T；

(2) 74LS193（假设初值为 0000）芯片 CO 端输出信号 $\overline{CO}$ 是 u_{O1} 的多少分频；

(3) 4538 芯片的输出脉宽 t_w 为多少；

(4) 画出 u_{O1}、$\overline{CO}$ 和 u_O 的波形，说明 u_O 是 u_{O1} 的多少分频。

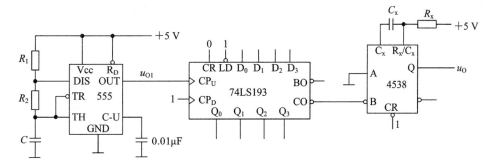

图题 9.20

9.21 图题 9.21 所示为某非接触式转速表的逻辑框图,其由 A～H 八部分构成。转动体每转动一周,传感器发出一信号如图题 9.21 中所示。

(1) 根据输入输出波形图,说明 B 框中应为何种电路?

(2) 试用集成 555 定时器设计 C 框中电路。

(3) 若已知测速范围为 0～9999,E、G 框中各需集成器件若干?

(4) E 框中的计数器应为何种进制的计数器? 试设计之。

(5) 若 G 框中采用 74LS47,H 框中应为共阴还是共阳显示器? 当译码器输入代码为 0110 和 1001 时,显示的字形为何?

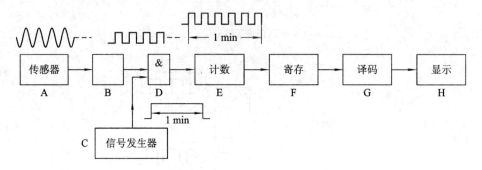

图题 9.21

第10章

半导体存储器

　　存储器按存储介质不同可分为光存储器(光盘等)、磁表面存储器(磁盘和磁带等)和半导体存储器等。半导体存储器由于具有体积小、存储速度快、存储密度高、与逻辑电路接口容易等优点而得到广泛应用,是现代数字系统特别是计算机的重要组成部分。本章主要介绍半导体存储器的分类、工作原理和应用。

10.1　存储器基本概念

　　存储器件是记忆设备,用来存放程序和数据。现代计算机的发展与存储设备息息相关。半导体存储器是一种以半导体电路作为存储媒体,能够存放大量数据的集成电路,占据半导体 IC 市场的 20%,是各种数字系统和计算机中不可缺少的组成部分。

10.1.1　存储器分类

　　存储器有多种分类方式,以下介绍几种主要的分类。

1. 按存储器制造工艺分类

　　按其制造工艺不同,存储器可分为双极型存储器和 MOS 存储器。双极型存储器具有工作速度快、集成度低、功耗大、价格偏高等特点,计算机中一般用作高速缓冲存储器。MOS 存储器是以 MOS 管构成基本存储单元,具有集成度高、功耗低、工艺简单、价格便宜等优点,主要用于大容量存储系统中,计算机中的内存条即为 MOS 型。

2. 按结构、存储数据和访问方式分类

　　按结构、存储数据和访问方式不同,存储器可分为随机存取存储器(Random Access Memory,RAM)、只读存储器(Read Only Memory,ROM)、顺序存取存储器(Sequential Access Memory,SAM)、直接存取存储器(Direct Access Memory ,DAM)等。

　　(1) RAM 是能够随时存入(写入)或取出(读出)任一存储单元信息的存储器,所以也称读写存储器(Read Write Memory,RWM)。RAM 按其存储原理又可分为静态存储器(Static RAM,SRAM)和动态存储器(Dynamic RAM,DRAM)。SRAM 是利用双稳态触发器来保存信息的,只要不掉电,信息是不会丢失的。SRAM 存储单元结构较复杂,集成度较低,但读写速度快,价格昂贵,所以只在要求速度较高的地方使用,例如,CPU 的一级缓冲、二级缓冲。如果一个 SRAM 存储器上具有两套完全独立的数据线、地址线和读写控制线,则称之为双口 RAM。双口 RAM 可用于提高 RAM 的吞吐率,适用于实时的数据缓存。DRAM 是利用 MOS(金属氧化物半导体)电容存储电荷来储存信息的,因此必须通过不停的给电容充电来维持信息,速度也比 SRAM 慢,但 DRAM 的存储单元结构简单,成本、集成度、功耗等明显优于 SRAM。DRAM 相比 SRAM 要便宜很多,计算机内存就是 DRAM 存储器。DRAM 分为很多种,常见的主要有 FPRAM/FastPage、EDORAM、SDRAM、DDR RAM、RDRAM、SGRAM 以及 WRAM 等。信用卡内存是一种享有专利权的独立 DRAM 内存模组。

(2) ROM 也有很多种:① 掩膜 ROM(mask ROM),它的信息是在芯片制造时由厂家写入;② PROM(Programmable ROM)是熔丝结构的一次性可编程的 ROM,一旦信息写入就无法修改;③ EPROM(Erasable PROM)是由紫外光的照射擦除原先的程序可编程 ROM,通过编程器可以重新写入程序,因此这种存储器芯片外表比较特殊,有一个照射窗口;④ E^2PROM(Erasable Electrically PROM, EEPROM)是一种电可擦除可编程 ROM,不需要芯片离线(离开电路板)擦除,摆脱了 EPROM 擦除器和编程器的束缚,使用起来更加方便。E^2PROM 的结构与 EPROM 相似,出厂时存储器内容一般为全 1 状态。可编程 ROM 都是以字节为最小修改单位。

Flash 也属于 ROM 的一种非易失性存储器,因此也称其为 Flash ROM。Flash 存储器又称闪存或快闪存储器,它结合了 ROM 非易失性和 RAM 随时读写的长处,存储容量大、价格低、访问速度快,但它是以块为最小单位擦除。U 盘、MP3 等产品以及很多微处理器内部都用这种存储器。近年来 Flash 全面代替了 ROM(EPROM)在嵌入式系统中的地位,用作存储 Bootloader(引导程序)、操作系统等程序代码,占非易失性存储器市场份额的 90%。

目前 Flash 主要有两种:NOR Flash 和 NAND Flash。NOR Flash 的读取和我们常见的 SRAM 的读取是一样的,用户可以直接运行装载在 NOR FLASH 里面的代码。NAND Flash 没有采取内存的随机读取技术,它的读取是以一次读取一块的形式来进行的,通常是一次读取 512 个字节,采用这种技术的 Flash 比较廉价。用户不能直接运行 NAND Flash 上的代码,因此好多使用 NAND Flash 的开发板,还加上一块小容量的 NOR Flash 来运行启动代码。NOR Flash 一般容量比较小,读取速度快,多用来存储操作系统、Bootloader 等程序代码。NAND Flash 容量比较大,嵌入式系统的 DOC(Disk On Chip)和通常用的"闪盘"一般都采用 NAND Flash,可以在线擦除。

(3) RAM 之所以被称为"随机存储器",是因为它的任一个存储单元可以以任意的顺序被直接访问,只要知道该存储单元所在的行、列地址即可。与 RAM 对应的是顺序存取存储器(SAM)。SAM 一般由动态 CMOS 移存单元串接成的动态移存器组成,SAM 数据在时钟作用下逐个移入移出,因而只能依顺序进行访问(类似于盒式录音带)。SAM 非常适合作缓冲存储器之用,常用的有先进先出(First In First Out, FIFO)型的 SAM,数据只能按照"先入先出"原则顺序读出;还有一种是先入后出(First In Last Out, FILO)型 SAM。SAM 没有地址线,不能对存储单元寻址;访问时间与数据位置有关。磁带存储器和 CD-ROM 都是顺序存储器。

(4) DAM 是介于 RAM 和 SAM 之间的存储器,也称半顺序存储器,典型的 DAM 如软磁盘、硬盘和光盘。当进行信息存取时,先进行寻道,属于随机方式,然后在磁道中寻找扇区,属于顺序方式。

3. 按照信息的可保存性分类

按照信息的可保存性（即断电信息是否丢失）存储器可分为易失性存储器（Volatile memory，VM）和非易失性存储器（Non-volatile memory，NVM）。所有 ROM 都是非易失性存储器，断电后信息不丢失，主要用于存储固定不变的数据或者程序，例如，计算机主板上的基本输入/输出系统程序 BIOS、打印机中的汉字库、外部设备的驱动程序等。RAM 是一种易失性存储器，其特点是使用过程可以随机写入或读出数据，使用灵活，但信息不能永久保存，一旦掉电，信息就会丢失，常作为内存，存放正在运行的程序或数据。

微处理器可以直接访问的常用半导体存储器的基本分类如图 10.1.1 所示。

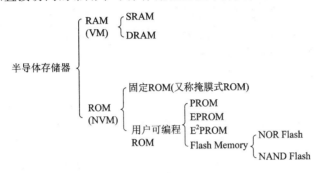

图 10.1.1　半导体存储器基本分类

4. 按照在计算机中的作用分类

按照存储器在计算机中的作用不同其可分为主存储器、高速缓冲存储器、外存储器、寄存器型存储器等。主存储器简称主存，又称内存，用于存储程序和数据，CPU 可以直接访问，随机存取；高速缓冲存储器是一个高速小容量存储器，用来存储主存中最活跃部分，以解决主存速度的不足；外存储器（简称外存）也称为辅助存储器，它的容量很大，存取速度相对较低，包括磁盘、磁带、光盘、磁盘阵列和网络存储系统等，用来存放当前不参与运行的程序和数据，以及要永久保存的信息；寄存器型存储器速度快，容量小，位于 CPU 内部，主要用来存放地址、数据及运算的中间结果，速度可与 CPU 匹配。计算机中 CPU 之外有三级存储系统，如图 10.1.2 所示。

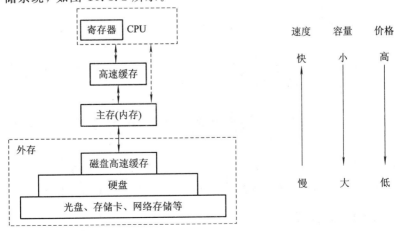

图 10.1.2　计算机的高速缓存、主存、外存三级存储系统

5. 其他分类方式

按串行、并行存取方式不同存储器可分为串行存储器和并行存储器。顺序存取存储器是完全的串行访问存储器。

按照其存储数据是否共享可分为单端口存储器和双端口存储器。双端口存储器具有两套完全独立的数据线、地址线和读/写控制线，允许两个独立的微处理器或控制器同时异步地随机性访问。

10.1.2 存储器的性能指标

微机系统在运行程序的过程中，大部分的总线周期都是对存储器进行读/写操作，因此，存储器性能的好坏在很大程度上直接影响微机系统的性能。衡量半导体存储器的指标很多，但从功能和接口电路的角度考虑，需要了解以下指标。

1. 存储容量

存储容量是指存储器所能存储二进制信息的总量。一位(bit)二进制数是最小单位，8位二进制为一个字节(Byte)，单位用B表示。微机中一般都是按字节编址的，因此，字节(B)是存储容量的基本单位。常用单位有 KB(2^{10}B=1024B)、MB(2^{20}B)、GB(2^{30}B)和 TB(2^{40}B)。例如，某高速缓冲存储器的容量是 64 KB，就表明它所能容纳的二进制信息为 $64\times1024\times8$ 位。

2. 存取速度

存取速度经常用存取时间和存储周期来衡量。存取时间即访问时间或读/写时间，是指从启动一次存储器操作到完成该操作所经历的时间。一般超高速缓冲存储器的存取时间约为 20 ns，低速存储器存取时间约为 300 ns 左右。SRAM 的存取时间约为 60 ns，DRAM 约为 120~250 ns。存储周期是指连续启动两次独立的存储器操作所需间隔的最小时间，通常略大于存取时间。

3. 可靠性

可靠性是指在规定时间内，存储器无故障读/写的概率，通常用平均无故障时间(Mean time between failures，MTBF)来衡量。MTBF 可以理解为两次故障之间的平均时间间隔，越长说明存储器的性能越好。

4. 功耗

功耗反应存储器耗电的多少，同时反应了发热的程度。功耗越小，存储器的工作稳定性越好。大多数半导体存储器的维持功耗小于工作功耗。

10.2 随机存取存储器

随机存取存储器 RAM 有地址线，能够对存储单元寻址，可以随时对任一个存储单元进行读/写。所有 RAM 都属于易失存储器，即掉电后，数据全部消失。

10.2.1 RAM 的基本结构

RAM 存储器一般主要由存储矩阵、地址译码器和读/写控制器三部分组成，访问存储器需要三组信号：地址输入、控制输入和数据输入/输出，地址和控制是单向输入，数据是可读可写的，是双向的，如图 10.2.1 所示。存储器的结构类似于一个酒店。

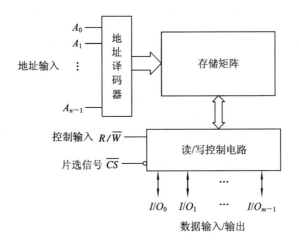

图 10.2.1　RAM 的基本结构图

1. 存储矩阵

存储矩阵是存储器的主体，包含大量基本存储单元，每个基本存储单元可以存储一位二进制信息。存储单元按字（Word）或行、位（Bit）或列构成矩阵。一字可以是一位，也可以是多位，一个字包含的位数称为字长，一般用字数×字长表示存储器容量，容量越大存储的信息越多，类似于酒店的房间数和床位数。

2. 地址译码器

许多存储器芯片中一般会有地址寄存器，用于寄存外部地址线数据，地址译码器对寄存的地址码进行译码，唯一地选择存储矩阵中的对应存储单元，类似于区分酒店房间号信息。需要访问存储器时，处理器会在地址总线送出要访问的存储单元的地址信息。图 10.2.1 所示存储器中的地址译码器对地址线上的地址 $A_0 \sim A_{n-1}$ 进行译码，以便选中与该地址码对应的存储房间。小容量存储器一般采用单地址译码器，芯片外部地址引脚是 n 根的话，就会有 2^n（字数）个译码输出，可以区分 2^n 存储单元或房间。对于大容量的存储器，一般有 X、Y（或行、列）两个地址译码器，如图 10.2.2 所示，其存储容量为 4096×16 位。多数的 DRAM 集成度高，芯片的存储容量大，为了减少芯片外部地址引线数，其芯片内部一般采用行、列双地址译码方式，所以，DRAM 一般需要行选通 $\overline{RAS}$ 和列选通 $\overline{CAS}$ 信号，分时送入行和列地址到行、列地址寄存器。因此，如果 DRAM 芯片的地址引脚有 n 根，则它可以访问的存储单元为 2^{2n} 个（字数）。

3. 读/写控制器

读/写控制器对地址译码器选中的存储单元进行读出或写入的控制操作。存储矩阵中的基本存储单元（房间）通过地址译码器被选中后，信息能否被写入或读出还需要有一把开房间门的钥匙，读写控制器就完成类似钥匙的功能。

图 10.2.3 为读/写控制器的逻辑电路图。其中，I/O 为存储器的数据输入输出，一般连接到数据总线。D 和 $\overline{D}$ 为 RAM 内部数据线，$\overline{CS}$ 为片选控制输入信号，$R/\overline{W}$ 为读/写控

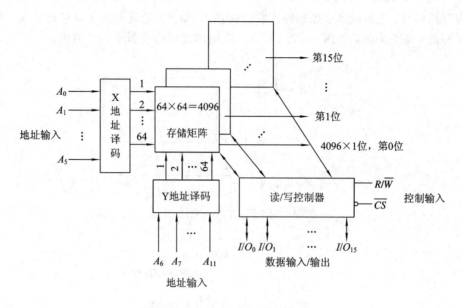

图 10.2.2　双地址译码存储器阵列

制输入信号。不同存储器的控制信号稍有不同，有些存储器读写信号是分开的。

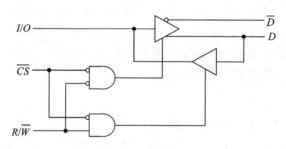

图 10.2.3　读/写控制器的逻辑电路图

　　片选输入 $\overline{CS}$ 控制 RAM 芯片能否工作。当 $\overline{CS}=1$ 无效时，图 10.2.3 中的写入和读出驱动器都处于高阻状态，这时 RAM 既不能读出也不能写入数据。当 $\overline{CS}=0$，$R/\overline{W}=1$ 时，读出驱动门使能，RAM 存储器中的信息被读出送至数据总线，而当 $\overline{CS}=0$，$R/\overline{W}=0$ 时，写入驱动门使能，数据总线上的数据经过写入驱动器，以互补的形式送给内部数据线 D 和 $\overline{D}$，与地址译码器配合，就把外部的信息写入到 RAM 的一个被选中的存储单元中。图 10.2.3 为读写一位数据的电路，读写控制器也可以同时读写多位数据，好比一个房间可以住一人也可以住多人一样。存储器的容量就由译码器和读写控制器的位数确定，图 10.2.1 的存储器容量为 $2^n \times m$ 位。

10.2.2　SRAM 的存储单元

　　图 10.2.4 是一种由 MOS 管组成的存储单元，虚线框中为存储器基本部分，常称为六管存储单元。其中，$V_1 \sim V_4$ 四个 MOS 管为两个反相器，反相器输出 Q 和 $\overline{Q}$ 反馈到另一反相器输入端，构成基本 RS 触发器，如图中右边所示电路，用以寄存一位二进制数码，只要不断电信息就一直保存。V_5 和 V_6 是门控管，作模拟开关使用，以控制 RS 触发器的输出端 Q、$\overline{Q}$ 和位线 B_j、$\overline{B}_j$ 的连接。门控管受行地址译码信号 X_i 控制，当 $X_i=1$ 时，V_5 和

V_6 导通，触发器 Q 和 $\overline{Q}$ 与位线 B_j 和 $\overline{B}_j$ 连接；当 $X_i=0$ 时，V_5 和 V_6 断开，触发器 Q 和 $\overline{Q}$ 与位线 B_j 和 $\overline{B}_j$ 的连接也被切断，V_5 和 V_6 管也是基本存储单元的一部分，因此，称为六管静态存储单元。另外，行列存储矩阵的每一列存储单元共用两个门控管 V_7 和 V_8，分别控制位线 B_j、$\overline{B}_j$ 与读写控制器中的 D、$\overline{D}$ 的连接。V_7 和 V_8 受列地址译码信号 Y_j 的控制，当 $Y_j=1$ 时导通，当 $Y_j=0$ 时断开。因此，要访问内部存储单元，无论是单地址译码还是双地址译码，所有译码信号必须有效才能打开所有通道，将存储器 I/O 引脚的信息写入或将存储单元数据读出。SRAM 存储单元 MOS 管的数量较多，因此，其集成度不高，且掉电后信息丢失。

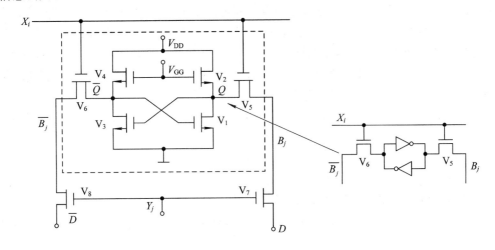

图 10.2.4　六管静态存储单元

10.2.3　DRAM 的存储单元

　　DRAM 的存储单元一般是利用电容存放信息的，有四管和三管等存储单元，自 4K DRAM 之后，大容量的 DRAM（包括 RDRAM、DDR RAM、SDRAM、EDO RAM 等）存储单元只用一个 MOS 管和一个电容器组成，虽然后来陆续提出一些新的 DRAM 记忆单元结构，但是不论元件数目或是线路数目方面，都比 1 个电晶体＋1 个电容的结构复杂，因此 64～256M DRAM 仍继续使用这种结构的记忆单元。其电路如图 10.2.5 所示，电容 C 用来存储数据，目前构成记忆单元中所用的电晶体大部分是 n 通道 MOS 型电晶体（nMOS）。DRAM 包括写入、读出和刷新 3 个操作。

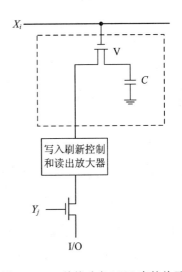

图 10.2.5　单管动态 MOS 存储单元

　　写入时，字线 $X_i=1$、$Y_j=1$，对应管子导通，I/O 线上的输入数据经 V 存储在 C 中，电容 C 有电荷表示存储 1，无电荷存储 0。

　　读出时，位线原状态为 0，当 $X_i=1$ 时，V 导通，使读出放大器读取电容 C 的电压值，放大器灵敏度高,放大倍数较大,将读到的电压直接转换为对应的逻辑电平 1 或 0。$Y_i=1$ 对应管子导通,同时起到驱动作用,将信号经由 I/O 线输出。读出后,由于 C 电荷部分转移,必须立即"刷新",以保证存储信息不会丢失。即控制电路会先行读取存储器中的数据,然后再把数据写回去,使它们能够保持 0 和 1 信息。这种刷新操作每秒钟要自动进行数千次。

刷新就是周期性地对动态存储器读出、放大、再写回的过程。DRAM 的电容器就像一个能够储存电子的小桶,要在存储单元中写入 1,小桶内就充满电子;要写入 0,小桶就被清空。电容器桶的问题在于它会泄漏放电,只需大约几毫秒的时间,一个充满电子的小桶就会漏得一干二净。因此,为了确保动态存储器能正常工作,必须由 CPU 或是由存储器控制器对所有电容不断地进行"刷新"充电(即再写入)。读出操作也伴随着刷新,但由于读出操作的时间及访问存储单元的随机性,不可能将所有存储单元在规定周期内刷新一次,所以需要专门的刷新控制周期地完成 DRAM 的刷新。刷新周期一般为 2 ms,按行进行刷新(刷新时 $Y_i=0$,断开内部与 I/O 连接),即一个刷新周期必须对所有行的每一个存储单元进行读出、放大、再写回。例如,一个 128 行 64 列的存储矩阵,每行的刷新时间必须在 15.625 μs(2 ms/128)内完成。

DRAM 的刷新常采用两种方法:一是利用专门的控制器完成,例如 Intel 8203;二是 DRAM 芯片上集成刷新控制器,自动完成刷新操作,例如 Intel 2186/2187。

动态 MOSRAM 由于元件和线路数目少,所以记忆单元所占面积很小,集成度可以很高,容量大,价格也便宜,但其读写速度比 SRAM 低,并需要刷新及读出放大器等外围电路。

SRAM 与 DRAM 特点比较如下:

(1) SRAM 存储单元,利用触发器保存数据,触发保存数据,速度快;数据读出非破坏性,一次写入,可以多次读出;存储单元结构复杂,使用管子多,每 Bit 面积大、功耗大。

(2) DRAM 存储单元,利用电容存储电荷保存数据;写入过程是给电容充电或放电的过程,速度慢;读出操作会破坏电容上的电荷,因此读出后需立即再写回,同时需要定期全部刷新;存储单元结构简单,管子少,面积小,功耗低,利于海量存储。

10.2.4 双端口 RAM

上述传统的 SRAM 和 DRAM 都是单端口存储器,即每个存储器芯片只有一套数据、地址和控制线,也简称为单口 RAM,任何时刻只能接受一个处理器的访问。而双端口存储器每个芯片具有两套完全独立的数据线、地址线和读/写控制线,即共享式多端口存储器,结构如图 10.2.6 所示。其最大的特点是存储数据共享,允许两个独立的微处理器或控制器同时异步地随机性访问存储单元,一定程度上使存储器实现了并行操作,提高了 RAM 的吞吐率,适用于实时的数据缓存。因为数据共享,双端口存储器芯片内部的仲裁逻辑控制能提供以下功能:对同一地址单元访问的时序控制;存储单元数据块的访问权限分配;信令交换逻辑(例如中断信号)等。

双口 RAM 又分伪双口 RAM 与双口 RAM。伪双口 RAM,一个端口只读,另一个端口只写;而双口 RAM 两个端口都可以读写。CY7C133 是 CYPRESS 公司研制的高速 2K ×16CMOS(地址总线宽度 11 位,数据总线宽度 16 位)双端口静态 RAM,最快访问时间可

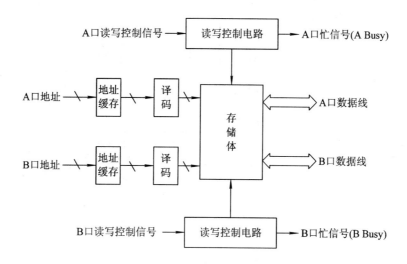

图 10.2.6　双口 RAM 结构

达 15 ns。CY7C133 允许两个 CPU 同时读取任何存储单元(包括同时读同一地址单元),但不允许同时写或一读一写同一地址单元,否则就会发生错误。双口 RAM 中引入了仲裁逻辑(忙逻辑)电路来解决这个问题:当两个端口同时写入或一读一写同一地址单元时,先稳定的地址端口通过仲裁逻辑电路优先读写,同时内部电路禁止另一个端口的访问,直到本端口操作结束才允许另一端口操作。芯片的 BUSY 信号可以作为中断源指明本次操作非法。

VRAM 视频 RAM 亦称多端口动态随机存取存储器(MPDRAM),为显示适配器和3D 加速卡所专用。VRAM 允许 CPU 和图形处理器同时访问 RAM。它的主要功能是将显卡的视频数据输出到数模转换器中,有效降低绘图显示芯片的工作负担。它采用双数据口设计,其中一个数据口是并行的,另一个是串行的数据输出口,多用于高级显卡中的高档内存。

10.3　只读存储器

所有只读存储器(ROM)都属于非易失存储器,即掉电后数据不会消失(类似硬盘)。因此,在计算机及数字控制系统中,ROM 常用来存储一些固定的信息,例如,监控程序、启动引导程序、代码转换表格、函数发生器、字符发生器、汉字库等。虽然 ROM 是具有记忆功能的存储器,但它的“存储矩阵”并没有触发器。所以严格讲,ROM 是一种组合电路。

10.3.1　ROM 的基本结构

ROM 的结构与 RAM 类似,如图 10.3.1 所示。ROM 包含地址译码器、存储矩阵和输出控制三部分。地址译码器的作用是将输入的地址代码翻译成相应的控制信号,利用这个控制信号从存储矩阵中把指定的单元选出,并把其中的数据送到输出缓冲器;存储矩阵由存储单元组成,每个存储单元可以用二极管构成,也可以用双极型三极管或 MOS 管构成。输出缓冲器的作用有两个,一是能提高存储器的带负载能力,二是实现对输出三态逻辑的控制,以便与系统的总线连接。

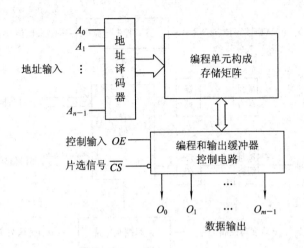

图 10.3.1 ROM 的基本结构图

PROM、EPROM、E^2PROM 和 Flash 的区别就是存储单元不同以及擦除、写入和读出方法不同。

掩膜式 ROM(MROM)的内容是由半导体制造厂按用户提出的要求在芯片的生产过程中直接写入的,写入之后只能读出,任何用户都无法改变其内容。MROM 的优点是:可靠性高,集成度高,形成批量之后价格便宜。其缺点是:一旦用户代码有错误会损失很大,灵活性差。因此,下面只介绍用户可编程的 ROM。

10.3.2 各种传统 ROM 的存储单元

1. PROM 及其存储单元

可编程 ROM(PROM)允许用户利用专门的编程器写入自己的程序。其基本结构见 5.3.3 节介绍。PROM 的编程单元有熔丝烧断型和 PN 结击穿型两种结构,图 10.3.2 所示为熔丝型编程单元。PROM 产品出厂时,所有熔丝是连通的(反熔丝结构是断开的),PROM 编程是通过足够大的电流烧断熔丝或者保持连接来保存 1 或 0,熔丝烧断就不能再复原。可见,PROM 只能进行一次编程,但掉电之后信息不会丢失。

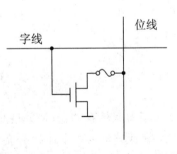

图 10.3.2 熔丝 PROM 编程单元

图 10.3.3 是一个存储矩阵为 4×4 的 PROM 编程后的示意图,最上排的 4 个 MOS 管始终导通,其导通电阻起上拉电阻的作用。如果地址译码器是高电平输出有效,则当地址 $A_1A_0 = 00$ 时,译码输出字线 0 为高电平;若有管子与字线相连,则管子导通使对应位线数据为 0,若没有管子与字线相连则位线上拉为 1。因此,$A_1A_0 = 00$ 的存储单元存储的数据是 $D_3D_2D_1D_0 = 0101$B。地址 01、10、11 存储单元数据依次为 1101B、1010B、0100B。

下面仅介绍 ROM 存储器的存储单元,各存储单元都存在于类似图 10.3.3 的结构中,即位线由上拉电阻接电源,字线是地址译码信号。

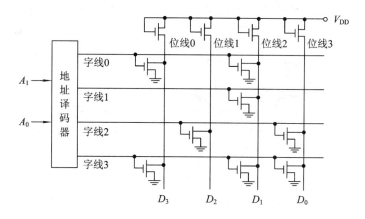

图 10.3.3 4×4PROM 编程后存储矩阵示意图

2. EPROM 及其存储单元

由于 PROM 只能一次编程，因而能够重复擦写的 EPROM 一度得到广泛应用。EPROM 的封装是最有特点的一种芯片，芯片顶部开有一个圆形"石英玻璃窗"，如图 10.3.4 所示，透过该窗口可以看到其内部的集成电路，紫外线透过该孔照射内部芯片就可以擦除其内部的数据。可见，擦除是将存储数据全部清除，擦除过程一般要 15～20 分钟。完成芯片擦除的操作要用到 EPROM 擦除器。

图 10.3.4 EPROM 芯片封装

EPROM 内资料的写入要用专用的编程器，写内容时必须要加一定的编程电压（$V_{PP}=12\sim25$ V，随不同的芯片型号而定）。EPROM 的型号是以 27 开头的，例如，27C020（8 * 256K）是一片 2 MB 容量的 EPROM 芯片。EPROM 芯片在写入资料后，还要以不透光的贴纸或胶布把窗口封住，以免受到周围的紫外线照射而使资料受损。EPROM 芯片出厂或用紫外光线擦除后，内部的每一个存储单元的数据一般均为 1。

EPROM 是采用浮栅技术生产的可编程存储器，它的编程单元多采用 N 沟道叠栅注入式 MOS 管（Stacked-gate Injection Metal Oxide Semiconductor，SIMOS）。SIMOS 的结构、符号等如图 10.3.5 所示。图中叠栅型 MOS 管有两个重叠的栅极：一个在上面，称为控制栅，其作用与普通 MOS 管的栅极相似；另一个埋在二氧化硅绝缘层内，称为浮置栅（或浮栅）。如果浮置栅上没有电荷，叠栅 MOS 管的工作原理就与普通 MOS 管相似。当控制栅上的电压大于它的开启电压 V_{T1}，即在栅极加上正常的高电平信号时，漏源之间可以有电流产生，SIMOS 管导通。由图 10.3.5(d) 所示的存储单元结构可见，此时说明存储单元存储 0。如果浮置栅上有电子，则这些电子产生负电场，这时要使管子导通，控制栅必须加更大正电压，以克服负电场的影响。换句话说，如果浮置栅上有电子，管子的开启电压就会增加，在控制栅极加上正常的高电平信号时，SIMOS 管将不会导通，说明存储单元存储 1。

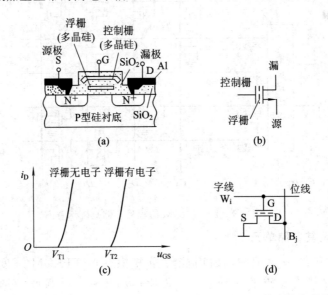

图 10.3.5　叠栅注入式 MOS 管的结构、符号、特性及构成的存储单元
(a) 叠层栅 MOS 管剖面示意图；(b) 符号；
(c) 叠栅 MOS 管浮栅上积累电子与开启电压的关系；(d) EPROM 的一个存储单元

浮置栅上的电子是靠在 SIMOS 管的漏源及栅源之间同时加一较大电压(如 25 V，正常工作电压只有 5 V)而产生的。当源极接地时，漏极的大电压使漏源之间形成沟道。沟道内的电子在漏源间强电场的作用下获得足够的能量，能量使电子的温度极速上升，变为热电子。同时借助于控制栅正电压的吸引，一部分热电子穿过二氧化硅薄层进入浮置栅。当高压电源(如 25 V)去掉后，由于浮置栅被绝缘层包围，它所获得的电子很难泄漏，因此可以长期保存。浮置栅上注入了电荷的 SIMOS 管相当于写入了数据"1"，未注入电荷的相当于存入了数据"0"。

当浮置栅带上电子后，如果要想擦去浮置栅上的电子，可采用强紫外线或 x 射线对叠栅进行照射，当浮置栅上的电子获得足够的能量后，浮栅上的电子会形成光电流而泄放，逃逸出浮栅穿过绝缘层返回到衬底。

3. E² PROM 存储单元

E² PROM(或 EEPROM)也是采用浮栅技术生产的可编程存储器，构成存储单元的 MOS 管的结构如图 10.3.6 所示。它与叠栅 MOS 管的不同之处在于浮置栅延长区与漏区之间的交叠处有一个厚度约为 80 埃的薄绝缘层，这种特殊的结构可以产生隧道效应。当漏极接地，控制栅加上足够高的电压时，交叠区将产生一个很强的电场，在强电场的作用下，电子通过绝缘层到达浮栅，使浮栅带负电荷。这一现象称为"隧道效应"，这种特性的管子也称为 Flotox 管(Floating gate Tunnel Oxide，Flotox)或隧道 MOS 管。相反，当控制栅接地漏极加一正电压时，将产生与上述相反的过程，即浮栅放电。与 SIMOS 管相比，隧道 MOS 管也是利用浮栅是否积累有负电荷来存储二值数据的。由图 10.3.6(c)所示的存储单元结构可见，浮置栅上注入了电荷的隧道 MOS 管截止，相当于写入了数据"1"，未注入电荷的相当于存入了数据"0"。

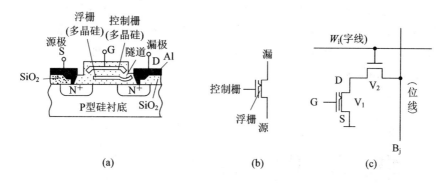

图 10.3.6　隧道 MOS 管的结构、符号及构成的存储单元

(a) 隧道 MOS 管剖面示意图；(b) 符号；(c) 隧道 MOS 管构成的存储单元

E^2PROM 电擦除的过程就是改写过程，它是以字为单位进行的。E^2PROM 具有 ROM 的非易失性，也可以像 RAM 一样随机的进行读写，每个存储单元擦写次数可达百万次，而且可以按字节擦写，存储的信息可以保留 20 年，但是擦、写的时间较长。目前，大多数 E^2PROM 芯片内部都备有升压电路。因此，与 EPROM 相比，E^2PROM 只需提供单电源供电，便可进行在线（无需从电路板上拔下存储器）读、擦除/写操作，无需擦除器和编程器，并且擦除的速度要快得多，为数字系统的设计和在线调试提供了极大的方便。

10.3.3　Flash ROM

Flash ROM（也称为快闪存储器或闪存）也是一种电信号擦除的可编程 ROM。Flash ROM 主要分为 NOR 和 NAND 两种。自从 Intel 公司于 1988 年推出 NOR Flash ROM，彻底改变了原先由 EPROM 和 EEPROM 一统天下的局面。1989 年，东芝公司发表了 NAND Flash 结构，强调降低每比特的成本、更高的性能，并且像磁盘一样可以通过接口轻松升级。Flash ROM 具有不需要存储电容器、集成度更高、制造成本低于 DRAM、使用方便、读写灵活、访问速度快、断电后不丢失信息等特点。近年来，Flash 全面替代了 EPROM 在嵌入式系统中的地位，广泛地用在存储卡、U 盘、MP3 播放器和数码相机等电子产品中。很多微控制器芯片中都集成有 Flash 存储器，用作存储 Bootloader（上电引导程序）以及操作系统等。目前市面上的 Flash 主要来自 Intel、Macronix、Samsung、AMD、Fujitsu、Hynix、MXIC 等半导体厂商。2010 年，三星研发出业界首个用于 SD 存储卡的 20 nm 级工艺 32 GB NAND 闪存芯片，从 2004 年起三星不断开发新型 OneNAND 闪存产品，OneNAND 采用高可靠性嵌入式存储技术，在一颗芯片内集成了 NAND 内核、NOR 接口、SRAM 缓冲，融合了 NAND 闪存的高存储容量和 NOR 闪存的快速读取。三星电子宣布，已经成功使用 30 nm 级别工艺（30～39 nm）制造出了 8 GB 容量的 OneNAND 混合式闪存芯片，主要面向消费电子设备和下一代智能手机。

1. 快闪存储单元

由图 10.3.6 可知，E^2PROM 的存储单元使用两只 MOS 管，所以限制了它的集成度的提高。Flash ROM（也称为快闪存储器）也是一种电信号擦除的可编程 ROM，但它采用了一种类似图 10.3.5(a)EPROM 的 SIMOS 管结构的存储单元，使集成度更高。快闪 MOS 管和 SIMOS 管最大的区别是浮置栅（Floating Gate，FG）与衬底间氧化层的厚度不同，SIMOS 管中这个氧化层的厚度一般为 $30\sim40~\mu m$，而在快闪 MOS 管中仅为 $10\sim15~\mu m$，即浮栅更靠近衬底；而且，快闪 MOS 管源极 N^+ 区大于漏极 N^+ 区，SIMOS 管是对称的。因而，快闪 MOS 管靠近源极构成一个隧道区，符号形象地表示了两者的区别。快闪 MOS 管的结构、符号及存储单元如图 10.3.7 所示。

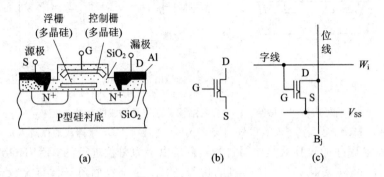

图 10.3.7 快闪存储器存储单元 MOS 管符号及构成的存储单元
(a) 快闪 MOS 管剖面示意图；(b) 符号；(c) Flash 存储单元

NAND Flash 与 NOR Flash 具有相同的存储单元，但是各存储单元的连接方式不同，所以存储管理上就有差异。NOR Flash 存储单元之间采用的是并联方式，而 NAND Flash 存储单元之间采用的是串联方式。

2. NOR 型 Flash 存储单元的擦除和写入

NOR Flash 通过以下过程可以将热电子注入快闪 MOS 管的浮栅(FG)：

(1) 对控制栅施加高电压，通常大于 5 V，例如，12 V。

(2) 漏极加一高电压，例如 6 V，源极为 0 V，MOS 管沟道形成(类似 NMOS)。

(3) 源极、漏极流过足够大的电流，导致某些高能电子越过绝缘层，并进入浮栅，这个过程称为热电子注入。

由于浮栅(FG)在电气上是受绝缘层独立的，所以进入到 FG 的电子会被困在里面。在一般的条件下，电荷经过多年都不会逸散出去。当 FG 抓到电荷时，它会屏蔽掉来自控制栅(CG)的部分电场，提高了 MOS 管的阈值电压，正常的控制栅电压不能使 MOS 管导通。这样，利用浮栅上有电荷或没有电荷，就可以由控制栅电压控制 MOS 管是截止(FG 充电时)或者是导通(FG 上无电荷时)，分别表示存储 0 或 1。

NOR Flash 可以通过在源极上加一正电压(例如，12 V)，控制栅为 0 V，这时在浮置栅与源极之间将出现隧道效应，使浮置栅上的电荷经过隧道区释放，从而擦除写入的数据。由于快闪存储器中存储单元 MOS 管的源极是连接在一起的，所以不能像 E^2PROM 那样按字擦除，而是类似 EPROM 那样整片擦除或分块(Blocks or sectors)擦除，块的大小由厂商来定。整片擦除只需要几秒钟，不像 EPROM 那样需要紫外线照射 15 到 20 分钟。快闪存储器中数据的擦除和写入是分开进行的，数据写入方式与 EPROM 相同，需输入一个较高的电压，一个字的写入时间约 200 μs；不能按字节擦除，只有在写入时，才以字节为基本单位进行写入。

3. NAND 型 Flash 存储单元的擦除和写入

NAND Flash 的擦除和写入均是基于隧道效应的，电流穿过浮置栅极与硅基层之间的绝缘层，对浮置栅极进行充电（写数据）或放电（擦除数据）。而 NOR 型 Flash 闪存擦除数据是基于隧道效应（电流从浮置栅极到硅基层），但在写入数据时则是采用热电子注入方式（电流从浮置栅极到源极）。

NAND 结构消除了传统 EEPROM 中的选择管，并通过多位的直接串联，将每个单元的接触孔减小，大大缩小了单元尺寸。NAND 的最大缺点是多管串联，读取速度较其他阵列结构慢。另外，编程时需加 20 V 左右的高电压，对可靠性不利。NAND 技术 Flash 存储器具有以下特点：

（1）以页为单位进行读和编程操作，一页为 256 或 512B（字节）；以块为单位进行擦除操作，一块为 4 KB、8 KB 或 16 KB。

（2）数据、地址采用同一总线，实现串行读取，随机读取速度慢且不能按字节随机编程。

（3）芯片尺寸小，引脚少，是位成本最低的固态存储器，不支持代码本地运行，运行前需要拷贝到 RAM，适合大数据、文件类型存储。其目前主要用在数码相机、MP3 播放机、U 盘等嵌入式产品中。

向浮栅中注入电荷表示写入了"0"，没有注入电荷表示"1"，一个数据位不可能由"0"再写（或编程）为"1"。所以对 NOR 和 NAND 两种 Flash 写入新数据之前，必须先将原来的数据擦除，也就是将浮栅的电荷放掉，Flash 清除数据是写 1 的，这与硬盘正好相反。

虽然写入和擦除都需要高电压，不过实际上，现今几乎所有快闪存储器芯片与 E^2PROM 一样，片内都有升压电路，只需要单一电源供电即可。

4. NAND Flash 和 NOR Flash 性能比较

（1）速度：在写数据和擦除数据时，NOR 器件是以 64～128 KB 的块进行的，执行一个写入/擦除操作的时间为 5 s，NAND 器件是以 8～32 KB 的块进行的，执行相同的操作最多只需要 4 ms，速度比 NOR 要快得多；读取时，NAND 是顺序读取，先向芯片发送地址信息进行寻址才能开始读取数据，而它的地址信息包括块号、块内页号和页内字节号等部分，要顺序选择才能定位到要操作的字节，而 NOR Flash 的操作则是以字或字节为单位进行的，随机读取，所以读取数据时 NOR 有明显优势。

（2）容量和成本：NOR Flash 的每个存储单元与位线相连，增加了芯片内位线的数量，不利于存储密度的提高。所以在面积和工艺相同的情况下，NAND Flash 的容量比 NOR 要大得多，生产成本更低，也更容易生产大容量的芯片。

（3）易用性：NAND Flash 的 I/O 端口采用复用的数据线和地址线，必须先通过寄存器串行地进行数据存取，各个产品或厂商对信号的定义不同，增加了应用的难度。NOR Flash 有专用的地址引脚来寻址，较容易与其他芯片进行连接，应用程序可以直接在 NOR Flash 内部运行。在 NOR 器件上运行代码不需要任何的软件支持，在 NAND 器件上进行同样操作时，通常需要驱动程序，也就是内存技术驱动程序（MTD）。NAND 和 NOR 器件在进行写入和擦除操作时都需要 MTD。

（4）可靠性：NAND Flash 相邻单元之间较易发生位翻转而导致坏块出现，在生产过程中消除坏块会导致成品率太低、性价比很差，所以在出厂前要在高温、高压条件下检测生产过程中产生的坏块，写入坏块标记，防止使用时向坏块写入数据。但在使用过程中难免产生新的坏块，所以在使用的时候要配合 EDC/ECC（错误探测/错误更正）和 BBM（坏块管理)等软件措施来保障数据的可靠性。坏块管理软件能够发现并更换一个读写失败的区块,将数据复制到一个有效的区块中。NOR 发生位翻转的次数少的多。

(5) 寿命:Flash 由于写入和擦除数据时会使介质的氧化降解,导致芯片老化,在这个方面 NOR 尤甚,所以并不适合频繁地擦写。NAND 的擦写次数约 100 万次,而 NOR 只有10 万次。

由此可见,NOR 和 NAND 各有所长,在大容量的多媒体应用中选用 NAND 型闪存,而在数据/程序存储应用中选用 NOR 型闪存。选择闪存时也要考虑接口设计。

10.4 集成存储器芯片

存储器芯片类似于前面介绍的所有中小规模集成器件,它是一种由数以百万计的晶体管和电容器构成的具有存储功能的集成电路(IC)。鉴于 Flash 存储器的擦除、写入和读出访问特点与传统存储器不同,下面分两节分别介绍。

10.4.1 传统 RAM 和 ROM 集成存储器

1. 集成存储器结构框架和时序

集成存储器内部结构一般如图 10.4.1 虚框中所示。其外部信号包括地址、数据和控制三种信号。n 根地址和 m 根数据信号确定了存储器芯片的容量为 $2^n \times m$ 位,或地址线分时复用时为 $2^{2n} \times m$ 位。控制线一般包括:片选、读/写控制、输出控制等信号。个别存储器还有一个 Ready 状态信号,一般作为联络信号用于与处理器接口时进行时序或速度的匹配。除过PROM 和 EPROM,其他存储器数据线都是双向的,禁止存储器工作时,数据线都是三态的。

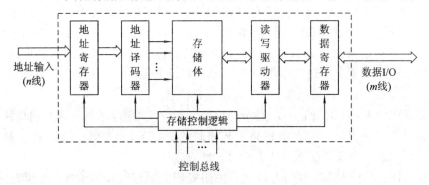

图 10.4.1 存储器结构框架及外部信号图

2. 存储器读/写数据时序

任何数字系统使用存储器时,都必须满足存储器芯片的时序要求,否则无法正确存取数据。图 10.4.2 为一 SRAM 读数据的时序图,其他存储器类似。

读出过程如下:

(1) 将欲读取数据的存储单元地址加到 RAM 的地址输入端,由于具体地址内容和地址线数不确定,因此时序图数据和地址总线一般如图 10.4.2 中表示。

(2) 使读信号有效,很多芯片共用一控制引脚,例如,$R/\overline{W}$,表示该信号为高电平时读数据,低电平时写数据到存储器。对于这种芯片,$R/\overline{W}$ 信号一直保持高电平读状态。

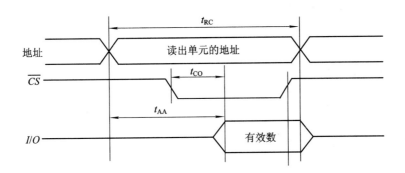

图 10.4.2　SRAM 读出时序图

（3）使片选 $\overline{CS}$ 低电平有效，延时 t_{CO} 后，在 I/O 会出现欲读的数据信号。

（4）使 $\overline{CS}$ 无效，再经过一小段延时后，I/O 回到高阻状态，完成本次读操作。

由于 RAM 内部电路存在延时，t_{AA} 和 t_{CO} 必须同时满足芯片参数的要求。图中 t_{RC} 是 RAM 的读周期，它表示两次读操作之间的最小时间间隔。

图 10.4.3 是 RAM 写入过程时序图，写入的具体过程如下：

（1）欲写入数据的地址信号加到 RAM 的地址输入端；

（2）$\overline{CS}$ 加入有效的片选低电平信号；

（3）将欲写入的数据加到数据输入端；

（4）读写信号 $R/\overline{W}$ 变为低电平，保持一段时间 t_{WP}，以确保数据的可靠写入；

（5）使 $\overline{CS}$ 无效，完成本次写操作，经过延时 t_{WR} 和 t_{DH} 后，可以改变地址信号和写入数据。

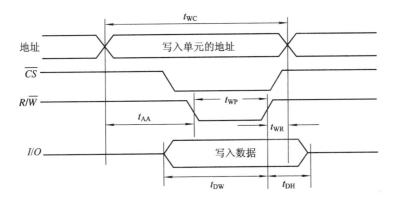

图 10.4.3　SRAM 写入时序图

与读操作类似，延时 t_{AA} 和 t_{DW} 也必须同时满足。图中 t_{WC} 是 RAM 的写周期，它表示两次写操作之间的最小时间间隔。对大多数 RAM，读和写周期是相等的，称为读写周期。读写周期是 RAM 的一个重要的指标。DRAM 的读写过程与 SRAM 基本相似，但行和列地址是分时送入的。

3. 各种集成存储器型号简介

存储器种类繁多，通信方式也有串行和并行。但任何存储器芯片的信号只有三种：地址、数据和控制，如图 10.4.4 所示。

EPROM 可作为微机系统的外部程序存储器，其典型产品以 27 开头，不同厂家 27 前面的前缀不同。27 之后的数字代表存储器的容量,例如,2716(16Kbit 或 2K 字节)、2732(4K×8)、2764(8K×8)、27128(16K×8)、27256(32K×8)、27512(64K×8)等。这些型号的 EPROM 都是 NMOS 型,与 NMOS 相对应的 CMOS 型 EPROM 以 27C 开头,例如 27C16 等。NMOS 与 CMOS 型的输入与输出均与 TTL 兼容,区别是 CMOS 型 EPROM 的读取时间更短、消耗功率更小。例如,27C256 的最大工作电流为 30 mA,最大维持电流为 1 mA;而 27256 的最大工作电流为 125 mA,最大维持电流为 40 mA。

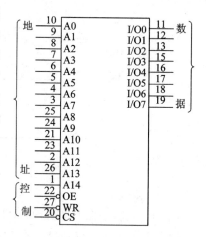

图 10.4.4 62256 逻辑符号

目前常用的 E^2PROM 分为并行和串行两类:并行 E^2PROM 在读写时通过 8 条数据线传输数据,传输速度快,使用简单,但是体积大,占用的数据线多;串行 E^2PROM 的数据是一位一位传输的,传输速度慢,使用复杂,但是体积小,占用的数据线少。最常见的采用 I^2C 总线的 EEPROM 也已被广泛使用于各种家电、工业及通信设备中,主要用于保存设备所需要的配置数据、采集数据及程序等。生产 I^2C 总线 EEPROM 的厂商有 ATMEL、Microchip 等公司,它们都是以 24、93 来开头命名芯片型号,是串行 EEPROM,例如,AT24C01(128×8)、AT59C13 Serial E^2PROMS 256×16/512×8 等。24C 后面的数字代表该型号的芯片有多少 K 的存储位。例如 ATMEL 的 24C64,存储位是 64K 位,也就是说可以存储 8K(8192)字节,它支持 1.8 V 到 5 V 电源,可以擦写 1 百万次,数据可以保持 100 年,使用 5 V 电源时时钟可以达到 400 kHz,并且有多种封装可供选择。并行 E^2PROM 的型号很多,有 2816(2K 字节)、28C64A(8K)、28C64B(8K)等,其中 2816 是早期型号,擦除和写入须外接 21 V 的 V_{PP} 电源;其余为改进产品,把产生 V_{PP} 的电源做在芯片里,无论擦除还是写入均用单一的 5 V 电源,外围电路简单。

SRAM 常用芯片型号有 Intel 的"61"系列和"62"系列。62256 是一种存储容量为 32 K×8 位的 SRAM,它采用 28 脚双列直插封装,逻辑符号如图 10.4.4 所示。62256 有 15 个地址输入 $A_0 \sim A_{14}$、8 个数据输入/输出 $I/O_0 \sim I/O_7$、一个片选输入信号 $\overline{CS}$、一个输出允许信号 $\overline{OE}$ 和一个写控制信号 $\overline{WR}$。它的读写周期为 450 ns。

62256 的功能如表 10.4.1 所示,当片选输入 $\overline{CS}$ 为高电平时,不论写控制 $\overline{WR}$ 和输出允许 $\overline{OE}$ 为何种状态,芯片内部数据线与外部数据输入/输出端 I/O 是相互隔离的,该芯片既不能写入,也不能读出,I/O 端为高阻状态。当 $\overline{CS}$ 为低电平,且 $\overline{WR}$ 也为低电平时,信号由外部数据总线写入存储器。当 $\overline{CS}$ 为低电平,$\overline{WR}$ 为高电平,且输出允许端 $\overline{OE}$ 为低电平时,内部存储单元的信息送到外部数据总线上。当 $\overline{OE}$ 为高电平时,芯片处于禁止输出状态,I/O 端为高阻。

表 10.4.1　62256 功能表

$\overline{CS}$	$\overline{WR}$	$\overline{OE}$	I/O	方式
1	×	×	Z	片选无效
0	1	0	O	CPU 读
0	0	×	I	CPU 写
0	×	1	Z	禁止输出

10.4.2　NOR 和 NAND 型集成 Flash 存储器及相关接口

Flash 存储器种类多样，其中最为常用的为 NOR 型和 NAND 型 Flash，两者结构存在较大的差异。通常，NOR 型多数采用并口输入输出数据，速度快，比较适合存储程序代码，CPU 可以直接从 NOR Flash 中取指令并执行，专门术语称之为 XIP（eXecute In Place），但容量一般较小（例如，小于 32 MB），且价格较高；而 NAND 型采用串行数据块存储，容量可达 1 GB 以上，价格也相对便宜，适合存储数据，但一般只能整块读写数据，随机存取能力差，程序不能直接在 NAND Flash 中运行。

1. Flash 相关接口

由于生产 Flash 存储器的半导体制造商众多，不同厂商 Flash 产品的操作命令集和电气参数千差万别，这给 Flash 的开发设计人员带来许多不便。如果开发系统要升级或替换 Flash 存储器，必须对原有的程序代码和硬件结构进行修改。为解决上述原因所引发的问题，迫切需要 Flash Memory 制造商提出一个公共的标准解决方案，在这样的背景下，诞生了公共闪存接口（Common Flash Interface，CFI），它是由存储芯片工业界定义的一种获取闪存芯片物理参数和结构参数的操作规程和标准。目前很多 NOR Flash 都支持 CFI，但并不是所有的都支持。CFI 可以使系统软件查询 Flash 存储器器件是否具备 CFI 接口，如果 Flash 有 CFI 接口，则可以继续查询 Flash 的各种参数，包括器件制造商 ID 和设备 ID、器件阵列结构参数、电气和时间参数以及器件支持的功能等。利用 CFI 可以不用修改系统软件就可以用新型的和改进的产品代替旧版本的产品。例如，如果更换的 Flash 存储器擦除时间只有旧 Flash 的一半，系统软件只要通过 CFI 读取新器件的擦除时间等参数，修改一下定时器的时间参数即可。

CFI 接口相对于串口的 SPI 接口来说，也被称为并行接口。CFI 接口查询到的数据，只关注低字节 $D_7 \sim D_0$ 的内容，高字节被忽略。

Flash 存储器接口标准有 CFI 和 JEDEC（Joint Electron Device Engineering Council），JEDEC 即电子元件工业联合会制定的国际性协议，主要为计算机内存制定。JEDEC 用来帮助程序读取 Flash 的制造商 ID 和设备 ID，以确定 Flash 的大小和算法，如果芯片不支持 CFI，就需使用 JEDEC 了。工业标准的内存通常指的是符合 JEDEC 标准的内存。

NOR Flash 片内的每个存储单元以并联的方式连接到位线，方便对每一位进行随机存取。NOR 与外部的通信接口有串行和并行两大类：串行大多采用 I^2C、SPI 等接口进行读写；并行 NOR Flash 接口（多数为 CFI 标准）具有专用的地址线和数据线，读取操作与 RAM 的读取是一样，用户可以直接运行装载在 NOR Flash 里面的代码。NOR Flash 使用方便，稳定性好，传输速率高，在小容量时有很高的性价比，这使其很适合应于嵌入式系统中作为 FLASH ROM。

NAND Flash 片内的每个存储单元以串联的方式连接，没有采取内存的随机读取技术，各个产品或厂商的方法可能各不相同。但是，Nand Flash 器件所提供的片内控制器、状态寄存器和专用命令集使其可以灵活应用于各种存储系统电路，其 8 位 I/O 端口可以方便地实现地址、数据和命令的多路复用，这样不但大规模降低了引脚数，而且便于系统将来扩充存储容量而不需改变系统板结构设计。NAND 类似硬盘的操作，它的读取是一次读取一块的形式来进行的，通常一次读取 512 个字节，因此用户不能直接运行 NAND Flash 上的程序代码，一般使用 NAND Flash 还需要一块小的 NOR Flash 来运行启动代码，或者需要微处理器将 NAND Flash 中的程序读到微处理器系统中的 SRAM 中，再由 SRAM 实现程序引导。NAND Flash 具有更低的位成本，更小的体积，更大的容量，更长的使用寿命。这使 NAND Flash 很擅于存储纯资料或数据等，在嵌入式系统中用来支持文件系统。

2. NOR Flash 集成存储器

NOR Flash 最大的特点是读取速度相对较快，但是写入速度要比 NAND Flash 慢，容量比 NAND 要小得多。NOR Flash 通常用作程序存储器，在低速的 51 系统中，程序可以直接运行在 NOR Flash 上；在高速的 ARM 系统中，程序需要从 NOR Flash 中引导到 SRAM 存储器中，然后在 SRAM 中运行。和 NAND Flash 相比，NOR Flash 的接口也大不一样。NOR Flash 采用的是标准总线接口，有地址线、数据线和控制线之分。因此，处理器可以通过地址总线 AB、数据总线 DB 和控制总线 CB 直接与 NOR Flash 对应信号线相连。

Am29F040B 是 AMD 公司生产的 NOR Flash 存储器，容量为 512 K×8 Bit(4M 位)，仅需 5 V 单电源供电便可使内部产生高电压进行编程和擦除操作，对 Flash 存储器编程时，应先擦除再进行编程。Am29F040B 兼容 JEDEC 接口标准，在 125℃ 环境下数据可保存 20 年。该器件包含 8 个独立块(Sector)，每块 64 KB，访问速度最快可达 55 ns，每块可编程/擦除 100 万次以上；片内有状态控制和命令寄存器；根据命令可以完成字节编程、读数据(电流 20 mA)、块/芯片擦除(电流 30 mA)、块保护等功能。图 10.4.5 是 AMD Am29F040B 器件手册中其结构及封装图。图 10.4.6 是来自 Am29F040B 器件手册的引脚说明及逻辑符号图，图中的"#"表示对应控制信号为低电平有效。

图 10.4.5 和图 10.4.6 中信号的含义如下：

A0—A18：地址输入信号。A18、A17、A16 用于区分 8 个块 SA0～SA7，每块的 64 KB 由 A15～A0 寻址，表 10.4.2 是每块的地址范围。

表 10.4.2　Am29F040B 块地址表

块(Sector)	A18	A17	A16	地址范围
SA0	0	0	0	00000～0FFFFH
SA1	0	0	1	10000～1FFFFH
SA2	0	1	0	20000～2FFFFH
SA3	0	1	1	30000～3FFFFH
SA4	1	0	0	40000～4FFFFH
SA5	1	0	1	50000～5FFFFH
SA6	1	1	0	60000～6FFFFH
SA7	1	1	1	70000～7FFFFH

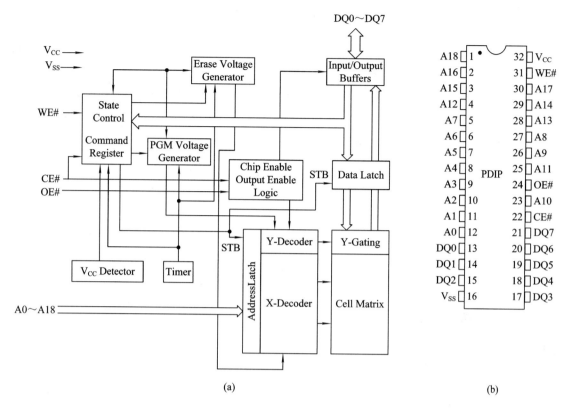

图 10.4.5　Am29F040B 内部结构框及 DIP 封装图

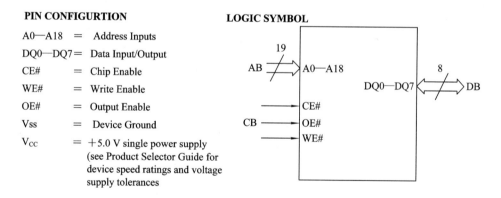

图 10.4.6　Am29F040B 引脚及逻辑符号图

DQ0—DQ7：数据输入/输出，在读周期输出数据，在写周期接收数据。写过程中写入的数据被内部锁存。

CE：片选，低电平选中器件。

OE：输出使能，低电平时打开数据输出缓冲区，允许读操作。

WE：输入写使能，低电平时允许写操作。

通过向存储器芯片写入一些命令可以得到芯片的制造商和设备 ID 号码、块保护等信息。Am29F040B 的命令定义如表 10.4.3 所示，表中数据为十六进制数。详细内容及表格中注释见器件手册。

表 10.4.3　Am29F040B 操作命令定义

Command Sequence (Note 1)		Cycles	Bus Cycles(Notes 2—4)											
			First		Second		Third		Fourth		Fifth		Sixth	
			Addr	Data	Addr	Data	Addr	Data	Addr	Data	Addr	Data	Addr	Data
Read(Note 5)		1	RA	RD										
Reset(Note 6)		1	×××	F0										
Autoselect (Note 7)	Manufacturer ID	4	555	AA	2AA	55	555	90	X00	01				
	Device ID	4	555	AA	2AA	55	555	90	X01	A4				
	Sector Protect Verify(Note 8)	4	555	AA	2AA	55	555	90	SA X02	00 01				
Program		4	555	AA	2AA	55	555	A0	PA	PD				
Chip Erase		6	555	AA	2AA	55	555	80	555	AA	2AA	55	555	10
Sector Erase		6	555	AA	2AA	55	555	80	555	AA	2AA	55	SA	30
Erase Suspend(Note 9)		1	×××	B0										
Erase Resume(Note 10)		1	×××	30										

表 10.4.3 中 RA 为被读出的存储单元地址，RD 为 RA 中读出的数据，PA 为被编程的存储单元地址(地址在信号 WE 和 CE 中较晚的下降沿锁存)，PD 为编程到 PA 所选单元的数据(在 WE 和 CE 中较早的上沿锁存)，SA 为被验证或擦除的块地址。

表 10.4.3 中读数据和复位是单周期指令，编程命令(Program)是一个 4 总线周期指令。依次为：在地址 555H(或 0x555)写入数据 0AAH，在地址 2AAH 写入数据 55H，在地址 555H 写入数据 0A0H，最后送编程的地址和数据。芯片擦除和块擦除是一个 6 总线周期的指令。4 周期和 6 周期指令的前两个周期都是解锁指令。编程和芯片擦除流程如图 10.4.7 所示。块擦除只有第 6 个周期与芯片擦除地址及数据不同。

其中的自动选择模式(Autoselect Mode)需要使用可编程设备，并将一个较高的电压 V_{ID}(11.5 V~12.5 V)加到 A9 地址引脚，A6、A1 和 A0 地址引脚按照表 10.4.4 取值，其他地址任意，则编程器由 DQ0—DQ7 读到对应的辨识码。对于 Am29F040B 芯片，地址为 ××00H 时，读回的制造商 ID 为 01H，地址为 ××01H 时，读回的设备 ID 为 A4H。当检查块保护时，高字节 A18A17A16 取值为对应的块地址，低字节地址为 02H，读回数据若为 00H，说明该块已经保护，为 01H 说明未被保护。一旦块被保护，用户是不能对该块编程和擦除的。通过写复位命令退出自动选择模式，并进入读阵列数据状态。

表 10.4.4　Am29F040B 自动选择模式(高电压方法)

Description	A18—A16	A15—A10	A9	A8—A7	A6	A5—A2	A1	A0	Identifier Code on DQ7—DQ0
Manufacturer ID：AMD	×	×	V_{ID}	×	V_{IL}	×	V_{IL}	V_{IL}	01h
Device ID：Am29F040B	×	×	V_{ID}	×	V_{IL}	×	V_{IL}	V_{IH}	A4h
Sector Protection Verification	Sector Address	×	V_{ID}	×	V_{IL}	×	V_{IH}	V_{IL}	01h(protected) 00h(unprotected)

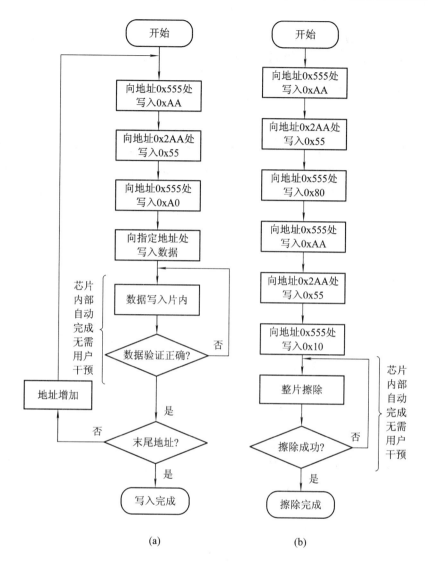

图 10.4.7　Am29F040B 编程和芯片擦除流程图

（a）编程或写入流程；（b）整片擦除流程

根据图 10.4.6 所示逻辑符号图，如果存储器位宽是 8 位，将存储器各信号接到微处理器对应的总线上，即可以读取并执行存储器中的代码。存储器上电、编程或者擦除之后，都自动进入读数据模式。

如果微处理器数据总线位宽与存储器位宽不同，例如，微处理器为 8 位而存储器位宽是 16 位时，一般将微处理器的 $A_1 \sim A_{XX}$ 与存储器的 $A_0 \sim A_{YY}$ 相连，由存储器控制其对数据进行选择或组合，再提供给微处理器。但也不是所有 Flash 与微处理器的连接都像上述那样错开一位的地址，与具体的 Flash 芯片以及微处理器有关系，所以需要查看器件数据手册。

硬件连接确定后，对存储器的读操作直接从相应地址读出数据即可，但是对于编程和擦除操作，设计人员需要遵循 NOR Flash 的操作流程，编写相关程序，对 NOR Flash 进行擦除和编程。

NOR Flash 根据数据传输的位数可以分为并行 NOR Flash 和串行 NOR Flash，并行 NOR Flash 每次传输多个 bit 位的数据；而串行 NOR Flash 每次传输一个 bit 位的数据。

3. NAND Flash 集成存储器

NAND Flash 存储阵列是由扇区(Sector)组成页(Page)、页组成块(Block)、块组成整个存储阵列。不同型号 NAND Flash 的扇区、页、块的数量多少有区别。每一页的有效容量是 512 字节或 512 字节的倍数。所谓的有效容量，是指用于存储数据的部分，实际上每 512 字节还要加上 16 字节存放纠错码(Error Correcting Code，ECC)等信息。因此，在闪存厂商的器件技术资料当中看到 1 Page ＝ (512＋16)Bytes 或者 1 Page ＝ (2K＋64)Bytes 的表示方式。目前 2 GB 以下容量的 NAND 型闪存绝大多数页面容量是(512＋16) Bytes，2 GB 以上容量的 NAND 型闪存则将页容量扩大到(2048＋64)字节。NAND 型闪存的页就类似硬盘的扇区，硬盘的一个扇区也为 512 字节，块就类似硬盘的簇。存储器容量不同，块的数量不同，组成块的页的数量也不同。

K9K1G08U0M 是韩国三星(Samsung)公司采用 NAND 技术生产的 128 MB 大容量、高可靠、非易失性 Flash 存储器，具有高密度、高性能的特点。该器件所提供的片内控制器、状态寄存器和专用命令集使其可以灵活地运用在各种存储系统电路中。来自三星 K9K1G08U0M 器件手册中的功能组成框图如图 10.4.8 所示。它与控制器的接口信号除 8 个 I/O 线外，还包括地址锁存使能 ALE，命令锁存使能 CLE，片选 CE，读使能 RE，写 I/O 信号 WE，写保护 WP 控制线，操作状态指示信号 R/B 等控制线，因此主控制器可以方便地实现对它的控制。K9K1G08U0M 的地址、数据和命令信号输入都使用 8 位的 I/O 口，当 CE 为低电平时，命令、地址和数据在 WE 变低时由 I/O 写入，并在 WE 的上升沿锁存。通过命令锁存信号 CLE 和地址锁存信号 ALE 可实现命令和地址对 I/O 的复用。K9K1G08U0M 的引脚特性及常用命令见其器件手册。

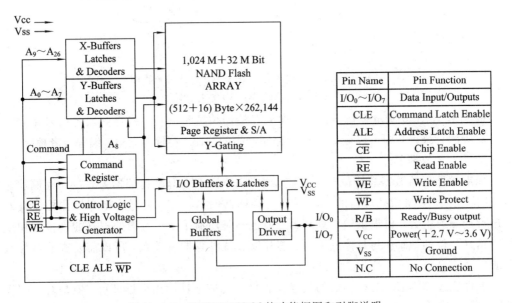

图 10.4.8 K9K1G08U0M 的功能框图和引脚说明

　　K9K1G08U0M 的存储阵列结构如图 10.4.9 所示。每个页的大小为(512＋16)字节，即位宽为 8，一个扇区就是一页。32 页组成一个块，每块容量即为(16K＋512)字节，整个存储器芯片有 8192 块，容量为 1056 MBits。每页的 512 字节被分成 1st half Page Register 和 2nd half Page Register，访问由列地址 $A_0 \sim A_7$ 区分，A_8 地址用来区分访问 512 字节的 1st half page 还是 2nd half page，0 表示 1st，1 表示 2nd。32 个页需要 5 位地址 $A_9 \sim A_{13}$ 来表示每页在块内的相对地址。8192 个块需要 13 位块地址 $A_{14} \sim A_{26}$ 来译码。

　　NAND 型闪存以块为单位进行擦除操作，在进行擦除操作时不需要列地址。闪存的写入操作必须在空白区域进行，如果目标区域已经有数据，必须先擦除后写入，因此擦除操作是闪存的基本操作。

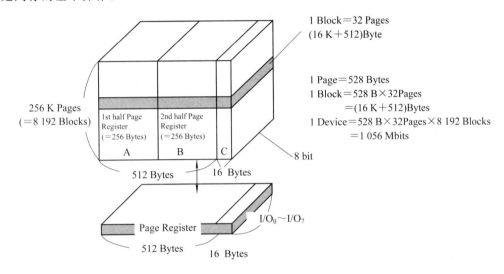

图 10.4.9　K9K1G08U0M 的存储阵列结构图

　　内存和 NOR 型闪存的基本存储单元都是位(bit)，用户可以随机访问任何一个 bit 的信息。而 NAND 型闪存的基本存储单元是页(Page)，一般有地址、数据和命令复用的 I/O 端口，大大减少了芯片的引脚数，简化了系统的连线，便于系统以后扩充芯片容量而不需改变系统板结构设计。

　　每个 NAND 型闪存的 I/O 接口一般是 8 条，每条数据线每次传输(512＋16)bit 信息，但较大容量的 NAND 型闪存也越来越多地采用 16 条 I/O 线的设计，例如，三星编号 K9K1G16U0A 的芯片就是 64 M×16 bit 的 NAND 型闪存，容量 1 GB。

　　寻址时，NAND 型闪存通过 8 条 I/O 接口数据线传输地址信息包，每包传送 8 位地址信息。闪存芯片容量比较大，通常一次地址传送需要分若干组，占用若干个时钟周期。NAND 的地址信息包括列地址(对页面内进行寻址的地址，一般是地址线低位地址，例如，图 10.4.8 中的 $A_0 \sim A_7$)、行地址(对页进行寻址，一般是地址线高位地址，例如，K9K1G08U0M 中的 $A_9 \sim A_{26}$，即块地址和相应的页面地址)，"列地址"和"行地址"分为两组传输，而不是将它们直接组合起来，传送时分别分组，每组在最后一个周期会有若干数据线无信息传输，没有利用的数据线保持低电平。地址传送至少需要三次，占用三个周期，随着容量的增大，地址信息会更多，需要占用更多的时钟周期传输。因此，NAND 型闪存的一个重要特点是容量越大，寻址时间越长。

K9K1G08UOM 的地址、数据和命令信号输入都使用同一个 8 位 I/O 口，当片选 CE 为低电平时，命令、地址和数据在写使能 WE 变低时由 I/O 写入，并在 WE 的上升沿锁存。通过命令锁存信号 CLE 和地址锁存信号 ALE 可使命令和地址实现对 I/O 口的复用。除了块擦除周期需要两个总线周期(擦除建立和擦除执行)外，其他命令均可在一个总线周期内完成。由于 128M 字节物理空间需要 27 根地址线，因此，按字节需要 4 个地址周期，依次为列地址($A_0 \sim A_7$)和行地址($A_9 \sim A_{26}$)，如图 10.4.10 所示。页读和页编程在相应命令后需要 4 个地址周期。然而，块擦除只需要 3 个列地址周期。可以通过向命令寄存器写入相应的命令来选择器件的工作方式，来自三星器件手册的 K9K1G08UOM 命令如表 10.4.5 所示。命令为 00H 时，地址指针指向图 10.4.9 中的前半页 A 区的 $0 \sim 255$ 字节；命令为 01H 时，指向 B 区 $256 \sim 511$ 字节的位置，其实 00H 和 01H 命令就是分别将图 10.4.8 中的 A_8 设定为 0 和 1；命令为 50H 时，指针指向 C 区 $512 \sim 527$ 字节。

表 10.4.5 K9K1G08UOM 的命令

Function	1st. Cycle	2nd. Cycle	3rd. Cycle	Acceptable Command during Busy
Read 1	00h/01h[1]	—	—	
Read 2	50h	0	0	
Read ID	90h	—	—	
Reset	FFh	—	—	○
Page Program(True)[2]	80h	10h		
Page Program(Dummy)[2]	80h	11h		
Copy-Back Program(True)[2]	00h	8Ah	10h	
Copy-Back Program(Dummy)[2]	03h	8Ah	11h	
Block Erase	60h	D0h		
Multi-Plane Block Erase	60h—60h	D0h		
Read Status	70h	—	—	○
Read Multi-Plane Status	71h[3]	—	—	○

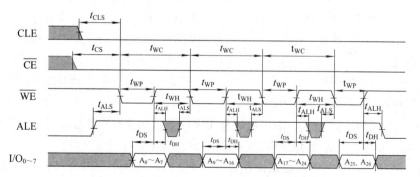

图 10.4.10 K9K1G08U0M 的地址锁存时序

K9K1G08U0M 与微控制器常规接口方法是使用微处理器 I/O 端口模拟存储器需要的控制信号及时序配合下完成所有的命令。这种方法的缺点是，占用微控制器宝贵的硬件资源，并要求软件严格控制它们之间的时序，增加了程序运行时间和软件复杂度，降低了程序的运行效率。对于使用 5 V 电源的微控制器，由于 K9K1G08U0M 电源电压是 2.7 V～3.6 V，所以它们之间的接口还存在逻辑电平转换的问题。目前，常用 CPLD 或 FPGA 产生存储器时序要求的输出信号控制存储器，无需占用存储器 I/O 端口。K9K1G08U0M 与微控制器或 FPGA 的典型连接如图 10.4.11 所示。

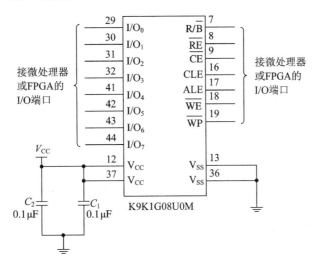

图 10.4.11　K9K1G08U0M 应用连接示意图

和 EEPROM 相比，Flash 存储芯片的一个特点是存储容量大，并且以块单元进行数据擦除(Erase)操作，以 Page 页的方式进行数据读(Read)和写(Program)操作。对 Flash 的写操作只能在尚未写入的空闲页上进行，并且只能按照从低地址页到高地址页的顺序进行操作，而不能写了高地址页之后，再写低地址页。如果想要修改某个已经写过的页，只能先对整个物理块进行擦除，然后才能正确写入。

在电子设计的时候，使用 Flash 芯片最大的问题在于开发 Flash 的操作函数集，例如，读 page 函数、写 page 函数、块擦除函数等。在操作系统环境下，这些函数就构成了一个 Flash 芯片的驱动程序。目前，几乎所有的微控制器片内都集成有 Flash 存储器，第三方开发公司一般都会提供 Flash 驱动程序。此外，由于控制器通常采用 I/O 端口和 Flash 相连，因此需要通过程序的方式模拟 Flash 接口时序。如果硬件系统中有 FPGA/CPLD 之类的可编程器件，可以通过 Verilog/VHDL 或者通过图形的方式设计 Flash 芯片的时序控制器更好。

10.5　存储器容量的扩展

在数字系统或计算机中，单个存储器芯片往往不能满足存储容量的要求，因此必须把若干个存储芯片连在一起，以扩展存储容量。扩展的方法可以通过增加位数或字数来实现，即位扩展和字扩展。

10.5.1 位扩展

通常存储器芯片的数据线多设计成 1 位、4 位、8 位、16 位等。当存储芯片的字数已够用，而存储器数据线位数小于微处理器的字长（即存储器位数不够）时，需要采用位扩展连接方式满足处理器存储数据的要求。位扩展的连接方式是：① 将所有存储器芯片的地址线、片选信号线和读/写控制线均对应的并接在一起，连接到处理器的地址和控制总线的对应位置上；② 将各芯片的数据线分别接到数据总线的对应位上，即位扩展只有各数据线不接在一起。

例如，某处理器字长为 8 位，如果要构成 1K 字节的存储空间，现只有 1 K×1 位的 RAM，就要用 8 片 1 K×1 位 RAM 构成的 1 K×8 位 RAM。图 10.5.1 为扩展连线图，每个芯片对应数据总线 0~7 的不同位。

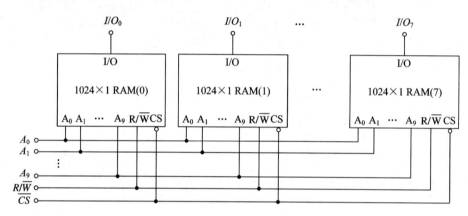

图 10.5.1　1K×1 位 RAM 构成的 1K×8RAM

10.5.2 字扩展

当存储芯片的位数满足处理器字长要求，但字数（即存储单元）不够时，可以采用字扩展连接方式解决。所谓字扩展，就是用位数相同的存储器芯片组成字数更多的存储器。进行字扩展时必须扩展高位地址线，增加的地址线与译码器的输入相连。字扩展的连接方式是：① 将所有芯片的地址线、数据线、读/写控制线均对应地并接在一起，连接到地址、数据、控制总线的对应位上；② 由译码信号区分各存储器片选信号，即各存储器芯片只有片选接法不同。片选信号通常由高位地址经译码得到，这样，扩展的各个存储器片内地址是连续的。

例如，某处理器要用 4 片 256×8RAM 芯片组成 1K×8 的存储空间，连接如图 10.5.2 所示。256×8 的 RAM 芯片有 8 根地址线($A_0 \sim A_7$)，而区分 1K×8 的存储空间需要有 10 根地址线($A_0 \sim A_9$)，为此把 4 片 RAM 芯片相应的地址输入端都分别连在一起接到地址总线的低 8 位，1024×8 存储器的两根高端地址线 A_8 和 A_9 加到 2—4 线译码器输入端。而译码器的 4 个输出端分别与 4 个 256×8RAM 芯片的片选控制端相连。这样，当输入一组地址时，尽管 $A_0 \sim A_7$ 并接至各个 RAM 芯片上，但由于译码器的作用，只有一个芯片被选中工作，从而实现了字的扩展。例如，要访问图 10.5.2 最左边的存储器，2—4 译码器的片选 $\overline{CS}$ 要低有效，同时，$A_8A_9=11$，其对应的片选信号才能低有效，具体访问该芯片 256 个存储单元的哪一个，由 $A_0 \sim A_7$ 地址决定。因此，也确定了最左边存储器的地址 $A_9A_8A_7 \sim A_0$

取值范围是 11 0000 0000～11 1111 1111，一般用十六进制数表示，即处理器要访问最左边存储器，送给地址总线的地址必须在 300H～3FFH 范围。

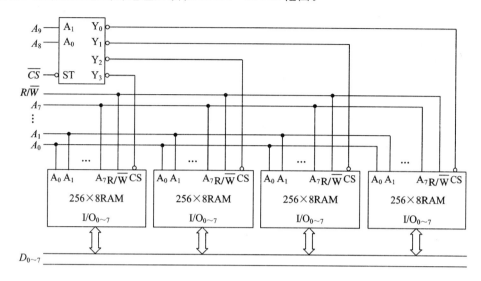

图 10.5.2　字扩展连线图

如果存储器字数和位数都不满足处理器要求，则可以进行混合扩展，扩展的连接方式是：① 先按位扩展方式扩展位数；② 将扩展好位数的模块看作一个存储器组，对每组存储器按照字扩展的方式再扩展字数。

［**例 10.5.1**］　某计算机扩展的存储器如图 10.5.3 所示，$\overline{MREQ}$ 是访问主存储器的控制信号，低电平表示 CPU 允许存储器读写。$\overline{MEMR}$ 和 $\overline{MEMW}$ 分别为读、写信号。说明 RAM 和 ROM 分别是什么扩展方式？存储空间分别是多少？$\overline{MEMW}$ 为什么不接在 ROM 存储器上？

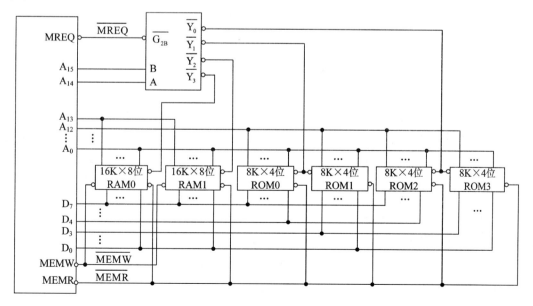

图 10.5.3　存储器扩展举例

解 RAM 是字扩展，ROM 是混合扩展。由地址 $A_{15}A_{14}$ 构成译码输入，$A_{15}A_{14}=00$、01 分别选中两组 ROM，$A_{15}A_{14}=10$、11 分别选中 RAM1 和 RAM0，RAM 片内地址由 $A_{13} \sim A_0$ 确定。ROM 芯片为 8K 字，只用 13 根地址 $A_{12} \sim A_0$，与 A_{13} 无关，因此访问 ROM 时，A_{13} 可以任意。各存储器的地址范围如表 10.5.1 所示。$\overline{\text{MEMW}}$ 不接 ROM 存储器，因为是只读存储器。

表 10.5.1 例 10.5.1 存储器地址分配

存 储 器	A_{15}	A_{14}	A_{13}	A_{12}	$\cdots$	A_3	A_2	A_1	A_0	十六进制地址范围
ROM2 和 ROM3 位扩展组	0	0	×	0	$\cdots$	0	0	0	0~	0000H~1FFFH 或
	0	0	×	1	$\cdots$	1	1	1	1	2000H~3FFFH
ROM0 和 ROM1 位扩展组	0	1	×	0	$\cdots$	0	0	0	0~	4000H~5FFFH 或
	0	1	×	1	$\cdots$	1	1	1	1	6000H~7FFFH
RAM1	1	0	0	0	$\cdots$	0	0	0	0~	8000H~BFFFH
	1	0	1	1	$\cdots$	1	1	1	1	
RAM0	1	1	0	0	$\cdots$	0	0	0	0~	C000H~FFFFH
	1	1	1	1	$\cdots$	1	1	1	1	

10.6 集成存储器与处理器接口

目前，所有的微控制器芯片内部都集成了多种类型且容量不小的存储器，但为了开发、调试方便以及增强系统功能，一般各种微处理器系统都会外扩存储器以及其他 I/O 器件。处理器内部结构一般都会提供一套(AB、DB、CB，因此也称为三总线)外部总线信号，即 3.4.1 节的系统总线。所有外扩器件和设备都通过这套总线与处理器通信。存储器是微处理器常用的外围器件，要与微处理器"接口"也是要通过总线，同样要满足接口的电压、电流和速度三要素。

10.6.1 存储器与微处理器接口需要注意的问题

微处理器和存储器相连接，一般情况下，尽量选择满足微处理器 CPU 逻辑电平和操作时序的存储器芯片，即存储器的电压、电流和存取速度都与 CPU 访问时序匹配，这样接口电路最为简单。如果 CPU 总线上外扩器件比较多，则一般需要增加地址锁存器、驱动器和收发器等，一方面起到数据缓存作用，另一方面可以提高总线驱动能力，如图 10.6.1 所示，原理可参见图 3.4.4。如果存储器读取速度很慢，一般要加等待电路，有些控制器内部有可编程的等待电路，方便满足慢速存储器的时序要求。

地址总线(AB)：提供访问存储器的地址，地址线的多少确定可访问的存储器空间的大小。例如，某微处理器地址线为 10 根，则可访问的空间最多为 2^{10}(1K)。

数据总线(DB)：数据总线决定了每次访问存储器的数据宽度，一般处理器外部数据总线为 8 位或 16 位。所有连接到数据总线的存储器具有三态特性。目前，越来越多的微处理器采用串行总线方式，数据线一般是 1 或 2 根。

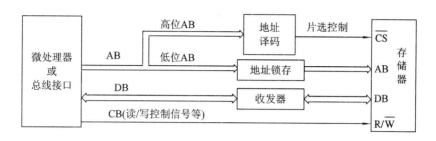

图 10.6.1　存储器与微处理器典型接口

控制总线（CB）：控制总线是由微处理器输出的一组控制信号构成。不同微处理器输出的控制信号符号不同，但其作用基本相同，无非是一些存储器或外设的读/写访问等控制信号。

10.6.2　存储器的编址

存储器就像酒店结构，要进行存储访问必须对每个存储单元编上类似门牌号码的地址信息，这就叫编址。访问存储器之前必须清楚存储器的地址信息。一旦硬件连接确定后，存储器的地址就由电路连接确定，即由低位地址和片选确定。

CPU 地址总线数决定了它的寻址范围。例如，某微处理器有 20 根地址线，则它的最大寻址范围是 1M（0x00000 ~ 0xFFFFF）。如果有多个存储器芯片，一般将地址总线（AB）低位地址对应接存储器芯片的地址端，余下的 AB 高位地址经译码后作为不同存储器芯片的片选信号。

片选信号的产生一般有三种方法：线选法、部分地址译码、全地址译码。

（1）线选法：直接以系统空闲的高位地址线作为芯片的片选信号。其优点是简单明了，无须另外增加译码电路，缺点是寻址范围不唯一，地址空间没有被充分利用，可外扩的芯片的个数较少。线选法适用于外扩接口和存储器少的微处理器系统中片选信号的产生。

（2）全地址译码：利用译码器对系统地址总线中未被外扩芯片用到的高位地址线进行译码，以译码器的输出作为外围芯片的片选信号，这样各存储器芯片任一存储单元的地址唯一且连续。常用的译码器有 74LS139，74LS138，74LS154 等。其缺点是需要的地址译码电路较复杂。全地址译码法是微处理器应用系统设计中经常采用的方法。

（3）部分地址译码法：未被外扩芯片用到的高位地址线中，只有一部分参与片选地址译码。其优点是地址译码电路简单；缺点是存储器每个存储单元的地址不是唯一的，存在地址重叠现象。

10.6.3　存储器与 MCS - 51 单片机的连接举例

MCS - 51 系列单片机具有很强的外部扩展功能，其外部扩展都是通过三总线进行的。三总线由 MCS - 51 相关引脚以及外部锁存器和缓冲器构成，在 4.2.4 节已经介绍了单片机总线的构成。

地址总线（AB）：P0 口经锁存器提供低 8 位地址 $A_0 \sim A_7$，P2 口提供高 8 位地址，宽度为 16 位，决定了片外可扩展存储器的最大容量为 $2^{16} = 64\text{KB}$，地址范围为 0000H ~ FFFFH。由于 CPU 提供了 $\overline{PSEN}$、$\overline{WR}$、$\overline{RD}$ 等区分访问程序和数据的控制信号，因此，片外程序存储器和数据存储器的地址可以完全重叠。MCS-51单片机采用了统一编址方式,即I/O端口地址与外部数据存储单元地址共同使用0000H~FFFFH(64 KB),通过指令区别。

数据总线(DB):数据总线是由P0口(分时复用)提供的,宽度为8位。

控制总线(CB):控制总线包括锁存信号ALE、片外程序存储器读信号$\overline{PSEN}$、片外数据写$\overline{WR}$和读信号$\overline{RD}$等。

图10.6.2所示电路,是单片机外扩了16KB程序存储器(两片2764芯片)和8KB数据存储器(一片6264芯片)的电路,采用部分地址译码方式,P2.7(A_{15})控制2-4译码器的使能端G(低电平有效),P2.6(A_{14})、P2.5(A_{13})参加译码。电路连接确定了1♯2764,2♯2764,3♯6264的地址范围分别为0000H~1FFFH,2000H~3FFFH,4000~5FFFH。

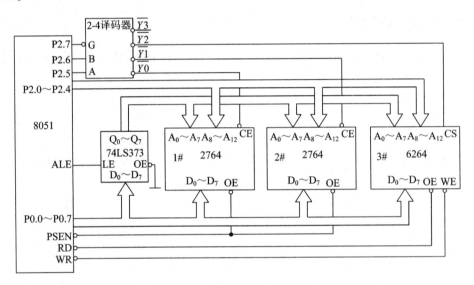

图10.6.2 MCS-51系列单片机外扩存储器举例

本节的存储器扩展举例以及10.5节介绍的位和字扩展,仅仅用于帮助读者学习存储器扩展时,微处理器如何构成总线以及三种总线与存储器的连接方法,更重要的在于使读者能够正确分析硬件电路中各存储器的地址范围和数据宽度,这对于合理存储程序和数据是非常重要的。实际应用中一般外扩一片足够容量的存储器即可。

结合前面章节介绍的单片机时钟、电源及复位电路,读者无需了解单片机内部结构和相关指令系统,就可以设计单片机的硬件最小系统了。

本 章 小 结

半导体存储器是一种能够存放大量二值数据的集成电路。在数字系统尤其计算机内,大容量的半导体存储器已是必不可少的重要组成部分。半导体存储器可分为RAM和ROM两大类。

RAM又可分为SRAM和DRAM两种类型,前者用触发器寄存数据,读写速度快,但集成度较低；后者用电容寄存数据，集成度高且价格便宜，但需要刷新电路。

ROM 一般存入的是固定的数据，它的结构可以用简化阵列图来表示。按照数据写入的方式，ROM 可分为掩膜 ROM、PROM、EPROM、E^2PROM、Flash 存储器。EPROM、EEPROM、Flash ROM 的核心部件都是一个浮置栅场效应管，通过在浮置栅上放置电子和没有电子两种状态来区分 1 和 0。

本章介绍了 NOR 和 NAND Flash 集成存储器及相关接口。

本章还介绍了各种存储器结构及编程单元。一片 RAM 或 ROM 的容量不够用时，可以将多片存储器采用字扩展和位扩展的方法组成较大容量的存储器。

最后介绍了集成存储器与微处理器的连接方式。

思考题与习题

思考题

10.1　简述半导体存储器的分类。试比较 RAM 和 ROM 的特点和区别，分析它们的应用范围。

10.2　静态存储器 SRAM 和动态存储器 DRAM 有何区别？为什么计算机内存多用 DRAM？

10.3　256×4、$1K \times 8$ 和 $1M \times 1$ 的 RAM 各有多少根地址线和数据线？

10.4　断电后再通电，哪一种存储器内存储的数据能够保持不变？

10.5　某存储器芯片，地址线为 10 根，可寻址的存储空间是多大？

10.6　存储器有哪些主要性能指标？

10.7　DRAM 为什么要定时刷新？

10.8　某存储器每次可同时读/写 8 位，其首单元地址是 2000H，末单元地址是 7FFFH，试分析其容量是多大？

10.9　简述 NOR Flash 和 NAND Flash 各自的特点。

10.10　分析实验板上 Flash 存储器的作用，并画出原理图。

习题

10.1　试用 2 片 1024×4 的 RAM 和 1 个非门组成 2048×4 的 RAM。

10.2　试用 8 片 1024×4 的 RAM 和 1 片 2—4 译码器组成 4096×8 的 RAM。

10.3　试用 ROM 实现 8421BCD 码到余 3 码的转换。要求选择 EPROM 容量，画出简化阵列图。

10.4　试用 16×4 EPROM 构成一个多输出逻辑函数发生电路，画出电路图，写出 EPROM 存储的二进制数码。

$$L_2 = \overline{A} + \overline{B} + \overline{C}$$
$$L_1 = \overline{B}\overline{C} + BC$$
$$L_0 = \overline{B}C + B\overline{C}$$

10.5　图题 10.5 所示电路是用 4 位二进制计数器和 8×4 EPROM 组成的波形发生器电路。在某时刻 EPROM 存储的二进制数码如表题 10.5 所示，试画出输出 CP 和 $Y_0 \sim Y_3$

的波形。

表题 10.5 EPROM 数据表

A_2	A_1	A_0	D_3	D_2	D_1	D_0
0	0	0	1	1	1	0
0	0	1	0	0	1	0
0	1	0	1	0	0	0
0	1	1	0	0	0	0
1	0	0	1	1	1	1
1	0	1	0	0	1	1
1	1	0	1	0	0	1
1	1	1	0	0	0	1

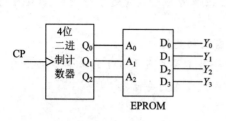

图题 10.5 波形发生电路图

10.6 某微型计算机存储电路如图题 10.6 所示,试分析两片 6116 何时可以工作?寻址范围分别是什么?图中译码器为 74138,CPU 引脚 M/$\overline{\text{IO}}$=0 表示访问 I/O 端口,M/$\overline{\text{IO}}$=1 表示访问存储器。

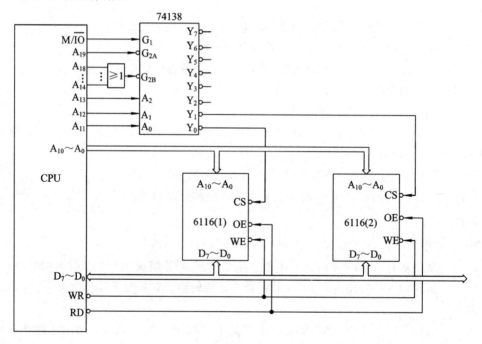

图题 10.6

10.7 设有若干片 16K×8 位的 SRAM 芯片,问如何构成 32K×8 位的存储空间?需要多少片 SRAM 芯片?16K×8 存储器需要多少地址位?画出扩展的存储器与 8051 单片机的连接电路图。

10.8 分析图题 10.8 所示电路是什么扩展方式?扩展的存储器容量及地址范围是多少?

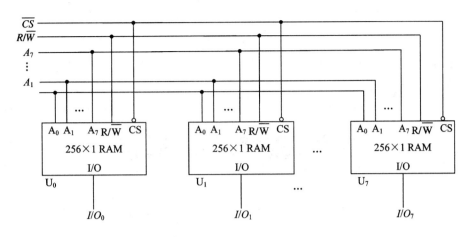

图题 10.8

10.9　分析图题 10.9 所示电路是什么扩展方式？扩展的存储器容量及地址范围是多少？

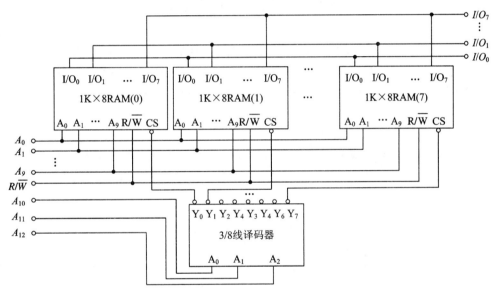

图题 10.9

第 **11** 章

数/模和模/数转换

数/模和模/数转换器是一种在模拟和数字这两类电路之间起接口和桥梁作用的集成电路器件。本章重点介绍数/模和模/数转换的基本概念、转换原理、集成转换器及典型应用。

11.1　数/模转换器

数/模转换器(Digital-Analog Converter，DAC)完成数字量到模拟量的转换。本节主要介绍 D/A 转换电路的一般组成、转换原理以及常用的转换技术，最后介绍一款串行输入数据量，电压输出的 8 位权电流网络型集成数模转换器 AD7303 及其典型应用。

11.1.1　转换原理

DAC 的基本任务是把输入的数字信号转换成与之成正比的输出模拟电压 u_O 或电流 i_O。假设 DAC 的输入数字量为一个 n 位二进制的数 $d_{n-1}d_{n-2}\cdots d_1 d_0$，于是，按照二进制数转换为十进制数的通式可展开为

$$D_n = d_{n-1} \cdot 2^{n-1} + d_{n-2} \cdot 2^{n-2} + \cdots + d_1 \cdot 2^1 + d_0 \cdot 2^0 \tag{11.1.1}$$

根据输出与输入成比例的原则，DAC 的输出电压 u_O 应为

$$u_O = D_n U_\Delta$$
$$= (d_{n-1} \cdot 2^{n-1} + d_{n-2} \cdot 2^{n-2} + \cdots + d_1 \cdot 2^1 + d_0 \cdot 2^0) U_\Delta \tag{11.1.2}$$

式中，U_Δ 称为 DAC 的单位量化电压，它的大小等于 D_n 为 1 时 DAC 输出的模拟电压值。显然，DAC 最大的输出电压为

$$u_{Omax} = (2^n - 1)U_\Delta$$

由上述表达式可知，只要把输入的二进制数 $d_{n-1}d_{n-2}\cdots d_1 d_0$ 中为 1 的每一位代码，按照其对应的权的大小转换成相应的模拟量，然后将这些模拟量利用求和运算放大器相加，便可实现数字量到模拟量的转换。

多数集成 DAC 输出为电流输出型，要得到模拟电压输出，通常需要在其后接一个反相比例运算放大器以实现电流电压的转换，如图 11.1.1 所示。DAC 的输出电流 i_O 从运算放大器 A 的反相输入端输入，A 的输出端通过反馈电阻 R_F 与反相输入端相连接。由于 $i_F \approx i_O$，电流电压转换电路的输出电压 $u_O = -i_F R_F$。

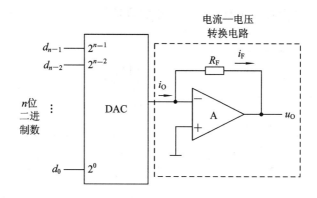

图 11.1.1 电流输出型 DAC 典型应用图

11.1.2 D/A 转换的结构框架

根据 DAC 转换原理，DAC 的结构应该包含数字寄存器、模拟电子开关、位权网络以及求和运算放大器，如图 11.1.2 所示。寄存器用来暂存输入的数字量 $d_{n-1}d_{n-2}\cdots d_1 d_0$。寄存器的输入可以是并行或串行输入，但输出是并行输出。n 位寄存器的输出分别控制 n 个模拟开关的接通或断开。

n 个模拟开关可以由晶体管或 MOS 管组成，每个模拟开关相当于一个单刀双掷的开关分别与位权网络电路的 n 条支路相连接。当某支路输入的数字量为 0 时，开关接地；当数字量为 1 时，开关将切换，使位权网络与求和电路的输入端相连。

位权网络的作用是构成二进制数的权值，它将输入数字量的各位转换成相应的权电流，然后通过求和运算放大器将这些电流相加，得到成正比的模拟电压或电流量输出。位权网络有多种形式，例如，权电阻网络、倒 T 形电阻网络、权电流网络等。

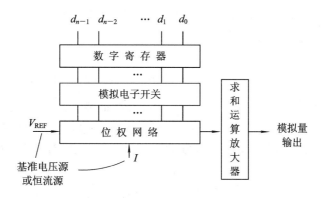

图 11.1.2 DAC 结构框架

11.1.3 D/A 转换常用转换技术

1. 权电阻网络型

权电阻 D/A 转换器是一种最基本的 DAC。4 位二进制权电阻网络 DAC 如图 11.1.3 所示。它由电阻网络、模拟电子开关和一个运算放大器构成的电流电压转换电路组成。其基本转换思想是用多个成倍数阻值关系的电阻构成电阻网络，每支路电阻中的电流是相邻支路的一半，从而使各支路电流分别代表二进制数各位不同的权值。

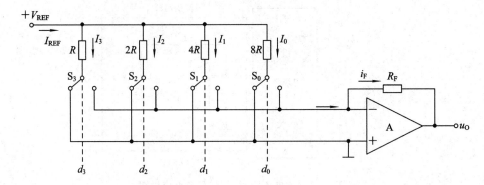

图 11.1.3　4 位权电阻网络 DAC 的基本电路

如图 11.1.3 所示，模拟开关由输入的二进制数码 $d_3d_2d_1d_0$ 控制。当输入的数字代码为 1 时，开关置于右侧，将对应权值送给求和电路。当输入的数字代码为 0 时，开关置于左侧，直接接地。但不论模拟开关接到运算放大器的反相输入端（虚地）还是直接接到地，也就是说不论输入数字信号是 1 还是 0，各支路的电流不变，均为

$$I_0 = \frac{V_{\text{REF}}}{8R}, \qquad I_1 = \frac{V_{\text{REF}}}{4R}, \qquad I_2 = \frac{V_{\text{REF}}}{2R}, \qquad I_3 = \frac{V_{\text{REF}}}{R} \tag{11.1.3}$$

于是，流向运算放大器的总电流 i_F 为

$$i_\text{F} = I_0 d_0 + I_1 d_1 + I_2 d_2 + I_3 d_3$$
$$= \frac{V_{\text{REF}}}{8R} d_0 + \frac{V_{\text{REF}}}{4R} d_1 + \frac{V_{\text{REF}}}{2R} d_2 + \frac{V_{\text{REF}}}{R} d_3$$
$$= \frac{V_{\text{REF}}}{2^3 R}(d_3 \cdot 2^3 + d_2 \cdot 2^2 + d_1 \cdot 2^1 + d_0 \cdot 2^0) \tag{11.1.4}$$

如果反馈电阻 $R_\text{F} = R/2$，则输出电压和输入数字量之间的关系为

$$u_\text{O} = -R_\text{F} i_\text{F} = -\frac{R}{2} \cdot i_\text{F}$$
$$= -\frac{V_{\text{REF}}}{2^4}(d_3 \cdot 2^3 + d_2 \cdot 2^2 + d_1 \cdot 2^1 + d_0 \cdot 2^0) \tag{11.1.5}$$

由此可知，该电路模拟量输出 u_O 与输入数字量之间成正比，实现了数字量到模拟量的转换。其比例系数，即单位量化电压为 $V_{\text{REF}}/2^4$，其中的 V_{REF} 为参考电压。

同理，当 $R_\text{F} = R/2$ 时，对 n 位二进制数 $d_{n-1}d_{n-2}\cdots d_1d_0$ 而言，若其对应的十进制为 D_n，则权电阻网络 DAC 的输出电压可表示为

$$u_\text{O} = -\frac{V_{\text{REF}}}{2^n}D_n \tag{11.1.6}$$

权电阻 DAC 结构简单，但所采用的电阻种类过多，范围大。例如，一个 8 位的权电阻网络 DAC，如果其最小电阻 R 为 10 kΩ，则最大电阻值为 $2^7 R = 1.28$ MΩ，两者之比达 1/128；而且阻值大，很难保证每个电阻值都有很高的精度，且不易集成化。

2. 倒 T 形电阻网络

倒 T 形电阻网络 DAC 是目前较为常用的 DAC。与权电阻网络 DAC 不同的是，倒 T 形电阻网络 DAC 仅由 R 和 $2R$ 两种阻值的电阻构成电阻网络。其基本思想是逐级分流和

线性叠加原理。基准电流 $I=V_{\text{REF}}/R$，经过倒 T 形电阻网络逐级分流，每支路等效电流是相邻支路的一半。于是，每支路电流就可以分别代表二进制数各位不同的权值。最高位权值对应 2R 支路的等效电流只经过一次分流，次高位权值 2R 支路电流经过两次分流，其他各位权值 2R 支路的等效电流分流关系依次类推。总输出电流值是各支路电流的线性叠加。

图 11.1.4 为一个 4 位的倒 T 形电阻网络 DAC 基本电路，它由倒 T 形电阻网络、模拟电子开关和一个运算放大器构成的电流电压转换电路组成。与权电阻网络 DAC 类似，模拟开关由输入的二进制数码 $d_3d_2d_1d_0$ 控制，不论模拟开关接到运算放大器的反相输入端（虚地）还是直接接地，流过倒 T 形电阻网络各支路的电流始终保持不变。

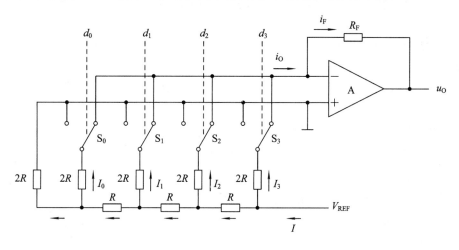

图 11.1.4　4 位倒 T 形电阻网络 DAC 的基本电路

根据图 11.1.5 给出的电阻网络等效电路，可计算图 11.1.4 中各 2R 电阻上的电流 I_3、I_2、I_1 和 I_0。在此电路中，从 A、B、C、D 各点分别向左看进去的对地电阻始终为 R，所以 $I=V_{\text{REF}}/R$。根据分流公式，可得到各 2R 电阻支路的电流分别为 $I_3=I/2$，$I_2=I/4$，$I_1=I/8$，$I_0=I/16$。

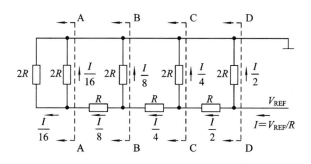

图 11.1.5　4 位倒 T 形电阻网络的等效电路

于是，流向运算放大器的总电流 i_O 应为

$$i_O = I_0d_0 + I_1d_1 + I_2d_2 + I_3d_3$$
$$= \frac{I}{16}d_0 + \frac{I}{8}d_1 + \frac{I}{4}d_2 + \frac{I}{2}d_3$$
$$= \frac{V_{REF}}{2^4R}(d_3\cdot 2^3 + d_2\cdot 2^2 + d_1\cdot 2^1 + d_0\cdot 2^0) \tag{11.1.7}$$

因此，输出电压 u_O 和输入数字量之间的关系为

$$u_O = -R_F i_F = -R_F i_O = -\frac{R_F V_{REF}}{2^4 R}(d_3 \cdot 2^3 + d_2 \cdot 2^2 + d_1 \cdot 2^1 + d_0 \cdot 2^0)$$

$$(11.1.8)$$

同理，对 n 位二进制数 $d_{n-1}d_{n-2}\cdots d_1 d_0$ 而言，若其对应的十进制数为 D_n，倒 T 形电阻网络输出电压可表示为

$$u_O = -\frac{R_F V_{REF}}{2^n R}D_n$$

$$(11.1.9)$$

倒 T 形电阻网络 DAC 克服了权电阻网络的缺点，其所用的电阻种类只有两种，阻值范围小，便于集成，精度也可大大提高。此外，在模拟开关切换过程中，各权电阻 $2R$ 的上端总是接地或接求和运算放大器的虚地端，因此，流经 $2R$ 支路上的电流不会随开关的状态变化，使电流建立时间快，转换速度高。

上述的权电阻网络和倒 T 形电阻网络在计算权电流时，都把模拟开关当作是理想开关，而实际的模拟开关存在一定的导通电阻，而且每个开关的导通电阻不可能完全相同。模拟开关导通电阻的存在，不可避免地会引入转换误差，影响转换精度。解决这个问题的方法之一是使电阻网络支路的权电流变为恒流源，以避免模拟开关导通电阻的影响。

3. 权电流网络型

图 11.1.6 为一个 4 位二进制的权电流网络 DAC。它由权电流网络、模拟电子开关和电流电压转换电路组成。权电流网络由若干恒流源组成，由于恒流源的输出电阻很大，模拟开关导通电阻的变化对权电流的影响极小，这样便可大大提高转换精度。

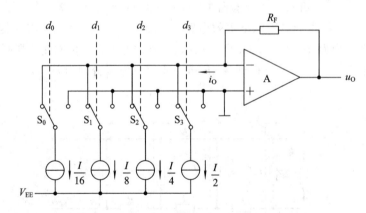

图 11.1.6 4 位权电流网络 DAC 的基本电路

模拟开关和电流电压转换器的工作原理与倒 T 形电阻网络相同，因此，输出电压 u_O 和输入数字量之间的关系可表示为

$$u_O = R_F i_O = \frac{IR_F}{2^4}(d_3 \cdot 2^3 + d_2 \cdot 2^2 + d_1 \cdot 2^1 + d_0 \cdot 2^0)$$

$$(11.1.10)$$

同理，对 n 位二进制数 D_n 而言，权电流网络 DAC 输出电压为

$$u_O = \frac{IR_F}{2^n}D_n$$

$$(11.1.11)$$

式中，$IR_F/2^n$ 为该 DAC 的单位量化电压。

11.1.4　DAC 的特性参数

对一个电子系统而言，通常 DAC 的性能会直接影响整个系统的性能。了解 DAC 的特性参数对电子系统设计中 DAC 的正确选型和使用至关重要。DAC 的特性参数主要包括转换精度、转换时间等，其中转换精度主要取决于分辨率(Resolution)和转换误差。

1. 转换精度

转换精度是一种综合误差，反映了 DAC 的整体最大误差。转换精度主要由分辨率和转换误差决定。

分辨率是指对输出最小电压的分辨能力。它可以用输入数字量只有最低有效位为 1 时的输出电压 1LSB 与输入数码为全 1 时输出满量程电压 FSR(Full Scale Range)之比来表示，即

$$分辨率 = \frac{1\text{LSB}}{\text{FSR}} = \frac{1}{2^n - 1}$$

$$(11.1.12)$$

例如，一个 10 位的 DAC 的分辨率为 $1/(2^{10}-1) \approx 0.000\,977\,5$。

如果 DAC 的输出模拟电压满量程为 10 V，则 10 位的 DAC 能够分辨的最小电压为 $10\times 1/(2^{10}-1)=0.009\,775$ V。8 位的 DAC 能够分辨的最小电压为 $10\times 1/(2^8-1)=0.039\,125$ V。可见，DAC 位数越高，DAC 输出电压的分辨能力越强。因此，通常也用二进制数码的位数 n 直接来表示 DAC 的分辨能力。

分辨率说明了 DAC 在理论上可达到的精度。显然 DAC 的位数越多，输出电压可分离的等级就越多，由此产生的误差(称为量化误差)就越小。可见，分辨率越高，可达到的理论精度越大。但实际中由于转换电路自身各种误差的存在，转换精度会受到一定程度的影响。因此，应当注意，精度和分辨率虽有一定联系，但两者概念不同，DAC 的分辨率高，对应于影响精度的量化误差会减小，但其他转换中产生的误差仍可能使 DAC 的精度变差。

转换误差主要包括漂移误差、增益误差和非线性误差等。理想情况下，DAC 输入一个数字量时，其模拟电压输出值都应在理想转换直线上。但实际 DAC 输出的模拟量总会产生各种形式的偏离，这些偏离就是 DAC 的误差。

漂移误差是由 DAC 中运算放大器的零点漂移引起的误差。当输入的数字量为 0 时，由于运算放大器的零点漂移，输出模拟电压并不为 0，使实际输出电压值与理想值之间产生一个相对位移。可见，漂移误差是在 DAC 的整个范围内出现的大小和符号都固定不变的误差，也叫系统误差。漂移误差一般可通过零点校准等方法减小或消除。

增益误差是数字输入代码由全 0 变为全 1 时，输出电压变化量与理想输出电压变化量之差。增益误差主要由基准电流产生电路中的参考电源 V_{REF} 和网络电阻 R 以及电流电压变换电路中的电阻 R_F 引起。通常可通过选择精密的外围电阻，高精度、高稳定性的参考电源等方法加以抑制。

理想 DAC 的转换特性应呈线性，而在实际转换中，由于模拟开关以及运算放大器的非线性会引起 DAC 输出的非线性，使在整个转换范围内，输出与输入间不呈线性关系。通常把 DAC 的实际输出电压值与理想输出电压值之间偏差的最大值称为 DAC 的非线性误差，也称为非线性度。

2. 转换时间

转换时间是指从送入数字信号起，到输出电流或电压达到稳定值所需要的时间，也称为输出建立时间。一般把 DAC 输入的数字量从全 0 变为全 1，输出电压稳定在 FSR $\pm(1/2)$LSB 范围内为止所需要的时间称为 DAC 的建立时间。

转换时间是描述 DAC 转换速率的一个动态指标。目前，在内部只含有位权网络和模拟开关的单片集成 DAC 中，通常建立时间小于 $0.1\ \mu s$；在内部还包含有基准电源和求和运算放大器的集成 DAC 中，最短建立时间大约为 $1.5\ \mu s$。电流输出型 DAC 的建立时间短。根据建立时间可将 DAC 分成超高速(小于 $1\ \mu s$)、高速($10\sim1\ \mu s$)、中速($100\sim10\ \mu s$)和低速(大于 $100\ \mu s$)四档。

11.1.5　集成 DAC

集成 DAC 芯片通常将位权网络和模拟开关集成在一块芯片上，多数不包含起电流电压转换作用的运算放大器。对于此类 DAC，使用时需要用户外接运放和电阻、电容等元器件构成电流电压转换电路。常用的 DAC 集成芯片有 8 位(如 DAC0832、DAC0808)、10 位(如 AD561)、12 位(如 AD565)、16 位(如 AD5666)等，根据芯片的制作工艺可分为 TTL型(如 AD1408、DAC100)及 CMOS 型(如 AD7801、DAC0832、DAC0808 等)。传统的芯片一般多为并行数据输入，如上述所列举的所有芯片。近年来也出现了串行数据输入的芯片，如 MAX518、AD5541 等。

下面主要介绍一款 8 位权电流网络型的 D/A 转换器 AD7303 的特性、引脚及其典型应用电路。该器件为 Digilent(德致伦)公司开发的 PmodDA1 模块上的主芯片。因此，可通过连接器方便地将 PmodDA1 与 Basys、Nexys 等板卡相连，通过板卡上的 Xilinx FPGA控制实现 D/A 转换。PmodDA1 的相关资料可在 http://www.digilentinc.com/获取。

图 11.1.7 为 AD7303 的功能框图。AD7303 内含 DAC A 和 DAC B 两个 8 位相互独立的 DAC，可实现双路数字量的同时转换；每个 DAC 之后都有电流电压转换电路(I/V)，输出电压信号；输入数字量为串行方式，可方便地与微处理器直接接口；串行时钟可达30 MHz。此外，AD7303 采用单电源供电，功耗低，3 V 供电时功耗仅为 7.5 mW，5.5 V时功耗为 15 mW；低功耗模式下电流最大为 $1\ \mu A$，典型值为 80 nA。

DAC A 和 DAC B 都有输入寄存器和 DAC 寄存器，实现双缓冲。这样便可以将 DACA 和 DAC B 转换的数据先分别送入各自的输入寄存器，然后再同时送入各自的 DAC 寄存器启动 DA 转换，在 V_{OUT}A 和 V_{OUT}B 同时得到转换结果。该特性使 AD7303 可用于需要双通道同时输出的场合。AD7303 中双 DAC 的参考电压可来自 REF 引脚上外接的电压，也可由电源 V_{DD} 经内部分压后直接提供。多路选择器 MUX 用于选择参考电压的来源。

AD7303 片内的 16 位移位寄存器，低 8 位用于存放待转换的数字量，高 8 位为控制位，存放一些控制信息，如用于选择 DAC A 通道转换还是 DAC B 通道转换的地址位，用于选择外部参考源还是内部参考源的控制位等。另外，AD7303 还有一个上电复位模块。在复位状态时，DAC 的输入寄存器为全 0，DAC 寄存器处于透明状态，因此，DAC 输出为 0 V。

AD7303 有 8 个外部引脚，功能如下：

（1）V_{OUT} A 和 V_{OUT} B 分别为通道 DAC A 和 DAC B 转换器的电压输出端。

（2）V_{DD} 和 GND 分别为电源端和地。电源电压范围为 +2.7 V ~ +5.5 V。

（3）REF 为外部参考电压输入端。参考电压范围为 1 V ~ V_{DD}/2。

（4）DIN 为串行数据输入端。一帧数据由 8 位待转换的数字量和 8 位控制信息构成。

（5）SCLK 为串行时钟输入端。SCLK 的上升沿使 DIN 引脚上的数据移入 16 位移位寄存器。SCLK 的频率可达 30 MHz。

（6）$\overline{\text{SYNC}}$ 为电平触发的控制输入端，低电平有效，主要用于输入端数据的帧同步。当该端为低电平时，16 位移位寄存器使能，数据在 SCLK 的作用下被送入移位寄存器；在 $\overline{\text{SYNC}}$ 的上升沿数据送入输入寄存器。

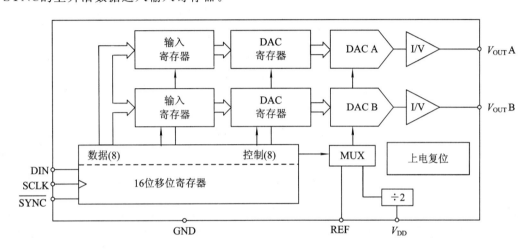

图 11.1.7　AD7303 的功能框图

无论是 DAC A 通道还是 DAC B 通道，AD7303 的输出电压 V_{out} 与输入数字量之间均遵循以下关系式：

$$V_{out} = 2 \times V_{REF} \times \frac{N}{256} \tag{11.1.13}$$

其中，V_{REF} 为 REF 引脚上提供的外部参考电压或内部参考电压 V_{DD}/2。N 为待转换数字量对应的十进制数，范围为 0~255。

图 11.1.8 为 16 位移位寄存器中的内容。其中，低 8 位的 DB0 ~ DB7 为待转换的数字量，高 8 位为控制位。每一位的定义如下：

DB15(MSB)　　　　　　　　　　　　　　　　　　　　　　　　　　　　　　DB0(LSB)

$\overline{\text{INT}}$/EXT	X	LDAC	PDB	PDA	$\overline{\text{A}}$/B	CR1	CR0	DB7	DB6	DB5	DB4	DB3	DB2	DB1	DB0

|← 　　　　　　　　　　控制位　　　　　　　　　　→|←　　　　　　　　　数据位　　　　　　　　　　→|

图 11.1.8　16 位移位寄存器的内容

最高位的 $\overline{\text{INT}}$/EXT 用于参考电压源的选择。当 $\overline{\text{INT}}$/EXT = 0 时，选择内部参考源，即 V_{DD}/2；当 $\overline{\text{INT}}$/EXT = 1 时，选择外部 REF 引脚上提供的参考源。

X 位没有定义，可为 0 或 1。

LDAC、$\overline{\text{A}}$/B、CR1 和 CR0 的组合用于设定 DAC A 和 DAC B 转换器的数据置入方式。表 11.1.1 给出了不同组合下所完成的功能。

PDA 和 PDB 用于设置工作模式。当 PDA PDB＝00 时，DAC A 和 DAC B 均处于正常转换模式；当 PDA PDB＝01 时，DAC A 设置为正常转换模式，DAC B 为掉电(低功耗)状态；当 PDA PDB＝10 时，DAC A 设置为掉电模式，DAC B 为正常转换模式；当 PDA PDB＝11 时，DAC A 和 DAC B 均设置为掉电模式。

表 11.1.1 LDAC、$\overline{\text{A}}/\text{B}$、CR1 和 CR0 控制位组合功能

LDAC	$\overline{\text{A}}/\text{B}$	CR1	CR0	功　能
0	×	0	0	将移位寄存器中待转换的数字量同时置入两个 DAC 寄存器中
0	0	0	1	将移位寄存器中待转换的数字量置入 DAC A 的输入寄存器中
0	1	0	1	将移位寄存器中待转换的数字量置入 DAC B 的输入寄存器中
0	0	1	0	将 DAC A 输入寄存器中的数置入其后的 DAC 寄存器中
0	1	1	0	将 DAC B 输入寄存器中的数置入其后的 DAC 寄存器中
0	0	1	1	将移位寄存器中待转换的数字量置入 DAC A 的 DAC 寄存器中
0	1	1	1	将移位寄存器中待转换的数字量置入 DAC B 的 DAC 寄存器中
1	0	×	×	将移位寄存器中待转换的数字量置入 DAC A 的输入寄存器中，并同时刷新 DAC A 和 DAC B 的 DAC 寄存器
1	1	×	×	将移位寄存器中待转换的数字量置入 DAC B 的输入寄存器中，并同时刷新 DAC A 和 DAC B 的 DAC 寄存器

图 11.1.9 为 AD7303 的一个典型应用电路。AD7303 在微处理器、微控制器、DSP 或 FPGA 控制下实现 D/A 转换。由于转换器的内部参考源来自于电源电压 V_{DD}，为降低干扰，获得稳定的参考源，电源引脚需通过 0.1 μF 和 10 μF 的电容接地。此外，为使外部参考源具有高的精度和良好的稳定性，一般采用精密电压源给转换器提供外部基准电压，如图中所示，在 REF 引脚接外部电压源(EXT REF)。由式 11.1.13 可知，AD7303 输出和输入间有一个 2 倍的增益。因此，+5 V 供电时，可选择 AD780 或 REF192 精密稳压源作为外接参考电压，其输出为 2.5 V；+3 V 供电时，可选用 AD589 精密稳压源，输出为 1.23 V。

转换时需要由微处理器向 AD7303 传送 16 位的数据，其中包括 8 位的待转换数据和 8 位的控制位。这 16 位数据可以一批传送，也可以分两批传送，每批传送 8 位。图 11.1.10(a)为 AD7303 一批传送的工作时序。$\overline{\text{SYNC}}$引脚提供低电平时数据开始传送，在串行时钟 SCLK 的上升沿，DIN 数据进入 AD7303 的移位寄存器。经过 16 个时钟周期，完成一次写操作，$\overline{\text{SYNC}}$回到高电平。之后，AD7303 根据控制位的设定开始数据转换并输出结果。如果分两批传送，如图 11.1.10(b)所示，则每批需要 8 个 SCLK。在两批之间，$\overline{\text{SYNC}}$要始终处于低电平，待 16 位传送完成后，$\overline{\text{SYNC}}$才能被置为高电平。

为保证数据的可靠传输，各信号间的时序关系应满足一定的条件。如图 11.1.10 所示，t_1 为 SCLK 的周期，最小为 33 ns。t_2 和 t_3 分别为 SCLK 的高电平和低电平时间，至少为 13 ns。t_4 为$\overline{\text{SYNC}}$相对于 SCLK 上升沿的建立时间，至少为 5 ns。t_5 为数据 DIN 的建立时间，至少为 5 ns。t_6 为数据相对于 SCLK 的保持时间，至少为 4.5 ns。t_7 为$\overline{\text{SYNC}}$相对于 SCLK 的保持时间，至少为 4.5 ns。t_8 为$\overline{\text{SYNC}}$的脉宽，至少为 33 ns。

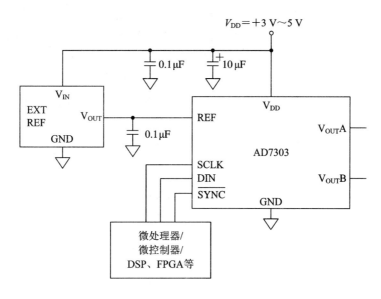

图 11.1.9　AD7303 的典型应用电路

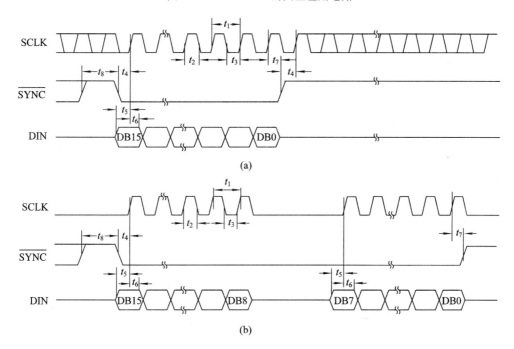

图 11.1.10　AD7303 数据写入时序图

（a）一批传送；（b）两批传送

11.1.6　DAC 应用及 FPGA 控制实例

在数据采集系统中，通常采用单片机或 DSP（数字信号处理器）的 CPU 控制 ADC、DAC、存储器及其他外围电路的工作。但是单片机的时钟频率较低，难以适应高速数据采集系统的要求，DSP 虽然可以实现较高速的数据采集，但其速度提高的同时也提高了系统的成本。FPGA 具有并行运算处理结构的优势，它可以快速、高效、灵活地控制外围集成电路。

　　集成 DAC 用途很广,除了可以完成数模转换的基本功能外,还可以构成波形发生电路和乘法器等。以下给出了利用 FPGA 控制 AD7303 实现锯齿波的 Verilog 源代码。该波形发生器基于 Xilinx 提供的 Basys2 开发板以及 PmodDA1 实现。利用开发板上的 50 MHz 时钟信号经二分频得到 25 MHz 的信号作为 AD7303 的串行时钟 SCLK。根据 AD7303 一批写入时的工作时序图 11.1.10 编程实现 DAC A 通道的转换。可利用示波器从 AD7303 的 V_{OUT} A 引脚观察锯齿波输出。

```verilog
module AD7303(                          //锯齿波发生器顶层模块
    input clk,                          //系统时钟信号 50MHz
    output din,                         //送给 DAC 的串行数据
    output sync,                        //帧同步信号
    output sclk                         //串行时钟信号
    );
    wire [7:0]data;                     //中间连接信号,待转换的数字量
    saw_mem U3(                         //锯齿波数字量输出模块
        .clk(clk),                      //连接系统时钟
        .pout(data)                     //定时输出锯齿波数字量
    );
    DA_ctrl U5(                         //D/A 转换模块
        .clk(clk),                      //连接系统时钟
        .data_in(data),                 //连接锯齿波输出模块
        .din(din),                      //输出串行数据
        .sync(sync),                    //输出同步信号
        .sclk(sclk)                     //输出串行时钟
    );
endmodule                               //顶层模块结束


module saw_mem(                         //锯齿波数字量输出模块
    input clk,                          //系统时钟 50MHz
    output reg[7:0] pout                //定时输出锯齿波数字量
    );
    reg [10:0]cntdiv=0;                 //计数器,用于控制锯齿波数字量的变换时间
    reg [2:0]addr=0;                    //锯齿波数字量的地址,宽度为 3
    always@(posedgeclk)                 //计数器控制数字量输出的时间间隔
        if(cntdiv==11'b11111111111)     //计数器计满,地址加 1
            begin
            addr<=addr+1;
            cntdiv<=cntdiv+1'b1;
            end
        else
            cntdiv<=cntdiv+1'b1;
    always@(posedgeclk)                 //根据地址输出数字量
        case(addr)
            3'b000:pout<=8'b00000000;
            3'b001:pout<=8'b00100000;
```

```
            3'b010:pout<=8'b01000000;
            3'b011:pout<=8'b01100000;
            3'b100:pout<=8'b10000000;
            3'b101:pout<=8'b10100000;
            3'b110:pout<=8'b11000000;
            3'b111:pout<=8'b11100000;
        endcase
endmodule

module DA_ctrl(                           //D/A 转换模块
    input clk,                            //输入系统时钟,50MHz
    input [7:0] data_in,                  //输入待转换的数字量
    output wire din,                      //输出串行数字量信号
    output reg sync,                      //输出帧同步信号
    output reg sclk                       //输出串行时钟信号
    );
    reg [1:0] state;                      //状态寄存器
    wire [15:0] data_out;                 //输出数据
    reg [4:0] j=0;                        //移位计数

    initial begin                         //初始化,初始状态设为 00
        sclk<=0;                          //sclk 置 0
        sync<=1;                          //sync 置 1
        state<=2'b00;                     //初始状态
    end
    always@(posedge clk)                  //50MHz 二分频作为 sclk
        sclk<=~sclk;
    always@(negedge sclk)                 //状态转移 always 块
        case(state)                       //状态切换
        2'b00:begin                       //如果当前态是初始状态,则进入到转换状态
            sync<=0;                      //sync 置 0,启动转换
            j<=0;                         //移位计数器清零
            state<=2'b01;                 //置转换状态为 01
            end
        2'b01:begin                       //如果当前态是 DAC 转换状态
            sync<=0;                      //sync 保持置 0
            j<=j+1;                       //移位计数 +1
            if(j==14)                     //如果计数到 14,转换即将结束
            state<=2'b11;                 //状态转移到结束状态,为 11
            else state<=2'b01;            //否则,保持 DAC 转换状态
            end
        2'b10:begin                       //如果是 10 状态,则结束转换
            sync<=1;                      //sync 置 1,结束转换
            j<=0;                         //移位计数器清零
            state<=2'b11;                 //状态转移到结束状态
```

```
                end
        2'b11:begin                        //如果是结束状态
            sync<=1;                       //sync 置 1,结束转换
            j<=0;                          //移位计数器清零
            state<=2'b00;                  //状态转移到初始状态
            end
        endcase
    assign din=data_out[15-j];             //将对应的数据位从 din 输出
    assign data_out[7:0]=data_in;          //准备输出数据的低 8 位
    assign data_out[15:8]=8'b00010000;     //输出数据的高 8 为控制字
    endmodule
```

将 PmodDA1 接到 Basys2 开发板 JA 连接口的约束文件如下：

```
    NET "clk"LOC="B8";                     //50MHz 时钟信号
    NET "sync"LOC="B2";                    //AD7303 输入端数据帧同步信号
    NET "sclk"LOC="B5";                    //数据移入 AD7303 的移位时钟信号
    NET "din"LOC="A3";                     //AD7303 串行数据输入
```

11.2　模/数转换器

模/数转换器(Analog-Digital Converter，ADC)的功能是将输入的模拟信号转换成相应的数字信号。本节重点介绍 A/D 转换的一般过程，并就快闪型、逐次逼近型、双积分型以及 $\Sigma-\Delta$ 型这四种转换技术加以详细阐述，最后介绍一款逐次逼近型 12 位集成模数转换器 AD7476A 及其典型应用。

假设 ADC 的输入电压为一个直流或缓慢变化的电压 u_1，输出为一个 n 位的二进制数 $d_{n-1}d_{n-2}\cdots d_1d_0$，其对应的十进制数为 D_n，则输入与输出之间的关系应为

$$D_n = [u_I/U_\Delta] \tag{11.2.1}$$

式中，$[u_I/U_\Delta]$ 表示将商 u_I/U_Δ 取整，U_Δ 称为 ADC 的单位量化电压，也即 ADC 的最小分辨电压。

ADC 的种类很多，原理各异。但模/数转换过程却基本相同，下面首先介绍 A/D 转换的一般过程。

11.2.1　A/D 转换的一般过程

一个完整的模/数转换包括采样(sample)、保持(hold)、量化(quantization)、编码(encoding)四部分。在具体实施过程中，常将这四个步骤合并进行，例如，采样和保持是利用同一电路完成的，量化和编码则是在转换过程中同步实现的，而且是在采样-保持电路的保持阶段完成量化和编码。

1. 采样和保持

由于输入电压在时间上是连续的，故只能在特定的时间点对输入电压采样，获得该时间点处的电压值，然后用不同采样时间点处获得的离散电压去逼近原有的输入信号。根据 Naquist 采样定律，要不失真地恢复输入电压 u_1，采样脉冲的频率 f_s 必须高于输入模拟信号最高频率分量 $f_{i(max)}$ 的 2 倍，即

$$f_s \geqslant 2f_{i(\max)} \qquad (11.2.2)$$

采样频率越高，获得的离散电压点会越多，就越逼近原有的输入信号，但同时留给后续量化编码电路的时间就越短，这无形中要求转换电路必须具有更高的工作速度，从而意味着更高的成本和价格。因此，一般采样频率取 3～5 倍已可满足设计要求。

为了保证每个采样的电压值在后续对其进行量化编码的过程中保持不变，以提高转换精度，每个采样值需要被保持到下一次采样时刻。可见，采样保持实现了信号在时间上的离散化，原本连续变化的信号经采样保持后被转换成了阶梯信号。

图 11.2.1 为一个采样－保持电路的原理图及其波形。电路主要由场效应管 V、保持电容 C 和输出缓冲器 A 组成。场效应管作为模拟开关，其闭合与断开由采样控制脉冲信号 u_D 控制。

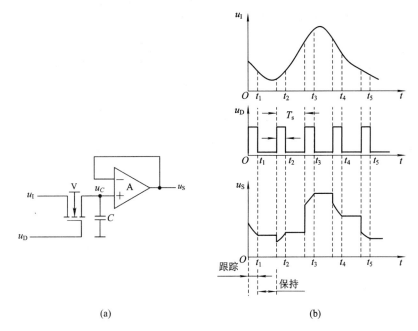

(a)　　　　　　　　　　(b)

图 11.2.1　采样—保持电路原理图及波形

(a) 采样保持电路；(b) 波形图

采样保持电路有采样和保持两个工作状态。在采样阶段，采样控制脉冲 u_D 为高电平，使场效应管 V 导通，于是，输入电压 u_I 通过导通的场效应管向电容 C 快速充电。由于充电时间常数远远小于采样控制脉冲 u_D 的高电平脉宽 τ，因此，电容上的电压 u_C 能够跟随 u_I 而变化，而缓冲器 A 接成电压跟随方式，于是，在采样的时段 τ 内输出电压 u_S 将跟踪输入信号 u_I。

当采样控制脉冲 u_D 为低电平时，采样阶段结束，此时场效应管 V 关断。由于输出缓冲器 A 具有很高的输入阻抗，存储在电容上的电荷难以泄漏，使输出电压 u_S 和电容 C 上的电压 u_C 可保持住场效应管断开瞬间 u_I 的电压值，直到下次采样开始。该时段即为保持阶段。可见，波形图中 $t_1 \sim t_5$ 时刻 u_S 的值即为采样结束时 u_I 的瞬时值，它们才是后续需要进一步转换成数字量的取样值。

由此可见，采样保持过程也就是一个跟踪保持(track and hold)的过程。相邻两次采样

控制脉冲 u_D 之间的时间间隔 T_s 即为采样周期。在采样阶段,要求电路能够尽可能快的接收输入信号并准确地跟踪 u_I 直到保持指令到达,因此,场效应管的导通电阻要小。在保持阶段,要求对接收到保持指令的前一瞬间的输入信号 u_I 进行高精度保持,直到对 u_S 量化编码结束。为此,缓冲放大器 A 应具有极高的输入阻抗,以减小保持期间对保持电容的放电。此外,保持电容 C 和场效应管断开时的漏电流要小。

常见的单片集成采样保持器有 LF198、LF298 和 LF398 等,具有采样速率高、保持电压下降慢和精度高等特点。其工作电压范围宽,可从 ± 5 V 到 ± 18 V。采样脉冲控制端可直接连接 TTL 或 MOS 信号电平。片内无保持电容的,使用时需要外接。

2. 量化与编码

为了利用 n 位二进制数码的 2^n 个数字量来表示采样得到的模拟量,显然还必须将这些模拟量归并到 2^n 个离散电平中的某一个电平上,这样一个过程称为量化。量化后的值再用二进制代码或其他数制的代码表示出来,称为编码。这些代码就是 A/D 转换的最终结果。量化和编码实现了模拟信号在幅度上的离散化,它是所有 ADC 不可缺少的核心部分之一。

量化过程中,任何一个采样得到的模拟量 u_s,只能表示成某个规定最小数量单位的整数倍,这个最小数量单位就是前面提到的单位量化电压,或称为量化单位。例如,为了把采样得到的 $0\sim 8$ V 之间的模拟电压量 u_s 转换成为 3 位二进制数码,首先可将 $0\sim 8$ V 整个范围划分成 8 个区间,如图 11.2.2 所示。取 0 V,1 V,…,7 V的8个离散电平,它们的差值都等于一个量化电压,即 1 V。如果一个采样得到的模拟量在 $0\sim 1$ V 的范围内,就用 0 V 来表示该电压值,编码为二进制 000;如果在 $1\sim 2$ V 的范围内,就用 1 V 来表示,编码为二进制 001,依此类推,$7\sim 8$ V 之间,就用 7 V 来表示,对应的二进制输出为 111。

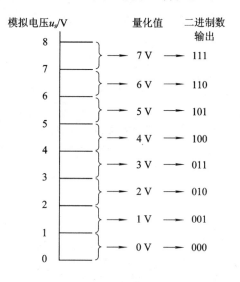

图 11.2.2 舍尾取整的量化方法

显然,量化过程不可避免地会引入误差,这种误差称为量化误差。以上舍尾取整的量化方法最大量化误差为 1 V。为了减少量化误差,可以采用四舍五入的量化方法,如图11.2.3所示,可以把采样得到的模拟量在 $0\sim 0.5$ V 用 0 V 来表示,在 $0.5\sim 1.5$ V 用 1 V 来表示,…,在 $6.5\sim 7.5$ V 用 7 V 来表示。如果限制最大输入电压为 7.5 V,那么最大量化误差为 ± 0.5 V,比舍尾取整的量化方法减少了 0.5 个量化单位。例如,对于一个 0.999 V 的模拟量,若采用舍尾取整的量化方法,则量化值为 0 V,而采用四舍五入的量化方法后,量化值为 1 V,显然,后者量化值更接近于原值,量化误差明显下降。

除了量化方法外,在量化编码的过程中,ADC 输出二进制数码的位数 n 也是决定转换后的数字信号能否更逼近原有模拟输入量的一个重要因素。例如,图 11.2.4 是一个模拟信号和其采样保持后得到的阶梯信号。如果用 2 位的二进制数码进行量化编码,将其可分为 4 个等分,量化值分别为 0 V、1 V、2 V 和 3 V,采用舍尾取整的量化方法,各采样点对应编码依次为:00,01,10,01,01,…,11,11。显然,原有信号的一些重要信息被丢失了。

例如，采样区间 4~7 中原有信号有一个先减小再增大的变化趋势，而编码后全为 01。如果用 4 位二进制进行编码，有 0~15 共 16 个量化值，如图 11.2.5 所示。同样采用舍尾取整量化方法，各采样点对应编码依次为：0000，0101，1000，0111，0101，…，1111，1110。显然，位数越高，编码后的信号就越逼近原有信号。目前，集成 ADC 的位数主要从 8 位到 24位，有些可达 32 位，如 ADS1282。但一般来讲，位数越高，价格就越昂贵。所以在选型时，仍应从实际需要出发，不可盲目追求高位数。

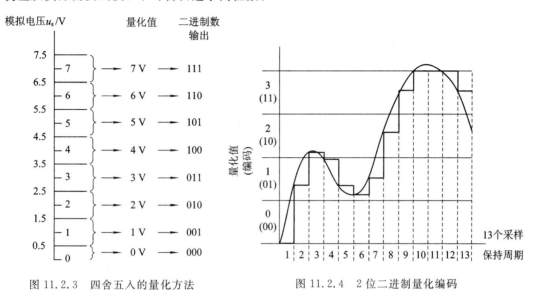

图 11.2.3　四舍五入的量化方法　　　　　　图 11.2.4　2 位二进制量化编码

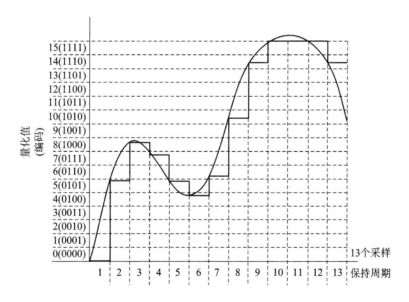

图 11.2.5　4 位二进制量化编码

11.2.2　A/D 转换常用转换技术

A/D 转换器按照量化编码的工作方式可分为直接转换型和间接转换型。两者的主要区别在于转换中有无中间参量。直接转换型是通过一套基准电压与采样保持后得到的模拟电压进行比较,将模拟量直接转换成数字量。其特点是工作速度较高,转换精度容易保证。目前较为常见的直接转换型 ADC 有快闪型和反馈比较型两类,其中反馈比较型主要包括计数型和逐次逼近型。间接转换型 ADC 是将采样后的模拟量先转换成一个中间参量,如时间或频率,然后再将中间参量转换成数字量。其特点是工作速度较低,但抗干扰性强。目前较为常见的间接转换型 ADC 有电压—时间变换型和电压—频率变换型。双积分型就是一种典型的电压—时间变换型 ADC。

下面介绍几种常见的 A/D 转换器电路结构及其工作原理。

1. 快闪型 ADC

快闪型 ADC 又称为全并行 ADC 或并行比较型 ADC,它是结构最为简单且目前已知最快的 ADC。

1)电路结构和工作原理

图 11.2.6 为一个 3 位快闪型 ADC 的电路结构。整个电路由分压、比较和编码三部分组成。分压电路由 8 个相同的电阻串联组成,比较电路为 7 个运算放大器构成的比较器,编码部分为一个优先级编码器。

假设外接的基准参考电压源为 V_{REF},则 8 个电阻相应的节点电压从下至上依次为 $V_{REF}/8$、$2V_{REF}/8$、$\cdots$、$7V_{REF}/8$。这 7 个节点连接到后续 7 个比较器的反相输入端。比较器的所有同相输入端均连接待转换的模拟电压 u_S。于是,模拟电压就可以与 7 个基准电压同时进行比较。在各比较器中,若模拟电压低于相应的反相端电压,比较器输出为 0;反之,输出为 1。待转换模拟电压 u_S、各比较器输出逻辑电平和输出代码之间的关系如表 11.2.1 所示。如果输入

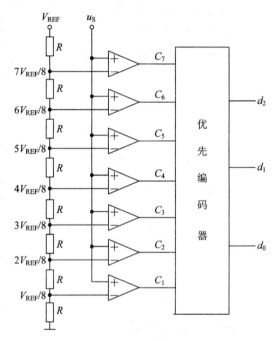

图 11.2.6　3 位快闪型 ADC 的电路结构

模拟电压量小于 $V_{REF}/8$,则所有比较器输出均为 0,经编码后输出数码 000;如果输入模拟电压量在 $V_{REF}/8$ 和 $2V_{REF}/8$ 之间,则最下面的比较器输出 C_1 变为 1,其余比较器输出仍为 0,经编码后输出数码 001;如果输入模拟电压量在 $2V_{REF}/8$ 和 $3V_{REF}/8$ 之间,则最下面的两个比较器输出变为 1,其余比较器输出仍为 0。由于是优先级编码器,故只对 C_2 输入端进行编码,故编码后输出数码 010。依次类推,可见该电路完成了对输入信号的量化和编码,实现了模拟量到数字量的最终转换。显然,这里采用的是舍尾取整的量化方法,输入电压范围为 0 V$\sim V_{REF}$。

如果采用四舍五入的量化方法,可以把分压电路最上端电阻改为 $3R/2$,最下端电阻改为 $R/2$,输入电压范围为 0 V$\sim 15V_{REF}/16$。

表 11.2.1　模拟电压、比较器输出和输出代码之间的关系

u_S	C_7	C_6	C_5	C_4	C_3	C_2	C_1	d_2	d_1	d_0
$0\ V \sim V_{REF}/8$	0	0	0	0	0	0	0	0	0	0
$V_{REF}/8 \sim 2V_{REF}/8$	0	0	0	0	0	0	1	0	0	1
$2V_{REF}/8 \sim 3V_{REF}/8$	0	0	0	0	0	1	1	0	1	0
$3V_{REF}/8 \sim 4V_{REF}/8$	0	0	0	0	1	1	1	0	1	1
$4V_{REF}/8 \sim 5V_{REF}/8$	0	0	0	1	1	1	1	1	0	0
$5V_{REF}/8 \sim 6V_{REF}/8$	0	0	1	1	1	1	1	1	0	1
$6V_{REF}/8 \sim 7V_{REF}/8$	0	1	1	1	1	1	1	1	1	0
$7V_{REF}/8 \sim V_{REF}$	1	1	1	1	1	1	1	1	1	1

2）特点

快闪型 ADC 结构相对简单，转换时间只取决于比较器的响应时间和编码器的延时，典型值为 100 ns，甚至更小，如 AD9002 的转换时间仅为 10 ns。因此，快闪型 ADC 可不需要保持电路。由于其极高的转换速度，快闪型 ADC 主要用于宽带通信、光存储等要求处理速度极高的领域。

一个 n 位的快闪型 ADC 共需要 $2^n - 1$ 个比较器及 2^n 个电阻，如果位数 n 增大，硬件电路将很复杂，占用硅片面积增大，同时也增加了成本和功耗。此外，随着位数的提高使比较器数量增加，促使了非线性输入电容的增加，电阻的匹配也变得比较困难，从而影响了转换精度。所以，一般情况下，快闪型 ADC 适用于对精度要求不高的场合。

2. 逐次逼近型 ADC

逐次逼近（也称为渐进）型 ADC（successive-approximation ADC）是目前使用较多的一种，其量化和编码是同时完成的。逐次逼近型 ADC 的工作过程类似于一架天平称物体重量的过程。先试放一个最重的砝码，如果物体的重量比砝码轻，则应该把这个砝码去掉；反之，应保留这个砝码。再加上一个次重的砝码，采用上述同样的方法决定该砝码的取舍。这样依次进行，使砝码的总重量逐渐逼近物体的重量。同上述过程类似，逐次逼近型 ADC 通过内部一个 D/A 转换器和寄存器加减标准电压，使标准电压值与被转换电压达到平衡。因此，这些标准电压通常也称为电压砝码。

图 11.2.7 为一个逐次逼近型 ADC 的结构框图，它主要包括 DAC、电压比较器、寄存器和相应的控制逻辑电路，在 START 信号的控制下开始工作。转换时，控制电路首先把寄存器的最高位置 1，其他各位清 0，使寄存器的数值为 100…000。DAC 把寄存器的这个数值转换成为相应的模拟电压值 u_O。之后 u_O 与输入的模拟量 u_S 进行比较，当 u_O 大于 u_S 时，说明这个数值太大了，于是在控制逻辑电路的作用下把寄存器最高位的这个 1 清除，使其为 0；当 u_O 小于 u_S 时，说明这个数值比模拟量对应的数值还要小，

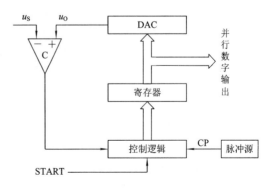

图 11.2.7　逐次逼近型 ADC 的结构框图

于是保留这个 1。按照上述方法，再把寄存器次高位置 1，寄存器值转换为模拟量后与 u_S 进行比较，确定次高位的 1 是保留还是清除为 0。依此类推，在一系列时钟脉冲 CP 的作用下，直到最低有效位的数值被确定，就完成了一次转换。这时寄存器中的数码就是输入的模拟量 u_S 对应的数字量。

由此可见，一个 n 位的逐次逼近型 ADC 需要进行 n 次的比较才能得到数字量。因此，转换需要 n 个 CP 脉冲。之后，在第 $n+1$ 个 CP 作用下，寄存器中的状态送至输出端。在第 $n+2$ 个 CP 作用下，逻辑控制电路被复位，为下一次转换做准备。因此，n 位的逐次逼近型 ADC 转换一次需要的时间为 $n+2$ 个 CP 时钟周期。位数越多，转换时间就相应延长。可见，逐次逼近型模数转换器的转换速度比快闪型 ADC 低，一般在 μs 级。但相对其他，如双积分型 ADC 而言仍具有较高的转换速度，且电路结构简单，精度较快闪型高。因此，逐次逼近型 ADC 是目前集成 ADC 产品中用的最多的一种电路，被广泛应用在要求实现较高速转换的场合。

逐次逼近型 ADC 对输入模拟电压的瞬时采样值比较，如果在输入模拟电压上叠加有外界干扰，将会造成一定的转换误差。所以，它的抗干扰能力还不够理想。

3. 双积分型 ADC

双积分型 ADC 属于间接型 A/D 转换器，它是把待转换的输入模拟量先转换为时间变量，然后再对时间变量进行量化编码，得出转换结果。

1) 电路结构和工作原理

图 11.2.8 为双积分型 A/D 转换器电路原理框图，主要包括运算放大器 A 和电容 C 构成的积分器、过零比较器 C、控制门 G_1、n 位二进制计数器和 D 触发器构成的定时器。

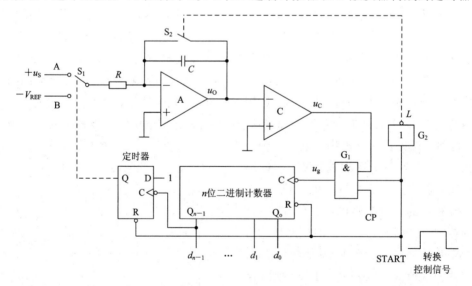

图 11.2.8 双积分型 A/D 转换器电路原理框图

转换开始前，转换控制信号 START＝0，将计数器和定时器清零；同时通过反相器 G_2 使 $L＝1$，开关 S_2 闭合使积分电容 C 充分放电。此时定时器的输出 Q 为 0，开关 S_1 掷向待转换的模拟输入电压＋u_S 端。当转换控制信号 START＝1 时，开关 S_2 断开，转换开始。整个转换过程分为两个积分阶段。

第一阶段，积分器对模拟输入电压 $+u_S$ 进行定时积分。若 u_S 在积分期间保持恒定，积分器输出 u_O 与输入电压 u_S 和时间 t 满足如下关系：

$$u_O(t) = -\frac{1}{RC}\int_0^t u_S \, dt = -\frac{1}{RC}u_S t \qquad (11.2.3)$$

随着时间 t，u_O 的绝对值呈线性增大，但斜率始终为负，如图 11.2.9 所示。由于此时 $u_O < 0$，比较器输出 u_C 始终为 1，G_1 门打开，计数器对时钟信号 CP 计数。当计数达到 2^n 个脉冲后，计数器最高位输出端 Q_{n-1} 由 1 变为 0，触发 DFF，使其输出 Q 被置 1，将电子开关 S_1 与 $-V_{REF}$ 端接通。至此，第一积分阶段结束。该阶段也被称为采样积分阶段，采样时间 T_1 等于 2^n 个时钟脉冲周期。假设 CP 的周期为 T_C，则采样结束时刻 t_1 积分器的输出电压为

$$u_O(t_1) = -\frac{1}{RC}u_S T_1 = -\frac{u_S}{RC}2^n T_C \qquad (11.2.4)$$

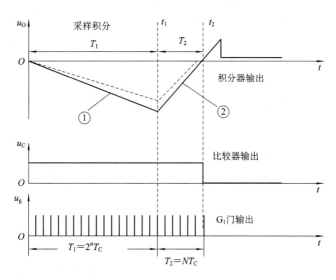

图 11.2.9　双积分型 A/D 转换器工作波形

第二阶段，积分器对恒定基准电压 $-V_{REF}$ 进行定值积分。由于在采样结束时，积分器已有电压 $u_O(t_1)$，所以此阶段积分器输出电压从 $u_O(t_1)$ 开始按固定斜率增加，如图 11.2.9 所示，同时，计数器从 0 开始重新计数。积分器输出 u_O 与电压 V_{REF} 和时间 t 满足如下关系：

$$u_O(t) = u_O(t_1) + \frac{1}{RC}\int_{t_1}^t V_{REF} \, dt = u_O(t_1) + \frac{V_{REF}}{RC}(t - t_1) \qquad (11.2.5)$$

当积分器输出电压 u_O 上升至零时，比较器输出 u_C 变为 0，G_1 门被封闭，计数器停止计数。假设此时为 t_2，则 $u_O(t_2) = 0$。若令第二阶段的时间间隔为 T_2，于是，根据式(11.2.4)和(11.2.5)有

$$T_2 = -\frac{RC}{V_{REF}}u_O(t_1) = \frac{RC}{V_{REF}}\frac{T_1}{RC}u_S = \frac{T_1}{V_{REF}}u_S \qquad (11.2.6)$$

可见，时间间隔 T_2 正比于输入模拟电压 u_S，而与积分时间常数 RC 无关。因此，此时计数器中的数值即为双积分 ADC 的转换结果。假设第二阶段积分结束时计数器中的计数值为 N，则有

$$N = \frac{T_2}{T_C} = \frac{T_1}{T_C V_{REF}}u_S = 2^n \frac{u_S}{V_{REF}} \qquad (11.2.7)$$

双积分型 ADC 在两次积分阶段具有不同的斜率,故也称为双斜率型 ADC(dual slope ADC)。由于积分器的存在,其输出只对输入信号的平均值有所响应,所以,双积分型 ADC 对平均值为 0 的各种噪声具有很强的抑制能力,包括强的抗 50 Hz 工频干扰的能力。另外,只要两次积分过程中积分器的时间常数相等,计数器的结果就与 RC 无关,而且转换结果与时钟信号也无关,只要每次转换中 T_C 不变,那么 T_C 在长时间里发生缓慢变化不会带来转换误差,所以双积分型 ADC 工作性能较稳定。

双积分 ADC 的转换速度较慢,完成一次转换一般需几十毫秒以上,但其精度高,因此主要用于精度要求高的测试仪器仪表当中。

2) 集成双积分型 ADC

目前已有许多双积分 ADC 集成芯片,其中一些把显示译码和驱动电路也集成在片内,例如,ICL7106 和 ICL7107,它们可直接与液晶显示器(Liquid Crystal Display,LCD)或 LED 数码管接口,因此只需外接少量元件即可构成数字电压表等测试仪器仪表。

图 11.2.10 给出了 ICL7107 的结构框图。其内部主要由模拟电路和数字电路两大部分构成。模拟电路部分主要包括调零电路、基准电压发生电路以及双积分时的电容充放电和比较电路。比较器输出的信号提供给数字电路部分的控制逻辑。控制逻辑电路主要负责在电容充放电阶段计数器的计数以及转换结果的锁存。最终转换结果经内部的 7 段译码驱动电路后直接显示在外接的 LED 上。另外,控制逻辑给模拟电路中的开关提供相应的控制信号。时钟电路由外接的阻容元件 R、C 和内部反相器构成,经 4 分频后为数字部分提供时钟信号。由此可见,使用中只需外接少量的电阻、电容,如基准电容 C_{REF}、调零电容 C_{AZ}、积分电阻 R_{INT} 和积分电容 C_{INT} 等,便可完成 A/D 转换和结果显示。ICL7107 模拟部分的输入阻抗高,故对输入信号无衰减作用。另外,器件的噪音低,温漂小,具有良好的可靠性,寿命长。芯片本身功耗也很低,不包括 LED 时功耗小于 15 mW。

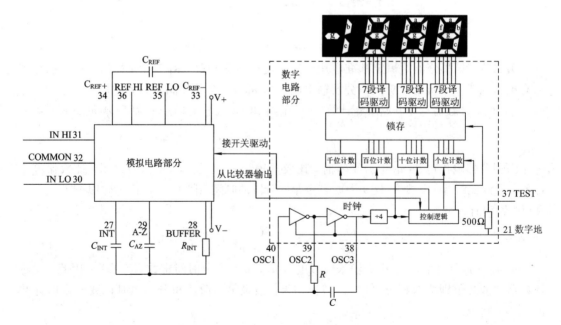

图 11.2.10　ICL7107 结构框图

如图 11.2.10 所示，ICL7107 的显示最高位为符号位，其后为 4 个数据位。数据位从最右侧的低位到高位的连续三位均可以显示 0～9 十个数字，故称做全位。但是，最高位即符号位后的数字位最大只可显示 1，为 0 时消隐。由于该器件满量程计数值为 2000，故该位在理论上讲最大应能显示 2，比如在构成电压表时，2 V 挡最大显示应是 2000，但实际显示为 1999，和理论值相差 1。所以，人们把这个理论值最大应显示 2，而实际只显示 1 的数据位称为 1/2 位，即半位(分母 2 代表理论值，分子 1 代表实际显示最大值)。因此，ICL7107 构成的是三位半数字电压表。此外，由于可以根据量程设定显示的小数点位，因此，显示结果还与量程有关，例如，如果是 200 mV 挡，最大显示为＋199.9 mV。

图 11.2.11 为一个 ICL7107 构成的数字电压表的应用电路，图中构成的电压表满量程为 200 mV。LED 为共阳极数码管，各引脚功能如下：

V₊ 和 V₋ 分别为电源的正极和负极。

A1～G1，A2～G2 以及 A3～G3 分别用于从最右侧到左侧连续三个 LED 的显示，依次与三个 LED 的相应七段引脚相连接。

AB4 用于显示最高位，由于该位要么是 1 要么熄灭，所以可与相应 LED 的 a 和 b 段引脚相连接。

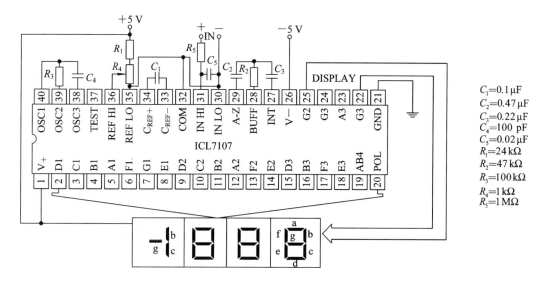

图 11.2.11　ICL7107 构成的数字电压表

POL 用于符号位的显示，可与最左端数码管的 g 段相连。

OSC1～OSC3 为时钟振荡器的引出端，外接阻容元件组成振荡器，振荡频率＝0.45/(R3C4)。

TEST 为测试端，可用于显示测试。当该引脚置于高电平时(接 V₊)，点亮所有 LED，显示 1888。

COM 为模拟信号公共端，即"模拟地"，使用时一般与输入信号的负端及基准电压的负极相连。

REF HI 和 REF LO 为基准电压正负端。由于芯片内部 V₊ 与 COM 之间有一个稳定性很高的 2.8V 基准电源，因此，通过外部 R₁ 和 R₄ 构成的分压器可获得所需的基准电压。

计数值 COUNT 与输入电压 V_{IN} 和参考电压 V_{REF} 间的关系为 COUNT $=1000V_{\text{IN}}/V_{\text{REF}}$，由于 COUNT 最大为 2000，因此，满量程 200 mV 时，V_{REF} 一般应为 100 mV。如果满量程为 2 V，V_{REF} 则为 1 V。

C_{REF^+} 和 C_{REF^-} 为外接基准电容端，通常接 0.1 μF。

IN HI 和 IN LO 为模拟信号差动输入端。

A—Z、BUFF 和 INT 端分别接调零电容、积分电阻和积分电容。由于在 200 mV 满量程时，噪声比较明显，推荐使用 0.047 μF 电容。积分电阻在满量程 200 mV 时，可选 47 kΩ；2 V 满量程时，可选 470 kΩ。

4. Σ-Δ 型 ADC

快闪型、逐次逼近型等传统的 ADC 是根据信号幅度的大小进行量化编码的。对于 n 位的 ADC 其满刻度电平被分为 2^n 个不同的量化等级，为了区分这些量化等级，需要复杂的电阻网络和高精度的模拟电子器件。当 n 较高时，比较网络的实现难度很大。同时，由于高精度的模拟电子器件受集成度、温度变化等因素的影响，使传统 ADC 的编码位数难以做到很高。

Σ-Δ 型 ADC 是 20 世纪 90 年代出现的一种新型的 A/D 转换器，因其分辨率和集成度高、线性度好、价格低等优点在高精度数据采集系统，尤其是音频信号的转换中应用越来越广泛。与传统的 A/D 转换技术不同，Σ-Δ 型 ADC 不是直接对每一个采样值的大小进行量化编码，而是采用 Σ-Δ 调制，即增量调制的方法，对前一量值与后一量值的差值，即增量的大小进行量化编码。

Σ-Δ 型 ADC 主要由 Σ-Δ 调制器和后续的计数及锁存等数字电路构成，如图 11.2.12 所示。Σ-Δ 调制器对来自采样保持的信号进行增量调制后输出 1 位的数据流，数据流中"1"和"0"的相对数目反映了待量化的信号的大小。如图 11.2.13 所示，假设来自采样保持的信号为幅度在 0~+MAX 之间的阶梯波，经增量调制后的量化输出则为一串呈高低电平变化的数据流。假设在最大值 MAX 对应的采样保持区间 4 内调制器输出 4096 个"1"，在输入为 0 对应的间期 6 内调制器输出 0 个"1"，则在采样保持区间 1 内，由于信号幅度为 MAX 的一半，因此，调制器输出 2048 个 1。依此类推，Σ-Δ 调制输出的数据流中 1 的数目与待量化的信号成比例。如果在 Σ-Δ 调制器后利用一个计数器对相应采样保持区间内数据流中"1"的个数进行计数，并将其锁存，那么最终得到的二进制码输出就反映了输入信号的大小。由此可见，Σ-Δ 调制器是这类 ADC 的核心。

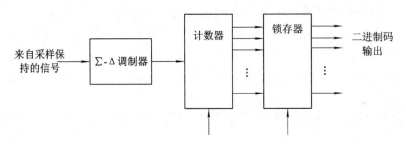

图 11.2.12　Σ-Δ 型 ADC 的基本结构

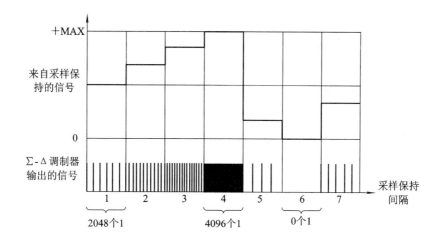

图 11.2.13　Σ-Δ 调制器输入与输出关系示意图

　　图 11.2.14 给出了一个 Σ-Δ 调制器的内部结构,主要由求和器、积分器、比较器、开关 S_1、D 触发器以及门 G_1 构成。时钟脉冲 CP 通过 D 触发器的输出 Q 控制 S_1 的切换。当 $Q=0$ 时,开关切换至地;当 $Q=1$ 时,开关切换至参考电压 $-V_{REF}$。门 G_1 输出数据流。

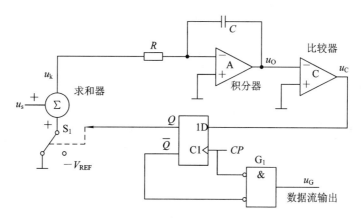

图 11.2.14　Σ-Δ 调制器的内部结构

　　图 11.2.15 给出了 Σ-Δ 调制器主要信号的时序关系。为便于理解,假设 $V_{REF}=1.0$ V。图中积分器输出 u_O 与虚线所示的零电平相交于点 a~d,g 和 h。设在 CP 上升沿的 t_0 时刻,$u_s=0.5$ V,$Q=0$,开关接地,因此,求和器输出 $u_k=0.5$ V,积分电容 C 充电,积分器输出 u_O 呈线性下降。u_O 在到达 a 点前始终大于 0,因此比较器输出 u_C 保持低电平,Q 输出亦为低。a 点后 $u_O<0$,u_C 立刻翻转为高电平,但 Q 的输出在 CP 上升沿 t_2 时刻才发生翻转。当 Q 变为高电平后,开关 S_1 与 $-V_{REF}$ 接通,于是求和器输出 $u_k=-0.5$ V,积分电容 C 开始放电,u_O 呈线性上升。在到达 b 点前 $u_O<0$,因此 u_C 始终为高电平,Q 输出亦保持高。b 点 $u_O>0$,u_C 翻转为低电平,但 Q 在 CP 上升沿 t_3 时刻才发生翻转。此后开关 S_1 接地,$u_k=0.5$ V,电容 C 又开始充电。同理可知,在积分器输出 u_O 处于 c 和 d 点之间时,由于 $u_O<0$,u_C 为高电平,而 Q 在 t_4 时刻才再次翻转为高,使得 $u_k=-0.5$ V,电容 C 放电,u_O 呈线性上升。

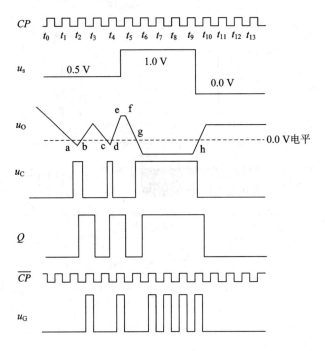

图 11.2.15 ∑-Δ调制器主要信号的时序关系

当 u_O 到达 e 点时，输入 u_s 跳变为正的最大值即 V_{REF}，于是 $u_k = 0$ V，在 t_5 时刻 CP 上升沿到来前，积分器输出 u_O 将维持不变，即点 e 和 f 间 u_O 恒定。t_5 时刻，由于 u_C 为低电平，Q 翻转为低。于是，开关 S_1 接地，$u_k = 1$ V，电容 C 充电，u_O 呈线性下降。u_O 在点 g 处变为负值，促使 u_C 翻转，于是 Q 在 t_6 时刻 CP 上升沿处变为高电平。此时开关 S_1 接 $-V_{REF}$，于是 $u_k = 0$ V，此后 u_O 将一直维持不变，直到输入 u_s 转变为 0 V。

此时，由于 Q 仍为高电平，于是 $u_k = -1$ V，电容 C 放电，u_O 呈线性上升。u_O 在点 h 处由负变为正，于是 u_C 由高电平翻转为低电平，Q 则在 t_{10} 时刻发生翻转。此后开关 S_1 接地，$u_k = 0$ V，u_O 将一直维持不变，直到输入 u_s 再次发生变化。

于是，根据输出 Q 和时钟脉冲的反相信号 $\overline{CP}$，可得到门 G_1 的输出 u_G。可见，它为一个数据流，其中"1"的相对数目反映了待量化的信号的大小。此处，$u_s = 0.5$ V 时对应 2 个"1"；$u_s = V_{REF}$ 时对应 4 个"1"；$u_s = 0$ 时没有"1"。

如果将 G_1 门的输出接到一个计数器，并使计数器在每个采样保持间隔内对数据流中"1"的个数进行计数，便可以得到反映输入信号大小的二进制码输出，即每个采样值对应的数字量。

由 ∑-Δ调制器的工作原理可知，调制期间电容需要多次充放电，因此，∑-Δ型 ADC 的转换速度一般很低。对于一个 24 位的 ADC，其转换频率只有几赫兹～几十赫兹。但是，∑-Δ型 ADC 对元件匹配精度要求低，模拟电路元件很少，主要以数字电路为主，因此适合于标准 CMOS 单片集成，制作成本低。随着∑-Δ型 A/D 转换技术的发展，目前它已成为大于 16 位的高分辨模数转换器的主流，广泛应用于高精度数据采集特别是数字音响、多媒体等电子测量领域。例如，用于低频测量的 16 位∑-Δ型 A/D 转换器 AD7701，24 位 ∑-Δ型 A/D 转换器 AD7731；用于高品质数字音频场合的 18 位∑-Δ型 A/D 转换器

AD1879 等。

11.2.3　ADC 的特性参数

与 DAC 类似，ADC 的特性参数主要为转换精度和转换时间，转换精度为静态参数，也用分辨率和转换误差来描述，转换时间为动态参数。这些参数的具体定义与 DAC 的特性参数有所不同。

1. 转换精度

ADC 的转换精度反映了实际输出值与理论值的偏差。它与 ADC 的分辨率、各种转换误差有关。

分辨率是 ADC 对输入模拟信号的分辨能力，它是指可引起输出二进制数字量最低有效位变动一个数码时，输入模拟量的最小变化量。小于该最小变化量的输入模拟电压将不会引起输出数字量的改变。

从理论上讲，一个 n 位输出的 ADC 应能区分输入模拟电压的 2^n 个不同量级，可区分的输入模拟电压的最小差异为满量程输入的 $1/2^n$。例如，一个 10 位的 ADC，若最大输入信号为 5 V，则可分辨的最小输入电压 $=5\text{ V}/2^{10}=4.88\text{ mV}$。由于 ADC 的最大输入电压一般不会超过参考电压 V_{REF}，所以将 ADC 的分辨率定义为 $1/2^n$。通常也可用输出二进制数码的位数 n 直接来表示 ADC 的分辨能力。

与 DAC 类似，ADC 的转换误差也包括偏移误差、增益误差等，它们主要由电路内部各元器件及单元电路的偏差产生。此外，ADC 还有因量化过程引入的量化误差，它是 ADC 本身固有的一种误差。ADC 的转换误差通常以相对误差的形式给出，一般用最低有效位 LSB 的倍数来表示，例如，$(-1/2)\text{LSB}\leqslant\varepsilon_{max}\leqslant(+1/2)\text{LSB}$。

2. 转换时间

ADC 的转换时间表示从接到转换控制信号开始转换起，到得到稳定的数字量为止所需要的时间，它反映了 ADC 的转换速度。

ADC 的转换时间主要取决于转换电路的类型。快闪型 ADC 可达到纳秒级，属高速 ADC；逐次逼近型 ADC 的转换时间大约在几百纳秒到几十微秒的范围内，属中速 ADC。例如，8 位逐次逼近型集成芯片 ADC0809 的转换时间为 100 μs，12 位的 AD574 则为 25 μs；积分型 ADC 的转换时间一般在几十毫秒到几百毫秒的范围内，属低速 ADC。

ADC 的转换速率是转换时间的倒数。可见，由于 ADC 转换时间的存在，信号在采样时的采样速率必须要小于或等于转换速率，否则将无法保证转换的正确完成。因此，有人习惯上将转换速率在数值上等同于采样速率，常用单位 ks/s 和 Ms/s，即采样千次每秒和采样百万次每秒来表示。

除以上特性参数外，ADC 的参数指标还包括信噪比、总谐波失真、无杂散动态范围等，此处不再一一讨论。使用中应该注意的是，集成 ADC 在其产品手册中给出的技术指标和参数都是在一定测试条件下得到的，例如，对室温和电源电压的要求，如果这些条件得不到满足，ADC 的一些技术指标和参数就达不到所规定的范围。

11.2.4　集成 ADC

集成 A/D 转换器种类很多。如果按照转换成数字量的位数分类，常见的有 8 位（如

ADC0809)、12 位(如 AD574)、16 位和 24 位。按照转换方式分类,常见的有我们前面介绍的快闪型、逐次逼近型、双积分型以及 $\Sigma-\Delta$ 型。按照输出方式划分,包括并行输出和串行输出。按照转换速度划分,有高速、中速和低速三个层次。如果以精度为标准,也可分为高、中和低精度三类。

下面介绍一款 12 位逐次逼近型的 A/D 转换器 AD7476A 的特性、引脚及其典型应用电路。该器件为 Digilent(德致伦)公司开发的 PmodAD1 模块上的主芯片。因此,可通过 PmodAD1 连接器方便地与 Bsays、Nexys 等板卡相连,与这些板卡上 Xilinx 的 FPGA 连接实现 12 位的转换。关于 PmodAD1 连接器的相关资料可通过网站 http://www.digilentinc.com/获取。

AD7476A 为 12 位高速、低功耗、单片 CMOS 的逐次逼近型模数转换器。工作电压范围为 $+2.35\sim+5.25$ V,采样率可达 1 Ms/s。器件内部包含一个低噪声、宽带跟踪—保持放大器,可处理频率高于 13 MHz 的输入信号。AD7476A 的数据采集和转换过程通过其片选信号和串行时钟控制,输出为串行模式,因此,该器件易于和微处理器、DSP 等直接接口。

AD7476A 的内部参考电压取自电源电压,可使器件工作在满量程输入范围内,因此,使用时无需外接参考源。AD7476A 的转换速度由串行时钟 SCLK 决定,使器件的功耗可灵活地控制。在正常转换模式工作,$+3$ V 或 $+5$ V 供电,采样率为 1 Ms/s 的情况下,AD7476A 的功耗分别为 3.6 mW 和 12.5 mW。此外,AD7476A 还可处于掉电模式,此时最大电流为 1 μA,典型值为 50 nA。

图 11.2.16 为 AD7476A 的功能框图。其内部主要由跟踪保持(T/H)、逐次逼近 ADC 以及控制逻辑三个模块构成。

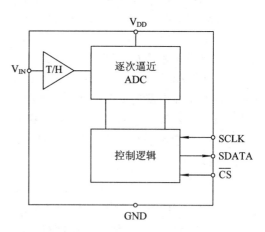

图 11.2.16 AD7476A 的功能框图

AD7476A 有 6 个外部引脚,各引脚功能如下:

V_{DD}——正电源输入端。电压范围 $+2.35\sim+5.25$ V。

GND ——电源接地端。

V_{IN}——模拟信号输入端。模拟电压范围为 0 V~V_{DD}。

$\overline{CS}$——片选端,低电平有效。输入模拟信号在 $\overline{CS}$ 的下降沿被采样并同时启动转换。

SCLK——串行时钟输入端,控制转换以及数据读出的速率,时钟范围为 10 kHz~20 MHz。

SDATA——数据输出端。转换的数字量以串行数据流的方式在 SCLK 的控制下,串行从该端送出。一个数据流由 4 个前导 0 和 12 位的转换结果组成,最高位先被送出。该引脚为一个三态的输出端口。

图 11.2.17 为 AD7476A 与微处理器、微控制器或 DSP 直接接口的一个典型应用电路的连接方式。由于转换器的内部参考源来自电源电压 V_{DD},为降低干扰,获得稳定的参考源,电源引脚需通过 0.1 μF 和 1 μF 的去耦电容接地。此外,由于 AD7476A 要求的电源

电流很小，因此，在使用中一般利用精密电压源给转换器提供基准电压，如图中所示，利用 REF193 提供+3 V 的电压。如果需要+5 V 的电压，可选用 REF195。此外，输入模拟信号如需放大，可选用高速和低噪声的缓冲放大器，如 AD8021、AD8031 等。

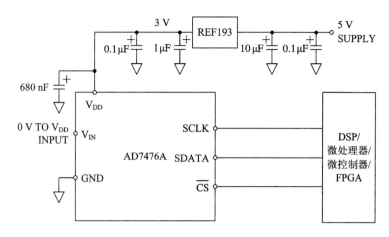

图 11.2.17　AD7476A 典型应用的连接方式

　　AD7476A 有两种工作模式：正常转换模式和掉电模式。图 11.2.18 为 AD7476A 处于正常转换模式时的工作时序图。在 $\overline{CS}$ 引脚提供一个下降沿信号时即可启动采样和转换过程。同时，$\overline{CS}$ 的下降沿还使 SDATA 引脚脱离高阻状态，启动数据的传输。AD7476A 的转换和数据的读取时间为 $t_{CONVERT}$，共需要 16 个 SCLK 信号。在 $\overline{CS}$ 的下降沿处第一个前导 0 从 SDATA 引脚送出。后续的数据，包括 3 个前导 0 和 12 位的转换结果则在 SCLK 的下降沿依次出现在 SDATA 引脚。在第 16 个 SCLK 的下降沿，SDATA 回到高阻态。$\overline{CS}$ 端则可在本次转换完成，启动下一次转换前的任何时刻被置为高电平，从而为下一个转换做准备。但是，两次转换之间必须保证至少有一个 t_{QUIET} 的时间间隔，通常为 50 ns 才能启动下一次转换。

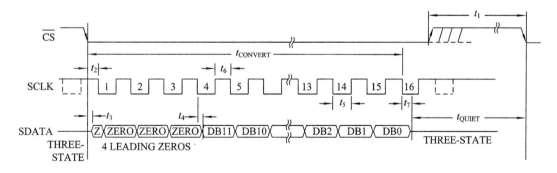

图 11.2.18　AD7476A 正常转换模式下的时序

　　为保证转换和数据读取的正确，SCLK、$\overline{CS}$ 信号还应满足一定的要求。如图 11.2.18 所示，t_1 为 $\overline{CS}$ 高电平脉宽，最小为 10 ns。t_2 为 $\overline{CS}$ 相对于 SCLK 的建立时间，最小为 10 ns。t_3 为从 $\overline{CS}$ 变为低电平到 SDATA 脱离高阻状态的延迟时间，最多为 22 ns。t_4 为相对于 SCLK 的下降沿，数据出现在 SDATA 端的延时，最多为 10 ns。t_5 和 t_6 分别为 SCLK 的低电平和高电平脉宽，两者最小为 SCLK 周期的 0.4 倍。t_7 为相对于 SCLK 的第 16 个下降沿，SDATA 回到高阻态的延迟，最多为 36 ns。

如果在$\overline{CS}$被置为低电平后，在 SCLK 的第 2 个和第 10 个下降沿之间的任何时刻$\overline{CS}$又被置回高电平，则 AD7476A 将进入掉电模式，已启动的转换将停止，SDATA 回到高阻态。其时序如图 11.2.19 所示。

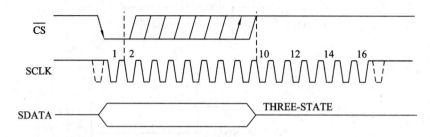

图 11.2.19　AD7476A 进入掉电模式的时序

与 AD7476A 同系列的转换器还有 AD7477A 和 AD7478A。AD7477A 为 8 位的 ADC，AD7478A 为 10 位的 ADC，但其主要特性和使用方法与 AD7476A 类似。这里需要强调的是，由于模数转换器涉及模拟信号与数字信号的处理，使用中应注意良好的接地，以免模拟信号和数字信号间的相互干扰。

11.2.5　FPGA 控制 AD7476 转换的 Verilog 描述

利用 FPGA 控制 AD7476 实现模数转换的 Verilog 程序如下。该程序基于 Xilinx 提供的 Basys2 开发板以及 PmodAD1 实现。利用开发板上的 50 MHz 时钟信号经八分频作为 AD7476 的串行时钟 SCLK。按照图 11.2.18 的 AD7476 时序编程实现转换。转换得到的 16 位二进制数(12 位转换结果和 4 个前导 0)以十六进制的方式显示在 Basys2 开发板的 4 个数码管上。

```
module AD7476(
    input clk,                      //输入时钟 50MHz
    input wire sdata,               //转换结果
    input wire rst,                 //复位信号
    output wire sclk,               //串行时钟
    output regcs,                   //转换控制信号
    output[6:0]a_to_g,              //数码管段控制信号
    output[3:0]an                   //数码管位控制信号
    );
    reg[2:0]cntdiv;                 //50MHz 分频后信号
    reg[4:0]j;                      //移位计数
    reg[15:0]data;                  //数据寄存
    reg[15:0]data1;                 //中间变量
    reg[27:0]cntdiv1;               //中间变量
    reg[3:0]led0;                   //4 数码管显示对应的数字量寄存器
    reg[3:0]led1;
    reg[3:0]led2;
    reg[3:0]led3;
    reg[1:0]state;                  //状态寄存器
```

```
    assign sclk＝cntdiv[2];                    //50MHz 经八分频作为 SCLK
    initial                                    //初始化
        begin
          j<＝0;                               //移位计数器清零
          cntdiv<＝0;                          //延时计数器清零
          data<＝0;                            //数据寄存器清零
          data1<＝0;                           //数据缓存寄存器清零
          state<＝2'b00;                       //状态寄存器清零
        end
    always @(posedgeclk)                       //每 25ms 将转换结果的显示更新一次
        begin
          if(cntdiv1＝＝1250000)
              begin                            //每隔 25ms 将转换结果送对应的数码管
                led0[3:0]<＝data1[3:0];
                led1[3:0]<＝data1[7:4];
                led2[3:0]<＝data1[11:8];
                led3[3:0]<＝data1[15:12];
                cntdiv1<＝0;
              end
          else
                cntdiv1<＝cntdiv1+1;
        end
    always@(posedgeclk)                        //对 50MHz 信号分频. cntdiv[2]作为 SCLK
        begin
          cntdiv<＝cntdiv+1;
        end
    always@(negedgesclk)                       //启动 A/D 转换并读取结果
        begin
          if (rst＝＝1)                         //停止转换
              begin
                state<＝2'b00;                 //状态寄存器清零
                cs<＝1;                        //cs 置高
                data[0]<＝0;                   //数据寄存器清零
                j<＝0;                         //移位计数器清零
              end
          else if(state＝＝2'b00)               //等待状态
              begin
                state<＝2'b01;                 //状态转换到转换状态
                cs<＝0;                        //启动转换
                data[0]<＝sdata;               //读取并保存转换结果
                data[15:1]<＝data[14:0];       //数据移位,腾出 0 位
                j<＝0;                         //移位计数器清零
              end
          else if(state＝＝2'b01)               //转换状态
              begin
```

```verilog
                data[0]<=sdata;                 //读取并保存转换结果
                data[15:1]<=data[14:0];         //数据移位,腾出 0 位
                j<=j+1;                         //移位计数器加 1
                if(j==15)                       //转换结束
                    state<=2'b11;
                else
                    state<=2'b01;
            end
        else                                    //转换结束状态 state=2'b11
            begin
                cs<=1;                          //停止转换
                data1[15:0]<=data[15:0];        //转存转换结果
                j<=0;                           //移位计数器清零,为下次转换作准备
                state<=2'b00;                   //回到等待状态
            end
    end
    disp disp1(                 //连接数码管显示模块,在 4 个数码管上显示转换结果
        .clk(clk),
        .led0(led0),
        .led1(led1),
        .led2(led2),
        .led3(led3),
        .a_to_g(a_to_g),
        .an(an)
        );
endmodule                                       //顶层模块结束

module disp(                                    //数码管显示模块
    input wire clk,                             //输入时钟 50MHz
    input [3:0] led0,                           //4 数码管显示对应的数字量输入
    input [3:0] led1,
    input [3:0] led2,
    input [3:0] led3,
    output reg[6:0]a_to_g,                      //数码管段控制信号
    output reg[3:0]an                           //数码管位控制信号
    );
    reg[1:0]s;                                  //s=0~3,决定哪个数码管亮
    reg[3:0]digit;                              //要显示的数字量 0~F
    reg[16:0]clkdiv;                            //分频计数器,用于控制 4 个数码管的循环显示
    always@(*)
        begin
        an=4'b1111;                             //四个数码管全部熄灭
        s=clkdiv[16:15];                        //s 的值决定哪一位亮
        an[s]=0;                                //根据 s 的值进行位控
    end
```

```
    always@( * )                        //根据 s 的值取相应的要显示的数字量
        case(s)
            0:digit=led0[3:0];
            1:digit=led1[3:0];
            2:digit=led2[3:0];
            3:digit=led3[3:0];
            default:digit=led3[3:0];
        endcase
    always@( * )
        case(digit)                     //7 段译码表,根据数字量进行译码控制数码管对应段
            0:a_to_g=7'b0000001;
            1:a_to_g=7'b1001111;
            2:a_to_g=7'b0010010;
            3:a_to_g=7'b0000110;
            4:a_to_g=7'b1001100;
            5:a_to_g=7'b0100100;
            6:a_to_g=7'b0100000;
            7:a_to_g=7'b0001111;
            8:a_to_g=7'b0000000;
            9:a_to_g=7'b0000100;
            'hA:a_to_g=7'b0000100;
            'hB:a_to_g=7'b1100000;
            'hC:a_to_g=7'b0110001;
            'hD:a_to_g=7'b1000010;
            'hE:a_to_g=7'b0110000;
            'hF:a_to_g=7'b0111000;
            default:a_to_g=7'b0000001;
        endcase
    always@(posedgeclk)                 //分频
            clkdiv<=clkdiv+1;
endmodule                               //数码管显示模块结束
```

将 PmodAD1 连接到 Basys2 开发板的 JB 连接口的约束文件如下:

```
NET"clk"LOC="B8";                       //系统时钟 50MHz
NET"cs"LOC="C6";                        //AD7476 片选信号 JB_C6
NET"sdata"LOC="B6";                     //AD7476 数据信号 JB_B6
NET"sclk"LOC="B7";                      //AD7476 时钟信号 JB_B7
NET"rst"LOC="P11";                      //转换复位信号
NET"a_to_g[0]"LOC="M12";                //数码管七段控制信号
NET"a_to_g[1]"LOC="L13";
NET"a_to_g[2]"LOC="P12";
NET"a_to_g[3]"LOC="N11";
NET"a_to_g[4]"LOC="N14";
NET"a_to_g[5]"LOC="H12";
NET"a_to_g[6]"LOC="L14";
NET"an[0]"LOC="F12";                    //数码管位控制信号
```

```
NET"an[1]"LOC="J12";
NET"an[2]"LOC="M13";
NET"an[3]"LOC="K14";
```

本 章 小 结

随着数字电子技术的快速发展，尤其是计算机在自动控制和检测中的广泛应用，促使了 A/D 和 D/A 转换技术的迅速发展。ADC 和 DAC 的种类十分繁杂，本章主要通过介绍 A/D 和 D/A 的基本概念和一些常见转换技术的工作过程为实际应用奠定一个重要基础。

本章首先介绍了 DAC 电路的一般组成并重点讨论了几种常用的转换方法。其中，DAC 权电阻网络型结构简单，但电阻种类多，不宜集成化，且转换精度低；倒 T 形所需电阻少，相对前者精度可保证；权电流网络型的转换速度和精度都较高。目前在双极型集成 DAC 中多半采用权电流型的转换电路。此外，还重点介绍了 8 位电流网络型、串行数据输入的 D/A 转换器 AD7303 的特性、引脚及其典型应用电路。

在 ADC 部分，主要介绍了 A/D 转换的一般过程，即采样、保持、量化和编码。其次，重点讨论了四种常用的转换类型，即快闪型、逐次逼近型、双积分型和 $\sum$-Δ 型的工作原理。快闪型速度高，但精度较低，一般不超过 8 位的分辨率，所以通常只用在超高速、对精度要求不高的场合。逐次逼近型 ADC 具有速度较高和价格低的优点，工业场合多采用此种 ADC。双积分型 ADC 可获得较高的精度，并具有较强的抗干扰能力，故在数字仪表中应用较多。$\sum$-Δ 型 ADC 因其分辨率高、集成度高、线性度好、价格低等优点在高精度数据采集系统中应用越来越广泛。此外，本章还重点介绍了一款 12 位逐次逼近型的 A/D 转换器 AD7476A 的特性、引脚及其典型应用电路。

A/D 和 D/A 转换器的参数指标是我们在设计中正确选型和使用的重要依据。本章介绍了 ADC 和 DAC 的一些主要技术指标和参数，包括转换精度和转换时间。其中，分辨率和转换时间是特别需要关注的方面。另外，需要注意的是，为了得到较高的转换精度，除了选用分辨率较高的 ADC、DAC 以外，还必须保证参考电源和供电电源有足够的稳定度，并减小环境温度的变化。否则，即使选用了高分辨率的芯片，也难以得到应有的转换精度。

思考题与习题

思考题

11.1　电流输出型的集成 DAC，为了得到模拟电压输出，在实际应用中通常需要在其后接一个什么电路？

11.2　相比权电阻网络型 DAC，倒 T 形电阻网络 DAC 有哪些优点？

11.3　与倒 T 形电阻网络 DAC 相比，权电流网络 DAC 主要的优点是什么？

11.4　选择集成 DAC 时应该主要考虑哪些参数？

11.5　A/D 转换的过程通常可分为哪四个步骤？

11.6　ADC 的四种常用的转换类型，即快闪型、逐次逼近型、双积分型和 $\sum$-Δ 型各自的特点及应用场合是什么？

11.7 对图 11.2.8 的双积分型 ADC，输入电压 u_S 的绝对值可否大于参考电压 V_{REF} 的绝对值？为什么？

11.8 双积分型数字电压表是否需要采样—保持电路？请说明理由。

11.9 $\sum$-Δ 型 ADC 的核心部分是什么？该部分输出的是什么信号？

11.10 集成 ADC 两个最重要的指标是什么？

习题

11.1 一个 8 位 DAC 的单位量化电压为 0.01 V，当输入代码分别为 01011011、11100100 时，输出电压 u_O 为多少伏？若其分辨率用百分数表示，则应是多少？

11.2 已知 R-$2R$ 倒 T 形网络 DAC 的 $R_F = R$，参考电压 $V_{REF} = +5$ V，试分别求出 8 位 DAC 的最大和最小(只有数字信号最低位为 1)输出电压。

11.3 用一个 4 位二进制计数器 74163、一个 4 位 DAC 和一个与非门设计一个能够产生图题 11.3 阶梯波形的发生电路。

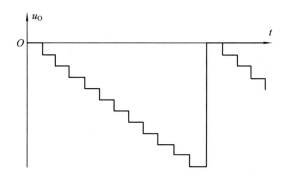

图题 11.3 阶梯波形

11.4 一程控增益放大电路如图题 11.4 所示，图中，$d_i = 1(i = 0，1，2，3)$时，相应的模拟开关 S_i 与 u_1 相接；$d_i = 0$ 时，S_i 与地相接。

(1) 试求该放大电路的电压放大倍数 $A_V = u_O/u_1$ 与数字量 $d_3 d_2 d_1 d_0$ 之间的关系表达式。

(2) 计算输入数字量为 $(01)_H$ 和 $(7F)_H$ 时 A_V 的值。

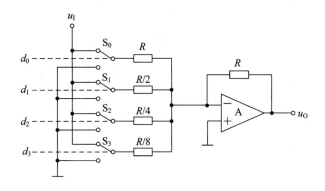

图题 11.4 程控增益放大电路

11.5 由图题 11.5 所构成的任意波形发生电路中，DAC 是一个 R-$2R$ 倒 T 形网络 DAC，若其参考电压 $V_{REF} = +5$ V，DAC 输出 $u_O = \dfrac{-V_{REF}}{2^{10} \times D_n}$。计数器 74LS160 的时钟频率

为 100 kHz，RAM 存储器中存放的数据如表题 11.5 所示。试画出输出波形 u_O。

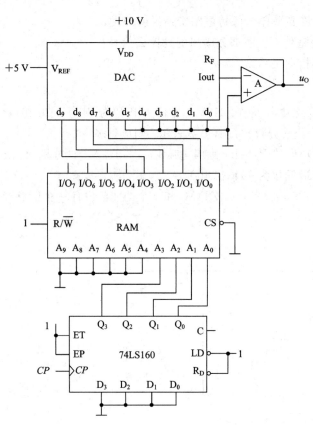

图题 11.5　任意波形发生电路

表题 11.5　RAM 中存储的部分数据

A_3	A_2	A_1	A_0	I/O_3	I/O_2	I/O_1	I/O_0
0	0	0	0	0	0	0	0
0	0	0	1	0	0	0	1
0	0	1	0	0	0	1	1
0	0	1	1	0	1	1	1
0	1	0	0	1	1	1	1
0	1	0	1	1	1	1	1
0	1	1	0	0	1	1	1
0	1	1	1	0	1	1	1
1	0	0	0	0	0	0	1
1	0	0	1	0	0	0	0
1	0	1	0	0	0	0	1
1	0	1	1	0	1	0	1
1	1	0	0	0	1	1	1
1	1	1	0	1	0	0	1
1	1	1	1	1	0	1	1

　　11.6　若一个 ADC（包括采样—保持电路）输入模拟信号的最高变化频率为 10 kHz，试求出采样频率的下限以及完成一次 A/D 转换所用时间的上限应为多少？

　　11.7　对于图题 11.7 所示的快闪型 ADC，若 $V_{REF} = 8$ V，试回答以下问题：

　　（1）电路的单位量化电压 U_Δ 为多少？

　　（2）该电路是舍尾取整的量化方法，还是四舍五入的量化方法？最大量化误差是多少？

　　（3）当输入电压 $u_S = 2.6$ V 时，输出的数字量 $d_2 d_1 d_0$ 是什么？

　　11.8　如果一个 10 位逐次逼近型 A/D 转换器的时钟频率为 500 kHz，试计算完成一次转换操作所需要的时间。如果要求转换时间不得大于 10 μs，那么时钟信号频率最小应选多少？

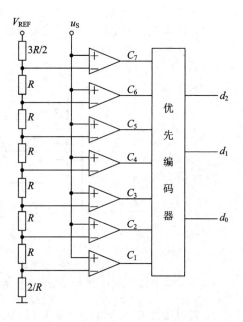

图题 11.7　快闪型 ADC 内部结构

11.9　一个 8 位逐次逼近型的 ADC 内部结构如图题 11.9 所示。如果待转换的电压 $u_S = 4.115$ V，DAC 的单位量化电压 $U_\Delta = 0.022$ V，试说明逐次逼近的过程和最终转换的结果。

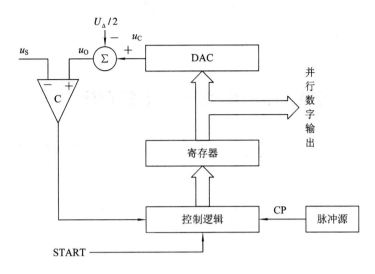

图题 11.9　一个 8 位逐次逼近型 ADC 的内部结构

11.10　10 位双积分型 ADC 的基准电压 $V_{REF} = 8$ V，时钟频率 $f_{CP} = 100$ kHz。当输入电压 $u_S = 2$ V 时，求出完成转换所需要的时间。

11.11　对于图题 11.11 所示的双积分型 ADC，试回答如下问题：

（1）若被测电压 $u_{S(max)} = 2$ V，要求分辨率 $\leqslant 0.1$ mV，则二进制计数器的计数总容量 N 应大于多少？

（2）至少需要多少位的二进制计数器？

（3）若 $f_{cp} = 200$ kHz，$|u_S| < |V_{REF}| = 2$ V，积分器输出电压的最大值为 5 V，此时的积分时间常数 RC 为多少毫秒？

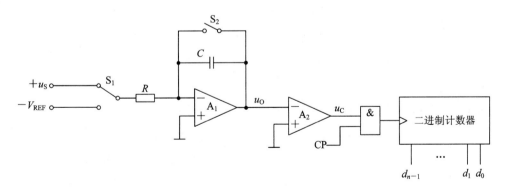

图题 11.11　双积分型 ADC 内部结构

11.12　某信号采集系统要求用一个集成 ADC 芯片在 1s 内对 32 个热电偶的输出电压分时进行转换。已知热电偶输出电压范围为 0～0.025 V（对应于 0～400℃温度范围），需要分辨的温度为 0.1℃。试问：应选择多少位的 ADC？其转换时间至少为多少？

附　　录

附录1　常用逻辑门电路逻辑符号

电路名称	1991 年推出 ANSI/IEEE Std 91a-1991（即 IEC 617-12 第二版）增加的"特殊形状符号"（Distinctive-shape Symbol）	1984 年推出 ANSI/IEEE Std 91-1984（IEC 617-12 第一版）和中国国家标准（GB4728.12-85）采用"长方形状符号"（Rectangular-shape symbol）
与门（四 2 输入与门 74LS08）	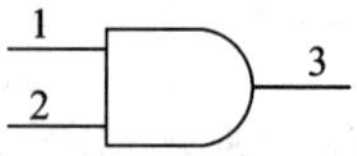	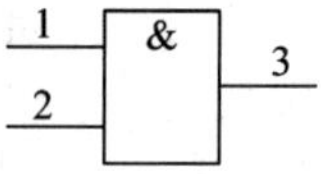
或门	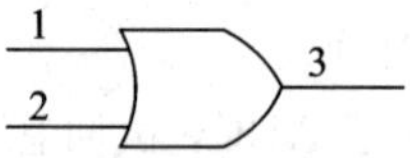 74LS32	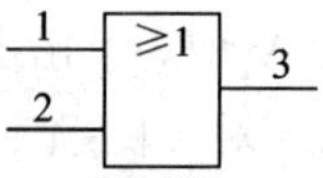 74LS32
非门(反相器)	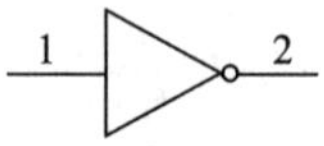 74LS04	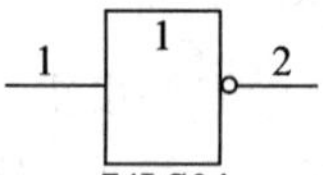 74LS04
或非门	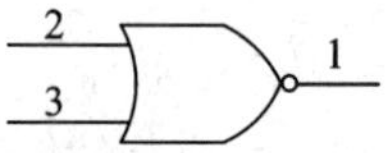 74LS02	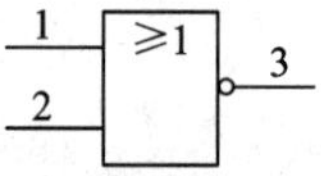 74LS02
多输入或门（图中为 7 输入）	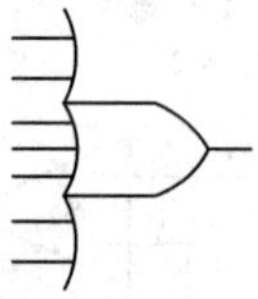	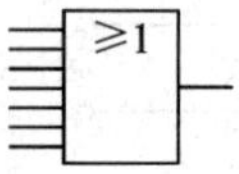
二输入端与非门	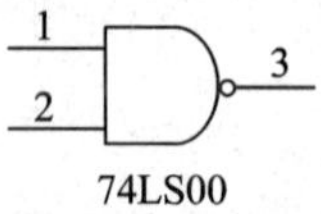 74LS00	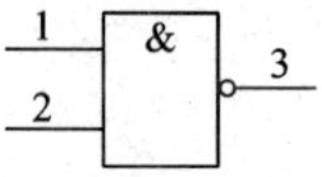 74LS00
四输入端与非门	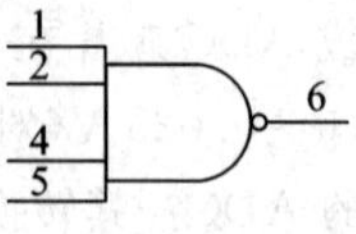 74LS20	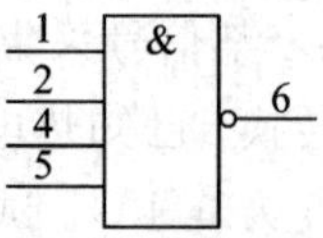 74LS20

续表

电路名称	1991 年推出 ANSI/IEEE Std 91a - 1991（即 IEC 617 - 12 第二版）增加的"特殊形状符号"(Distinctive-shape Symbol)	1984 年推出 ANSI/IEEE Std 91 - 1984（IEC 617 - 12 第一版）和中国国家标准(GB4728.12 - 85)采用"长方形状符号"(Rectangular-shape symbol)
集电极开路的二输入端与非门（OC 门）74LS03	9 10 ◇ 8	9 10 & ◇ 8
缓冲输出的二输入端与非门（驱动器）	1 2 &▷ 3 ——74LS37——	1 2 &▷ 3 ——74LS37——
异或门	1 2 3 ——74LS86——	1 2 =1 3 ——74LS86——
带施密特触发特性的非门	1 2 ——74LS14——	1 1 2 ——74LS14——

附录 2　基于有限状态机的数码管动态显示和简易时钟 Verilog 程序

[**例 1**]　采用有限状态机设计动态数码管显示。

动态显示是将所有数码管的 8 个显示段″a，b，c，d，e，f，g，dp″对应连在一起，将每个数码管的公共极 COM 增加"位选通"分别控制。当某"位选通"有效时，则显示来自″a，b，c，d，e，f，g，dp″的段信息。对于 4 个数码管的动态显示器，在轮流显示过程中，每位数码管的点亮时间为 1～10 ms，由于人的视觉暂留现象及发光二极管的余辉效应，尽管实际上各位数码管并非同时点亮，但只要扫描的速度足够快，给人的印象就是一组稳定的显示数据，不会有闪烁感，动态显示的效果和静态显示是一样的，能够节省大量的 I/O 端口，而且功耗更低。设计步骤如下：

（1）对于 4 个数码管的动态显示器，用 4 个数码管 COM 端的状态进行状态编码。

（2）产生动态扫描信号，周期为 5.2 ms。该信号为动态数码管显示状态切换条件。

（3）状态切换、对要亮的位加载要显示数字的段信号。

（4）对要亮的位进行译码，输出"位选通"控制信号。

Verilog 程序如下：

```
module LEDs_Display(
    input clk50MHz, reset,              //输入信号：时钟信号，复位开关信号
    output reg[6：0] a_to_g,            //输出信号：数码管为段控制信号
    output [3：0] an                    //输出信号：数码管为控制信号
    );
//中间变量定义
reg [3：0] LEDs0_num, LEDs1_num, LEDs2_num, LEDs3_num;     //4 个数码管显示对应的数
                                                          字量寄存器
reg[3：0] state;            //动态数码管显示用的状态寄存器
reg[16：0] clkdiv;          //分频产生周期为 2.6*2 ms 的时钟信号，用于 4 个数码管的循环显示
reg [3：0] digit;           //显示数值寄存器
wire clk2_6ms;             //5.4 ms 时钟信号
parameter        //动态数码管显示状态编码，与实际那个数码管亮是对应的，1—灭，0—亮
    LEDs0=4'b1110,         //每个状态只有一个数码管亮，采用独热码
    LEDs1=4'b1101,
    LEDs2=4'b1011,
    LEDs3=4'b0111;
initial begin            //初始化。显示 1234
    LEDs3_num=1;
    LEDs2_num=2;
    LEDs1_num=3;
    LEDs0_num=4;
end
always @(posedge clk50MHz)       //从 50 MHz 时钟信号分频得到周期为 5.4 ms 时钟信号
    begin
        clkdiv<=clkdiv+1;
    end
assign clk2_6ms=clkdiv[16];
always @(posedge clk2_6ms)       //动态数码管显示状态切换，每 5.4 ms 切换一次
    begin
        if(reset)   begin state<=LEDs0; digit<=LEDs0_num[3：0]; end
        else case(state)
            LEDs0：begin state<=LEDs1; digit<=LEDs1_num[3：0]; end
            LEDs1：begin state<=LEDs2; digit<=LEDs2_num[3：0]; end
            LEDs2：begin state<=LEDs3; digit<=LEDs3_num[3：0]; end
            LEDs3：begin state<=LEDs0; digit<=LEDs0_num[3：0]; end
            default：begin state<=LEDs0; digit<=LEDs0_num[3：0]; end
        endcase
    end
assign an=state;                //将动态数码管显示状态送给数码管位控制端
always @(*)
    begin
        case (digit)            // 7 段译码表
```

```
          0：a_to_g = 7′b0000001;              //显示"0"
          1：a_to_g = 7′b1001111;              //显示"1"
          2：a_to_g = 7′b0010010;
          3：a_to_g = 7′b0000110;
          4：a_to_g = 7′b1001100;
          5：a_to_g = 7′b0100100;
          6：a_to_g = 7′b0100000;
          7：a_to_g = 7′b0001111;
          8：a_to_g = 7′b0000000;
          9：a_to_g = 7′b0000100;
          ′hA：a_to_g = 7′b0001000;
          ′hB：a_to_g = 7′b1100000;
          ′hC：a_to_g = 7′b0110001;
          ′hD：a_to_g = 7′b1000010;
          ′hE：a_to_g = 7′b0110000;
          ′hF：a_to_g = 7′b0111000;
          default：a_to_g = 7′b0000001;    // 0
        endcase
      end
    endmodule
```

[**例 2**]　基于有限状态机的简易时钟实现过程中的时分调整,仅用两个按键实现。"选择键"按下时,时闪烁、分闪烁、正常显示三个状态轮流切换。"调整键"按下时,如果是正常状态,就不做任何处理;如果是分钟闪烁显示状态,就对分钟进行加 1 调整操作;如果是小时闪烁显示状态,就对小时进行加 1 调整操作。Verilog 程序如下:

```
module Hour_Minutes_Adjust(
    input clk50MHz, reset, SelectKey, AdjustKey,    //输入信号：时钟信号、复位开关、选择
                                                    键、调整键
    output reg[6：0] a_to_g,      //输出信号：数码管段信号。在 always 语句中赋值,要用 reg 型
    output [3：0] an               //输出信号：数码管位选信号。在 assign 语句中赋值,要用 wire 型
    );
//中间变量定义
reg [3：0] LEDs0_num, LEDs1_num, LEDs2_num, LEDs3_num;    //4 个数码管显示对应的数
                                                          字量寄存器
reg [3：0] Hour_L, Hour_H, Minutes_L, Minutes_H;    //时、分的各位和十位数字量寄存器
reg[3：0] state;           //动态数码管显示用的状态寄存器
reg[1：0] DisplayState;    //时钟显示状态用的状态寄存器
reg[16：0] clkdiv;         //分频产生周期为 2.6 * 2 ms 的时钟信号,用于 4 个数码管的循环显示
reg[23：0] time200ms;      //分频产生周期为 200 * 2 ms 的时钟信号,用于采样按键
reg [3：0] digit;          //显示数值寄存器
reg[24：0] counter;        //分频产生 2 Hz 时钟信号,用于闪烁显示控制
wire clk2Hz;              //2 Hz 时钟信号
reg Select, Adjust;       //键值寄存器,0—没有按下,1—键按下
```

```verilog
wire clk2_6ms, clk200ms;//5.4 ms 时钟信号、400 ms 时钟信号
parameter
        LEDs0=4'b1110, //动态数码管显示状态编码，与实际那个数码管亮对应，1—灭，0—亮
        LEDs1=4'b1101, //每个状态只有一个数码管亮，状态循环切换，实现动态显示
        LEDs2=4'b1011,
        LEDs3=4'b0111,
        NoFlash=2'b00,  //显示状态编码，SelectKey 按下时显示状态循环切换，
        HourFlash=2'b01,// AdjustKey 按下时调整时间
        MinutesFlash=2'b10;
initial begin           //初始化
        Hour_H=2;       //设置初始时间 23：58
        Hour_L=3;
        Minutes_H=5;
        Minutes_L=8;
        DisplayState=NoFlash;   //设置初始显示状态为无闪烁的正常显示
end
//通过在 clk2Hz 时钟信号的高电平期间让数码不亮来实现闪烁显示，这里不能用沿触发
always @(clk2Hz)
        begin
            case(DisplayState)
                NoFlash：//正常显示时，数码管送对应的时、分数据
                    begin
                        LEDs3_num<=Minutes_L;
                        LEDs2_num<=Minutes_H;
                        LEDs1_num<=Hour_L;
                        LEDs0_num<=Hour_H;
                    end
//小时闪烁，分钟送对应的数码管显示，clk2Hz 信号高电平期间小时灭，低电平期间正常显示
                HourFlash：
                    begin
                        LEDs3_num<=Minutes_L;
                        LEDs2_num<=Minutes_H;
                        if(clk2Hz) begin LEDs1_num<=15; LEDs0_num<='hF; end
                        else begin LEDs1_num<=Hour_L; LEDs0_num<=Hour_H; end
                    end
//分钟闪烁，小时送对应的数码管显示，clk2Hz 信号高电平期间分钟灭，低电平期间正常显示
                MinutesFlash：
                    begin
                        if(clk2Hz) begin LEDs3_num<='hF; LEDs2_num<=15; end
                        else begin LEDs3_num<=Minutes_L; LEDs2_num<=Minutes_H; end
                        LEDs1_num<=Hour_L;
                        LEDs0_num<=Hour_H;
                    end
```

```
            default：        //正常显示时，数码管送对应的时、分数据
                begin
                    LEDs3_num＜＝Minutes_L；
                    LEDs2_num＜＝Minutes_H；
                    LEDs1_num＜＝Hour_L；
                    LEDs0_num＜＝Hour_H；
                end
            endcase
        end
//从 50 MHz 时钟信号分频得到周期为 5.2 ms 时钟信号，用于动态数码管扫描显示
always @(posedge clk50MHz)
        begin
            clkdiv＜＝clkdiv＋1；
        end
assign clk2_6ms＝clkdiv[16]；
//从 50MHz 时钟信号分频得到周期为 400 ms 时钟信号，用于按键采样
always @(posedge clk50 MHz)
        begin
            time200ms＜＝time200ms＋1；
        end
assign clk200ms＝time200ms[23]；
//从 50 MHz 时钟信号分频得到 2 Hz 时钟信号，用于闪烁显示
always @(posedge clk50 MHz)
        begin
            if(counter＜25000000)
                counter＜＝counter＋1；
            else
                counter＜＝0；
        end
assign clk2Hz＝counter[24]；
always @(posedge clk2_6ms)        //动态数码管显示状态切换，每 5.4 ms 切换一次
        begin
            if(reset)   begin state＜＝LEDs0；digit＜＝LEDs0_num[3：0]；end
                else case(state)   //显示状态循环转移，同时输出要显示数码管的数字量
                    LEDs0：begin state＜＝LEDs1；digit＜＝LEDs1_num[3：0]；end
                    LEDs1：begin state＜＝LEDs2；digit＜＝LEDs2_num[3：0]；end
                    LEDs2：begin state＜＝LEDs3；digit＜＝LEDs3_num[3：0]；end
                    LEDs3：begin state＜＝LEDs0；digit＜＝LEDs0_num[3：0]；end
                    default：begin state＜＝LEDs0；digit＜＝LEDs0_num[3：0]；end
                endcase
        end
assign an＝state；        //将动态数码管显示状态送给数码管位控制端
always @(＊)            //将数字量译码，译码结果送给段控制寄存器，决定显示什么数字
```

```verilog
    begin
            case（digit）          //7 段译码表
                    0：a_to_g = 7'b0000001;
                    1：a_to_g = 7'b1001111;
                    2：a_to_g = 7'b0010010;
                    3：a_to_g = 7'b0000110;
                    4：a_to_g = 7'b1001100;
                    5：a_to_g = 7'b0100100;
                    6：a_to_g = 7'b0100000;
                    7：a_to_g = 7'b0001111;
                    8：a_to_g = 7'b0000000;
                    9：a_to_g = 7'b0000100;
                    'hA：a_to_g = 7'b0001000;
                    'hB：a_to_g = 7'b1100000;
                    'hC：a_to_g = 7'b0110001;
                    'hD：a_to_g = 7'b1000010;
                    'hE：a_to_g = 7'b0110000;
                    'hF：a_to_g = 7'b1111111;          //显示灭
                    default：a_to_g = 7'b0000001;  // 0
            endcase
    end
always @( * )         //当 clk200ms 为电平期间，采样是否有键按下，按键按下时为高电平
    begin
            Select＝SelectKey & clk200ms;
            Adjust＝AdjustKey & clk200ms;
    end
always @（posedge Select）     //SeleckKey 按下，显示状态切换
    begin
            case(DisplayState)
                    NoFlash：DisplayState<＝HourFlash;
                    HourFlash：DisplayState<＝MinutesFlash;
                    MinutesFlash：DisplayState<＝NoFlash;
                    default：DisplayState<＝NoFlash;
            endcase
    end
always @（posedge Adjust）        //AdjustKey 按下，根据显示状态调整相应的时或分数据
    begin
            case(DisplayState)
                    HourFlash：//显示状态为小时闪烁，调整小时，00—23 循环变化
                        begin
                            if(Hour_H==2 && Hour_L==3)
                                begin
                                    Hour_H<=0;
```

```verilog
                                        Hour_L<=0；
                        end
                else
                    begin
                        if(Hour_L==9)
                            begin
                                Hour_H<=Hour_H+1；
                                Hour_L<=0；
                            end
                        else Hour_L<=Hour_L+1；
                    end
            end
    MinutesFlash：        //显示状态为分钟闪烁，调整小时，00—59循环变化
            begin
                if(Minutes_H==5 && Minutes_L==9)
                    begin
                        Minutes_H<=0；
                        Minutes_L<=0；
                    end
                else
                    begin
                        if(Minutes_L==9)
                            begin
                                Minutes_H<=Minutes_H+1；
                                Minutes_L<=0；
                            end
                        else Minutes_L<=Minutes_L+1；
                    end
            end
        endcase
    end
endmodule
```

参考文献和相关网站

[1] 宁改娣,金印彬,刘涛. 数字电子技术与接口技术实验教程[M],西安:西安电子科技大学出版社, 2013.

[2] 张克农,宁改娣. 数字电子技术基础. 2版[M]. 北京:高等教育出版社,2010.

[3] [美]William Kleitz. 张太镒,李争,顾梅花,等,译. 数字与微处理器基础:理论与应用. 4版[M]. 北京:电子工业出版社. 2004.

[4] [美]John P. Uyemura. 数字系统设计基础教程[M]. 陈怒兴,曾献君,马建武,等,译. 北京:机械工业出版社,2000.

[5] Uyemura John P. 数字系统设计入门教程:集成方法(英文影印版)[M]. 北京:科学出版社,2002.

[6] [美]Mano MMorris. 数字设计. 3版[M]. 徐志军,尹延辉,等,译. 北京:电子工业出版社,2007.

[7] (美)Mano MMorris. 数字设计(影印版)[M]. 3版. 北京:高等教育出版社,2002.

[8] Karnaugh, Maurice. The Map Method for Synthesis of Combinational Logic Circuits. Transactions of American Institute of Electrical Engineers part I. November 1953,72 (9):593-599.

[9] 瞿德福. 数字集成电路新的读看图法[M]. 北京:中国标准出版社,2006.

[10] http://www.ec.hc360.com/daquan2006/web/hybz/02.html(中华人民共和国国家标准)

[11] 张建华,张戈. 数字电路图形符号导读. 北京:机械工业出版社,1999.

[12] IEEE-Std-91-1984 (ANSI) Standard Graphic Symbols for Logic Functions (and 91a-1991).

[13] 科林,孙人杰. TTL、高速 CMOS 手册[M]. 北京:电子工业出版社,2004.

[14] 实用数字电路手册——TTL CMOS ECL HTL.

[15] 华为公司硬件工程师手册.

[16] http://wenku.baidu.com/view/a2fefb280066f5335a812128.html/Intel(SST,AMD,MXIC 系列 Flash 芯片比较)

[17] http://ccckmit.wikidot.com/ve:alu(用 Verilog 设计 ALU).

[18] IEEE Computer Society. IEEE Standard Verilog® Hardware Description Language. IEEE Std 1364 —2001, The Institute of Electrical and Electronics Engineers,Inc. 2001.

[19] IEEE Computer Society. 1364.1 IEEE Standard for Verilog® Register Transfer Level Synthesis. IEEE Std 1364[1], The Institute of Electrical and Electronics Engineers,Inc. 2002.

[20] Clifford E. Cummings. Nonblocking Assignments in Verilog Synthesis,Coding Styles That Kill! http://www.docin.com/p-34273135.html.

[21] 王金明,等. 数字系统设计与 Verilog HDL[M]. 北京:电子工业出版社,2011.

[22] 夏宇闻. Verilog 数字系统设计教程. 北京:北京航空航天大学出版社,2011.

[23] 阎石. 数字电子技术基础. 5版. 北京:高等教育出版社,2006.

[24] Thomas L. Floyd. Digital Fundamentals. 北京:科学出版社,2011.

[25] 徐伟业,江冰.CPLD/FPGA 的发展与应用之比较[J].元器件与应用,2007(2).

[26] http://china.xilinx.com/products/silicon—devices/fpga/index.htm.

[27] http://www.altera.com.cn/devices/fpga/cyclone—about/cyc—about.html.

[28] http://www.networkcoding.net/